重庆市高水平高职学校和专业群建设系列教材

水利工程CAD制图实用教程（基于AutoCAD 2020软件平台）

（活页式）

主　编　代　琼　向　杰　杨金华
副主编　付文艺　李　影　朱方敏　刘亚东　邓　刚
主　审　张守平

中国水利水电出版社
www.waterpub.com.cn
·北京·

内 容 提 要

全书共分 6 个项目，主要介绍水利工程 CAD 制图的工位准备、绘图准备、基础图形的绘制及修改、典型水利工程图样的绘制及编辑、图纸的打印与输出、三维建模等相关知识。为方便读者学习，本书还配备了极为丰富的学习资源，包含 55 个同步微课视频，读者可扫描二维码，随时随地看视频，再对照书中案例及图集进行练习；27 套工程设计图，读者可加强练习，增强实战能力；汇总“CAD 常用命令集锦”“CAD 常用快捷键”，提高学习和工作效率。

本书可作为高等职业院校水利工程、水利水电建筑工程、水利水电工程技术、智慧水务管理等相关专业的教材用书，也可作为土木建筑类其他专业的师生及工程技术人员学习 CAD 的参考用书。

图书在版编目（CIP）数据

水利工程CAD制图实用教程 ： 基于AutoCAD 2020软件平台 ： 活页式 / 代琼，向杰，杨金华主编. -- 北京 ： 中国水利水电出版社，2024.3
ISBN 978-7-5226-1944-6

Ⅰ. ①水… Ⅱ. ①代… ②向… ③杨… Ⅲ. ①水利工程－工程制图－AutoCAD软件－高等职业教育－教材 Ⅳ. ①TV222.1-39

中国国家版本馆CIP数据核字(2023)第227589号

书　名	重庆市高水平高职学校和专业群建设系列教材 **水利工程 CAD 制图实用教程（基于 AutoCAD 2020 软件平台）（活页式）** SHUILI GONGCHENG CAD ZHITU SHIYONG JIAOCHENG (JIYU AutoCAD 2020 RUANJIAN PINGTAI)
作　者	主　编　代　琼　向　杰　杨金华 副主编　付文艺　李　影　朱方敏　刘亚东　邓　刚 主　审　张守平
出版发行	中国水利水电出版社 （北京市海淀区玉渊潭南路 1 号 D 座　100038） 网址：www. waterpub. com. cn E - mail：sales@mwr. gov. cn 电话：（010）68545888（营销中心）
经　售	北京科水图书销售有限公司 电话：（010）68545874、63202643 全国各地新华书店和相关出版物销售网点
排　版	中国水利水电出版社微机排版中心
印　刷	北京市密东印刷有限公司
规　格	184mm×260mm　16 开本　21.75 印张（总）　516 千字（总）
版　次	2024 年 3 月第 1 版　2024 年 3 月第 1 次印刷
印　数	0001—5000 册
定　价	**65.00** 元

前言

《水利工程CAD制图实用教程》是一本以水利工程设计岗位实际绘图工作流程为撰写主线，详细介绍使用AutoCAD 2020中文版软件绘制水利工程图样的校企合作教材。本教材内容精炼，着重介绍实际工作中常用的命令、技巧和经验。通过学习，读者能够快速掌握AutoCAD的基本操作和水利工程图样的绘制技巧，可作为高职院校水利工程、水利水电建筑工程、水利水电工程技术、智慧水务管理等相关专业的教材用书，也可作为工程技术人员学习CAD的参考书。

本教材主要特点：

1. 校企合作开发

本教材结合设计企业一线资深专家的实际工作经验，以岗位实际绘图流程为主线，将岗位技能需求与教学内容有序对接，参照国家标准和水利行业标准的规定，以绘制典型水利工程图样为例，由浅入深、循序渐进地讲述水利工程CAD制图的方法及技巧，使读者能够快速、精确地绘制出标准的工程图样，满足企业的岗位能力需求。

2. 数字资源丰富

本教材对知识重难点和重要案例均配有对应视频资源，涉及软件基本操作经验、常用二维图形绘制及编辑命令、典型水利工程图样的绘制过程及技巧、图纸打印输出、水工典型建筑物三维建模等多个方面；附录部分汇总了"CAD常用命令集锦""CAD常用快捷键"，并配有基础练习图样及典型水利工程图样等，方便自学和练习。

3. 活页式教材

本教材为活页式教材，具有可拆解性和可组合性。根据教学或实训需要，可将教材部分内页单独抽出或加入新页、夹入笔记、增补图纸及资料等，灵活性高，能够满足日新月异的教与学的需求。再结合本教材的工作流程化编写思路，有利于读者按绘图工作流程进行学习，帮助其将绘图工作流程固化为自身的工作经验。

4. 使用各版本软件均可参照学习

虽然 AutoCAD 软件版本繁多，但本教材编写时注重常用命令的命令别名及快捷键介绍，辅以 AutoCAD 2020 版部分命令界面变化处的详细讲解，确保了对各版本软件的普适性。

本书由重庆水利电力职业技术学院代琼、向杰及四川都电工程勘察设计有限公司杨金华担任主编；重庆水利电力职业技术学院付文艺、李影、朱方敏、刘亚东及重庆市渝西水利电力勘测设计院有限公司邓刚担任副主编；重庆水利电力职业技术学院常允艳、雷丽莎、王延龄参与编写；重庆水利电力职业技术学院张守平担任主审。具体分工如下：李影编写项目 1 和项目 3 的任务 3.1；付文艺编写项目 2 和项目 3 的任务 3.2；刘亚东编写项目 3 的任务 3.3 和任务 3.4；朱方敏编写项目 3 的任务 3.5 和任务 3.6；代琼编写项目 4 并统稿；杨金华编写项目 5；向杰编写项目 6 并校稿；邓刚编写项目 2 的任务 2.7 和附录。

本书的编写得到了重庆市渝西水利电力勘测设计院有限公司和四川都电工程勘察设计有限公司的大力支持，在此一并表示诚挚的谢意！由于编者水平有限，书中的疏漏及不妥之处，恳请广大读者批评指正。

编者

2023 年 7 月

“行水云课”数字教材使用说明

“行水云课”水利职业教育服务平台是中国水利水电出版社立足水电、整合行业优质资源全力打造的“内容”＋“平台”的一体化数字教学产品。平台包含高等教育、职业教育、职工教育、专题培训、行水讲堂五大版块，旨在提供一套与传统教学紧密衔接、可扩展、智能化的学习教育解决方案。

本套教材是整合传统纸质教材内容和富媒体数字资源的新型教材，将大量图片、音频、视频、3D动画等教学素材与纸质教材内容相结合，用以辅助教学。读者登录“行水云课”平台，进入教材页面后输入激活码激活，即可获得该数字教材的使用权限。可通过扫描纸质教材二维码查看与纸质内容相对应的知识点多媒体资源，也可通过移动终端App、“行水云课”微信公众号或“行水云课”网页版查看完整数字教材。

线上教学与配套数字资源获取途径如下：

• 手机端。关注“行水云课”公众号→搜索“图书名”→封底激活码激活→学习或下载。

• PC端。登录“xingshuiyun.com”→搜索“图书名”→封底激活码激活→学习或下载。

数字资源索引

序号	资　源　名　称	资源类型	页码
1	1.1 认识实用工作界面	实操视频	2
2	1.2 激活级终止命令	实操视频	6
3	1.3 管理图形文件	实操视频	21
4	1.4 鼠标的功能及经验操作	实操视频	24
5	1.5 选择对象	实操视频	25
6	1.6 设置状态栏	实操视频	30
7	2.1 设置图层样例	实操视频	42
8	2.2 设置尺寸标注样式	实操视频	50
9	2.3 标注基本尺寸	实操视频	63
10	2.4 设置文字样式	实操视频	75
11	2.5 创建及调用样板文件	实操视频	85
12	3.1 绘制矩形	实操视频	95
13	3.2 绘制直线	实操视频	97
14	3.3 偏移	实操视频	99
15	3.4 修剪与延伸	实操视频	100
16	3.5 删除与撤销	实操视频	102
17	3.6 查询工具	实操视频	103
18	3.7 绘制 A3 图框及标题栏	实操视频	105
19	3.8 绘制圆	实操视频	107
20	3.9 复制	实操视频	109
21	3.10 倒角	实操视频	110
22	3.11 拉伸	实操视频	112
23	3.12 移动命令	实操视频	114
24	3.13 绘制组合体的三视图 4	实操视频	115
25	3.14 绘制多边形	实操视频	116
26	3.15 圆角命令	实操视频	118
27	3.16 绘制椭圆	实操视频	120

续表

序号	资 源 名 称	资源类型	页码
28	3.17 阵列命令	实操视频	122
29	3.18 绘制技巧图	实操视频	124
30	3.19 镜像命令	实操视频	125
31	3.20 填充命令	实操视频	126
32	3.21 缩放命令	实操视频	128
33	3.22 打断命令	实操视频	130
34	3.23 特性匹配命令	实操视频	131
35	3.24 夹点编辑命令	实操视频	131
36	3.25 绘制矩形截面梁横断面图	实操视频	133
37	3.26 绘制多段线	实操视频	136
38	3.27 绘制样条曲线	实操视频	140
39	3.28 绘制圆弧	实操视频	143
40	3.29 旋转对象	实操视频	145
41	3.30 绘制溢流坝断面图	实操视频	146
42	3.31 绘制构造线	实操视频	149
43	3.32 设置多线样式	实操视频	151
44	3.33 绘制和编辑多线	实操视频	152
45	3.34 创建带属性定义的图块（高程符号）	实操视频	160
46	3.35 创建及调用外部块（A3 图框为例）	实操视频	160
47	3.36 绘制建筑平面图	实操视频	163
48	4.1 绘制重力坝剖视图	实操视频	171
49	4.2 绘制进水闸结构图	实操视频	176
50	4.3 绘制建筑施工图	实操视频	183
51	4.4 绘制矩形截面梁配筋图	实操视频	192
52	5.1 模型空间打印图纸	实操视频	200
53	6.1 构建带方圆渐变段的隧洞模型	实操视频	278
54	6.2 构建带扭面过渡段的渠道模型	实操视频	279
55	6.3 构建水闸模型	实操视频	282

目录

项目 1

工 位 准 备

本项目将对工位准备阶段中启动 AutoCAD 2020 软件、认识工作界面、激活命令、管理图形文件、使用鼠标、控制图形文件和视图、设置状态栏等进行介绍。工位准备阶段的各项工作对图样绘制的精度、速度及成果的保存至关重要，务必引起重视。

任务 1.1　认识 AutoCAD 2020 软件

1.1.1　启动 AutoCAD 2020

AutoCAD 2020 启动的方式有如下两种：

（1）双击桌面的 AutoCAD 2020 快捷方式。

（2）选中桌面的快捷方式，单击鼠标右键选择【打开】。

※ 注意：本书将“单击鼠标左键”简称为“单击”；“双击鼠标左键”简称为“双击”。书中标有“※ 注意：”字样处，请读者格外重视。

启动 AutoCAD 2020 后进入如图 1.1 所示的界面，单击【开始绘制】，进入 AutoCAD 2020 的默认工作界面。单击快速访问工具栏后面的三角形符号，单击【显示菜

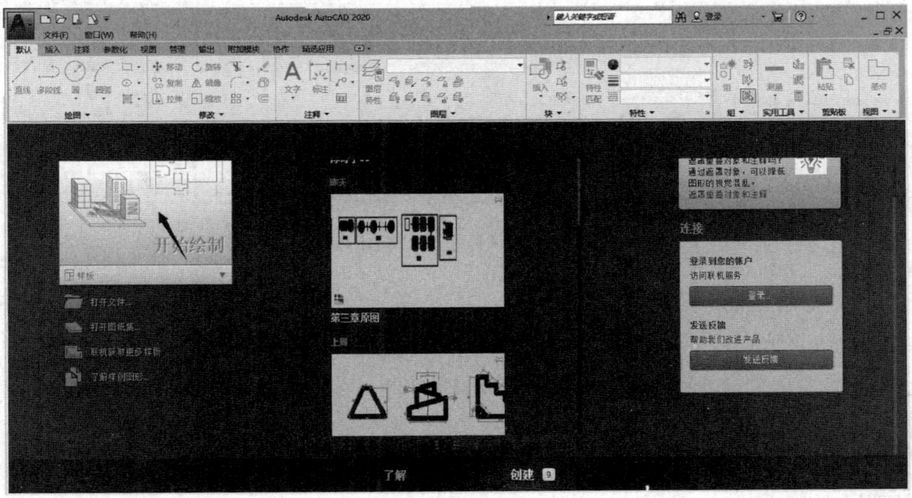

图 1.1　AutoCAD 2020 启动界面

单栏】，如图 1.2 所示。选择【工具】菜单栏中的【选项】，在【选项】对话框中选择【显示】→【窗口元素】→【颜色主题】改为明；单击【颜色】按钮，将“统一背景”颜色改为“白”，单击【确定】按钮，退出该对话框，此时操作界面如图 1.3 所示。

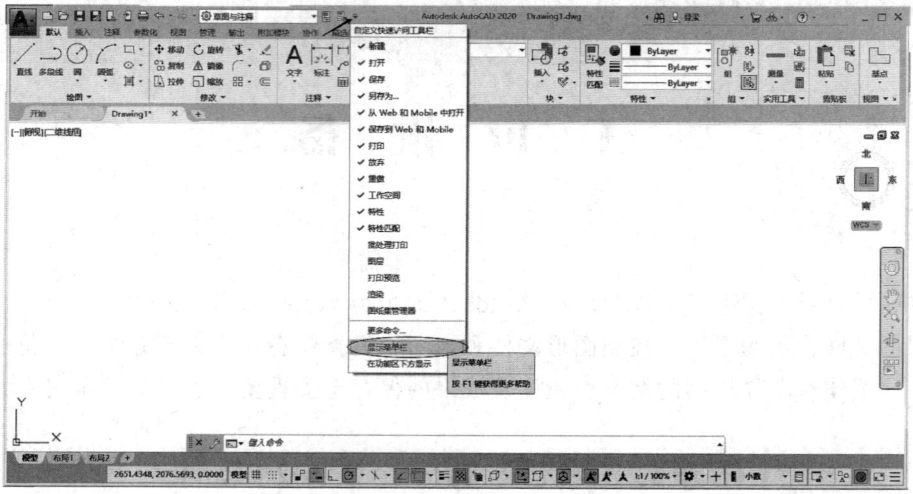

图 1.2　AutoCAD 2020 默认工作界面

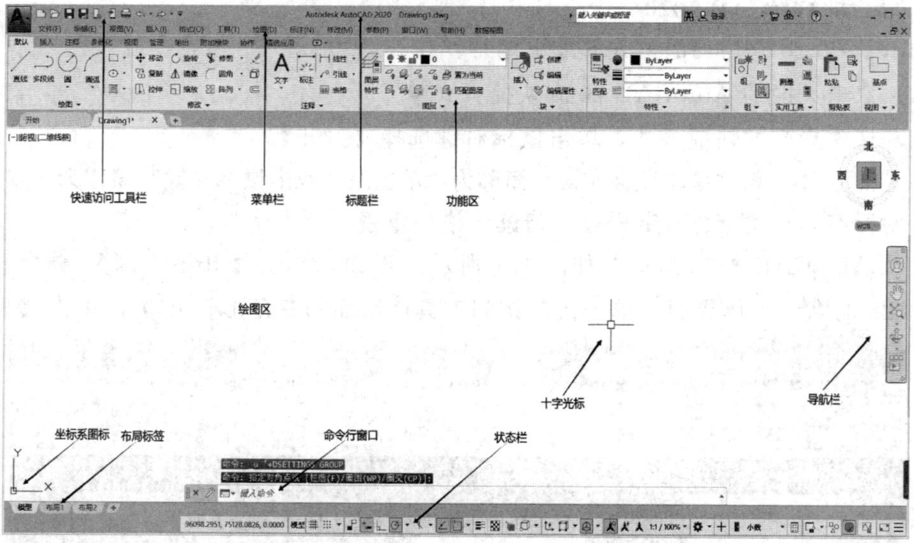

图 1.3　AutoCAD 2020 实用工作界面

1.1.2　认识实用工作界面

图 1.3 所示的实用工作界面包括标题栏、快速访问工具栏、菜单栏、功能区、绘图区、命令行窗口、状态栏等功能组件。

1.1

1. 标题栏

标题栏位于 AutoCAD 2020 中文版工作界面的最上端。标题栏中显示系统当前正在运行的应用程序（AutoCAD 2020）和用户正在使用的图形文件名称。

第一次启动 AutoCAD 2020 时，标题栏中显示创建并打开的图形文件名称为 Drawing1. dwg，如图 1.4 所示。右侧的  按钮，依次可以最小化、最大化或关闭软件。

图 1.4　标题栏

2. 快速访问工具栏

快速访问工具栏位于工作界面的左上角，包括【新建】、【打开】、【保存】、【另存为】、【打印】、【放弃】、【重做】等常用的工具。用户也可以单击该工具栏后面的下拉按钮设置需要的常用工具，如图 1.5 所示。

图 1.5　快速访问工具栏

3. 菜单栏

菜单是调用命令的方式之一。菜单栏以级联的层级结构来组织各个菜单项，并以下拉菜单的形式逐级显示。在 AutoCAD 2020 中有 12 个一级菜单，如图 1.6 所示，这些菜单几乎包含了 AutoCAD 的所有命令。在每个一级菜单栏下都有子菜单，单击一级菜单会有对应的显示，如图 1.7 所示。

图 1.6　一级菜单栏

AutoCAD 下拉菜单中的命令有以下 3 种类型。

（1）带有箭头符号“＞”的菜单命令。这种类型的命令后面带有下一级子菜单。例如，选择【格式】→【图层工具】命令，屏幕上会下拉出【图层工具】子菜单中所包含的命令，如图 1.7 所示。

（2）带有省略号“…”的菜单命令。这种类型的命令会弹出对话框。例如，选择【格式】→【标注样式】命令，如图 1.8 所示，会打开【标注样式管理器】对话框，如图 1.9 所示。

（3）直接操作的菜单命令。这种类型的命令将直接进行相应操作。例如，选择【绘图】→【直线】命令，将进入直线绘制，如图 1.10 所示。

4. 功能区

功能区包括【默认】、【插入】、【注释】、【参数化】、【视图】、【管理】、【输出】、【附加模块】、【协作】、【精选应用】等选项卡，如图 1.11 所示。每个选项卡下有相关的操作工具，以便用户使用。

图 1.7　子菜单栏

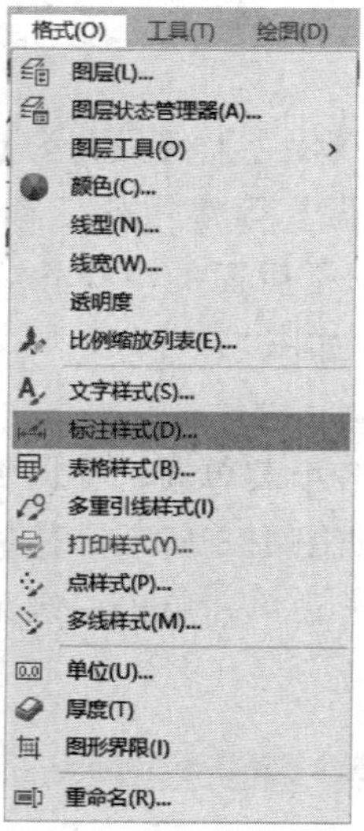

图 1.8 带有省略号的菜单命令

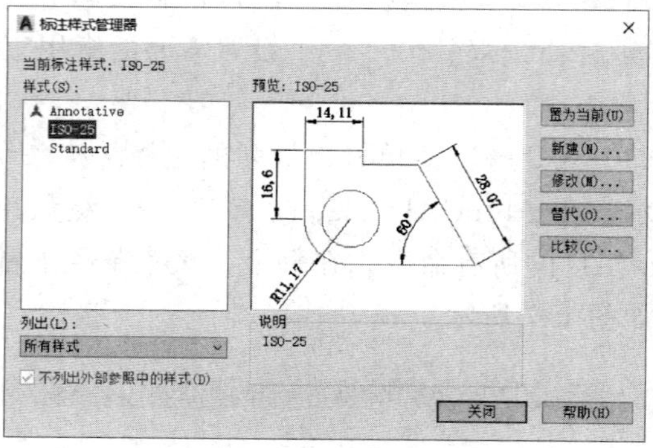

图 1.9 【标注样式管理器】对话框命令

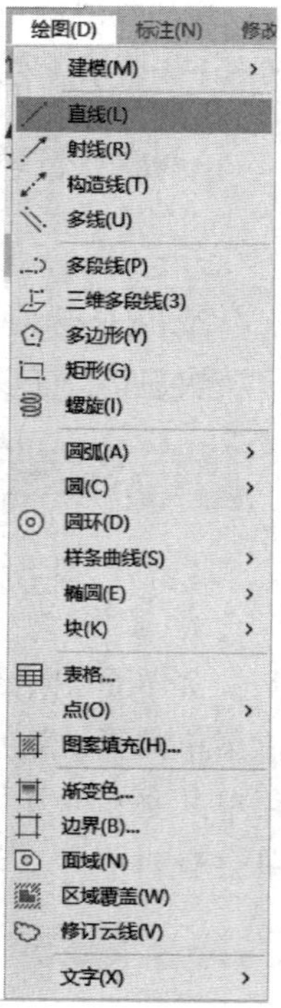

图 1.10 直接执行菜单

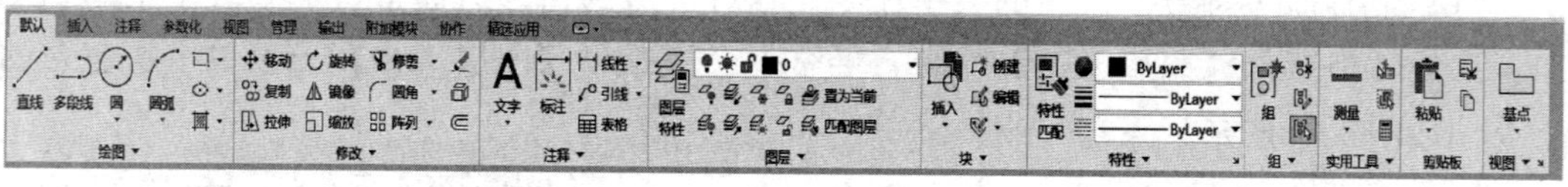

图 1.11 功能区选项卡

5. 绘图区

绘图区是 AutoCAD 显示和绘制图形的场所，等同尺规作图的图纸，如图 1.3 所示。在 AutoCAD 中可以同时打开多个图形文件，但是当前可以编辑的始终只有一个图形文件，可以在多个图形文件间切换。

在绘图区左下角，有两个互相垂直的箭头组成的坐标系。它是 AutoCAD 中的世界坐标系（WCS），反映了当前坐标系的原点和 X、Y、Z 轴的正方向。

鼠标在绘图区域显示为十字光标，移动到功能按钮或菜单栏处将显示为箭头。十字光标交点反映光标在当前坐标系中的位置。系统预设十字光标的大小为屏幕大小的 5%。

绘图区左下角还包括一个模型选项卡和多个布局选项卡，分别用于显示图形的模型空间和图纸空间。

6. 命令行窗口

命令行又称为文本窗口，是用户与软件进行沟通交流、发布命令、输入数据、状态显示等的平台，用户需要执行操作时可直接输入其对应命令，然后根据命令行的步骤提示和说明进行后续的操作，如图 1.12 所示。

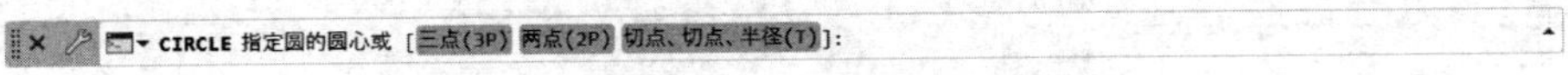

图 1.12　命令行窗口

※ 注意：用户不必将光标移至命令行再输入命令，任意位置直接输入均会自动跳转到命令行。

当命令行的提示较多时，可以用<F2>键激活 AutoCAD 文本窗口，在这个窗口可以查阅更多命令的历史记录，如图 1.13 所示。

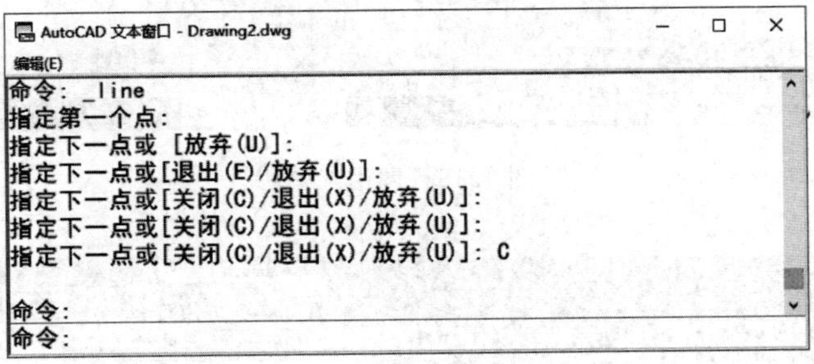

图 1.13　激活的文本窗口

7. 状态栏

状态栏位于工作界面底部，用于显示坐标、提示信息等，同时还提供了一系列的控制按钮，如图 1.14 所示。状态栏的基本操作是通过单击按钮来控制对应功能的打开或关闭。按钮呈灰色为关闭状态，按钮呈亮色为打开状态。

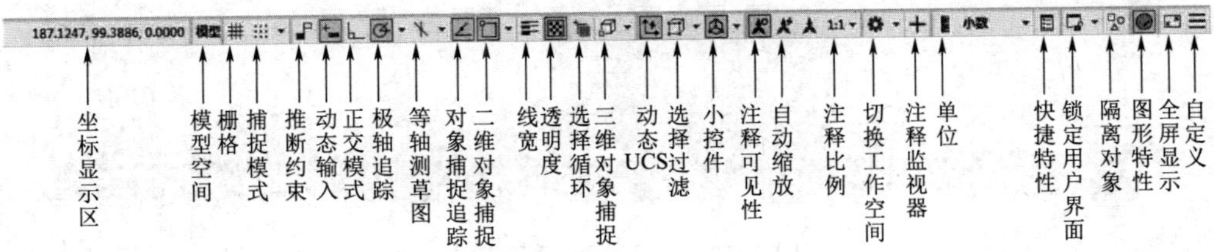

图 1.14　状态栏

8. 工具栏

工具栏是一组图标形工具的集合。例如，选择【工具】→【工具栏】→【AutoCAD】→【修改】，即可调出【修改】工具栏，如图 1.15 所示。

工具栏可以在绘图区浮动，此时可显示该工具栏标题，并可关闭该工具栏。用鼠标可以拖曳浮动工具栏到图形区边界，使它变为固定工具栏。也可以把固定工具栏拖出，使其成为浮动工具栏。将光标移动到某个图标，稍停片刻即显示相应的工具提示，单击图标可以启动相应命令，如图 1.16 所示。

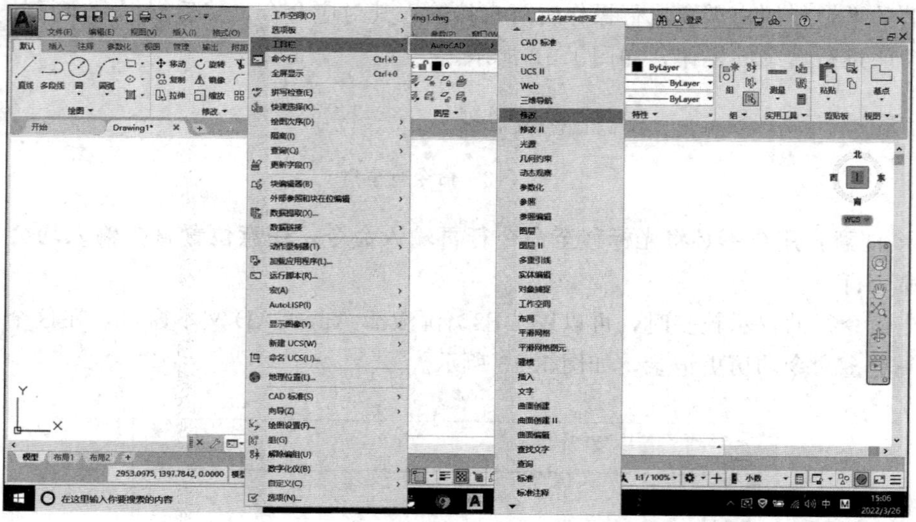

图 1.15 调用工具栏

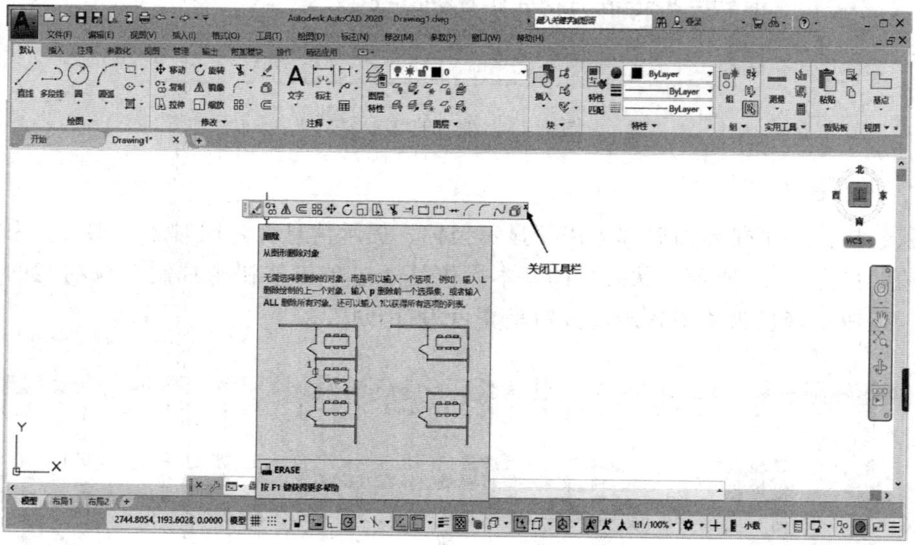

图 1.16 浮动工具栏及工具说明

任务1.2 执 行 命 令

1.2.1 激活及终止命令

1. *激活命令*

1.2

要激活某个命令，有命令输入、菜单操作、单击功能按钮等方式。

（1）命令输入。在【键入命令】状态下输入相关的命令。例如：要执行【直线（L)】命令，直接输入【LINE】（或命令别名 L)，再敲击<Enter>

键或空格键，命令行如图 1.17 所示。

图 1.17 命令行输入【LINE】命令

※ 注意：为方便读者记忆各命令的别名提高绘图速度，在命令后的括号内加入了该命令的别名，如【直线（L)】，即直线命令的别名为 L。

（2）菜单操作。要执行【直线】命令，在【绘图】菜单的下拉菜单中单击

即可，如图 1.18 所示。

（3）单击功能按钮。要执行【直线】命令，在【绘图】功能区单击【直线】命令图标即可，如图 1.19 所示。

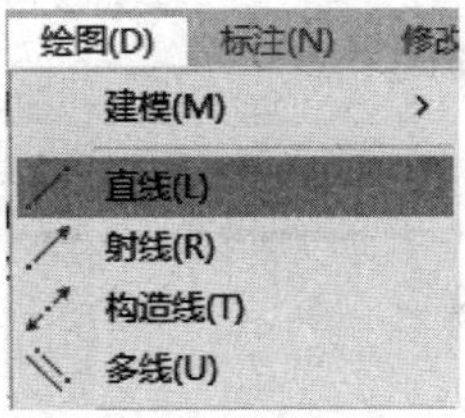

图 1.18 菜单栏执行【直线】命令

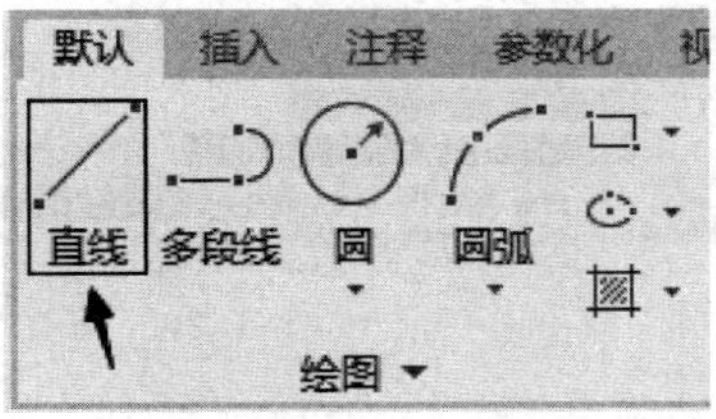

图 1.19 【直线】命令功能按钮

上述三种激活命令的方法，优先采用命令输入和功能按钮的方法，菜单操作的方法多是在前两种都不可执行的状态下采用。

2. 终止命令

结束、中止执行命令或退出选择集应按＜Esc＞键退出。有的命令执行完后可以右键按【确定】或【取消】即可终止命令。

1.2.2 调用透明命令

透明命令是指在当前命令运行的过程中可暂时调用另一条命令，待透明命令执行完毕后再执行当前命令。例如，画线时，如果定位的点在视图外或者看不清，可用鼠标滑轮平移和缩放图形，此时平移和缩放视图就是透明命令。但并不是所有的命令都可以透明调用，可以作为透明命令使用的通常都是一些辅助工具，例如缩放、平移、计算器、线型设置、颜色设置、图纸界限、栅格和捕捉设置等。

（1）命令行调用透明命令。在执行命令的过程中，输入一个单引号“'”，后面输入命令名，即可以透明调用其他命令。例如，画线时，要将视图放大两倍，可以输入“'ZOOM”或“'Z”，回车，输入“2X”。

（2）利用鼠标调用透明命令。在绘图过程需要频繁地缩放、平移视图，可以直接利用鼠标滑轮拖动和滚动来透明使用实时平移和缩放。栅格、捕捉、极轴等的设置也可以透明调用，在绘图时可在状态栏单击切换状态或者打开【草图设置】对话框进行相关设置。绘图时也可以设置颜色、线型、线宽等特性。

在绘图命令执行的过程中，也可以使用鼠标移动到菜单中选择可透明执行的命令。例如，画线时在右键菜单里选择快速计算器，如图 1.20 所示。

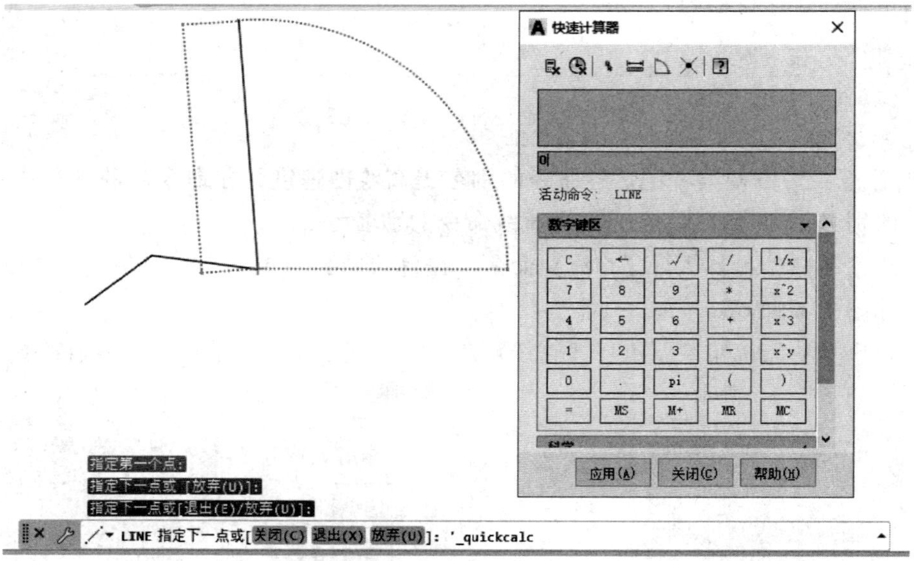

图 1.20 在直线命令下调用快速计算器

（3）利用快捷键调用透明命令。这里说的快捷键是指＜F3＞、＜F12＞或＜Ctrl＋S＞等的功能键和组合键，常用快捷键见附录 2。

例如，在画线时按＜Ctrl＋8＞组合键可透明调用快速计算器。

任务 1.3 设置参数选项

使用 AutoCAD 开始绘图之前，应该对整个软件的系统参数进行设置，这样才能有助于提高绘图的速度和质量。设置【选项】参数就是其中一项非常重要的准备工作。

调用命令：

（1）命令：OPTIONS（OP）。

（2）菜单栏：【工具】→【选项】。

（3）快捷菜单：未执行命令的状态下，在绘图区单击鼠标右键，在弹出的快捷菜单中选择【选项】命令。

在【选项】对话框中，共有 10 个选项卡，如图 1.21 所示。

1.3.1 设置【文件】选项卡

【文件】选项卡主要对各类文件的存储路径进行设置，其中常用到的设置为【自动保存文件路径】的修改。双击路径显示位置，在弹出的对话框中选择自动保存的路径，如图 1.22 所示。

1.3.2 设置【显示】选项卡

【显示】选项卡主要对软件窗口界面和图形效果的显示进行设置，其中常用到的设置为【颜色】、【字体】、【显示精度】、【十字光标大小】等，如图 1.23 所示。

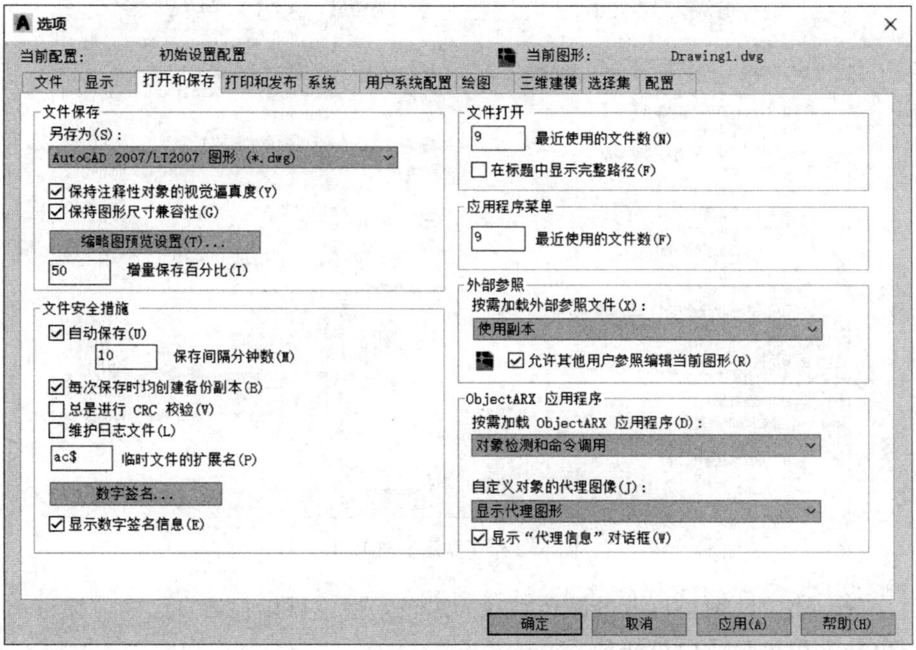

图 1.21 【选项】对话框

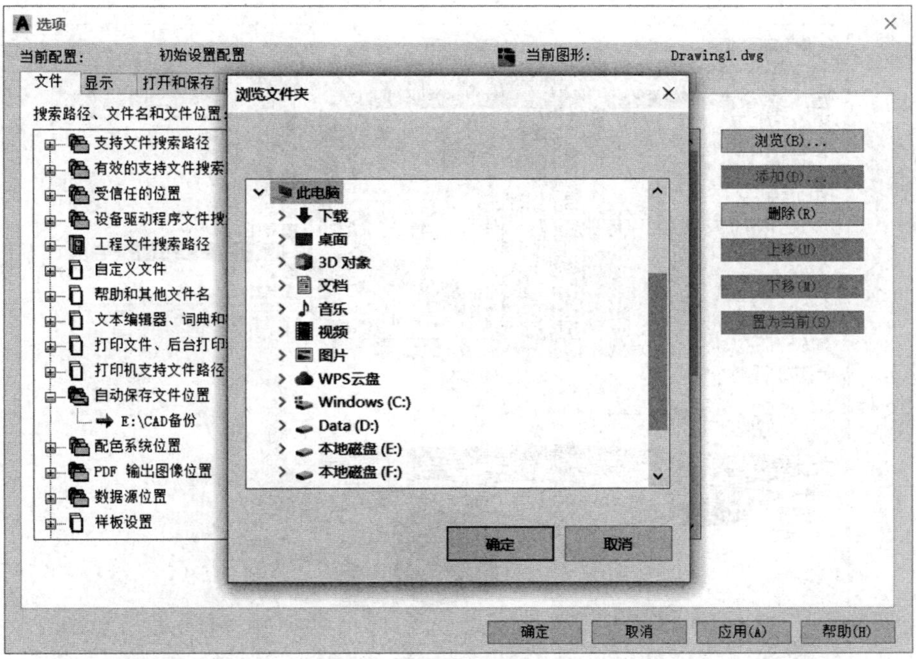

图 1.22 修改自动保存路径

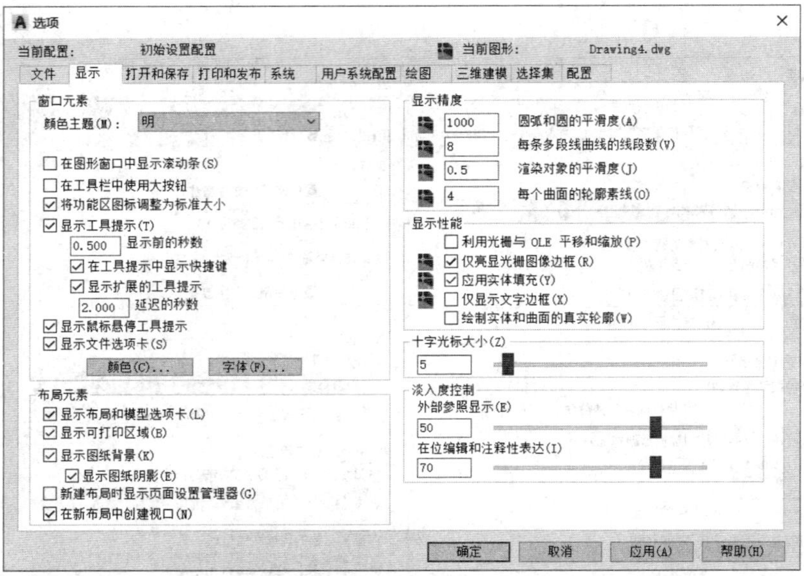

图 1.23 【显示】选项卡

(1)【颜色】：绘图窗口背景颜色默认为黑色，用户可以根据自己的习惯选择合适的背景颜色，常用黑色或白色两种。

单击【窗口元素】中的【颜色】按钮，打开【图形窗口颜色】对话框，在右上角单击【颜色】箭头下拉列表，选择需要的颜色，如图 1.24 所示。

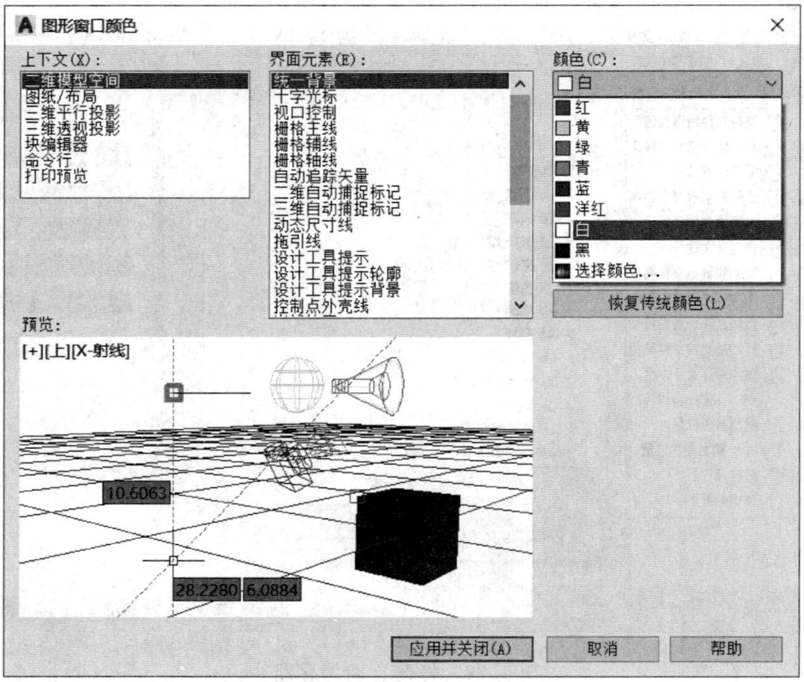

图 1.24 【图形窗口颜色】对话框

(2)【字体】：用户可以根据自己的习惯设定命令行中显示文字的字体效果。

单击【窗口元素】中的【字体】按钮，打开【命令行窗口字体】对话框，在【字体】、【字形】、【字号】几项中分别设置文字的样式和大小，如图 1.25 所示。

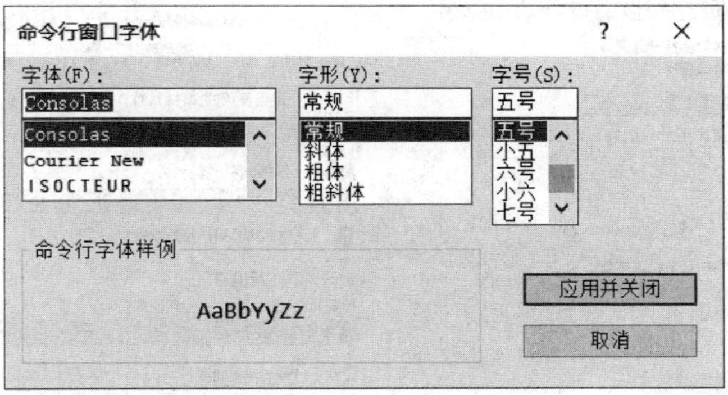

图 1.25 【命令行窗口字体】对话框

(3)【显示精度】：用于设定相关图形显示的效果，如图 1.26 所示。

(4)【十字光标大小】：用于控制十字光标的尺寸，有效值范围从全屏幕的 1%～100%，默认尺寸为 5%，如图 1.27 所示。在设定为 100%时，看不到十字光标的末端，当尺寸减为 99%或更小时，十字光标才是有限的尺寸，可根据绘图习惯进行参数设定。

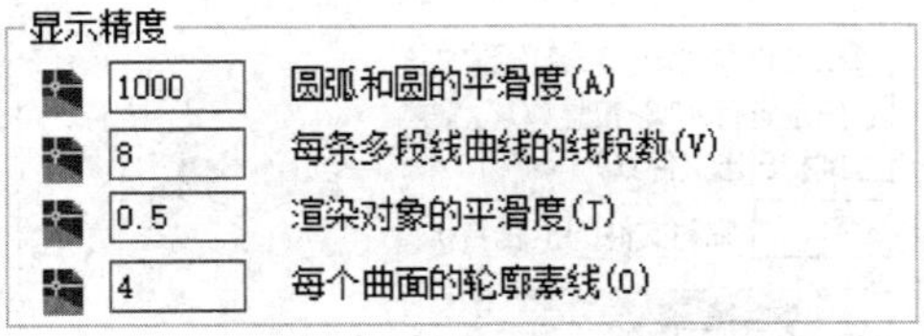

图 1.26 设置【显示精度】

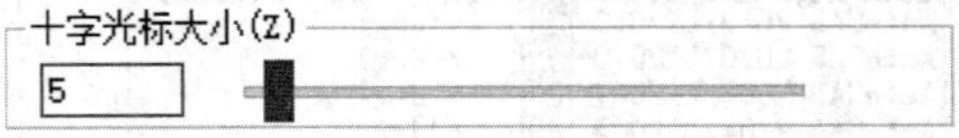

图 1.27 【十字光标大小】

1.3.3 设置【打开和保存】选项卡

【打开和保存】选项卡主要控制保存文件的相关参数设置，其中常用到的设置为【文件保存】中的【另存为】，【文件安全措施】中的【保存间隔分钟数】、【临时文件的扩展名】等，如图 1.28 所示。

(1)【另存为】：是设定 SAVE、SAVEAS、QSAVE 和 WBLOCK 命令保存文件时将要采用的有效文件格式的参数。

单击其箭头下拉列表，选择需要的文件格式类型，默认为 2018 版图形文件格式，如图 1.29 所示。习惯上设定为较低版本文件格式，方便与别人进行交流，避免对方由于安装低版本软件而无法打开图形文件。

(2)【保存间隔分钟数】：是设定软件自动保存时间间隔的参数，默认值为 10 分钟，如图 1.30 所示。用户可根据需要设定自动保存的时间间隔。

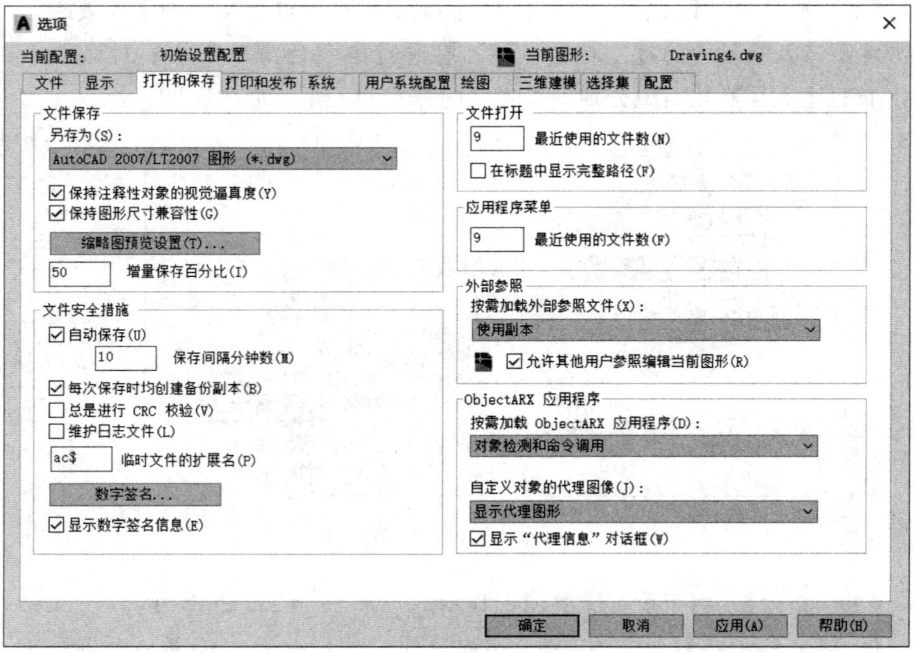

图 1.28 【打开和保存】选项卡

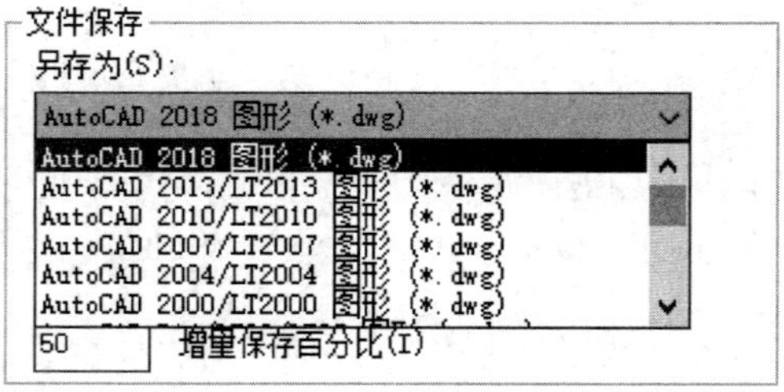

图 1.29 【另存为】格式

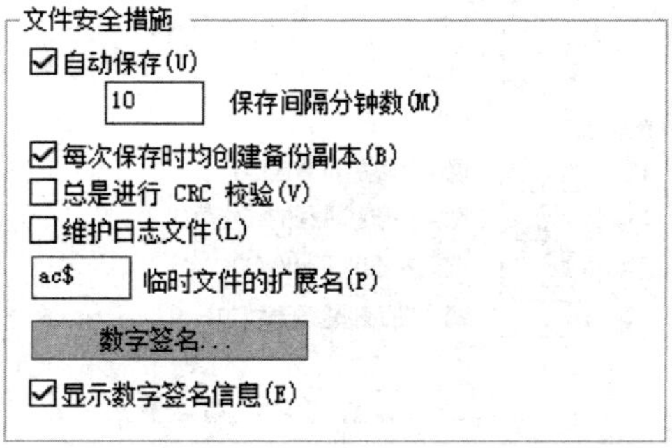

图 1.30 【文件安全措施】参数

(3)【临时文件的扩展名】:是设定软件自动保存文件时的唯一扩展名的参数，默认扩展名为“.ac$”。若需要取回上一个自动保存时间间隔内的绘图成果，可在自动保存文件路径中找出扩展名为“.ac$”的文件，将其扩展名更改为“.dwg”就可以得到需要的图形文件了。

1.3.4 设置【打印和发布】选项卡

【打印和发布】选项卡主要控制与打印和发布相关的参数设置，其中常用到的设置为【打印到文件】，如图 1.31 所示。

【打印到文件】用于设定打印到文件时文件的输出路径。可以在如图 1.31 所示方框位置输入路径或单击按钮选定新的路径，如图 1.32 所示。

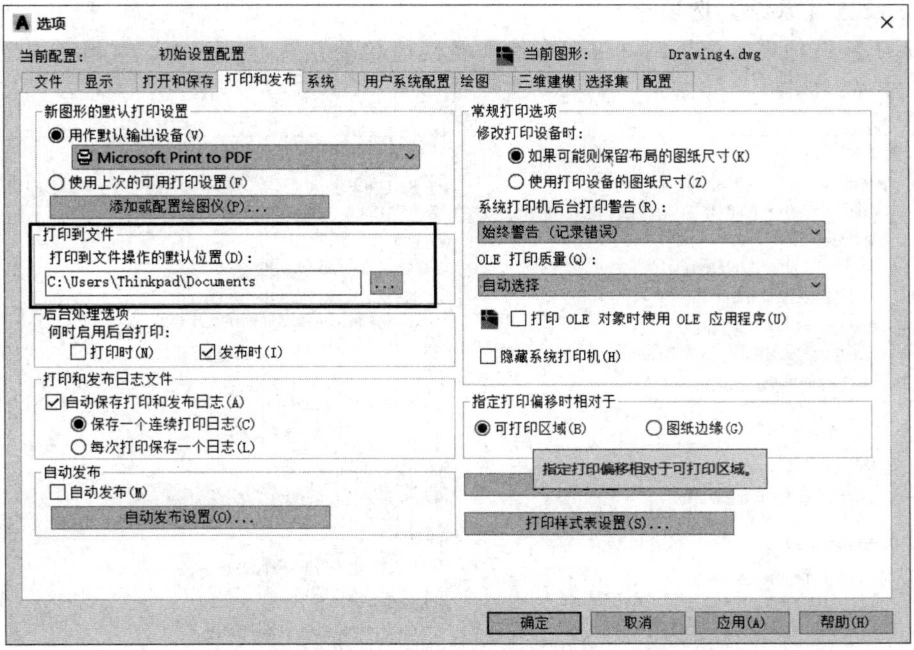

图 1.31 【打印和发布】选项卡

图 1.32 【为所有打印到文件的操作选择默认位置】对话框

1.3.5 设置【系统】选项卡

【系统】选项卡主要控制三维图形性能及其他相关系统参数设置，实际工作中常采用默认设置，如图 1.33 所示。

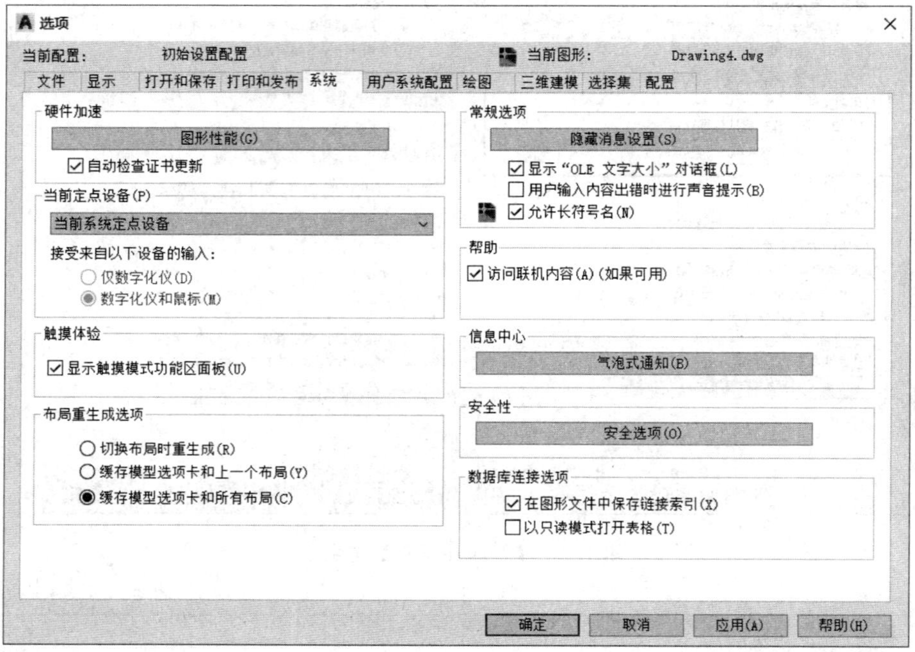

图 1.33 【系统】选项卡

1.3.6 设置【用户系统配置】选项卡

【用户系统配置】选项卡主要控制工作方式的设置。这些设置会一定程度地影响到操作过程的便捷性和绘图速度。实际工作中常用到的设置为【Windows 标准操作】、【编辑比例列表】和【关联标注】，如图 1.34 所示。

(1)【Windows 标准操作】：用以控制鼠标双击操作和鼠标右键单击操作的对应功能。

1)【双击进行编辑】：用以控制鼠标双击图形时是否进行编辑，勾选就代表双击要进行编辑，实际工作中常采用默认值，即复选框中勾选。

2)【绘图区域中使用快捷菜单】：用以控制在绘图区域中是否使用右键快捷菜单，默认设置为勾选，即单击右键将出现快捷菜单。若取消勾选，则默认单击右键为重复上一次命令。

3)【自定义右键单击】：用以控制鼠标右键单击具体参数设置，如图 1.35 所示。

(2)【关联标注】：用以控制标注是否与被标注对象关联，即控制对象外形发生变化时标注是否受到影响而发生变化。默认设置为关联，实际工作中常采用关联，如图 1.35 所示。

(3)【默认比例列表】：用以管理与布局视口和打印相关联的几个对话框中所显示的比例缩放列表，如图 1.36 所示。可以通过编辑默认比例和添加新比例来实现管理。

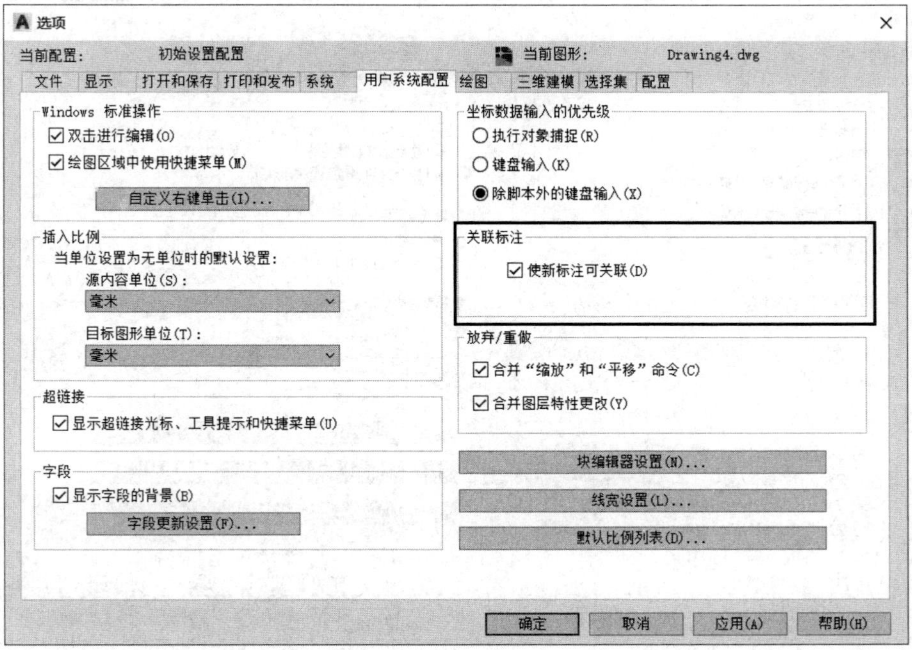

图 1.34 【用户系统配置】选项卡

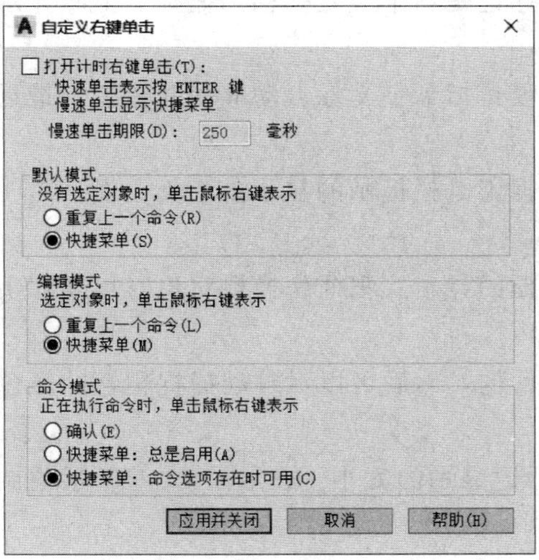

图 1.35 【自定义右键单击】对话框

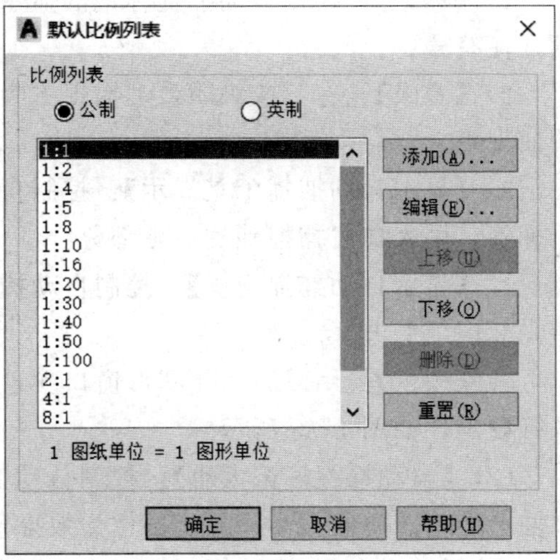

图 1.36 【默认比例列表】对话框

1.3.7 设置【绘图】选项卡

【绘图】选项卡主要控制自动捕捉和自动追踪等多个编辑功能的设定，实际工作中常用到的设置为【自动捕捉设置】、【自动捕捉标记大小】、【对齐点获取】和【靶框大小】，如图 1.37 所示。

（1）【自动捕捉设置】：控制使用对象捕捉时显示的形象化辅助工具（称作自动捕捉）的相关设置。

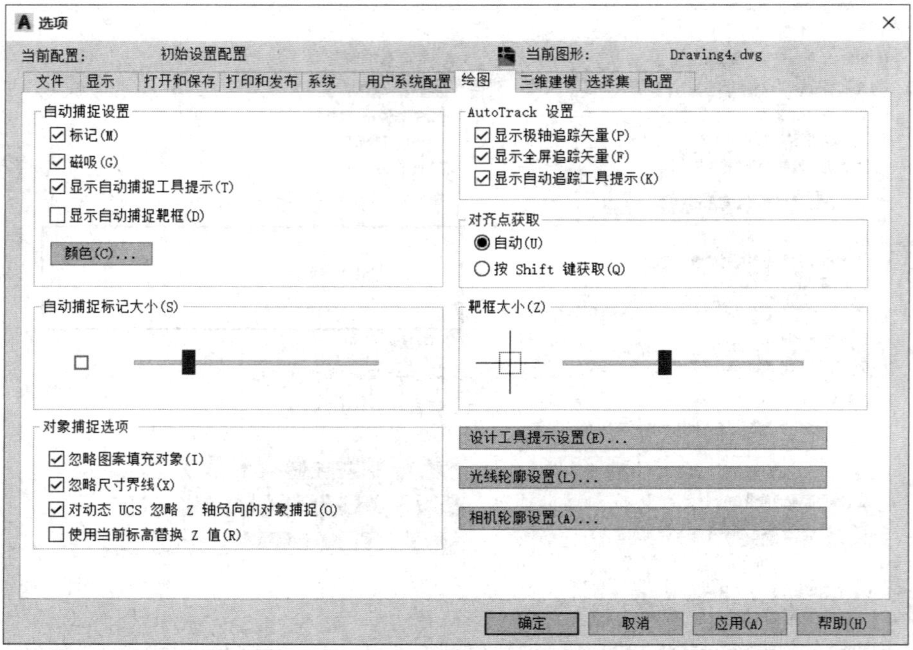

图 1.37 【绘图】选项卡

1)【标记】：控制自动捕捉标记的显示。该标记是当十字光标移到捕捉点上时显示的几何符号。

2)【磁吸】：打开或关闭自动捕捉磁吸。磁吸是指十字光标自动移动并锁定到最近的捕捉点上。

3)【显示自动捕捉工具提示】：控制自动捕捉工具栏提示的显示。工具栏提示是一个标签，用来描述捕捉到的对象部分。

4)【显示自动捕捉靶框】：控制自动捕捉靶框的显示。靶框是捕捉对象时出现在十字光标内部的方框。

5)【颜色】：用以激活【图形窗口颜色】对话框，然后可以对自动捕捉靶框的颜色进行设定，如图 1.38 所示。

(2)【自动捕捉标记大小】：控制自动捕捉标记显示的大小。在如图 1.39 所示的调节轴上设定需要的大小，左侧部位为效果预览。

(3)【对齐点获取】：控制对象追踪对齐点的获取方式，默认为自动，实际工作中也采用自动方式，如图 1.40 所示。

(4)【靶框大小】：设置自动捕捉靶框的显示尺寸，须在【自动捕捉设置】中勾选【显示自动捕捉靶框】后才会有效，靶框的大小用以确定光标应到达与捕捉点多近的位置时，磁吸会将靶框锁定到捕捉点上，其取值范围从 1～50 像素，如图 1.41 所示。

1.3.8 设置【三维建模】选项卡

【三维建模】选项卡控制在三维中使用实体和曲面的相关参数的设置，在实际工作中基本都采用默认值，根据需要进行设置的主要是【三维对象】，如图 1.42 所示。

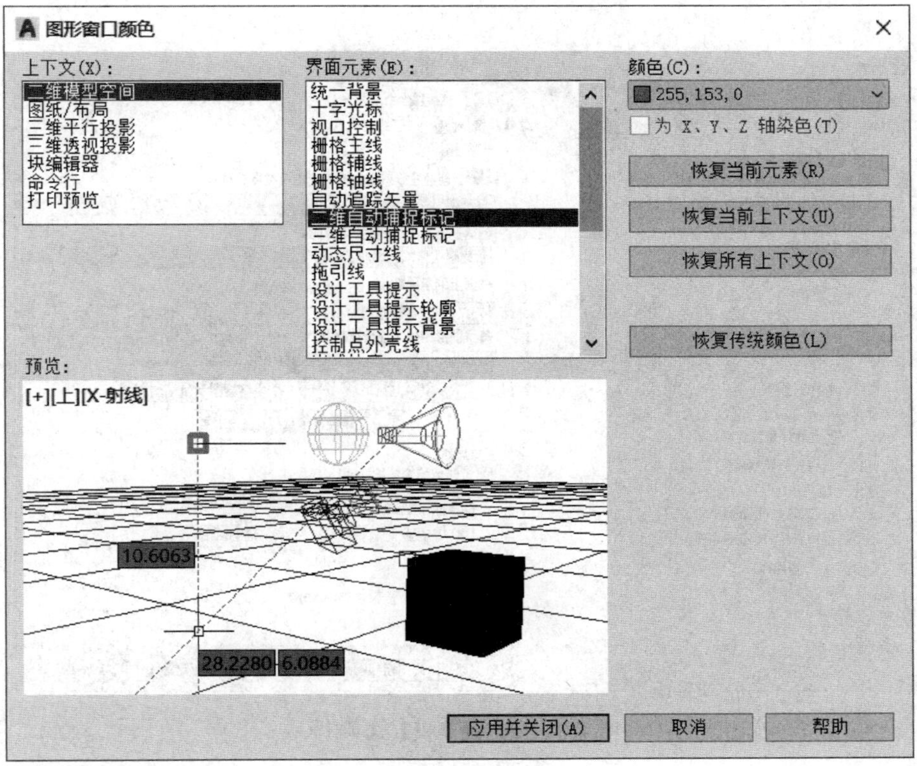

图 1.38 【图形窗口颜色】对话框

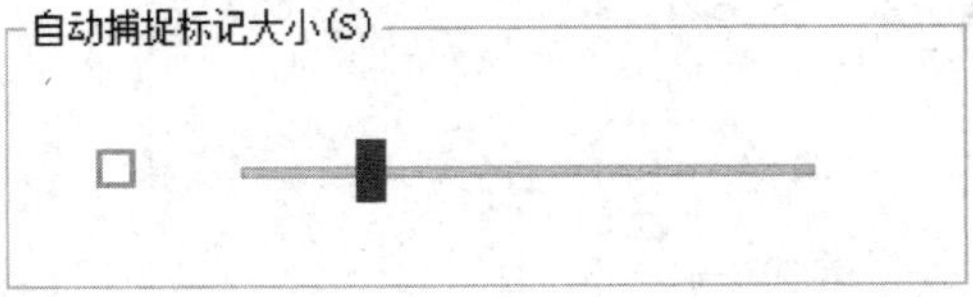

图 1.39 【自动捕捉标记大小】调节轴图

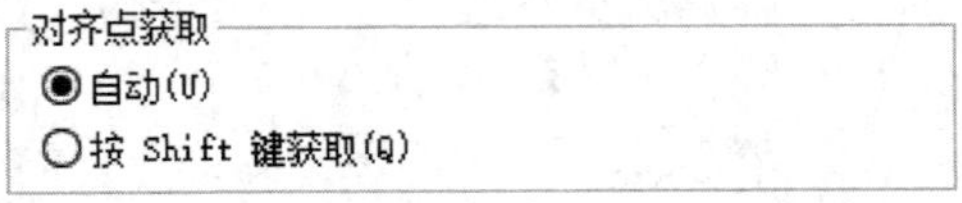

图 1.40 【对齐点获取】复选框

1.3.9 设置【选择集】选项卡

【选择集】选项卡控制选择对象操作的相关属性和方式的设定。实际工作中主要根据个人操作习惯进行设定，用户可以完全使用默认设置。重要的参数包括【拾取框大小】、【选择集模式】、【夹点尺寸】、【夹点】等，如图 1.43 所示。

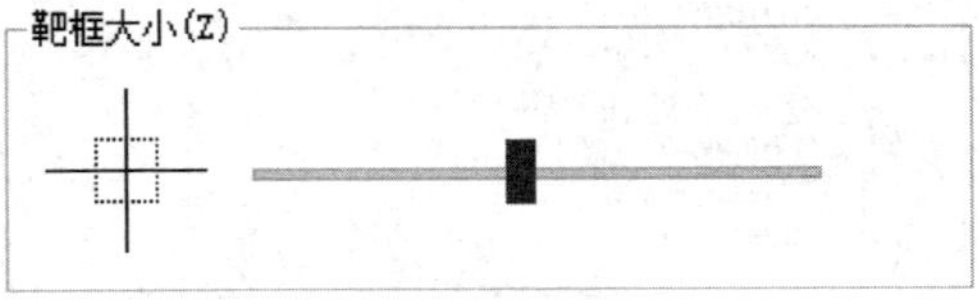

图 1.41 【靶框大小】调节轴

(1)【拾取框大小】：用于控制拾取框的大小，如图 1.44 所示。左侧为效果预览，右侧为大小调节轴。

(2)【选择集模式】：控制对象选择方法的相关设定，如图 1.43 所示。

1)【先选择后执行】：控制是否允许在启动命令之前选择对象。默认值为允许，实

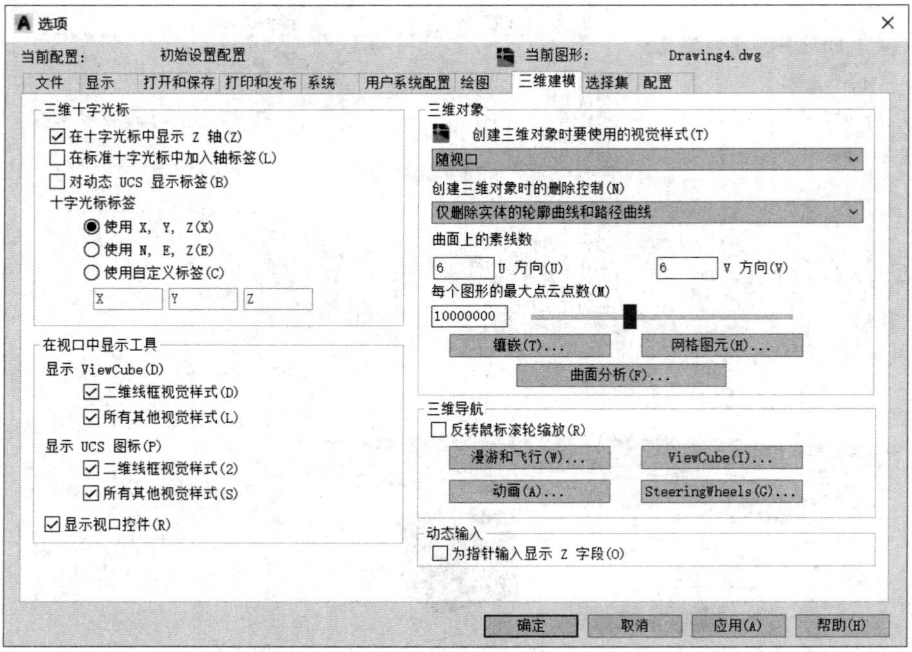

图 1.42 【三维建模】选项卡

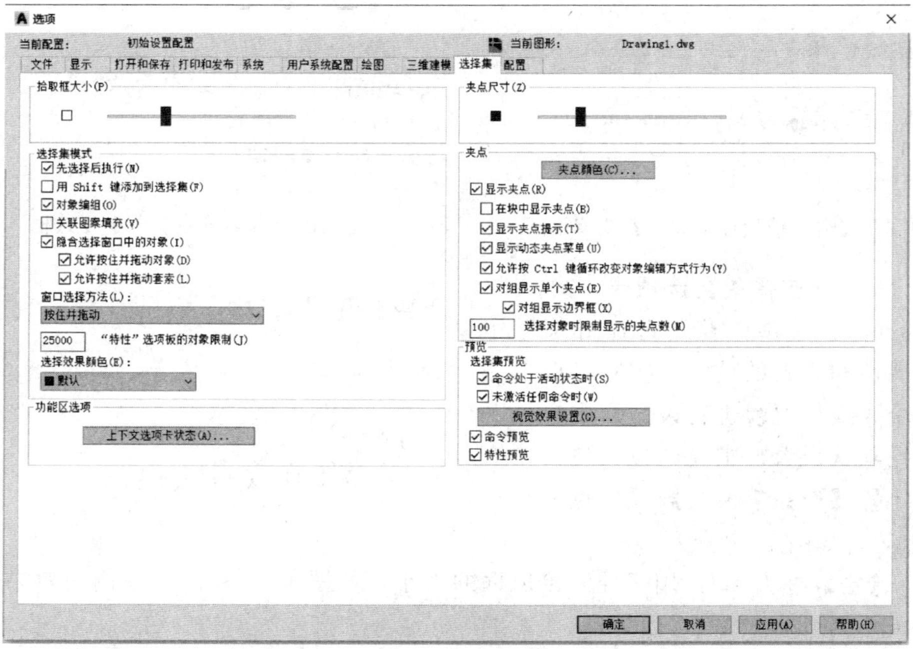

图 1.43 【选择集】选项卡

际工作中也常采用默认值。若不选择，则被调用的命令不能对命令调用前所选定的对象进行操作。

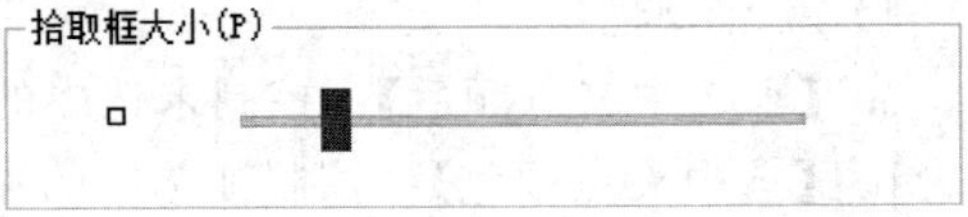

图 1.44　拾取框大小

可以【先选择后执行】的命令包括：3Dalign、Dviev、Properties、Array、Erase、Rotate、Block、Explode、Scale、Change、List、Stretch、Chprop、Mirror、Wblock、Copy、Move 等。

2）【用 Shift 键添加到选择集】：控制分多次选择多个对象时是否需要按住＜Shift＞键，勾选表示每次将新的对象加入选择集中时都必须按住＜Shift＞键后再选中对象，否则将执行重新选择新的选择集。取消勾选表示将新对象添加到选择集中时不需要按住＜Shift＞键，直接选新对象即可加入。默认值为取消勾选，实际工作中一般取消勾选。

3）【隐含选择窗口中的对象】：控制是否能够用鼠标拉出矩形的选择区域，勾选表示可以拉出选择区域，取消勾选表示不能拉出选择区域，只能通过点中对象来进行对象的选择。

※ 注意：从左向右绘制选择窗口将选择完全处于窗口边界内的对象。从右向左绘制选择窗口将选择处于窗口边界内和与边界相交的对象。

4）【对象编组】：控制当选中编组中的一个对象时是否会选中编组中的所有对象。勾选表示选中一个对象即会选中整个组，取消勾选表示选中一个对象不会选中整个组。

5）【关联图案填充】：控制选中关联图案填充时是否会将填充边界一起选中。勾选表示选中图案填充的同时会选中其边界，取消勾选表示选中图案填充不会选中其边界。

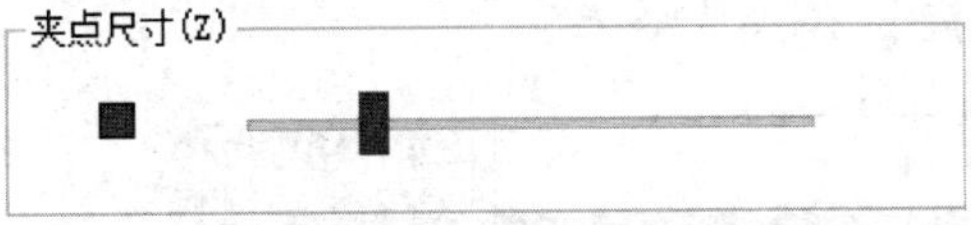

图 1.45　夹点尺寸

（3）【夹点尺寸】：控制对象夹点的显示大小，如图 1.45 所示。其左侧部位为效果预览，右侧为大小调节轴。

（4）【夹点】：控制夹点各状态的显示颜色等相关设置。夹点的状态一共分为未选中、悬停和选中三种，如图 1.46、图 1.47 所示。

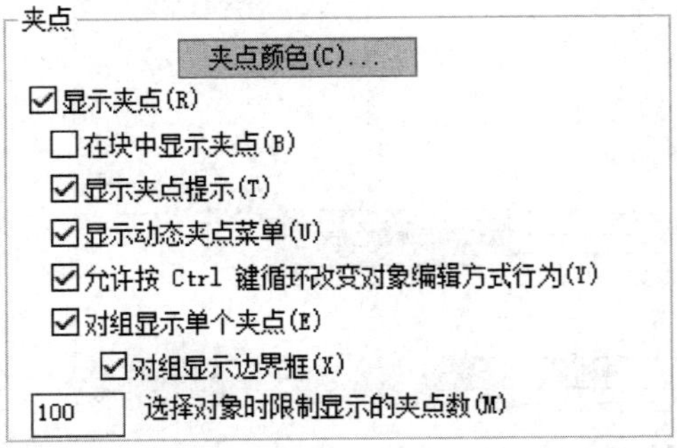

图 1.46　设置【夹点】

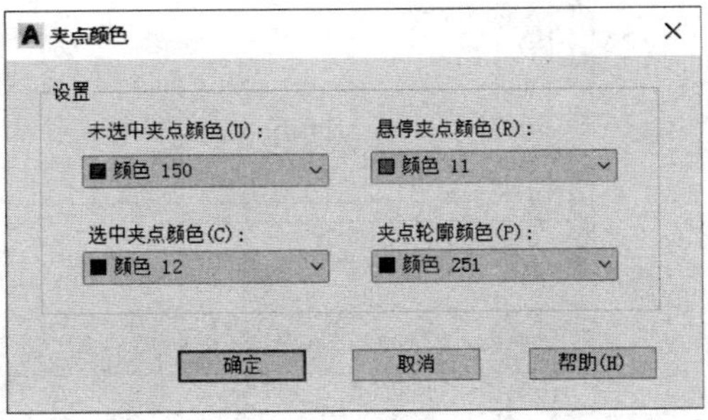

图 1.47　设置【夹点颜色】

1）夹点颜色：

a.【未选中夹点颜色】：控制未选中的夹点的显示颜色。

b.【选中夹点颜色】：控制被选中的夹点的颜色。

c.【悬停夹点颜色】：控制光标在夹点上悬空停住时夹点显示的颜色。

2）【显示夹点】：控制选中对象时是否显示夹点，勾选为要显示，取消勾选为不显示，实际工作中应显示。

3）【在块中显示夹点】：控制选中块参照时显示夹点的方式。勾选表示在选中块参照时会显示块中所有对象的夹点，取消勾选表示在选中块参照时只显示该块参照本身的夹点，实际工作中一般不显示块中对象的夹点。

4）【显示夹点提示】：控制夹点处于悬停状态时是否显示该夹点的操作特性，勾选表示要显示，取消勾选表示不显示，实际工作中一般设置为勾选。此项设置对 Line、Circle 等标准对象无效。

5）【选择对象时限制显示的夹点数】：控制选中多个对象时显示其夹点总数的上限值。有效值范围为 1～32767，默认设置是 100。

1.3.10　设置【配置】选项卡

【配置】选项卡控制配置文件的使用，其中配置是由用户定义的。常用的功能为【重置】，如图 1.48 所示。【重置】选定配置中的值重置为系统默认设置，即恢复到系统的默认状态。用户可以在遇到一些不知名的错误设置或操作后又不知道如何更改正确的情况下执行该设定。

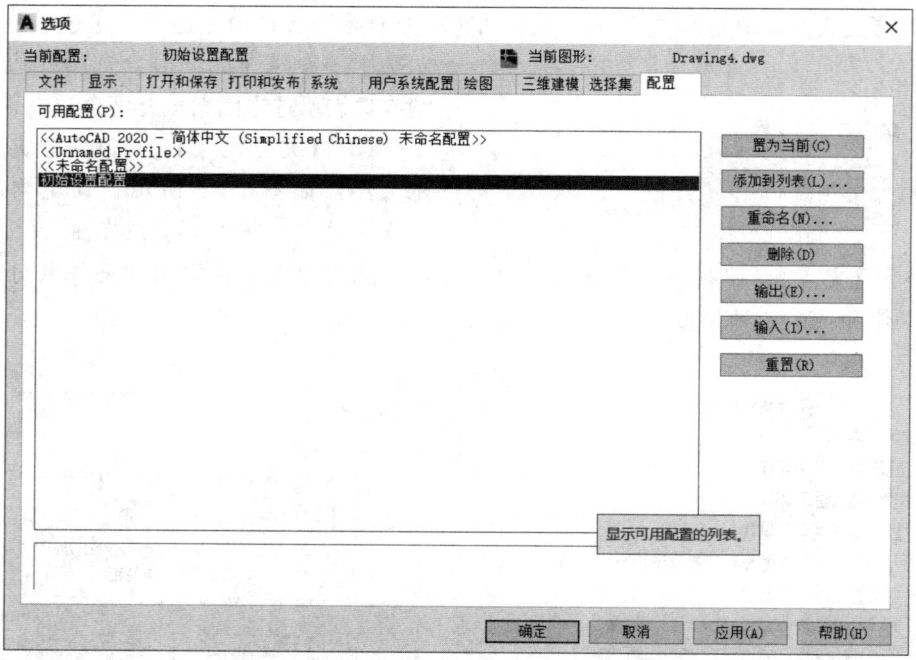

图 1.48　【配置】选项卡

任务1.4　管 理 图 形 文 件

1.4.1　新建文件

1.3

在绘制图形之前，应新建图形文件，才能保证有新的绘图区域。

调用命令：

（1）命令：NEW＜Ctrl＋N＞。

（2）菜单栏：【文件】→【新建】。

（3）快速访问工具栏：。

执行【新建】命令，弹出【选择样板】对话框，如图1.49所示。在“文件类型”下拉列表框中有3种格式的图形样板，文件扩展名分别是【.dwt】、【.dwg】和【.dws】。【.dwt】文件是标准的样板文件，通常将一些规定的标准样板文件设成【.dwt】文件；【.dwg】文件是普通的样板文件；【.dws】文件是包含标准图层、标注样式、线型和文字样式的样板文件。

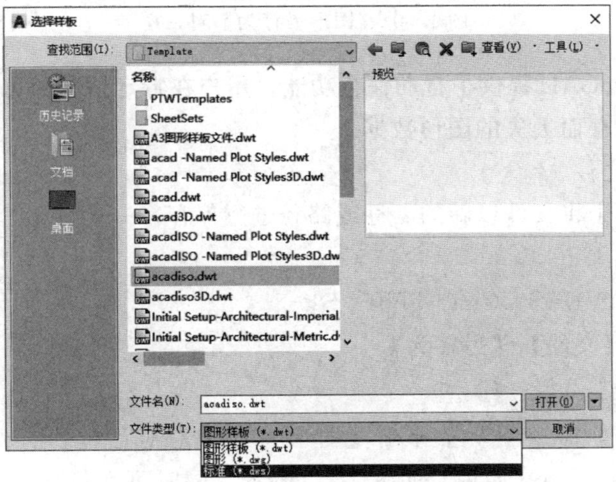

图1.49　【选择样板】对话框

※ 注意：未创建用户自己定义的样板文件时，一般选择“acadiso.dwt”样板文件。

1.4.2　保存文件与另存为文件

1.4.2.1　保存文件

文件的保存在所有的软件操作中都是最基本和最常用的操作。在绘图过程中，为了防止由于计算机死机，或者不小心关闭了当前文件，用户必须养成经常将已绘制的图形文件存盘的习惯，防止绘制的图形内容丢失，也便于再次对该图形文件进行编辑。

调用命令：

（1）命令：SAVE＜Ctrl＋S＞。

（2）菜单栏：【文件】→【保存】。

（3）快速访问工具栏：。

保存文件有两种情况：①若当前文件还未保存过，执行【保存】命令后，将打开【图形另存为】对话框，如图 1.50 所示；②若图形文件已经保存过，再次执行【保存】命令则不会弹出对话框，而是直接覆盖原文件保存。

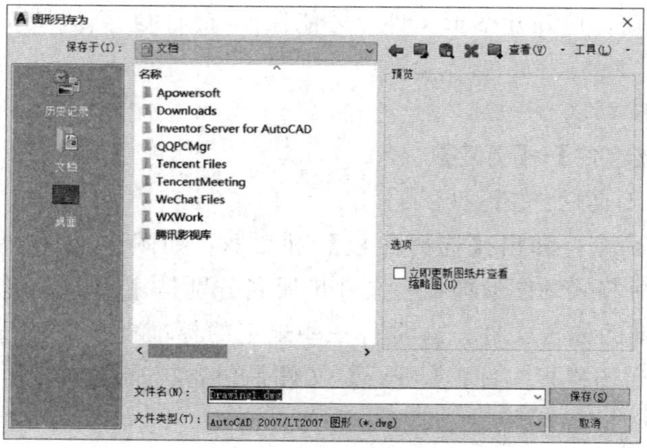

图 1.50 【图形另存为】对话框

※ 注意：AutoCAD 提供了自动保存功能，用户在特定情况下可以使用自动保存文件找回部分因未保存而丢失的图形数据。

1.4.2.2 另存为文件

另存为命令用于将文件以新的名称或路径进行保存。

调用命令：

（1）命令：SAVEAS＜Ctrl＋Shift＋S＞。

（2）菜单栏：【文件】→【另存为】。

（3）快速访问工具栏：。

执行【另存为】命令后，会弹出【图形另存为】对话框，可保存的文件类型有 .dwg、.dws、.dwt、.dxf 四种，如图 1.51 所示。同时可在下拉菜单中看到保存的文件可以是 2000、2004、2007、2010、2013、2018 不同版本，若需要低版本就选择 2007、2010，若需要高版本就选择 2018。

※ 注意：AutoCAD 软件自身有版本的限制，高版本软件可以打开低版本的文件，但是低版本的软件无法打开高版本的文件。遇到因软件版本低而无法打开文件时，用户可以通过版本转换器将文件的版本进行转换，主要是将高版本文件转为低版本文件。

1.4.3 打开文件

实际工作中，许多图纸不是一次就能够绘制完成的，往往需要多次绘制和保存，因此经常需要打开以前保存的图形文件。

调用命令：

（1）命令：OPEN＜Ctrl＋O＞。

（2）菜单栏：【文件】→【打开】。

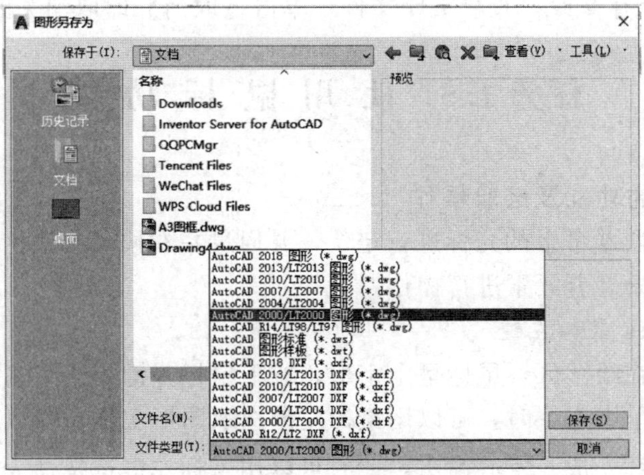

图 1.51 【图形另存为】对话框

(3) 快速访问工具栏：。

执行【打开】命令，会弹出【选择文件】对话框，如图 1.52 所示。用户通过浏览器选择需要打开的文件，然后单击【打开】按钮即可打开所选中的图形文件。

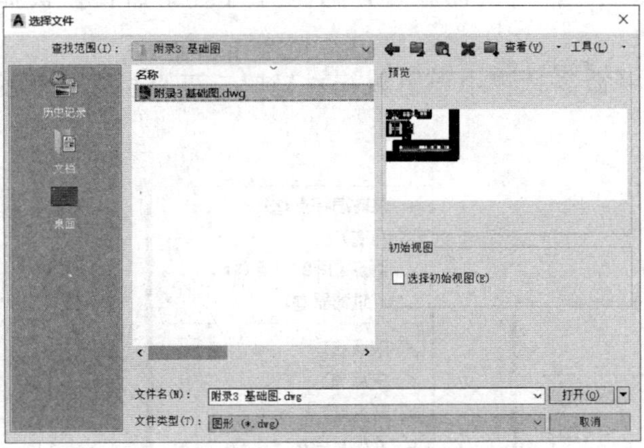

图 1.52 【选择文件】对话框

1.4.4 关闭文件

在不需要当前文件的情况下，可以关闭当前文件。

调用命令：

(1) 命令：CLOSE。

(2) 菜单栏：【文件】→【关闭】。

(3) 功能按钮：单击菜单栏右侧的关闭按钮 ×。

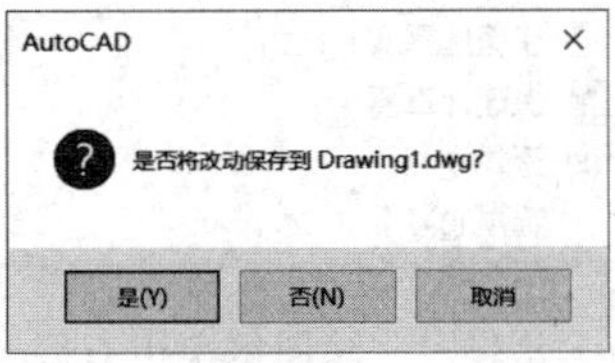

图 1.53 【保存提示】对话框

执行【关闭】命令，会弹出【保存提示】对话框，如图 1.53 所示。单击【是】按钮，若文件已保存过就会直接覆盖原文件，若文件没有保存过就会弹出【图形另存为】对话框进行保存设置，然后自动关闭文件；单击

【否】则表示不用保存修改，直接关闭文件；单击【取消】即取消关闭文件。

任务1.5 使用鼠标功能

1.5.1 认识鼠标的功能及经验操作

鼠标可以对当前屏幕上的光标进行定位，并通过左右按键和滚轮装置对光标所经过位置的屏幕元素进行操作。

1.4

1. 鼠标左键

在绘图区，鼠标呈十字形，按下鼠标左键相当于输入该点的坐标；当光标呈小方块时，可以用鼠标左键选取图形实体；当鼠标移到绘图区以外的区域时，鼠标指针变成一空心箭头，此时可以用鼠标左键选择命令、移动滑块或选择命令提示区中的文字等。

2. 鼠标右键

在不同的区域单击鼠标右键，会弹出不同的快捷菜单。

（1）在绘图区单击鼠标右键时，快捷菜单如图1.54所示。

（2）按下＜Shift＞键＋鼠标右键，则打开【对象捕捉】快捷菜单，如图1.55所示。

（3）在执行某一命令过程中单击鼠标右键时，可直接选择快捷方式，如图1.56所示。

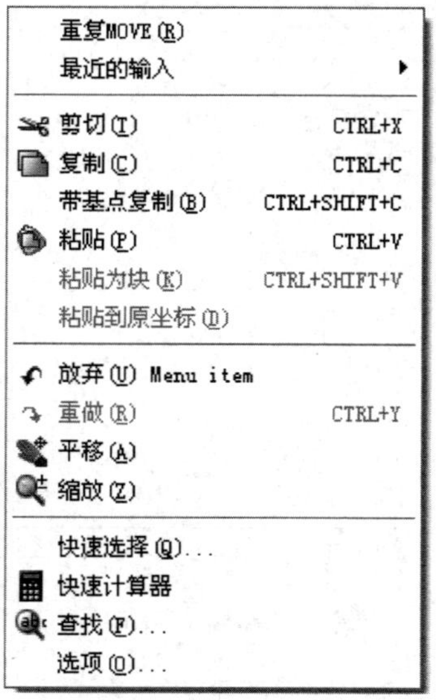

图1.54 绘图区单击右键

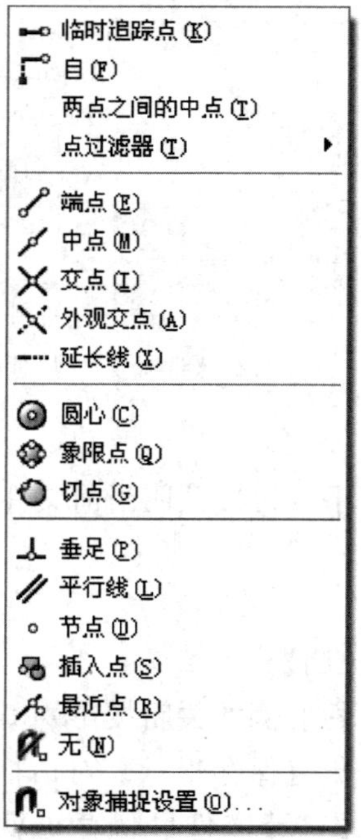

图1.55 【对象捕捉】快捷菜单

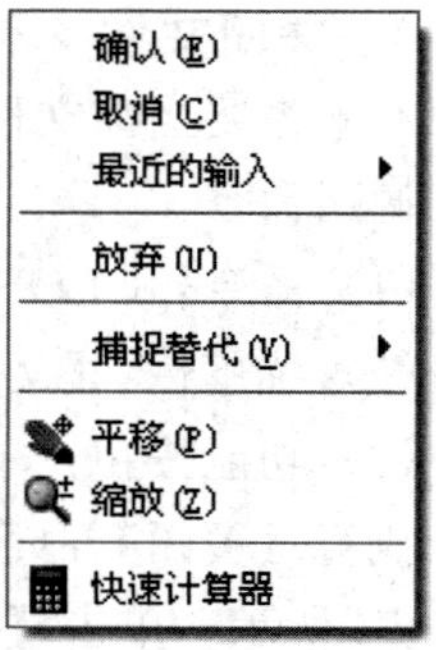

图1.56 操作中单击右键

3. 鼠标滚轮

滚动滚轮可以代替【实时缩放】操作，往前滚为放大，往后滚为缩小；按住滚轮代替【实时平移】操作，绘图窗口将出现一只小手的按钮，移动鼠标可以使图样中的特定部分位于屏幕中间，方便观察；双击滚轮，在绘图区居中显示全部图样。

1.5.2 选择对象

在对图形对象进行编辑时，需要选中对象。常用的选择方法有点选、框选等。

1.5

1. 点选

通过鼠标左键直接单击对象。若单击后的对象呈高亮度显示，则表示该对象已被选中，就可以继续编辑操作。如果要选择多个对象，继续单击对象，直至对象选择完毕。点选方式每单击一次只能选中一个对象，往往用于精确选中某个对象，或选中多个重叠对象的上层对象时。

2. 框选

包括窗口选择、交叉窗口选择和任意图形框选。

(1) 窗口选择：鼠标从屏幕左侧往右侧拉出实线矩形框，如图 1.57 (a) 所示。该选择框只能选中完全被其框中的对象，如图 1.57 (b) 所示。

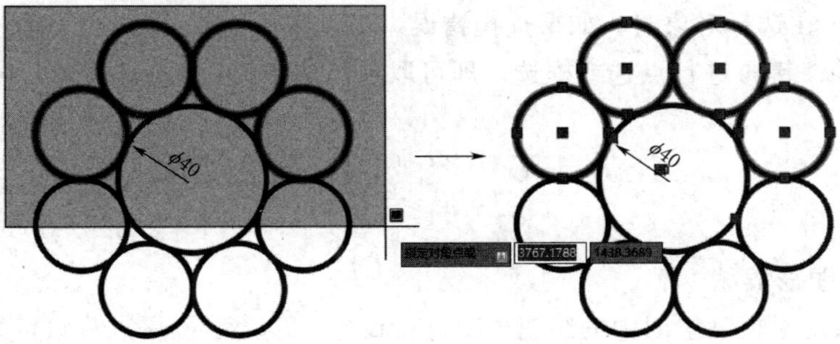

(a) 窗口选择对象 (b) 选择结果

图 1.57 窗口选择

(2) 交叉窗口选择：鼠标从屏幕右侧往左侧拉出的虚线矩形框，如图 1.58 (a) 所示。该选择框可以选中完全被其框中的对象和与框边相交的对象，如图 1.58 (b) 所示。

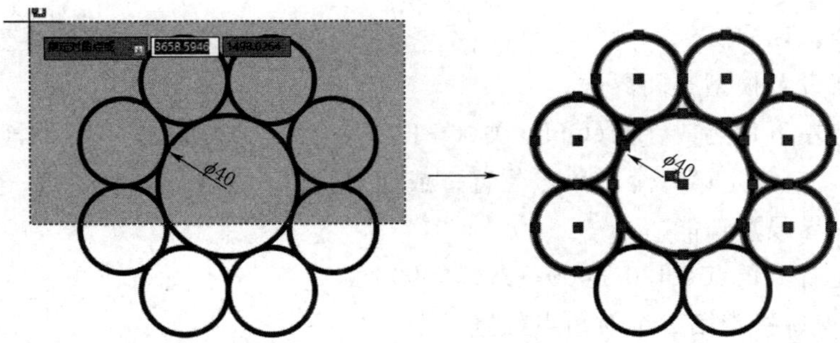

(a) 交叉窗口选择对象 (b) 选择结果

图 1.58 交叉窗口选择

(3) 任意图形框选：框选时如果一直按住鼠标左键选择，可以以任意图形框选对象，如图1.59（a）所示。只要与该选择框相交或完全被其框中的对象都会被选中，如图1.59（b）所示。

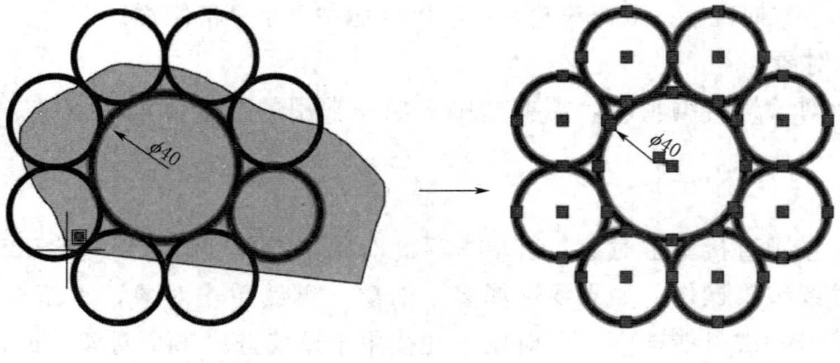

（a）任意图形窗口框选　　（b）选择结果

图1.59　任意图形窗口框选

3. 全选

需要对整个图形文件中的对象进行操作时，可按<Ctrl＋A>组合键，即可选中整个图形文件中的所有对象。

※ 注意：在选择对象时，如果选择错误，可以按<Esc>键退出当前选择集；也可以按住<Shift>键再进行点选或框选，即可取消已选中的对象。

任务1.6　控　制　图　形

1.6.1　设置图形界限

图形界限是对模型空间中的绘图界限进行设定，设定后栅格点将只可能在该范围内显示。其设定界限只能是一个矩形范围，一般通过矩形的对角点选取进行设定。

1. 调用命令

(1) 命令：LIMITS。

(2) 菜单栏：【格式】→【图形界限】。

2. 操作步骤

(1) 命令：LIMITS。

(2) 重新设置模型空间界限。

(3) 指定左下角点或［开(ON)/关(OFF)］<0.0000，0.0000>：0，0。

［在绘图窗口指定第一个对角点位置；或通过【开(ON)/关(OFF)】选项设定打开或关闭【图形界限】功能］

(4) 指定右上角点<420.0000，297.0000>：

(在绘图窗口指定第二个对角点位置)

※ 注意：只设置界限还不能使用图形界限功能，必须要打开这项功能，即在确定第一个对角点前应该先执行【开/(ON)】，如果要关闭该功能，则应该执行【关闭/

(OFF)】。当该功能被打开时，在确定的图形界限以外的区域不允许绘图。软件默认的图形界限为（0，0）～（420，297）范围。实际工作中，一般不设置图形界限。

1.6.2 设置图形单位

图形单位用于控制长度和角度的格式、精度、角度计量起始方位、角度计量方向等参数的设定。

1. 调用命令

（1）命令：UNITS（UN）。

（2）菜单栏：【格式】→【图形单位】。

执行【图形单位】命令，打开【图形单位】对话框，如图 1.60 所示。

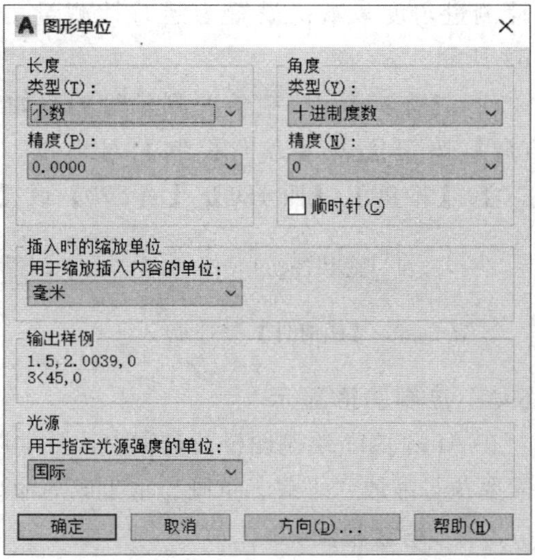

图 1.60 【图形单位】对话框

2. 选项说明

（1）【长度】：控制长度的计数类型和显示精度。

1）【类型】：设定长度计数的类型，可以选择的类型有【分数】、【工程】、【建筑】、【科学】和【小数】，默认类型为【小数】，实际工作中常用【小数】，如图 1.61 所示。

2）【精度】：设定长度显示的精度，可以在 0～0.00000000 间选择，默认精度为 0.0000，实际工作中根据需要设定，如图 1.62 所示。

（2）【角度】：控制角度的计数类型和显示精度。

1）【类型】：设定角度计数的类型，可以选择的类型有【百分度】、【十进制度数】、【度/分/秒】、【弧度】、【勘测单位】，默认类型为【十进制度数】，实际工作中常用【十进制度数】，如图 1.63 所示。

2）【精度】：设定角度显示的精度，可以在精度为 0～0.00000000 间选择，默认精度为 0，实际工作中根据需要设定，但常常设定到 0.00 精度以上，如图 1.64 所示。

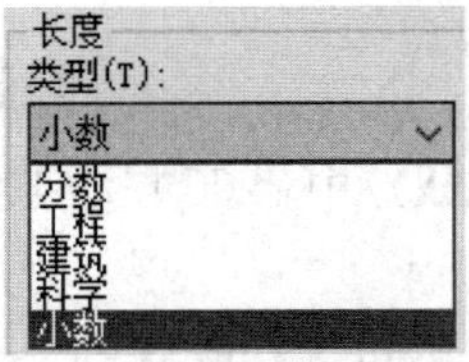

图 1.61 设置长度【类型】

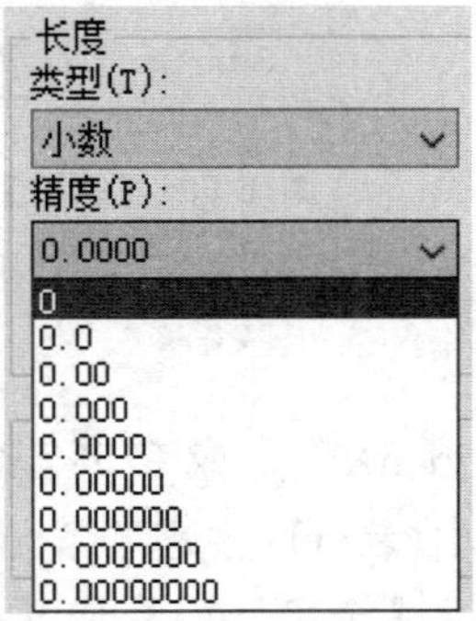

图 1.62 设置长度【精度】

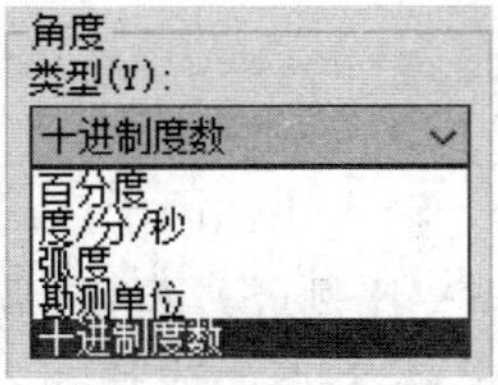

图 1.63 设置角度【类型】

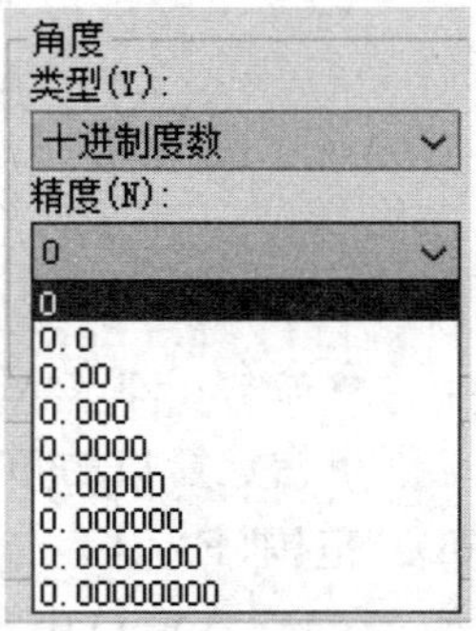

图 1.64 设置角度【精度】

（3）【顺时针】：控制角度测量的方向是逆时针或顺时针。

在对应的复选框中勾选或取消勾选。勾选表示顺时针测量角度，取消勾选表示逆时针测量角度，默认设置为逆时针测量角度，实际工作中根据个人习惯而定，如图 1.65 所示。

(4)【方向】：控制角度测量时的起始方向，即 0°的方向。单击如图 1.66 所示的【方向】按钮进入【方向控制】对话框，如图 1.67 所示。在对话框中，可以设置【东 0】、【北 90】、【西 180】、【南 270】或【其他】任意角度为 0°方向。

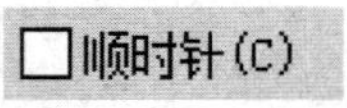

图 1.65 【顺时针】复选框

图 1.66 【方向】按钮

1.6.3 控制图形显示

在 AutoCAD 绘制图样的过程中，常常遇到图样的大小在屏幕上显示得不合适，这时就需要执行缩放、平移、重画、重生成等命令灵活地观察图形的整体效果或局部效果。

1.6.3.1 缩放视图

缩放视图是放大或缩小图形的显示效果，而图形的真实尺寸保持不变。通常，在绘制图形的局部细节时，需要使用缩放工具放大该绘图区域；当绘制完成后，再使用缩放工具缩小图形来观察其整体效果。

1. 调用命令

(1) 命令：ZOOM (Z)。

(2) 菜单栏：【视图】→【缩放】，如图 1.68 所示。

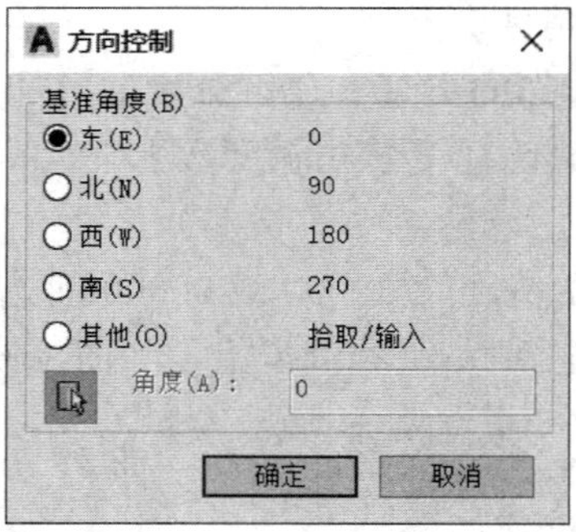

图 1.67 【方向控制】对话框

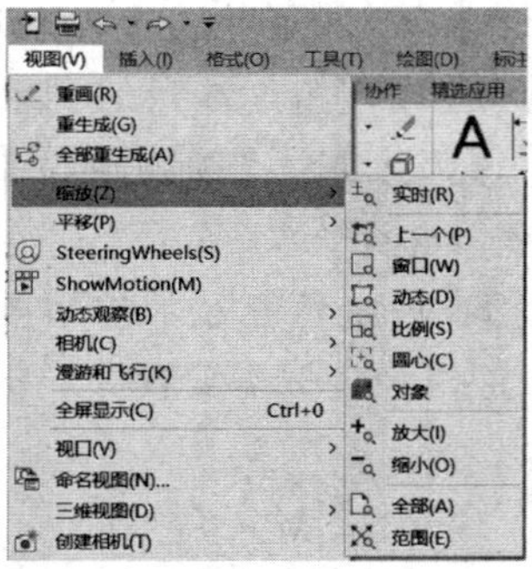

图 1.68 【缩放】子菜单

2. 操作步骤

◆命令：ZOOM

◆指定窗口的角点，输入比例因子 (nX 或 nXP)，或者［全部(A)/中心(C)/动态(D)/范围(E)/上一个(P)/比例(S)/窗口(W)/对象(O)］<实时>：

［可以在窗口中指定一个点；或通过执行【全部(A)】或【中心(C)】或【动态(D)】或【范围(E)】或【上一个(P)】或【比例(S)】或【窗口(W)】或【对象(O)】后进行不同类型的视图缩放］

◆指定对角点：

(在窗口中指定另外一个点，使其与前一个点形成一个矩形窗口，从而放大矩形窗

口内的图形）

3. 选项说明

（1）指定窗口角点：是 AutoCAD 的默认选项之一，称为窗口缩放，主要用于放大绘图窗口内的局部图形。

（2）比例因子（nX/nXP）：通过输入精确的比例系数来放大或缩小视图。例如：当输入 2 时，所显示的图形就是原始图大小的 2 倍；当输入 0.5 时，则新图显示为原始图大小的一半；当输入 2X，表示在当前视图的基础上放大两倍；当输入 0.5X 时，则新视图将显示当前视图大小的一半；若键入数值加 XP，则表示相对于图形界限的倍数。

（3）全部（A）：可以将全部图形显示在屏幕上。不管图形是否超出绘图界限，图形全部都显示在屏幕上，同时对图形进行视图重新生成操作。

（4）中心（C）：以指定点为屏幕中心缩放对象，同时输入新的缩放比例或高度。

（5）动态（D）：可以动态缩放视图。

（6）范围（E）：将当前视窗中图样尽可能大地显示在屏幕上，并进行重生成操作。

（7）上一个（P）：用于显示上一次的图形状态。

（8）比例（S）：以指定比例因子缩放图形显示。

（9）窗口（W）：通过移动光标，在屏幕的绘图窗口内拾取用于确定矩形的两个对角点，AutoCAD 将用户确定的矩形充满整个绘图窗口，矩形内的部分图形即被放大。

（10）对象（O）：将选定的图形对象在绘图窗口最大限度地显示出来，即选定的图形充满整个窗口。

※ 注意：

（1）ZOOM 是透明命令，在执行其他命令的过程中随时可以执行该命令。

（2）缩放视图只能改变图形的显示效果，不能改变图形的实际大小，和【比例缩放】命令是完全不同的操作。

1.6.3.2 实时缩放

实时缩放能够放大或缩小图形的显示效果，以帮助用户查看复杂图形的局部位置。

调用命令：

（1）命令：ZOOM（Z）。

（2）菜单栏：【视图】→【缩放】→【实时】。

（3）快捷菜单：在绘图区鼠标右键快捷菜单选择【缩放】。

执行【实时缩放】命令后，绘图窗口鼠标指针将呈放大镜图形。按住鼠标左键由下向上拖动图样，即可动态放大图形显示；按住鼠标左键由上向下拖动图样，则可动态缩小图形显示；如果想退出实时缩放状态，可按<Enter>键或<Esc>键退出，或右击鼠标，从快捷菜单中选择【退出】。

1.6.3.3 实时平移

在不改变屏幕缩放比例及绘图极限的条件下，移动屏幕窗口，从而使图样中的特定部分位于屏幕中间，便于观察，它比使用屏幕滚动条更为方便。

调用命令：

（1）命令：PAN（P）。

（2）菜单栏：【视图】→【平移】→【实时】。

（3）快捷菜单：在绘图区域鼠标右键快捷菜单【平移】。

启动实时平移后，绘图窗口鼠标指针将呈手型图形，此时，按住鼠标左键拖动鼠标可动态地平移视图，按<Esc>键或<Enter>键则结束平移视图命令。

※ 注意：

（1）实时平移是透明命令，在执行其他命令的过程中随时可以执行该命令。

（2）实时平移只改变图形显示的位置，不改变图形在坐标系中的具体坐标位置，和【移动】命令是完全不同的操作。

（3）实际工作中，一般使用鼠标滚轮执行【实时缩放】和【实时平移】命令。滚动滚轮代替【实时缩放】操作，往前滚为放大，往后滚为缩小；按住滚轮并拖动鼠标代替【实时平移】操作。

1.6.3.4 重画和重生成

在绘图和编辑过程中，往往会留下一些无用的标记，这些临时标记并不是图形中的对象，有时会使当前图形画面显得混乱，这时就可以使用重画或重生成等功能清除这些临时标记。

1. 重画

重画用于刷新当前视窗中的显示，清除残留的点痕迹。

调用命令：

（1）命令：REDRAW（R）。

（2）菜单栏：【视图】→【重画】。

2. 重生成

重生成是从磁盘中调用当前图形的数据，重新生成屏幕中的图形。

调用命令：

（1）命令：REGEN（RE）。

（2）菜单栏：【视图】→【重生成】。

3. 全部重生成

全部重生成可以同时更新多重视区。

调用命令：

（1）命令：REGENALL。

（2）菜单栏：【视图】→【全部重生成】。

任务1.7 设置状态栏

1.7.1 设置捕捉和栅格

1.6

【栅格】是指图形界限内的可见点矩形阵列。使用栅格类似于在图形下放置一张坐标纸。利用栅格可以对齐对象并直观显示对象之间的距离，这样使绘图中输入点坐标值时更直观准确，且该点阵不会被打印机等设备输出。

【捕捉】是与【栅格】配合使用的一个功能。只设置【栅格】点阵还无法保证光标每次都能准确移动到【栅格】点上，而对【捕捉】进行间距的设置后，使捕捉间距等于栅格间距，或两者互成倍数关系，才能有效利用【栅格】点进行绘图定位，如图 1.69 所示。

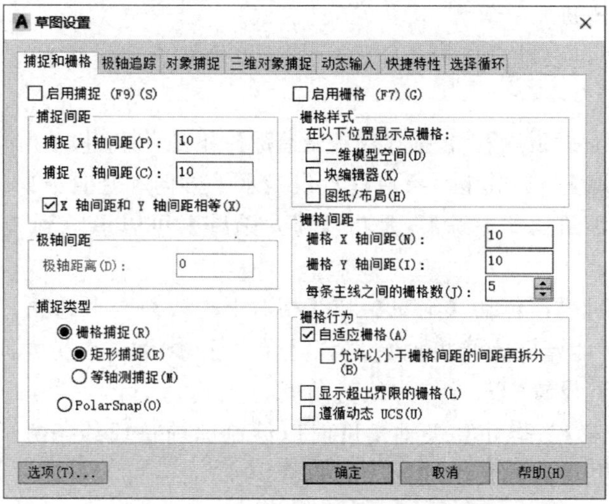

图 1.69 设置【捕捉和栅格】对话框

1.7.2 设置极轴

极轴追踪控制绘图时辅助捕捉各特定方向，包括竖向、横向及设定的角度方向，以方便绘图过程中捕捉到各个需要的方向。实际工作中一般在需要交叉绘制水平线、竖直线与斜线的情况下使用该功能。

※ 注意：【极轴】打开时不能打开【正交】。

打开【草图设置】对话框，单击【极轴追踪】选项卡，可以对【极轴角设置】、【对象捕捉追踪设置】和【极轴角测量】进行设置，如图 1.70 所示。

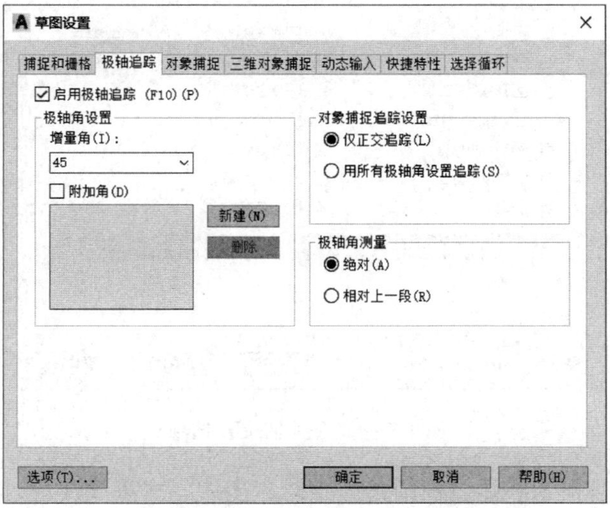

图 1.70 【极轴追踪】选项卡

（1）【极轴角设置】：包括【增量角】和【附加角】两项设置。

1）【增量角】：控制显示极轴捕捉和极轴追踪方向的角度变化增量，绘图时可以捕捉到0°～360°范围内所有【增量角】的整数倍角。所有的角度均指按【单位】中设置的测量方向和起始角度进行计算。

2）【附加角】：可以设定任意角度，绘图时极轴只会捕捉该角度方向，不会捕捉其整数倍数角。

（2）【对象捕捉追踪设置】：包括【仅正交追踪】和【用所有极轴角设置追踪】两个选项。

1）【仅正交追踪】：是指【对象追踪】仅沿水平方向和竖直方向进行追踪。

2）【用所有极轴角设置追踪】：是指【对象追踪】可以追踪到【极轴】设置中所设置的所有角度方向。

（3）【极轴角测量】：包括【绝对】和【相对上一段】两个选项。

1）【绝对】：指计算极轴角度时始终以【单位】中设定的0°方向为起始计算方向，即此时认定【极轴】设置的角度均为绝对角度。

2）【相对上一段】：指计算极轴角度时以绘制的前一段线条方向为起始计算方向，即此时认定【极轴】设置的角度均为相对角度。

1.7.3 正交模式

正交模式控制绘图时强制捕捉竖向及横向，以方便竖直线及水平线的绘制。实际工作中一般在需要大量绘制水平线及竖直线的情况下使用该功能。

※ 注意：【正交】打开时不能打开【极轴】。

1.7.4 设置对象捕捉

执行对象捕捉设置，可以在对象上的精确位置指定捕捉点，如图1.71所示。

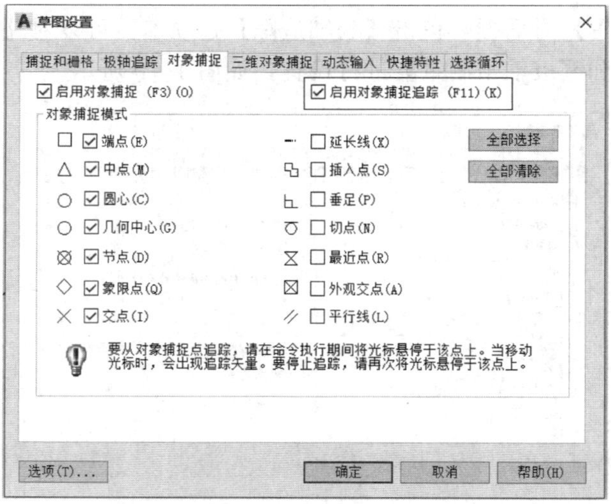

图1.71 【对象捕捉】选项

（1）【端点】：捕捉到圆弧、椭圆弧、直线、多线、多段线线段、样条曲线、面域或射线最近的端点，或捕捉宽线、实体或三维面域的最近角点。

（2）【中点】：捕捉到圆弧、椭圆、椭圆弧、直线、多线、多段线线段、面域、实体、样条曲线或参照线的中点。

(3)【圆心】：捕捉到圆弧、圆、椭圆或椭圆弧的圆心或中心。操作中需要捕捉某个对象的圆心就应该在该对象的轮廓上晃动光标，出现【圆心】捕捉标记后即可选中。

(4)【几何中心】：捕捉到多段线、二维多段线和二维样条曲线的几何中心点。

(5)【节点】：捕捉到点对象、标注定义点或标注文字起点。

(6)【象限点】：捕捉到圆弧、圆、椭圆或椭圆弧的象限点。

(7)【交点】：捕捉到圆弧、圆、椭圆、椭圆弧、直线、多线、多段线、射线、样条曲线等线条之间的交点，还能捕捉【极轴】辅助捕捉线与前述线条的交点。

(8)【延长线】：当光标经过对象的端点时，显示临时延长线或圆弧，以便用户在延长线或圆弧上指定点。

(9)【插入点】：捕捉到属性、块、图形或文字的插入点。

(10)【垂足】：捕捉圆弧、圆、椭圆、椭圆弧、直线、多线、多段线、射线、面域、实体、样条曲线或参照线的垂足，当正在绘制的对象需要捕捉多个垂足时，将自动打开【递延垂足】捕捉模式。

(11)【切点】：捕捉到圆弧、圆、椭圆、椭圆弧或样条曲线的切点。

(12)【最近点】：捕捉到圆弧、圆、椭圆、椭圆弧、直线、多线、点、多段线、射线、样条曲线或参照线的任意位置，最近点即指离线最近的点，即应该是在该线上的点。

(13)【外观交点】：捕捉到不在同一平面但是可能看起来在当前视图中相交的两个对象的外观交点。【延伸外观交点】不能用作执行对象捕捉模式。【外观交点】和【延伸外观交点】不能和三维实体的边或角点一起使用。

(14)【平行线】：控制直线段、多段线线段、射线或构造线绘制与其他已知线性对象平行的线条。指定线性对象的第一点后，在要平行对象上悬停光标，出现【平行】捕捉符号后移动光标到大概与对象平行的位置晃动，会显示与原对象平行方向的一条对齐路径，即可创建出平行线。

实际工作中不会将所有的对象捕捉类型都同时打开，一般只将图中左侧的类型全部勾选，如图1.71所示，而右侧的类型都不勾选，因为右侧的类型相对来说用得要少一些。操作过程中若要使用到右侧的部分类型，可以用＜Shift＋右键＞的快捷操作调出对象捕捉类型的快捷菜单，再选用需要的捕捉类型。值得注意的是，这样的操作是一次性的，每选择一次某种类型，就只能执行一次该类型的捕捉，若还要使用，则需要再次重复操作。

1.7.5 对象追踪

对象追踪更准确地说是对象捕捉追踪，是对象捕捉和极轴追踪的结合，也就是在捕捉对象特征点处进行极轴追踪。利用对象追踪可以在捕捉的同时输入偏移值，并且可以通过对两个捕捉点进行追踪，获取沿极轴方向的交点等。设置选项分别在极轴追踪和对象捕捉的设置选项卡中，如图1.71和图1.72所示。

1.7.6 动态输入

【动态输入】在光标附近提供了一个命令界面，以帮助用户专注于绘图区域。打开该功能时，将在十字光标旁边显示信息，该信息会随光标移动动态更新。当某命令处于活动状态时，工具提示将为用户提供输入的位置，从而极大地方便了绘图。其中包括了

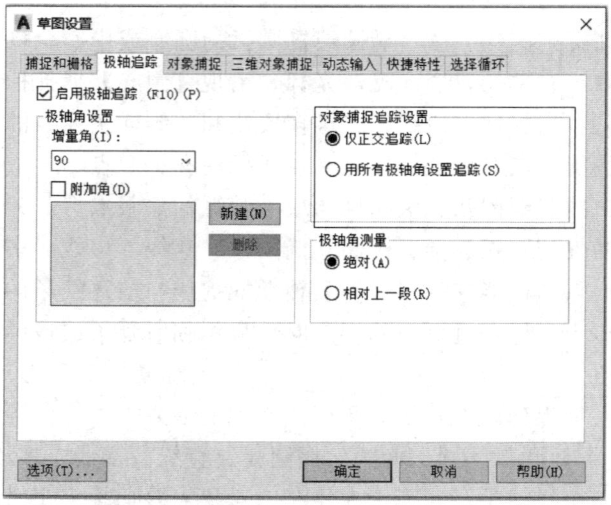

图 1.72　设置【对象捕捉追踪】

【指针输入】、【标注输入】、【动态提示】3 个方面的参数设置，如图 1.73 所示。

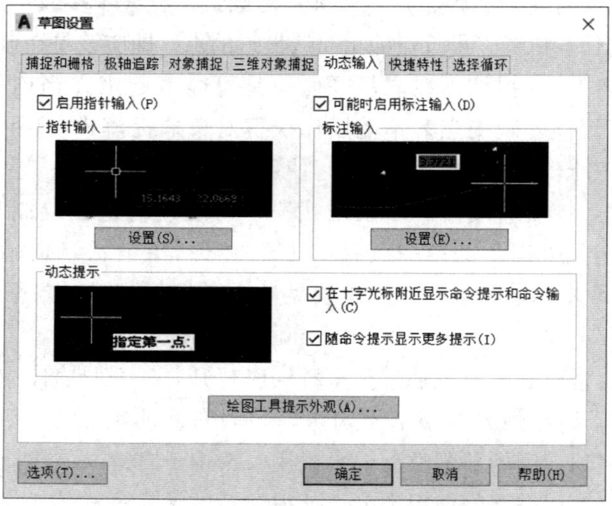

图 1.73　【动态输入】选项

(1)【指针输入】：状态栏提示中的十字光标位置的坐标值将显示在光标旁边，命令提示输入点时，可以在工具栏提示中输入坐标值，而不用在命令行上输入。单击【设置】按钮可以进入【指针输入设置】对话框，可以对绘图时第二点及之后点的坐标属性进行设置。可以设置坐标为极轴格式或笛卡尔格式，设置坐标为相对坐标或绝对坐标等，其默认设置如图 1.74 所示。

(2)【标注输入】：当命令提示输入第二个点或距离时，将显示标注和距离值与角度值的工具栏提示。标注工具栏提示中的值将随光标移动而更改，可以在工具栏提示中输入值，而不用在命令行上输入值。单击【设置】按钮可以进入【标注输入的设置】对话框，可以设置显示的字段数和种类，如图 1.75 所示。

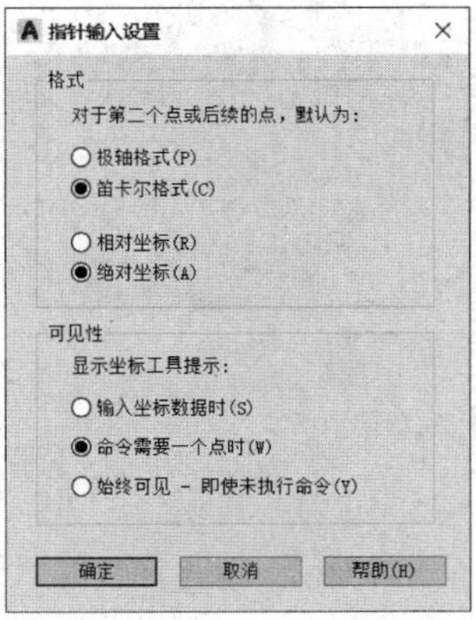

图 1.74 【指针输入设置】对话框

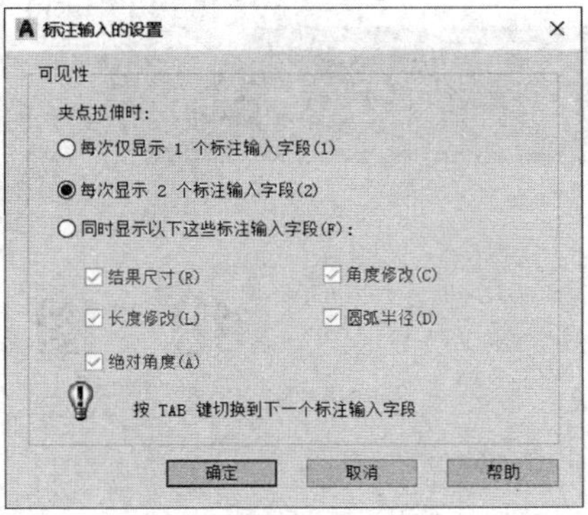

图 1.75 【标注输入的设置】对话框

（3）【动态提示】：控制是否在十字光标附近显示命令提示和命令输入，打开该功能时则显示，关闭该功能时则不显示。

任务 1.8 实训与指导

实训：新建图形文件，并将绘图区背景颜色改为“白色”，颜色主题改为“明”，并保存图形文件。

实训指导：

（1）新建文件。单击快速访问工具栏【新建】按钮。

（2）设置【选项】参数。选择【工具】→【选项】→【显示】→【窗口元素】→【颜色主题】改为“明”；单击【颜色】按钮，将“统一背景”颜色改为“白”，单击【确定】按钮，退出该对话框。

（3）保存文件。单击快速访问工具栏【保存】按钮，以“姓名＋学号后两位”，如“张三 01. dwg”为文件名保存。

项目 2

绘 图 准 备

在项目 1 中用户已经认识了 AutoCAD 软件，掌握了鼠标的操作方法和命令的调用方法。本项目将对绘图准备阶段的建立图层、设置标注样式、尺寸标注、设置文字样式、注写文字、创建样板文件等进行介绍。绘图前的准备工作将直接影响绘图的速度、质量及后期的管理效率，因此要重视并熟练掌握。

任务 2.1　对象特性及特性面板

AutoCAD 中对象的特性包括几何特性和基本特性。几何特性是指图形对象的几何特征、数据等方面的特性，不同类型的几何图形具有不同的几何特性。基本特性主要包括【颜色】、【线型】、【线宽】等，不同类型的对象也可以具有相同的基本特性，其设置一般通过【特性】面板完成，如图 2.1 所示。

图 2.1 【特性】面板

虽然工程图纸都是黑白输出，不需要表示颜色，但是在绘图时，为了方便电子文件的阅读，会将不同类型的对象用不同的基本特性区别显示。

※ 注意：图 2.1 所示类型的带有箭头下拉列表的工具栏基本都具有四个基本功能，其功能及操作方法如下：

（1）【查看对象属性】：选中对象，工具栏中显示的就是该对象的属性。

（2）【查看当前设置】：未执行命令和选中对象的状态下，工具栏中显示的就是当前设置。

（3）【修改对象属性】：选中对象，在工具栏中选择需要的属性即可更改对象的属性。

（4）【修改当前设置】：未执行命令和选中对象的状态下，在工具栏选择需要的属性即可作为当前设置。

2.1.1　随层（Bylayer）、随块（Byblock）特性

颜色、线型、线宽 3 个基本特性中有 2 个共有的特性，即随层（Bylayer）和随块（Byblock）特性，统称为逻辑特性。随层（Bylayer）特性是 3 个基本特性的默认设置参数，如图 2.1 所示。

若对象特性设置为随层（Bylayer），改变该对象所在图层的特性时，该对象的基本特性会跟随图层的变化而变化。实际工作中绝大多数情况都将基本特性设置为随层（Bylayer）特性，以便使用图层进行批量管理。

若对象特性设置为随块（Byblock），并将该对象作为元素创建到图块中后，在改变图块的特性时，该对象的基本特性也会跟随图块的变化而变化。实际工作中一般不采用随块（Byblock）特性，只有在尺寸标注、定义图块等情况下才使用。

2.1.2 设置颜色

1. 调用命令

（1）命令：COLOR（COL）。

（2）菜单栏：【格式】→【颜色】。

（3）功能区：【默认】→【特性】。第一个箭头下拉列表单击【更多颜色】，如图 2.2 所示。

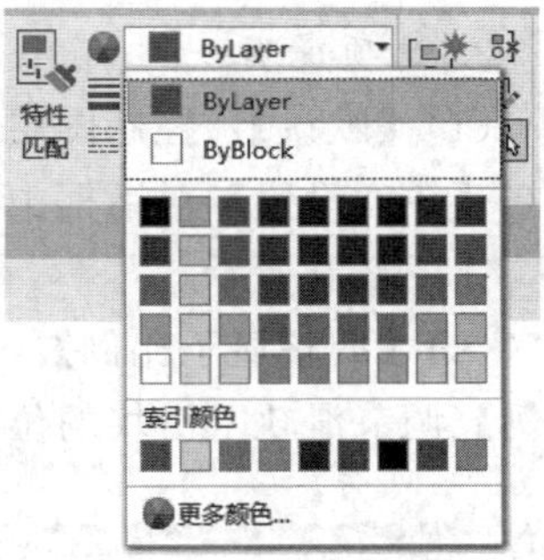

图 2.2 【颜色】下拉列表

2. 选项说明

（1）【索引颜色】：共有 256 种，每种都对应一个索引编号，如图 2.3 所示。

（2）【真彩色】：是一个调色板，用户可以在调色板中选择色差更小、种类更多的颜色类型，如图 2.4 所示。

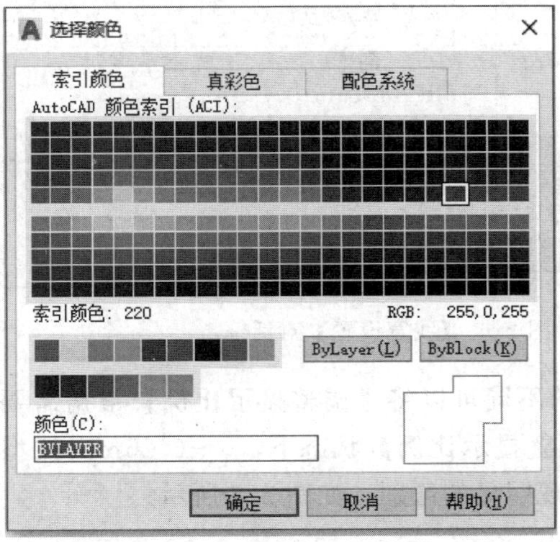

图 2.3 【索引颜色】

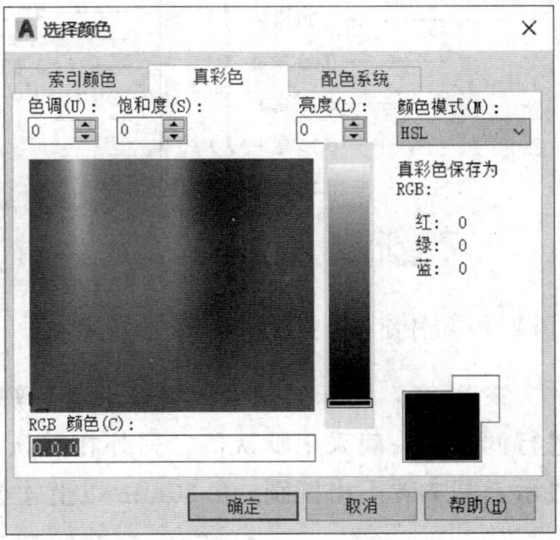

图 2.4 【真彩色】

（3）【配色系统】：可以从标准配色系统中选择预定义的颜色，也可以在【配色系统】下拉列表框中选择需要的系统，然后拖动右边的滑块来选择具体的颜色，所选择的颜色编号显示在下面的【颜色】文本框中，也可以直接在该文本框中输入编号值来选择颜色。

※ 注意：实际工作中往往不会给对象设置固定的某种颜色，而是设置随层（Bylayer）颜色，再通过将不同图层设置为不同颜色来达到控制对象颜色属性的目的。

2.1.3 设置线宽

1. 调用命令

(1) 命令：LWEIGHT (LW)。

(2) 菜单栏：【格式】→【线宽】。

(3) 功能区：【默认】→【特性】。第二个箭头下拉列表单击【线宽设置】，如图2.5所示。

2. 选项说明

(1)【默认】：控制图层线宽的初始值，因为新建图层的线宽都是【默认】线宽。软件在【线宽设置】对话框中将【默认】线宽的初始值定为0.25mm，可根据需要进行更改，如图2.6所示。

(2)【调整显示比例】：可以对线条宽度的显示效果进行设置，通过拖动【调整显示比例】调节滑轨上滑块的位置来实现，如图2.6右下角部位所示。

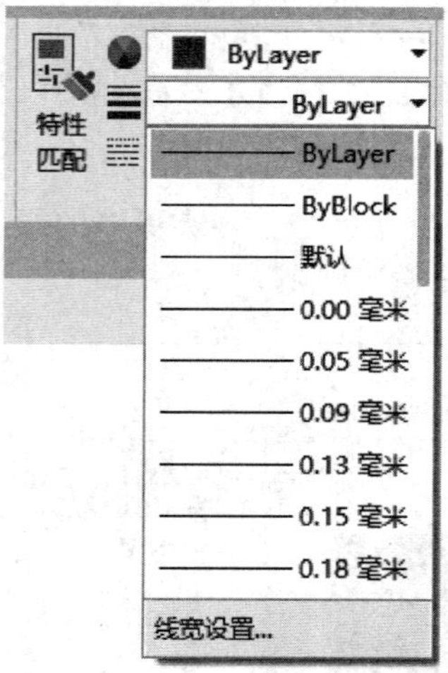

图2.5 特性面板线宽设置

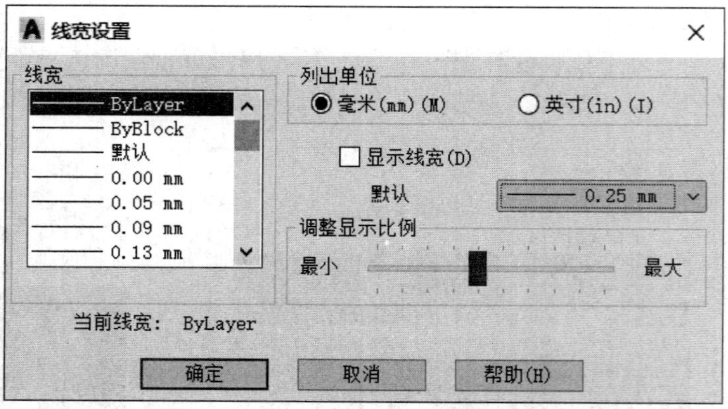

图2.6 【线宽设置】对话框

※ 注意：实际工作中根据显示器分辨率的不同可以将【调整显示比例】根据需要进行调整，一般采用默认值。另外在默认【调整显示比例】状态下，0～0.25mm线型显示上基本看不出区别，0.30mm以上才会出现明显的区别，如图2.7所示。

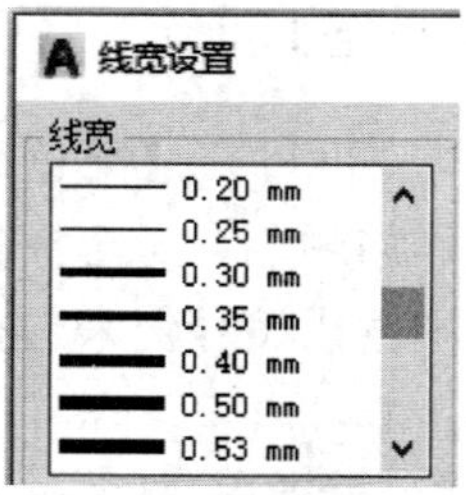

图2.7 常用线宽显示效果

2.1.4 设置线型

1. 调用命令

(1) 命令：LINETYPE (LT)。

(2) 菜单栏：【格式】→【线型】。

(3) 功能区：【默认】→【特性】。第三个箭头下拉列表单击【其他】，如图2.8所示。

2. 选项说明

(1)【线型管理器】：可以加载多种常用线型，或者建立自己的线型库，如图 2.9 所示。在其下部显示的是已经加载的线型，即直接可以选用的线型。

（2）【加载】：如果线型管理器中没有需要的线型，单击【加载】按钮会出现【加载或重载线型】对话框，如图 2.10 所示。

（3）【加载或重载线型】：可在对话框中选择需要的线型，如图 2.10 所示。

（4）【显示细节】：可在【线型管理器】下部【详细信息】中显示所有加载线型的详细信息，如图 2.11 所示。

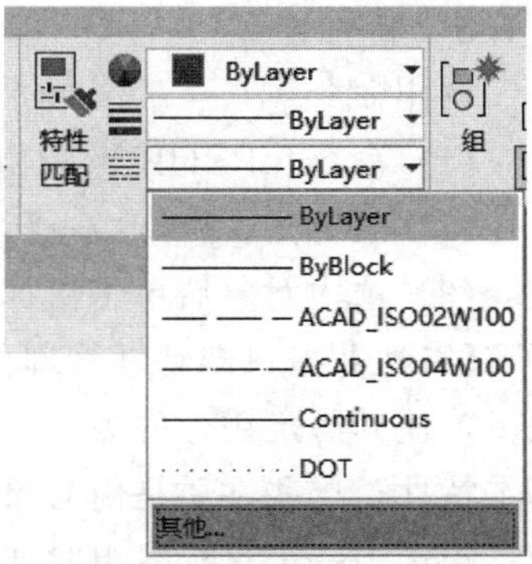

图 2.8 特性面板线型设置选择

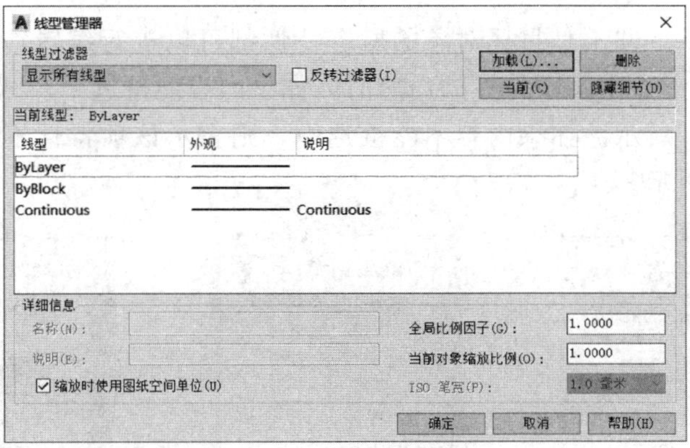

图 2.9 【线型管理器】对话框

（5）【全局比例因子】：通过修改比例因子来改变非连续线型的显示效果，会影响整个图形文件中所有非连续线型，如图 2.11 所示。

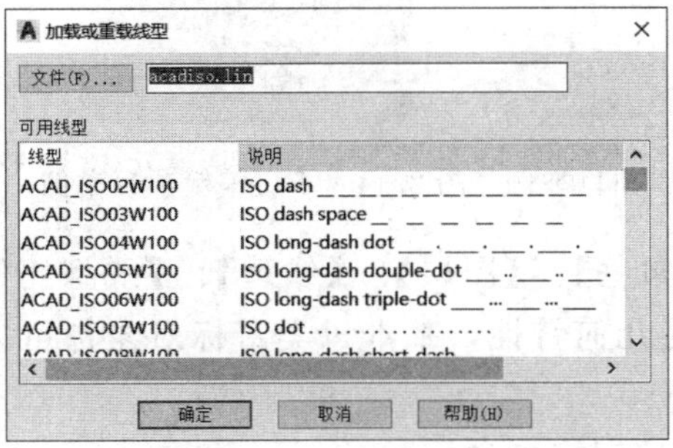

图 2.10 【加载或重载线型】对话框

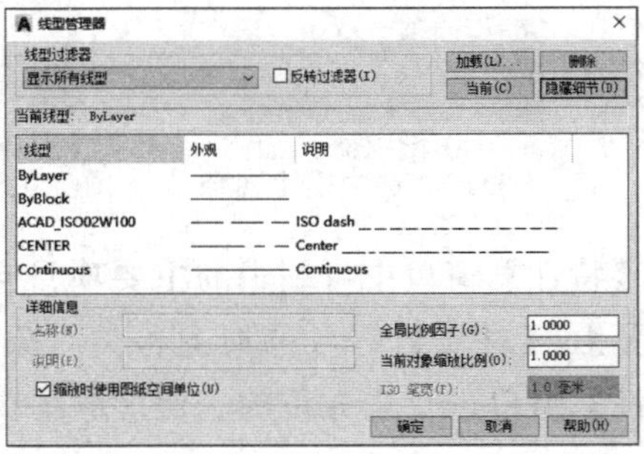

图 2.11 调整【全局比例因子】

（6）【当前对象缩放比例】：此比例会影响后面创建所有对象的线型比例，而不会影响已经绘制好的所有对象的线型比例。

※ 注意：实际工作中往往不会给对象设置固定的某种线型，而是设置随层（Bylayer）线型，再通过将不同图层设置为不同线型来达到控制对象线型属性的目的。

2.1.5 特性窗口

调用命令：

(1) 命令：PROPERTIES (CH) 或<Ctrl+1>。

(2) 菜单栏：【修改】→【特性】。

(3) 选中对象后单击鼠标右击，在快捷菜单中选择【特性】。

【特性】窗口即特性管理器，可以通过它将对象的几何特性及基本特性进行管理和编辑，使其满足用户的需要。不同的对象具有不同的几何特性及其他属性，但其都具有基本特性，这些性质是由对象的类型所确定的。

当选中一个目标对象时就会在【特性】窗口中显示其所有相关的特性。当选中多个目标对象时，只会显示对象共有且相同的特性，而对象共有却不相同的特性会显示为“多种”，如图 2.12 所示。

【特性】窗口中，并不是目标对象的所有特性都可以进行编辑，有的只能查看，不能编辑。用鼠标左键点中某项特性的内容时，如果内容能被选中，则表示该项特性可以被编辑，如图 2.13 所示。如果内容不能被选中，则表示该项特性不可以被编辑，只能查看，如图 2.14 所示。

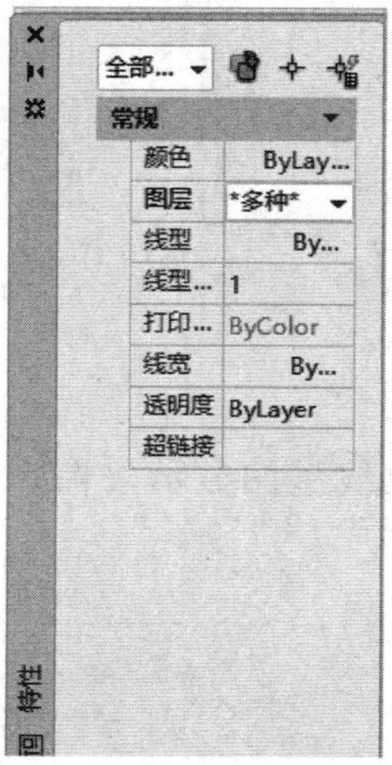

图 2.12 选中多个对象

图 2.13 可编辑项目举例

图 2.14 不可编辑项目举例

【特性】窗口中可编辑的主要项目包括【颜色】、【图层】、【线型】、【线型比例】、【线宽】、【材质】等，再加上各类对象自身的几何特性，基本每类目标对象都可以用【特性】窗口进行全方位的、快捷的编辑操作。

任务 2.2 创建与管理图层

2.2.1 图层特性管理器

所有创建的对象都会被放置在图层上，用户如果没有新建图层，则创建的对象将被放置在软件默认设置的【0】图层上。如果用户绘制了带有定义点的对象，比如尺寸标注、点对象等，软件还会默认设置一个【定义点（DEFPOINTS)】图层。实际工作中，为了批量管理和编辑文件，以及图纸的规范性和美观性，都要新建大量的图层来对图纸的各个部分进行分类管理。

1. 调用命令

（1）命令：LAYER（LA）。

（2）菜单栏：【格式】→【图层】。

（3）功能区：【默认】→【图层】→ 。

（4）工具栏：【图层】工具栏第一个按钮。

2. 操作步骤

◆命令：LAYER

（打开【图层特性管理器】对话框，如图 2.15 所示）

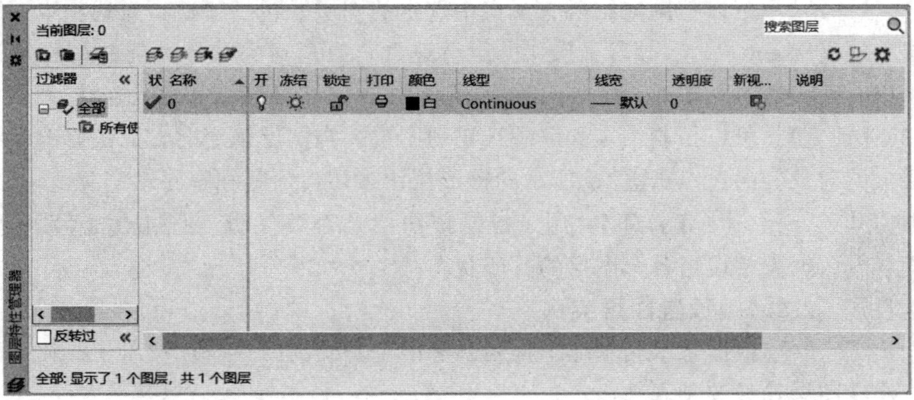

图 2.15 【图层特性管理器】对话框

3. 选项说明

（1）【新建图层】：建立新图层。单击此按钮，图层列表中将出现一个新的图层名称“图层 1”，用户可使用此名称，也可更改。为同时产生多个图层，可在选中一个图层名后，输入多个名称，各名称之间以逗号“，”（英文状态下输入）分隔。图层的名称可以包含字母、数字、空格和特殊符号。新的图层继承建立新图层时所选中的已有图层的所有特性（如颜色、线型、ON/OFF 状态等），如果新建图层时没有图层被选中，则新图层具有默认的设置。

（2）【删除图层】：删除所选层。在图层列表中选中某一图层，然后单击此按钮，则将该图层删除。

（3）【置为当前】：设置当前图层。在图层列表中选中某一图层，然后单击此按钮，则可把该图层设置为当前图层，并在【当前图层】一栏中显示其名称。另外，双击图层名也可把该图层设置为当前图层。

图层的特性设置非常简单，分别单击图 2.15 中的【颜色】、【线型】、【线宽】即可打开【选择颜色】、【选择线型】和【线宽】3 个对话框，分别设置即可。

（4）【颜色】：显示和改变图层的颜色。如果要改变某一图层的颜色，单击其对应的颜色图标，打开【选择颜色】对话框，具体操作同2.1.2设置颜色。

（5）【线型】：显示和修改图层的线型。如果要修改某一图层的线型，单击该图层的【线型】，打开【选择线型】对话框，具体操作同2.1.4设置线型。

（6）【线宽】：显示和修改图层的线宽。如果要修改某一层的线宽，单击该图层的【线宽】，打开【线宽】对话框，具体操作同2.1.3设置线宽。

在绘制复杂的工程图纸时，由于绘制的对象过多而造成继续绘制时容易受到已绘制对象的影响。【图层】特性管理器中提供了【开】、【冻结】和【锁定】3个功能来帮助用户解决这种问题。

（7）【打开】：控制打开或关闭选定的图层。当图层打开时，该图层中的对象可见并且可以打印。当图层关闭时，该图层中的对象不可见并且不能打印。通过点击 / 所示的灯泡形状按钮来切换打开和关闭。

（8）【冻结】：可以控制冻结所有视口中选定的图层，包括【模型】选项卡。可以冻结图层来提高Zoom、Pan等若干操作的运行速度，提高对象选择性能并减少复杂图形的重生成时间。通过点击 / 所示的雪花形状按钮来切换冻结和解除冻结。

（9）【锁定】：可以控制锁定和解锁选定的图层。当图层锁定时，无法修改和编辑锁定图层上的对象。通过点击 / 所示的锁形按钮来切换锁定和解除锁定。

（10）【打印】：用于控制该图层是否被打印。通过点击 / 可以根据需要设定各个图层的打印状态。

2.1

2.2.2 设置图层实例

根据《水利水电工程制图标准 基础制图》（SL 73.1—2013）的相关规定，建立图层，参数见表2.1。

表2.1 图层参数表

序号	图层名	线型	线宽/mm	颜色
1	粗实线	Continuous	0.7	白/黑色
2	细实线	Continuous	默认（0.18）	绿色
3	虚线	ACAD_ISO02W100	0.35	黄色
4	点画线	CENTER	默认（0.18）	红色
5	尺寸标注	Continuous	默认（0.18）	绿色
6	文本	Continuous	默认（0.18）	洋红
7	剖面线	Continuous	默认（0.18）	蓝色

◆命令：LAYER

（打开【图层特性管理器】对话框）

1. 设置图层名称

单击【新建图层】按钮并重新命名为“粗实线”，如图2.16所示。

同以上方法，继续新建“细实线”“虚线”“点画线”“剖面线”“文本”“尺寸标注”等图层，如图2.17所示。

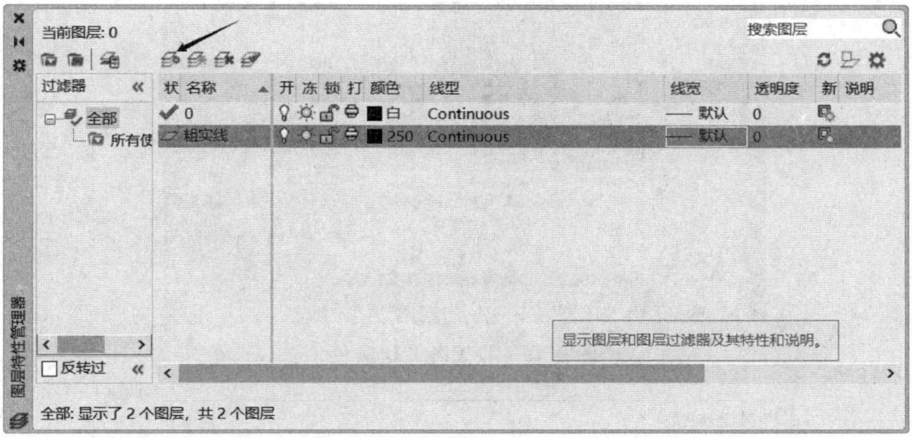

图 2.16　新建粗实线图层

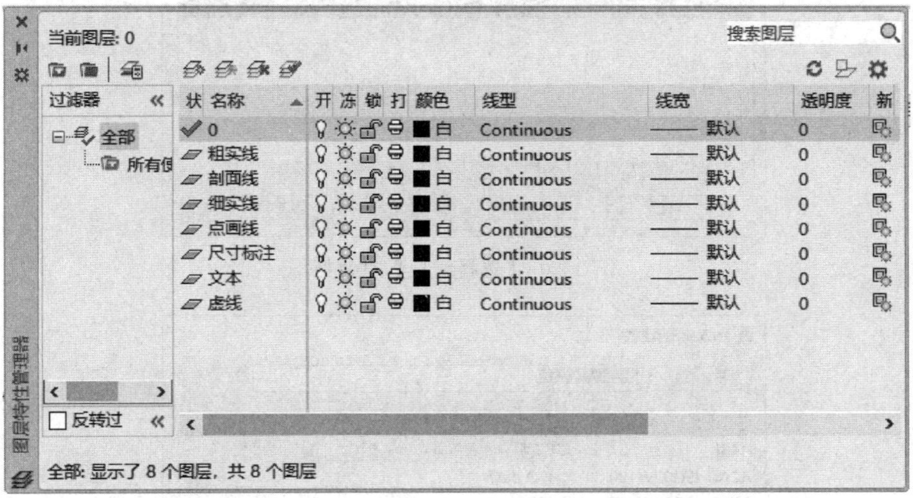

图 2.17　新建其他图层

2. 设置图层颜色

单击“粗实线”图层后面的【颜色】按钮，打开【选择颜色】对话框，如图 2.18 所示，选择“黑色”，单击【确定】。用同样的方法设置其他图层的颜色，如图 2.19 所示。

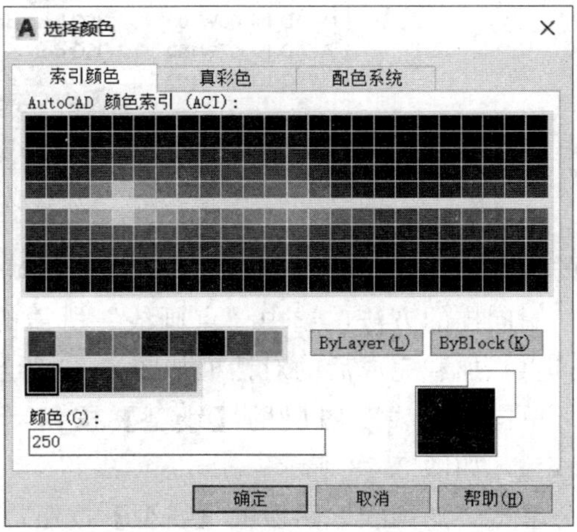

图 2.18　【选择颜色】对话框

3. 设置线型

单击“虚线”图层后面的【线型】按钮，打开【选择线型】对话框，如图 2.20 所示。

单击【加载】按钮，打开【加载或重载线型】对话框，如图 2.21 所示。选中虚线所

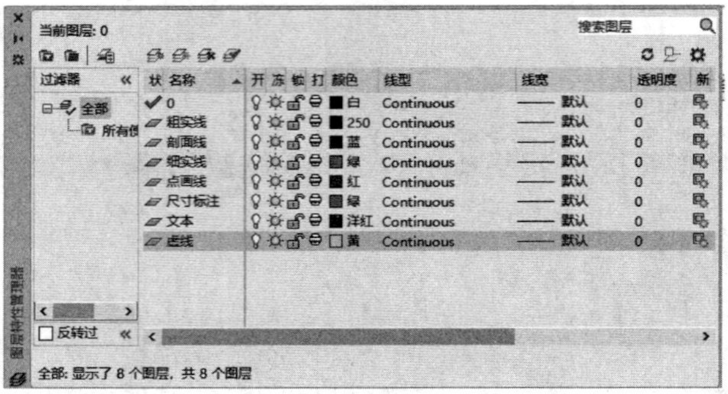

图 2.19 设置各图层颜色

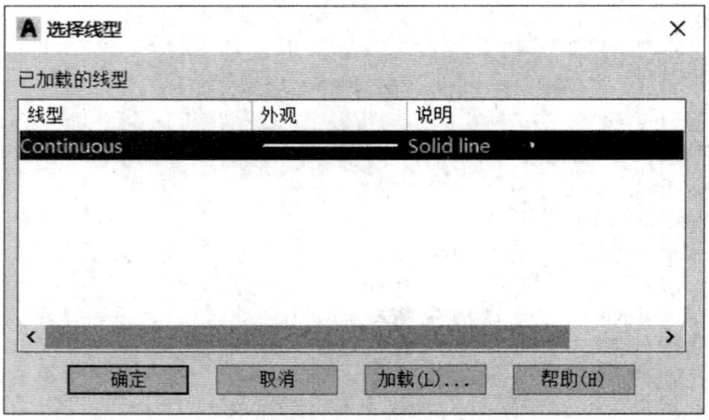

图 2.20 【选择线型】对话框

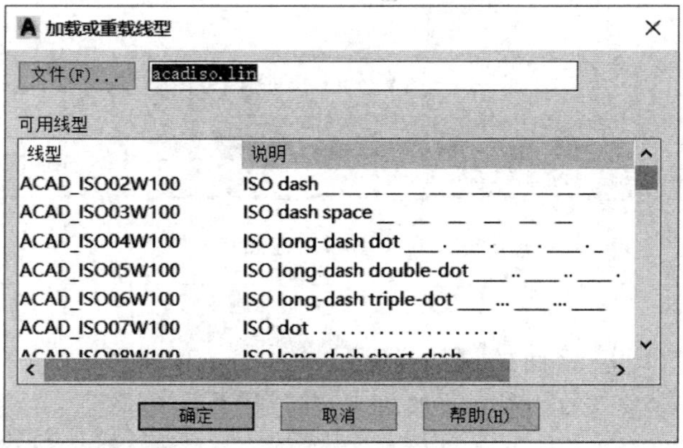

图 2.21 【加载或重载线型】对话框

需的线型“ACAD_ISO02W100”，单击【确定】，加载完成。

用同样的方法，选中“点画线”所需的线型“CENTER”，如图 2.22 所示，单击【确定】。加载完成后的对话框如图 2.23 所示。

单击“虚线”图层的【线型】按钮，选择“ACAD _ ISO02W100”线型，单击【确定】，如图 2.23 所示。

单击“点画线”图层的【线型】按钮，选择“CENTER”线型，单击【确定】。其他图层线型均为“Continuous”，如图 2.24 所示。

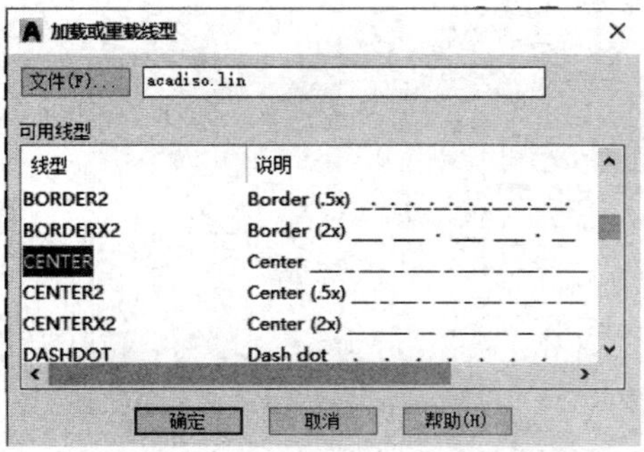

图 2.22 线型加载对话框

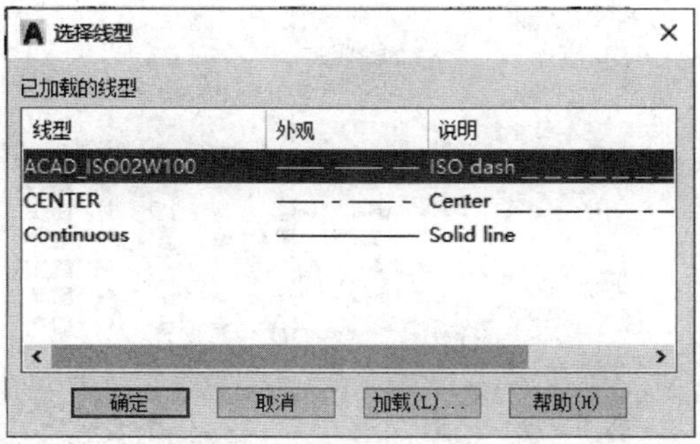

图 2.23 加载完成后的【选择线型】对话框

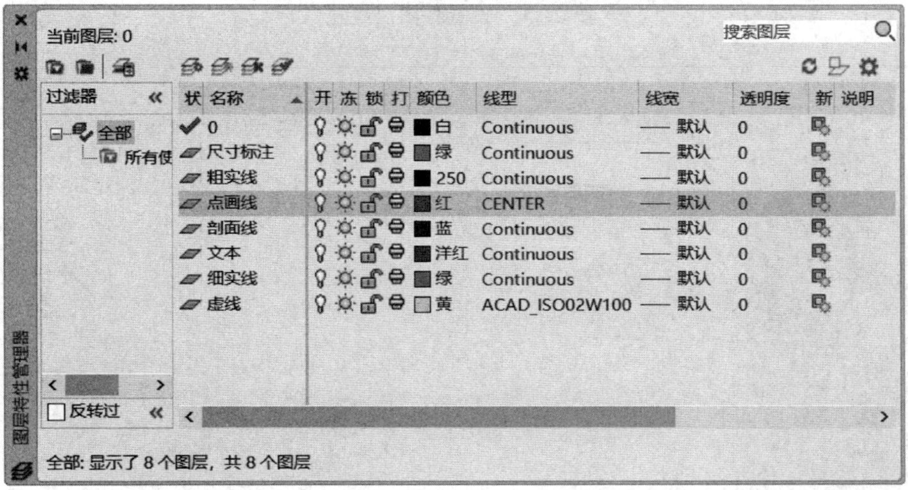

图 2.24 设置各图层线型

4. 设置线宽

单击“粗实线”图层后面的【线宽】按钮，打开【线宽】对话框，如图 2.25 所示，选择线宽 0.7mm，单击【确定】。

同样的方法，设置“虚线”图层的线宽为 0.35mm，其他图层线宽均为“默认”，如图 2.26 所示。

执行【线宽设置（LW)】命令，将“默认线宽”设置为 0.18mm。

5. 保存文件

执行【保存<Ctrl＋S>】命令，打开【图形另存为】对话框，将文件名改为“姓名＋学号后两位”，如“张三 01.dwg”，单击【保存】，完成文件的保存，如图 2.27 所示。

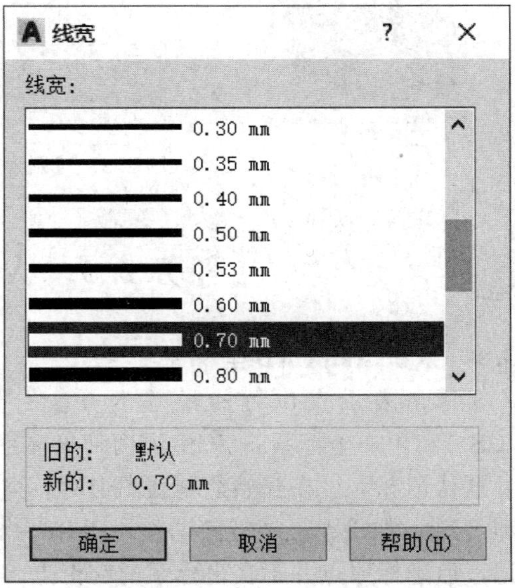

图 2.25 设置粗实线线宽

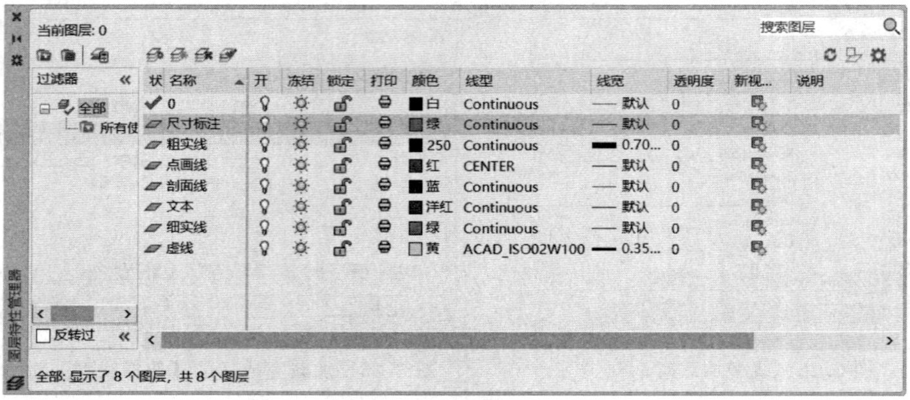

图 2.26 设置各图层线宽

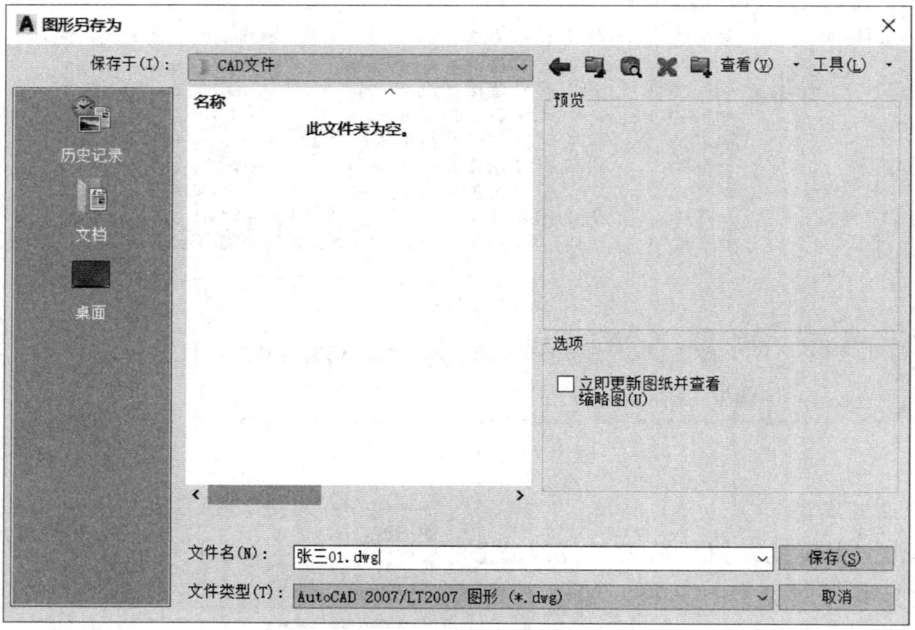

图 2.27 【图形另存为】对话框

任务 2.3 认 识 坐 标 系

2.3.1 认识 AutoCAD 坐标系

坐标是表示点位置的最基本方法。在 AutoCAD 中，坐标系分为世界坐标系（WCS）和用户坐标系（UCS）。两种坐标系都可以通过坐标来精确定位点。

默认情况下，在开始绘制新图形时，当前坐标系为世界坐标系即 WCS，它包括 X 轴和 Y 轴，如果在三维空间工作，还有一个 Z 轴。WCS 坐标轴的交汇处显示【口】形标记，但坐标原点并不在坐标系的交汇点，而位于图形窗口的左下角，所有的位移都是相对于原点计算的，并且沿 X 轴正向及 Y 轴正向的位移规定为正方向。

在 AutoCAD 中，为了能够更好地辅助绘图，经常需要修改坐标系的原点和方向，这时世界坐标系将变为用户坐标系即 UCS。UCS 的原点以及 X 轴、Y 轴、Z 轴方向都可以移动及旋转，甚至可以依赖于图形中某个特定的对象。尽管用户坐标系中 3 个轴之间仍然互相垂直，但是在方向及位置上都更灵活。

2.3.1.1 笛卡尔坐标系

笛卡尔坐标系，也称直角坐标系，是一种正交坐标系。直角坐标分为绝对直角坐标和相对直角坐标。

1. 绝对直角坐标

绝对直角坐标是参照原点（0，0）或（0，0，0）出发的位移，点的基本表示规则为（x，y，z），坐标间用逗号（,）隔开。如果在默认的 XY 平面绘图，则可以不输入 Z 坐标，默认为 0。如图 2.28 所示的坐标原点 A（0，0）、点 B（20，20）及点 C（50，0）。

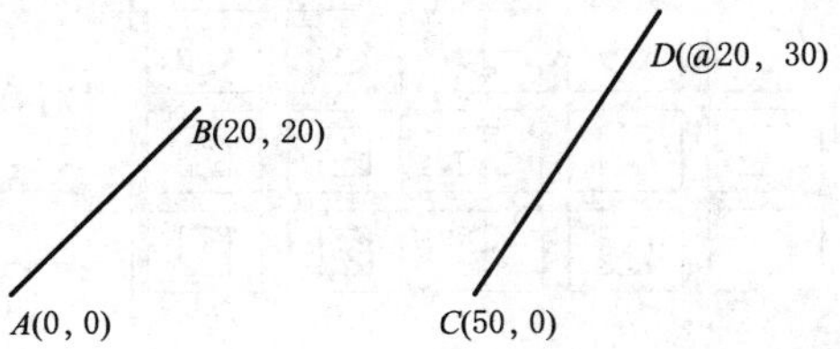

图 2.28　绝对直角坐标和相对直角坐标

2. 相对直角坐标

相对直角坐标是指相对于上一个点的坐标，即输入的坐标值计算时不再参照原点。它的表示方法是在绝对坐标表达方式前加上符号“@”，即（@x，y）。如图 2.28 所示点 D（@20，30），即点 D 相对于点 C 而言，X 坐标值增加了 20，Y 坐标值增加了 30。

2.3.1.2 极坐标系

极坐标分为绝对极坐标和相对极坐标。其点的基本表示规则为（$L<\alpha$），L 为要绘制的点到参照点的连线长度，称为极半径；α 为极半径连线与 0°方向的夹角，称为极轴角。

1. 绝对极坐标

绝对极坐标参照点为原点（0，0），极半径是指从原点到该点的距离；角度是连接原点与该点的直线与 X 轴所成的角度。如图 2.29 所示点 E（100<0），即点 E 相对于原点 A（0，0）而言，点 E 到点 A 的距离为 100，EA 连线与 X 轴所成的角度为 0°。

2. 相对极坐标

相对极坐标参照点为上一个点，极半径是指从上一点到该点的距离；角度是连接上一点与该点的直线与 X 轴所成的角度。其表示方法是在绝对极坐标前加上符号“@”，即（@$L<\alpha$）。如图 2.29 所示点 F（@30<60），即点 F 相对于点 E 而言，点 F 到点 E 的距离为 30（FE 长为 30），EF 连线与 X 轴所成的角度为 60°。

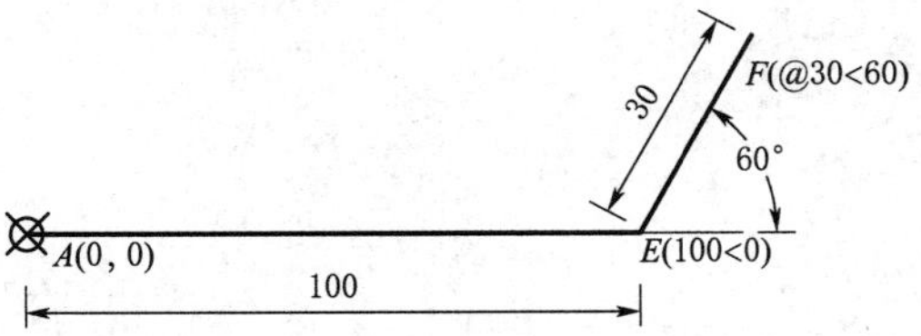

图 2.29　绝对极坐标和相对极坐标

在 AutoCAD 中，系统默认为相对坐标，可在状态栏【DYN】中更改为绝对坐标。

2.3.2 绘制点对象

绘制图形时，点作为独立的对象存在并不常见，它往往被用作捕捉或偏移对象的参考点，用户可以通过【单点】、【多点】、【定数等分】、【定距等分】4种方法创建点对象。

2.3.2.1 设置点样式

为了便于观察点的位置，应先设置点样式。

调用命令：

（1）命令：PTYPE。

（2）菜单栏：【格式】→【点样式】。

执行【点样式】命令，打开【点样式】对话框，其中共有20种点样式供用户选择，还可以设置点的大小，如图2.30所示。

※ 注意：设置点的大小时，一般选择【按绝对单位设置大小】。

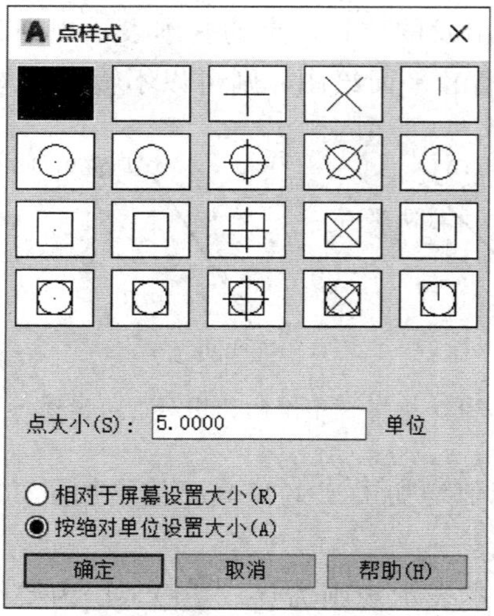

图2.30 【点样式】对话框

2.3.2.2 绘制单点

单点是指执行一次命令只能绘制一个点。

1. 调用命令

（1）命令：POINT（PO）。

（2）菜单栏：【绘图】→【点】→【单点】。

2. 操作步骤

◆命令：POINT

◆指定点：

（光标在绘图区拾取一个点的位置或输入点的坐标值，点绘制完成并自动退出命令）

2.3.2.3 绘制多点

多点是执行一次命令可以连续绘制多个点，退出命令时应按＜Esc＞键。

1. 调用命令

（1）菜单栏：【绘图】→【点】→【多点】。

（2）功能区：【默认】→【绘图】→。

（3）工具栏：【绘图】→。

2. 操作步骤

◆命令：POINT

◆指定点：

（光标在绘图区拾取一个点的位置或输入点的坐标值）

◆指定点：

（光标在绘图区拾取一个点的位置或输入点的坐标值）

◆指定点：

（退出命令时按＜Esc＞键）

3. 应用举例

实例：在图 2.31（a）所示矩形的四个顶点处标记出点对象，结果如图 2.31（b）所示。

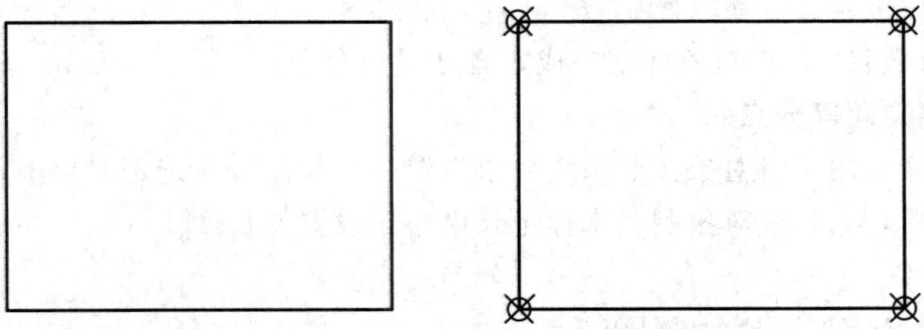

（a）标记前　　（b）标记后

图 2.31　标记矩形顶点

◆执行【格式】→【点样式】命令，打开【点样式】对话框，选中第二行第四个样式，点击【按绝对单位设置大小】，单击【确定】按钮。

（设置点样式）

◆命令：POINT

◆当前点模式：PDMODE＝67　PDSIZE＝5.0000

（显示点样式的当前设置）

◆指定点：

（依次拾取矩形的四个顶点，点标记完成，按<Esc>键退出）

2.3.2.4　绘制定数等分点

定数等分命令用于将对象进行等分。该操作会在各等分位置处标记点对象，但是不会将原对象在这些点位置切割断，原对象仍然是一个整体。

1. 调用命令

（1）命令：DIVIDE（DIV）。

（2）菜单栏：【绘图】→【点】→【定数等分】。

（3）功能区：【默认】→【绘图】→ 。

2. 操作步骤

◆命令：DIVIDE

◆选择要定数等分的对象：

（选定要等分的对象，如圆、直线、矩形等）

◆输入线段数目或［块（B）］：

［输入等分数目；或通过【块（B）】选项设置在定数等分的同时插入某个图块的块名］

3. 应用举例

实例：将直线 *AB* 等分成 6 份，并标记点对象，如图 2.32 所示。

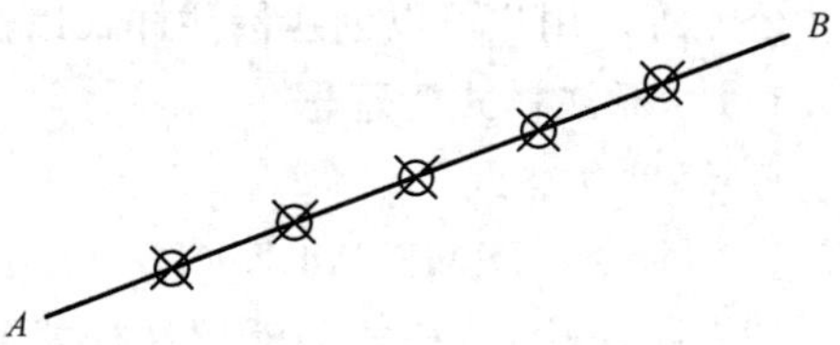

图 2.32　定数等分直线对象

◆命令：DIVIDE

◆选择要定数等分的对象：

（选择线段 *AB*）

◆输入线段数目或［块（B）］：6

（输入等分数目 6，点对象标记完成，自动退出命令）

2.3.2.5 绘制定距等分点

定距等分命令用于将对象按照系统要求设置一个长度，在选定对象上每隔该长度就标记一个点对象，直到该对象剩余未标记长度小于设置的长度。

1. 调用命令

（1）命令：MEASURE（ME）。

（2）菜单栏：【绘图】→【点】→【定距等分】。

（3）功能区：【默认】→【绘图】→ 。

2. 操作步骤

◆命令：MEASURE

◆选择要定距等分的对象：

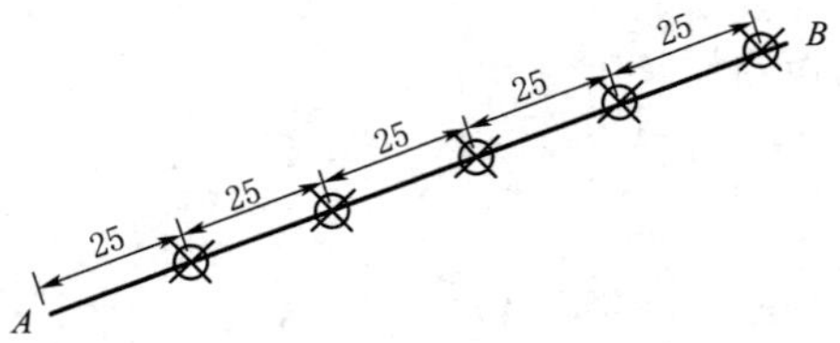

图 2.33 定距等分直线对象

（选定要等分的对象）

◆指定线段长度或［块（B）］：

（指定定距等分的长度并按＜Enter＞键，点对象标记完成，自动退出命令）

3. 应用举例

实例：将直线 *AB* 按距离 25 进行等分，并标记点对象，结果如图 2.33 所示。

◆命令：MEASURE

◆选择要定距等分的对象：

（选定线段 *AB*，拾取框靠近点 *A* 选择对象，则将从点 *A* 开始等分对象）

◆指定线段长度或［块（B）］：25

（指定定距等分的长度 25 并按＜Enter＞键，点对象标记完成，自动退出命令）

任务 2.4 设置及使用尺寸标注

2.4.1 设置尺寸标注样式

标注样式是标注设置的命名集合，可用来控制标注的外观，如箭头样式、文字位置、尺寸公差等。用户可以创建标注样式以快速指定标注的格式，并确保标注符合相关标准。

2.4.1.1 标注样式管理器

1. 调用命令

（1）命令：DIMSTYLE（D）。

（2）菜单栏：【格式】→【标注样式】或【标注】→【标注样式】。

（3）功能区：【默认】→【注释】→ 。

2.2

（4）工具栏：【标注】工具栏最后一个按钮。

2. 操作步骤

◆命令：DIMSTYLE

打开【标注样式管理器】对话框，如图 2.34 所示。

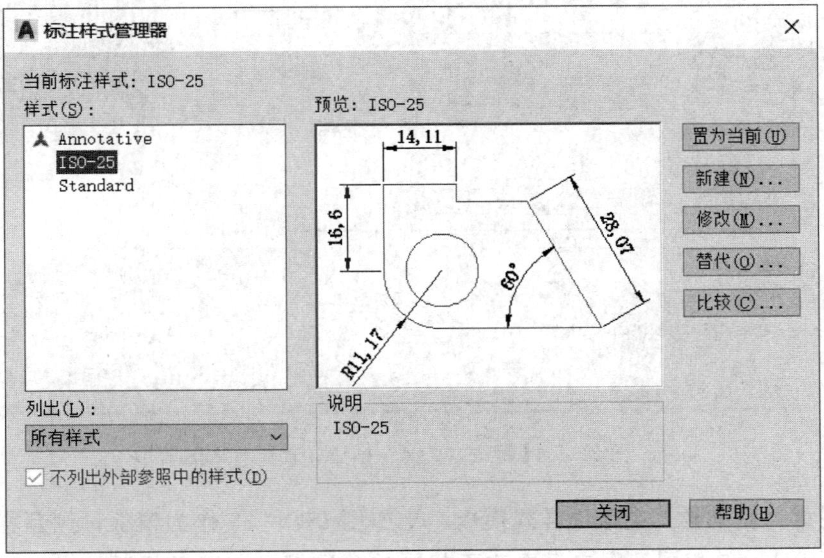

图 2.34 【标注样式管理器】对话框

3. 选项说明

（1）【置为当前（U）】：单击【置为当前】按钮，可将【样式】列表框中选中的样式设置为当前样式。

（2）【新建（N）】：定义一个新的尺寸标注样式。

（3）【修改（M）】：单击此按钮，打开【修改标注样式】对话框，该对话框中的各选项与【新建标注样式】对话框中完全相同，可以对已有标注样式进行修改。

（4）【替代（O）】：设置临时覆盖尺寸标注样式。单击此按钮，打开【替代当前样式】对话框，该对话框中各选项与【新建标注样式】对话框完全相同，用户可改变选项的设置，覆盖原来的设置。这种修改只对指定的尺寸标注起作用，而不影响当前尺寸变量的设置。

（5）【比较（C）】：比较两个尺寸标注样式在参数上的区别或浏览一个尺寸标注样式的参数设置。

2.4.1.2 创建新标注样式

虽然系统有默认的标注样式，但是绘图时经常需要设置新的标注样式，一个图形文件中常常不止一种标注样式，因此用户要掌握新建标注样式的方法。

单击图 2.34 所示的【新建】按钮 新建(N)...，打开【创建新标注样式】对话框。

新样式名为“1∶1”（新样式名可自定），基础样式为【ISO－25】，用于【所有标注】，单击【继续】，如图 2.35 所示。

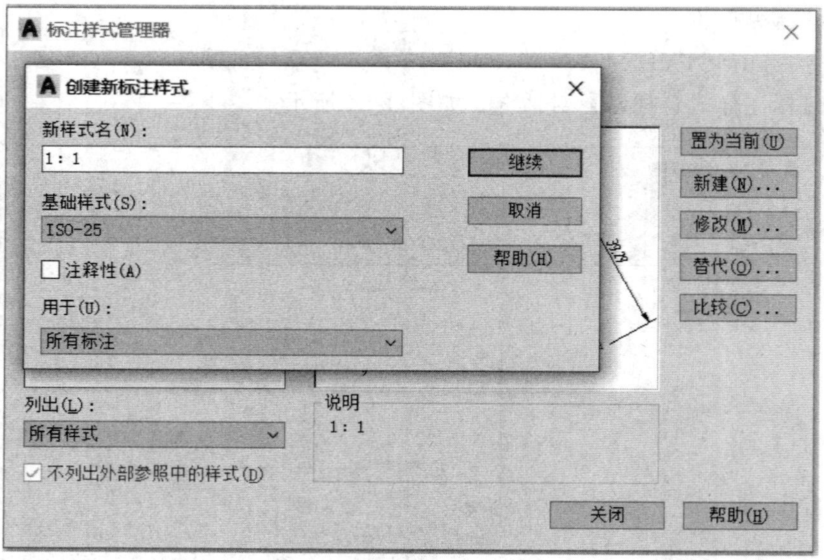

图 2.35 【新建“1∶1”标注样式】对话框

※ 注意：基础样式类似于样式模板，比如用 ISO－25 作为模板，则新样式的所有设置均与 ISO－25 相同，用户只更改不相同的参数即可。选择相近的样式作为基础样式可以提高新建标注样式的速度。

2.4.1.3 设置【线】

在图 2.35【创建新标注样式】对话框中，单击【继续】按钮，打开【新建标注样式：1∶1】对话框。【线】选项卡用于设置尺寸线、尺寸界线的格式和特性，如图 2.36 所示。

1. 【尺寸线】

【尺寸线】设置尺寸的颜色、线型、线宽、基线间距等属性。各选项说明如下：

(1)【颜色】：设置尺寸线的颜色。可直接输入颜色名称，也可从下拉框中选择。

(2)【线型】：设置尺寸线的线型。下拉框中列出了各种线型的名称。

(3)【线宽】：设置尺寸线的线宽。下拉框中列出了各种线宽的名称和宽度。

(4)【超出标记】：设置尺寸线超出尺寸界线的距离。

(5)【基线间距】：使用基线尺寸标注时，两条尺寸线之间的距离，如图 2.37 所示。

(6)【隐藏】：确定是否隐藏尺寸线。可勾选尺寸线 1 和尺寸线 2 前的复选框。

勾选【尺寸线 1】即隐藏第一条尺寸线（尺寸数字左边的尺寸线），如图 2.38 所示。

勾选【尺寸线 2】即隐藏第二条尺寸线（尺寸数字右边的尺寸线），如图 2.39 所示。当尺寸线 1 和尺寸线 2 都被隐藏时，就只显示尺寸数字。

※ 注意：实际绘图中，一般不勾选该复选框。

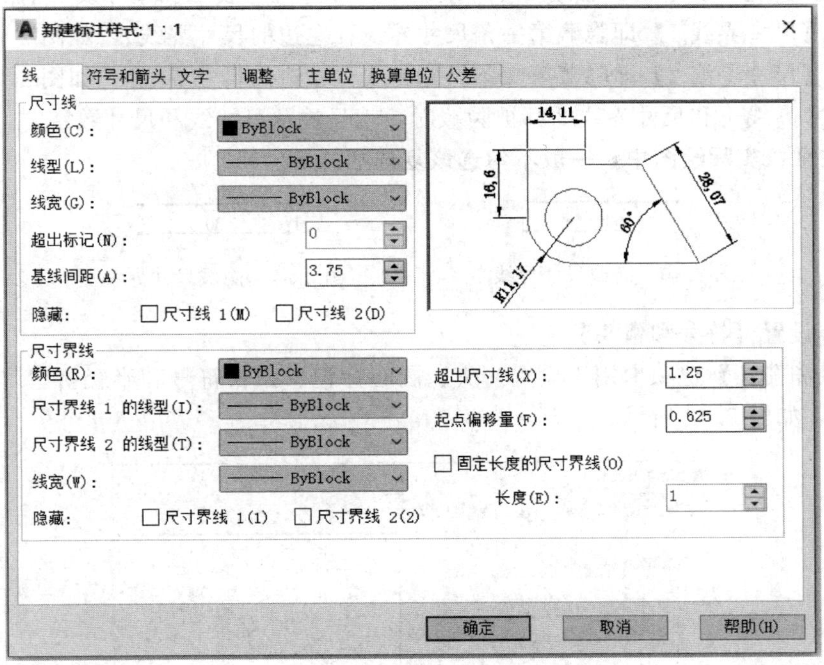

图 2.36 【线】选项卡

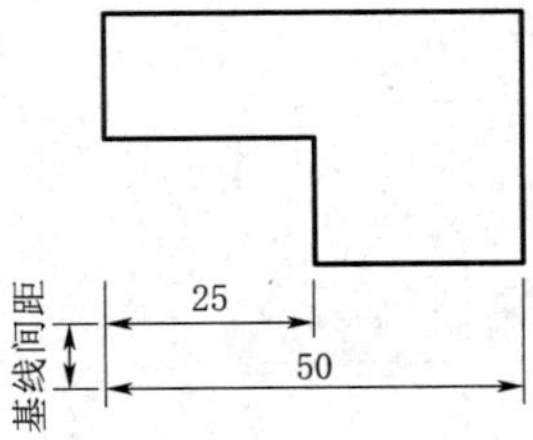

图 2.37 基线间距

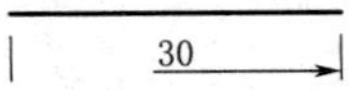

图 2.38 隐藏尺寸线 1

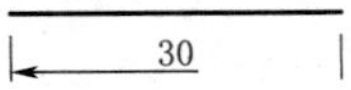

图 2.39 隐藏尺寸线 2

2. 【尺寸界线】

【尺寸界线】用于确定尺寸界线的形式。各选项说明如下:

(1)【颜色】: 设置尺寸界线的颜色。

(2)【尺寸界线 1 的线型】: 设置尺寸界线 1 的线型。

(3)【尺寸界线 2 的线型】: 设置尺寸界线 2 的线型。

(4)【线宽】: 设置尺寸界线的线宽。

(5)【超出尺寸线】: 确定尺寸界线超出尺寸线的距离。

(6)【起点偏移量】: 确定尺寸界线的实际起点相对于指定的尺寸界线的起始点的偏移量。

(7)【固定长度的尺寸界线】: 选中该复选框, 系统将以固定长度的尺寸界线标注尺寸。可在下面的【长度】微调框中输入长度值。

（8）【隐藏】：确定是否隐藏尺寸界线。单击勾选尺寸线 1 和尺寸线 2 前的复选框。勾选【尺寸界线 1】即隐藏第一条尺寸界线（左边的尺寸界线），如图 2.40 所示。勾选【尺寸界线 2】即隐藏第二条尺寸界线（右边的尺寸界线），如图 2.41 所示。当尺寸界线 1 和尺寸界线 2 都被隐藏时，就只显示尺寸线和尺寸数字。

※ 注意：实际绘图中，一般不勾选该复选框。

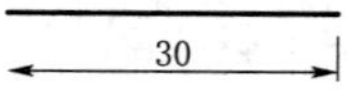

图 2.40 隐藏尺寸界线 1

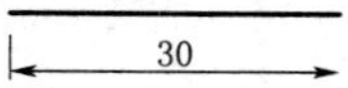

图 2.41 隐藏尺寸界线 2

2.4.1.4 设置【符号和箭头】

【符号和箭头】选项卡用于设置箭头、圆心标记、弧长符号和半径折弯等标注的格式和位置，如图 2.42 所示。

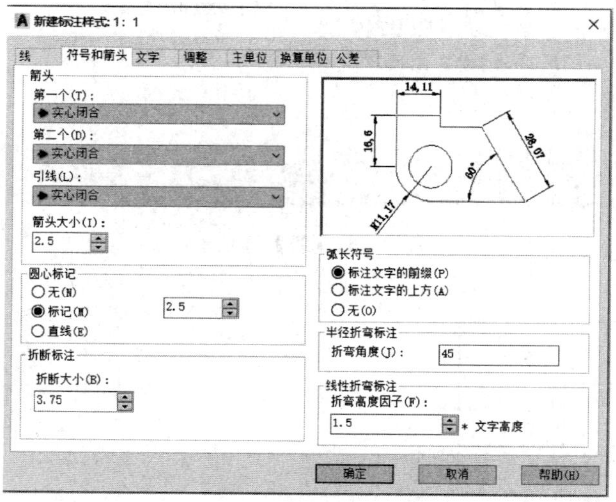

图 2.42 【符号和箭头】选项卡

1. 【箭头】

【箭头】设置尺寸箭头和引线箭头的类型和大小等。

（1）【第一个】：设置第一个尺寸箭头的形式，可在下拉列表中选择。

（2）【第二个】：设置第二个尺寸箭头的形式，可在下拉列表中选择。

（3）【引线】：确定引线的形式。

（4）【箭头大小】：可在微调框中设置箭头的大小。

※ 注意：当改变第一个箭头类型时，第二个箭头类型将自动改变。水工图样采用“实心闭合”箭头；建筑图样一般采用“建筑标记”，但特殊标注如半径、角度等采用“实心闭合”箭头。

2. 【圆心标记】

【圆心标记】可设置三种不同样式，如图 2.43 所示。

（1）【无标记】：既不产生中心标记也不产生中心线。

（2）【圆心标记】：中心标记为一个记号，可在微调框中确定。

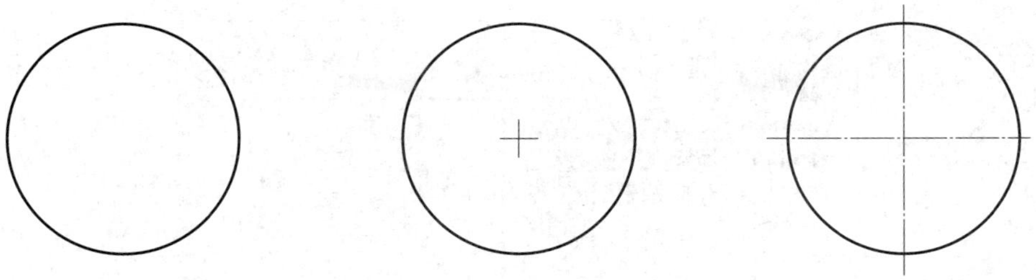

(a)【无标记】　(b)【圆心标记】　(c)【直线标记】

图 2.43　圆心标记的三种样式

(3)【直线标记】：中心标记为直线的形式，可在微调框中确定。

※ 注意：当选择【标记】或【直线】单选按钮时，可以在【大小】文本框中设置圆心标记的大小。

3.【弧长符号】

【弧长符号】有三种不同的样式，如图 2.44 所示。

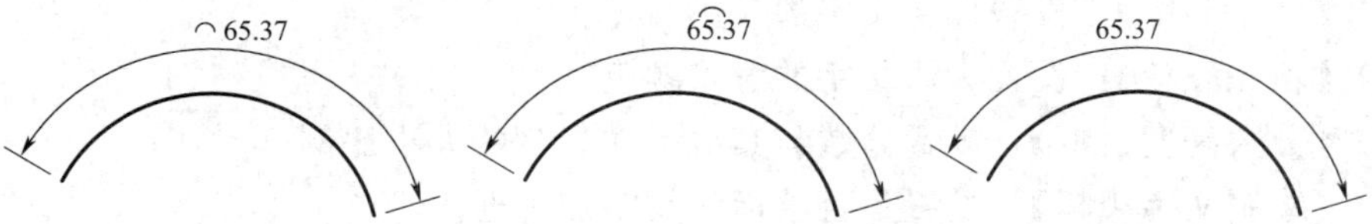

(a)【标记文字的前缀】　(b)【标注文字的上方】　(c)【无】

图 2.44　弧长的三种标记样式

(1)【标记文字的前缀】：将弧长符号放在标注文字的前面。

(2)【标记文字的上方】：将弧长符号放在标注文字的上方。

(3)【无】：不显示弧长符号。

4.【半径折弯标注】

控制半径标注的显示。半径折弯标注通常在中心点位于页面外部时创建。

5.【线性折弯标注】

在【折弯高度因子】的【文字高度】微调框中设置折弯高度因子的文字高度。

6.【折断标注】

在【折断大小】微调框中设置折断标注的大小。

2.4.1.5　设置【文字】

【文字】选项卡用于设置标注文字的外观、位置和对齐方式，如图 2.45 所示。

1.【文字外观】

【文字外观】设置文字样式、文字颜色、文字高度、分数高度比例以及是否绘制文字边框等。

(1)【文字样式】：设置文字的样式，也可以单击...，新建或修改文字样式。

(2)【文字颜色】：设置标注文字的颜色。

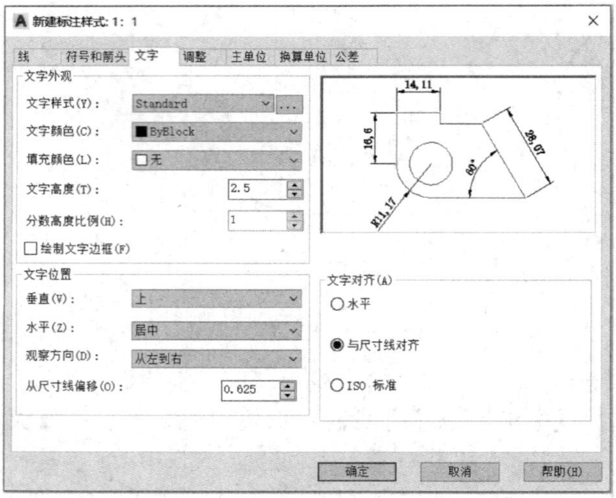

图 2.45 【文字】选项卡

(3)【文字高度】：设置标注文字的大小。

(4)【填充颜色】：设置标注文字的背景颜色。

(5)【分数高度比例】：设置分数与其他标注文字的大小比例。

(6)【绘制文字边框】：设置是否给标注文字加边框。

以上所有设置在右边的预览框中都可以预览效果，如图 2.46 所示。

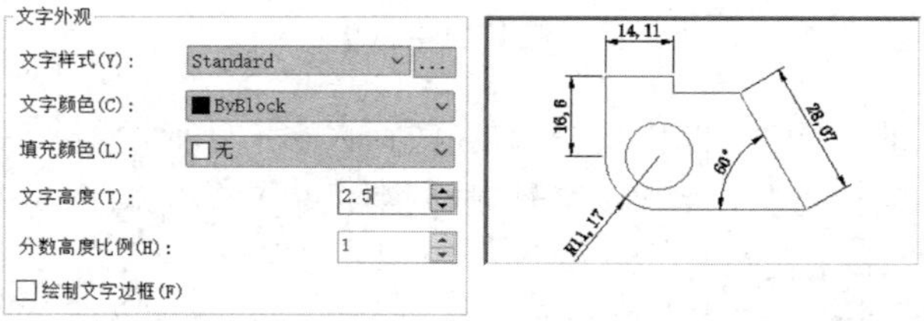

图 2.46 文字外观效果

2.【文字位置】

【文字位置】设置标注文字相对于尺寸线、尺寸界线的位置。

(1)【垂直】：设置标注文字相对于尺寸线在垂直方向的相对位置，如图 2.47 所示。

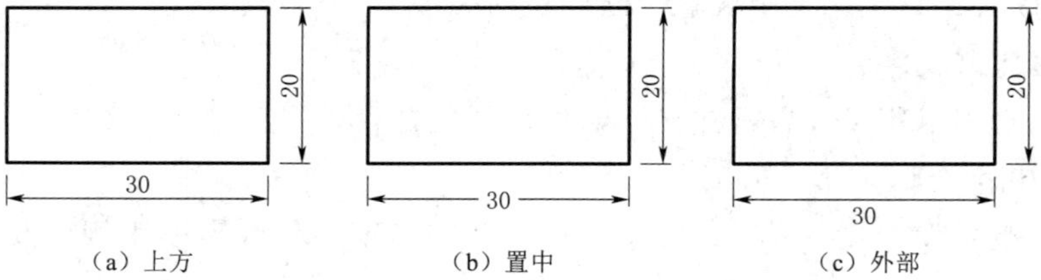

图 2.47 文字垂直位置

1)【置中】：标注文字位于尺寸线的中间。

2)【上方】：标注文字位于尺寸线上方。

3)【外部】：标注文字位于远离第一个尺寸定义点的一侧。

4)【JIS】：按照 JIS（日本工业标准）规则放置标注文字。

(2)【水平】：设置标注文字相对于尺寸线和尺寸界线在水平方向的相对位置，有【置中】、【第一条尺寸边界】、【第二条尺寸边界】、【第一条尺寸界线上方】、【第二条尺寸界线上方】等选项，具体效果如图 2.48 所示。

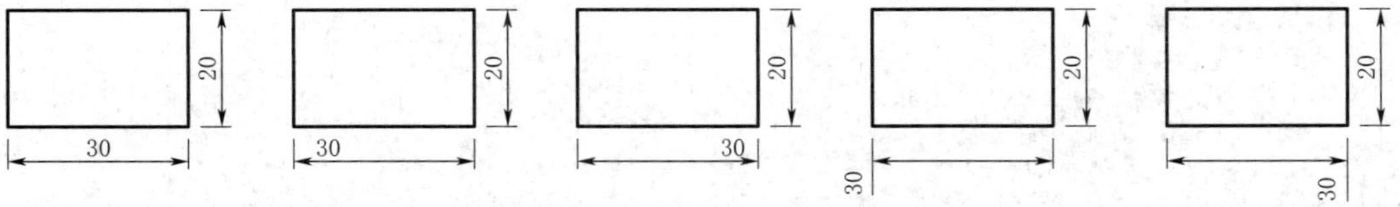

(a) 置中　(b) 第一条尺寸边界　(c) 第二条尺寸边界　(d) 第一条尺寸界线上方　(e) 第二条尺寸界线上方

图 2.48 文字水平位置

(3)【从尺寸线偏移】：设置文字与尺寸线之间的距离。

3.【文字对齐】

【文字对齐】设置标注文字水平放置还是与尺寸线平行，如图 2.49 所示。

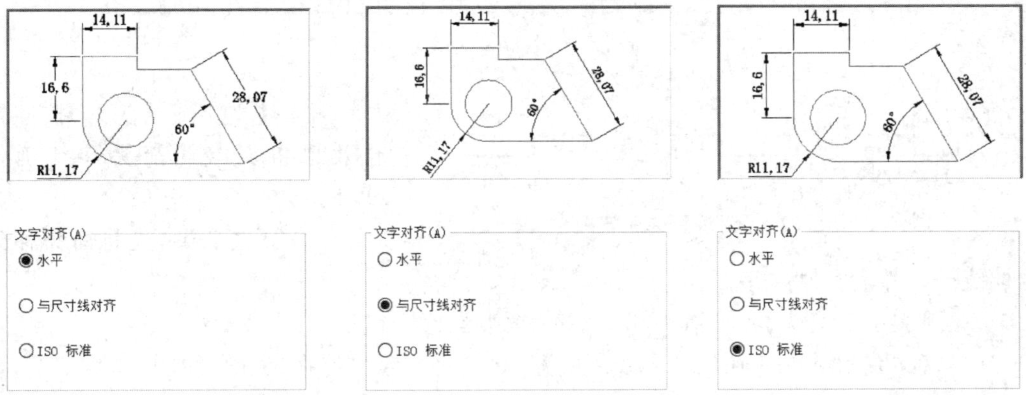

图 2.49 文字对齐的三种样式

(1)【水平】：设置标注文字水平放置。

(2)【与尺寸线对齐】：设置标注文字平行于尺寸线。

(3)【ISO 标准】：设置标注文字按照 ISO 标准放置。当标注文字在尺寸界线之内时，水平放置；当标注文字在尺寸界线之外时，与尺寸线平行。

2.4.1.6 设置【调整】

【调整】选项卡由调整选项、文字位置、标注特征比例、优化 4 个选项组构成，如图 2.50 所示。

1.【调整选项】

【调整选项】当尺寸界线之间没有足够空间放置标注文字和箭头时，选择从尺寸界线中移出对象，可以选择移出箭头或移出文字，如图 2.51 所示。

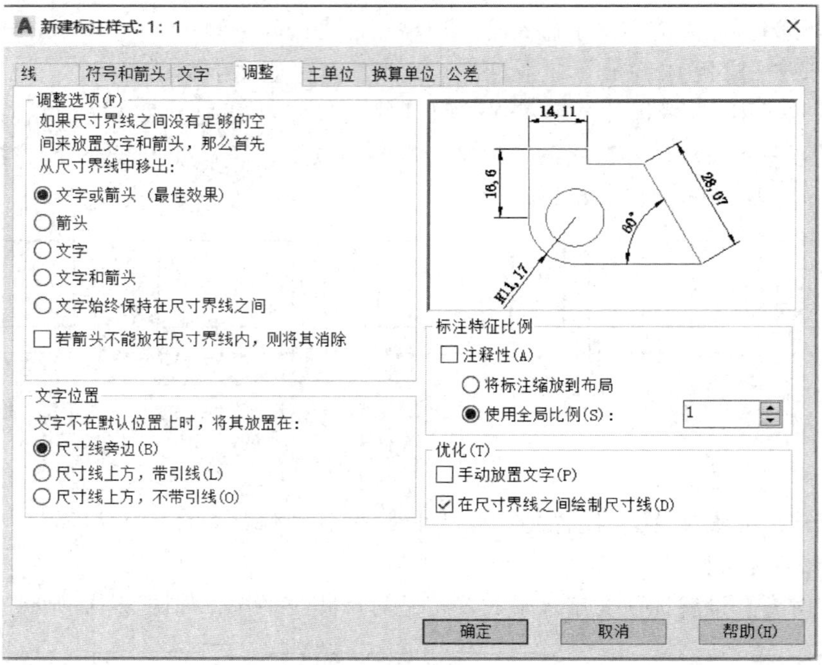

图 2.50　【调整】选项卡

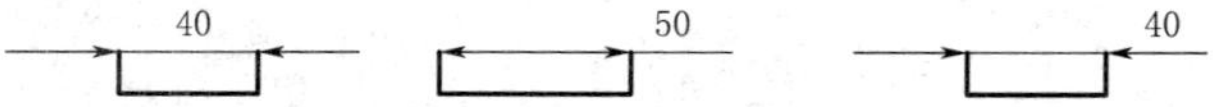

（a）箭头　（b）文字　（c）文字和箭头

图 2.51　【调整】选项效果

（1）【文字或箭头】：按照最佳效果将文字或箭头移到延伸线外。

（2）【箭头】：先将箭头移到延伸线外，然后移动文字。

（3）【文字和箭头】：将箭头和文字都移到延伸线外。

（4）【文字始终保持在尺寸界线之间】：始终将文字保持在尺寸界线内。

（5）【若箭头不能放在尺寸界线内，则将其消除】：选中此复选框，如果尺寸界线之间的空间不足以容纳箭头，则不显示标注箭头。

2. 【文字位置】

【文字位置】设置标注文字的位置，有三种不同位置，如图 2.52 所示。

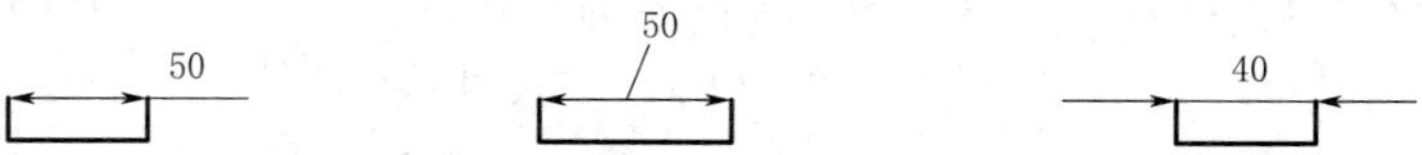

（a）尺寸线旁边　（b）尺寸线上方，带引线　（c）尺寸线上方，不带引线

图 2.52　【文字位置】

（1）【尺寸线旁边】：只要移动标注文字尺寸线就会随之移动。

（2）【尺寸线上方，带引线】：将文本放在尺寸线的上方，并带上引线。

（3）【尺寸线上方，不带引线】：将文本放在尺寸线的上方，但不带引线。

3.【标注特征比例】

【标注特征比例】设置标注尺寸的特征比例，以便通过全局变量因子来改变标注的大小。

（1）【注释性】：将标注定义为可注释性对象。

（2）【将标注缩放到布局】：根据当前空间模型视口和图纸空间之间的比例确定比例因子。

（3）【使用全局比例】：对全部尺寸标注设置缩放比例，该比例不改变尺寸的测量值。

4.【优化】

【优化】：对标注文字和尺寸线进行细微的调节，主要包括两个复选框。

（1）【手动放置文字】：忽略标注文字的水平对正设置，并把文字放在【尺寸线位置】提示下指定的位置。一般不勾选该复选框。

（2）【在尺寸界线之间绘制尺寸线】：当箭头在尺寸界线之外时，可在尺寸界线内绘制尺寸线。

2.4.1.7 设置【主单位】

【主单位】选项卡用于设置主单位的格式与精度等属性，如图 2.53 所示。

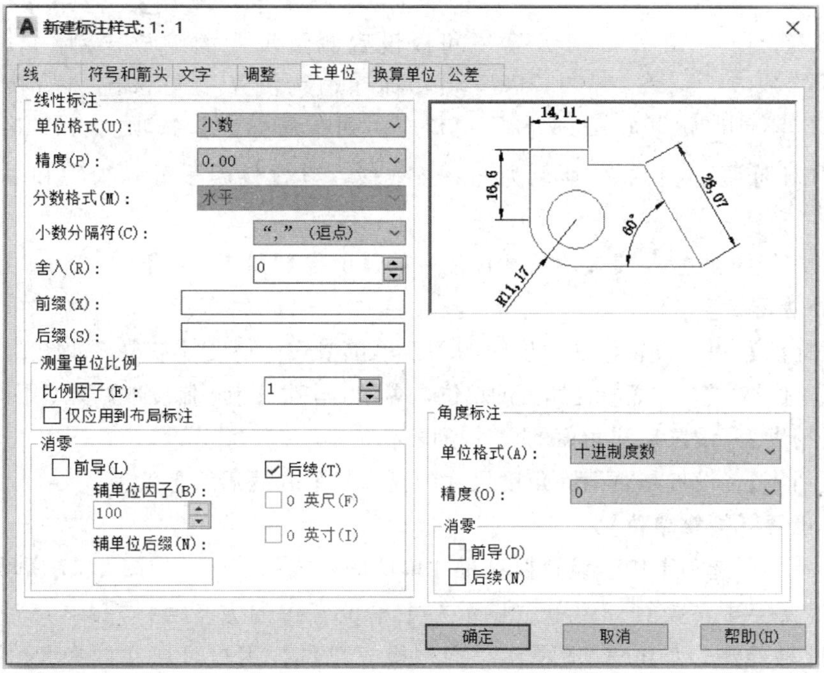

图 2.53 【主单位】选项卡

1.【线性标注】

【线性标注】用于设置线性标注的单位格式与精度，如图 2.54 所示。

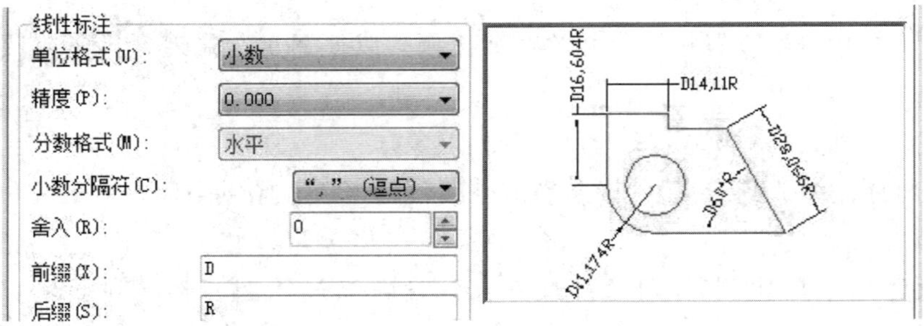

图 2.54 设置【线性标注】

（1）【单位格式】：设置除角度标注之外的所有标注类型的单位格式。包括：【科学】、【小数】、【工程】、【建筑】及【分数】等类型，实际工作中【小数】类型用得最多。

（2）【精度】：设置标注文字中的小数位数。

（3）【分数格式】：当单位格式是分数时，用于设置分数的格式。

（4）【小数分隔符】：当单位格式是小数时，用于设置小数的分隔符。

（5）【舍入】：设置除角度标注之外的尺寸测量值的舍入规则。

（6）【前缀】：设置标注文字的前缀，在相应的文本框中输入字符即可。

（7）【后缀】：设置标注文字的后缀，在相应的文本框中输入字符即可。

（a）比例因子为1　（b）比例因子为100

图 2.55 不同比例因子的标注效果

（8）【测量单位比例】：使用【比例因子】可以设置测量尺寸的缩放比例。AutoCAD 的实际标注值为测量值与该比例的乘积。选定【仅应用到布局标注】选项，可以设置该比例关系仅使用于布局。图 2.55 所示为同一条线段，其比例因子分别为 1 和 100 时的标注效果。

（9）【消零】：设置是否显示尺寸标注中的【前导】和【后续】0。

2. 【角度标注】

【角度标注】用于设置标注角度时的角度单位格式、精度等参数，如图 2.56 所示。

（1）【单位格式】：设置标注角度的单位，实际工作中【十进制度数】类型用得最多。

（2）【精度】：设置标注角度的尺寸精度。

（3）【消零】：设置是否消除角度尺寸的【前导】和【后续】0。

2.4.1.8 设置【换算单位】

【换算单位】选项卡用于设置换算尺寸单位的格式和精度，如图 2.57 所示。

在标注文字中，换算标注单位显示在主单位旁边的方括号［ ］中，一般情况下很少采用此种标注，如图 2.58 所示。通过换算单位，用户可以在同一尺寸上表示用两种单位测量的结果，通常是显示英制标注的等效公制标注或公制标注的等效英制标注。

1. 【显示换算单位】

勾选复选框后，该选项组的其他选项才可用。

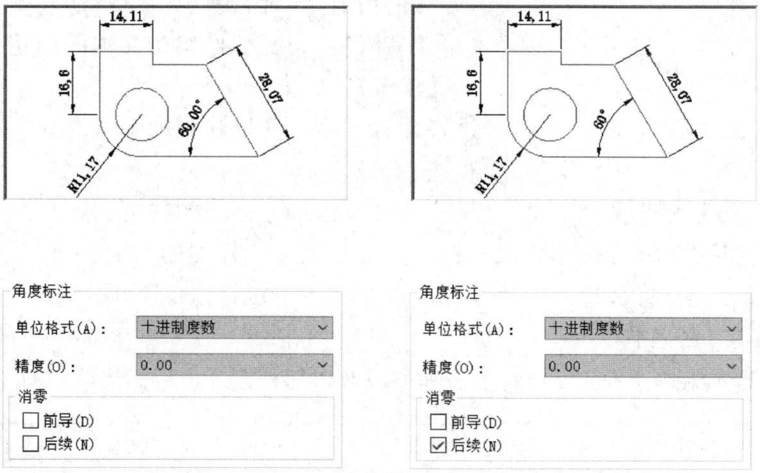

（a）后续不消零效果　　　　（b）后续消零效果

图 2.56　角度标注的设置效果

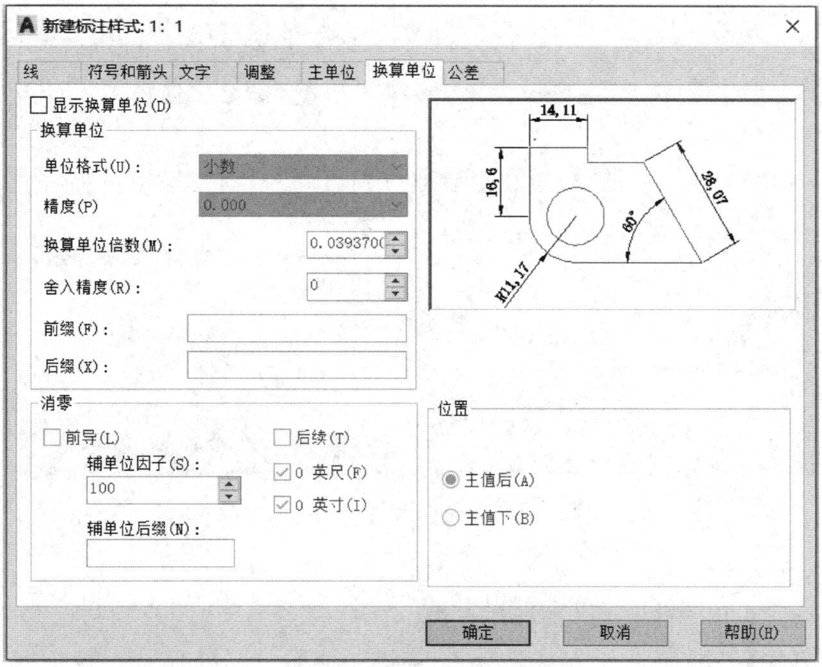

图 2.57　【换算单位】选项卡

2.【换算单位】

(1)【单位格式】：选取替换单位采用的单位制。

(2)【精度】：设置替换单位的精度。

(3)【换算单位倍数】：微调框，用于指定主单位和替换单位的转换因子。

(4)【舍入精度】：微调框，用于设定替换单位的完整规则。

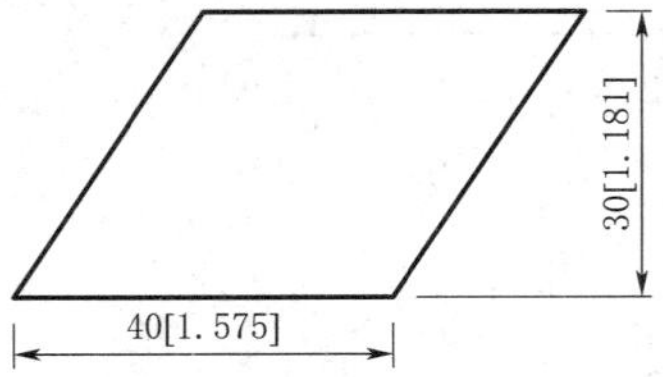

图 2.58　换算标注单位

(5)【前缀】：设置替换单位文本的固定前缀。

(6)【后缀】：设置替换单位文本的固定后缀。

3. 【消零】

设置是否省略尺寸标注中的 0。

4. 【位置】

设置替换单位尺寸标注的位置。

(1)【主值后】：将替换单位尺寸标注放置在主单位标注的后面。

(2)【主值下】：将替换单位尺寸标注放置在主单位标注的下面。

2.4.1.9　设置【公差】

【公差】选项卡用于设置是否标注公差，以及以何种方式进行标注，如图 2.59 所示。

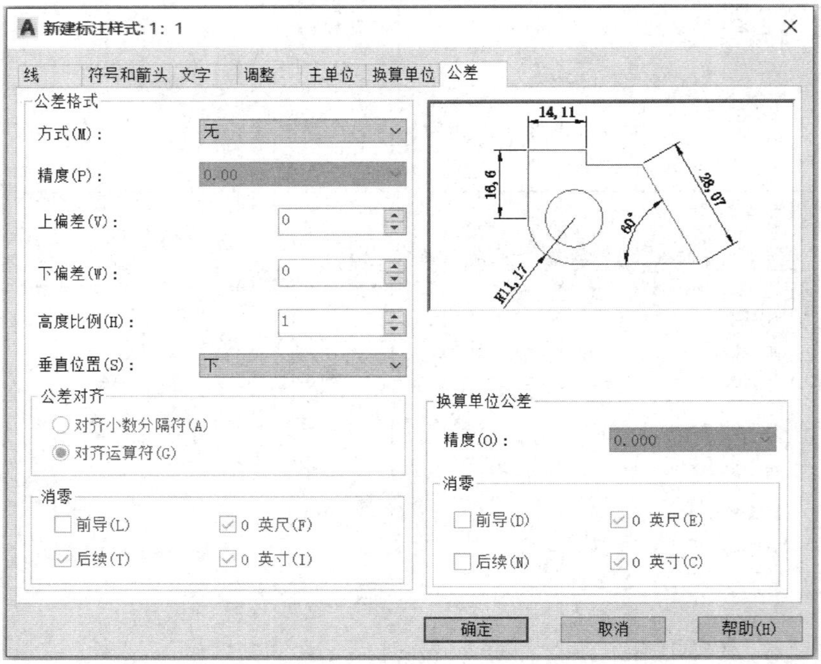

图 2.59　【公差】选项卡

1. 【公差格式】

【公差格式】用于设置公差的标注方式。

(1)【方式】：共有 5 种方式，分别是无、对称、极限偏差、极限尺寸、基本尺寸。

(2)【精度】：根据具体工作环境要求，设置相应精度。

(3)【上偏差】：输入上偏差值。在方式为无和基本尺寸时，此文本框不可输入。

(4)【下偏差】：输入下偏差值。在方式为无、对称和基本尺寸时，此文本框不可输入。

(5)【高度比例】：缺省为 1，可调整。在方式为无和基本尺寸时，此文本框不可输入。

（6）【垂直位置】：有下、中、上3个位置，可调整。

（7）【公差对齐】：在方式为无、对称和基本尺寸时，此选项卡不可选择。只在极限偏差和极限尺寸状态下可用。

（8）【消零】：在方式为无和基本尺寸时，此选项卡不可选择。在其他方式时，同【主单位】的同类选项卡，不累述。

2.【换算单位公差】

【换算单位公差】：在方式为无时，此选项卡不可选择。在其他方式时，可以设置换算单位精度和是否消零，同【主单位】的同类选项卡，不累述。

2.4.2 标注基本尺寸

2.4.2.1 线性标注

线性标注用于标注图形对象在水平方向、垂直方向或指定方向上的尺寸。

2.3

1.调用命令

（1）命令：DIMLINEAR（DLI）。

（2）菜单栏：【标注】→【线性】。

（3）功能区：【默认】→【注释】→ 线性。

（4）工具栏：【标注】工具栏第1个按钮。

2.操作步骤

◆命令：DIMLINEAR

◆指定第一条尺寸界线原点或＜选择对象＞：

（指定要标注对象的第一个端点；或单击右键后用小方框直接选中标注对象）

◆指定第二条尺寸界线原点：

（适用于上一个步骤指定了要标注对象的一个端点的操作，继续指定其第二个端点）

◆创建了无关联的标注

◆指定尺寸线位置或［多行文字（M）/文字（T）/角度（A）/水平（H）/垂直（V）/旋转（R）］：

（可在绘图区拖动鼠标指定尺寸线的位置）

◆标注文字＝

（显示本次标注所显示的文字）

3.选项说明

（1）多行文字（M）：打开【文字编辑器】对话框，如图2.60所示。通常情况下，当需要在标注尺寸中添加其他文字或符号时，需要选择此选项，如在尺寸前加Φ等。

图2.60 【多行文字编辑器】

(2) 文字 (T)：可直接在命令提示行输入新的标注文字。此时可修改标注尺寸或添加新的内容。

(3) 角度 (A)：可指定标注文字的角度，如图 2.61 所示。

(4) 水平 (H)：不管标注什么方向的线段，尺寸线都会被水平方向放置。

(5) 垂直 (V)：不管标注什么方向的线段，尺寸线都会被垂直方向放置。

※ 注意：几乎所有的标注类型都有【多行文字 (M)】、【文字 (T)】和【角度 (A)】三个二级选项，在后边的内容中不再累述。

4. 应用举例

实例：标注三角形的底边长度，结果如图 2.62 所示。

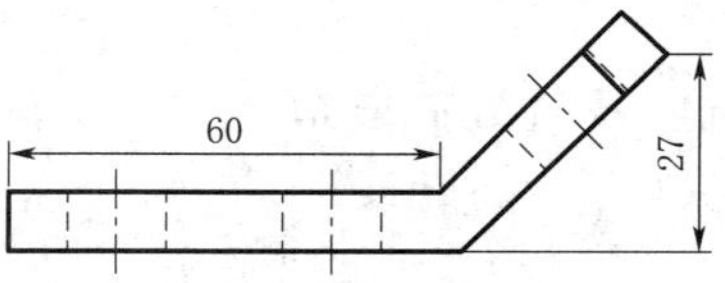

图 2.61 指定标注文字的角度

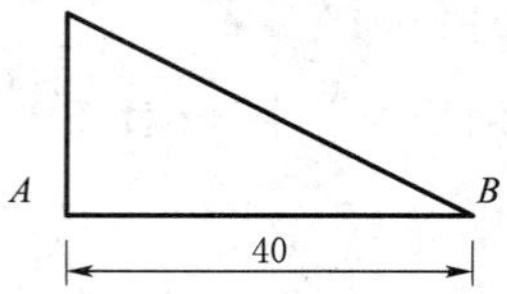

图 2.62 线性标注

◆命令：DIMLINEAR

◆指定第一条尺寸界线原点或<选择对象>：

(选择点 *A*)

◆指定第二条尺寸界线原点：

(选择点 *B*)

◆指定尺寸线位置或 [多行文字 (M)/文字 (T)/角度 (A)/水平 (H)/垂直 (V)/旋转 (R)]：

(拖动鼠标单击将尺寸线放在合适位置)

2.4.2.2 对齐标注

对齐标注用于标注两点之间的实际长度。对齐标注的尺寸线平行于两点的连线。

1. 调用命令

(1) 命令：DIMALIGNED (DAL)。

(2) 菜单栏：【标注】→【对齐】。

(3) 功能区：【默认】→【注释】→。

(4) 工具栏：【标注】工具栏第 2 个按钮。

2. 操作步骤

◆命令：DIMALIGNED

◆指定第一条尺寸界线原点或<选择对象>：

(指定要标注对象的第一个端点；或单击右键后用小方框直接选中要标注对象)

◆指定第二条尺寸界线原点：

(适用于上一个步骤指定了要标注对象的一个端点的操作，继续指定其第二个端点)

◆指定尺寸线位置或 [多行文字 (M)/文字 (T)/角度 (A)]：

(拖动鼠标将尺寸线放在合适位置)

3. 应用举例

实例：标注五边形的边长，结果如图 2.63 所示。

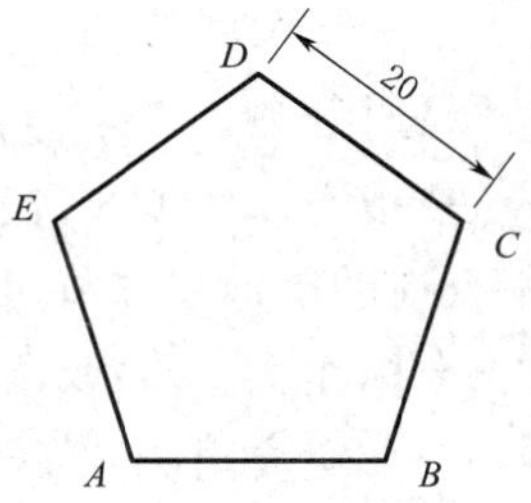

图 2.63 对齐标注五边形

◆命令：DIMALIGNED

◆指定第一条尺寸界线原点或＜选择对象＞：

（选择端点 C）

◆指定第二条尺寸界线原点：

（选择另一端点 D）

◆指定尺寸线位置或［多行文字（M）/文字（T）/角度（A）/水平（H）/垂直（V）/旋转（R）］：

（拖动鼠标将尺寸线放在合适位置）

2.4.2.3 角度标注

角度标注用于标注两条不平行直线之间的角度、圆和圆弧的角度或三点之间的角度。

1. 调用命令

（1）命令：DIMANGULAR（DAN）。

（2）菜单栏：【标注】→【角度】。

（3）功能区：【默认】→【注释】→。

（4）工具栏：【标注】工具栏第 8 个按钮。

2. 操作步骤

◆命令：DIMANGULAR

◆选择圆弧、圆、直线或＜指定顶点＞：

（选择直线构成的夹角边或圆弧；或直接回车改为先指定角的顶点位置）

◆选择第二条直线：

（适用于上一个步骤选择的直线边的操作，选择角度的另一条边）

◆指定标注弧线位置或［多行文字（M）/文字（T）/角度（A）/象限点（Q）］：

［拖动鼠标将角度标注放置在合适位置；或通过【象限点（Q）】选项设定角度标注锁定到某个象限］

3. 应用举例

实例：完成图 2.64 所示图形的角度标注。

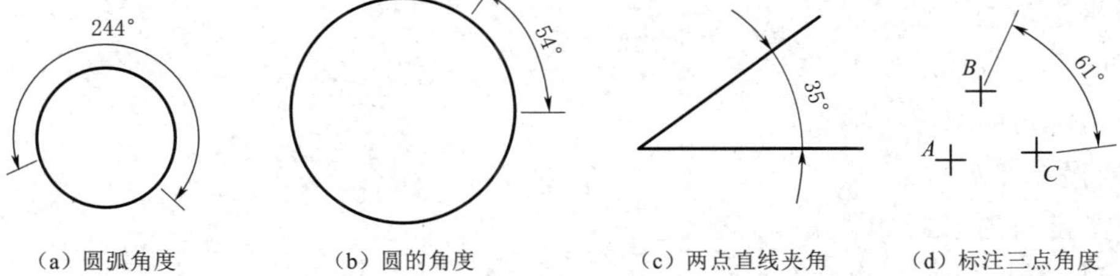

（a）圆弧角度 （b）圆的角度 （c）两点直线夹角 （d）标注三点角度

图 2.64 角度标注

（1）完成图 2.64（a）所示图形的角度标注。

◆命令：DIMANGULAR

◆选择圆弧、圆、直线或＜指定顶点＞：
（选择圆弧）
◆指定标注弧线位置或［多行文字（M）/文字（T）/角度（A）/象限点（Q）］：
（拖动鼠标单击将尺寸线放在合适位置）
◆标注文字＝244
（2）完成图2.64（b）所示图形的角度标注。
◆命令：DIMANGULAR
◆选择圆弧、圆、直线或＜指定顶点＞：
（选择圆）
◆指定角的第二个端点：
（捕捉直径端点）
◆指定标注弧线位置或［多行文字（M）/文字（T）/角度（A）/象限点（Q）］：
（拖动鼠标单击将尺寸线放在合适位置）
◆标注文字＝54
（3）完成图2.64（c）所示图形的角度标注。
◆命令：DIMANGULAR
◆选择圆弧、圆、直线或＜指定顶点＞：
（选择角的一条边）
◆选择第二条直线：
（选择角的另一条边）
◆指定标注弧线位置或［多行文字（M）/文字（T）/角度（A）/象限点（Q）］：
（拖动鼠标单击将尺寸线放在合适位置）
◆标注文字＝35
（4）用顶点模式完成图2.64（d）所示图形的角度标注。
◆命令：DIMANGULAR
◆选择圆弧、圆、直线或＜指定顶点＞：
（直接回车或单击右键）
◆选择圆弧、圆、直线或＜指定顶点＞：
◆指定角的顶点：
（捕捉端点 A）
◆指定角的第一个端点：
（捕捉端点 B）
◆指定角的第二个端点：
（捕捉端点 C）
◆指定标注弧线位置或［多行文字（M）/文字（T）/角度（A）/象限点（Q）］：
（拖动鼠标单击将尺寸线放在合适位置）
◆标注文字＝61

2.4.2.4 半径标注

半径标注用于标注圆或小于半圆的圆弧的半径尺寸。

1. 调用命令

(1) 命令：DIMRADIUS（DRA）。

(2) 菜单栏：【标注】→【半径】。

(3) 功能区：【默认】→【注释】→。

(4) 工具栏：【标注】工具栏第 5 个按钮。

2. 操作步骤

◆命令：DIMRADIUS

◆选择圆弧或圆：

（选择进行半径标注的圆弧或圆）

◆指定尺寸线位置或［多行文字（M）/文字（T）/角度（A）］：

（拖动鼠标将半径标注放置在合适位置）

3. 应用举例

实例：对图 2.65 所示的圆弧进行半径标注。

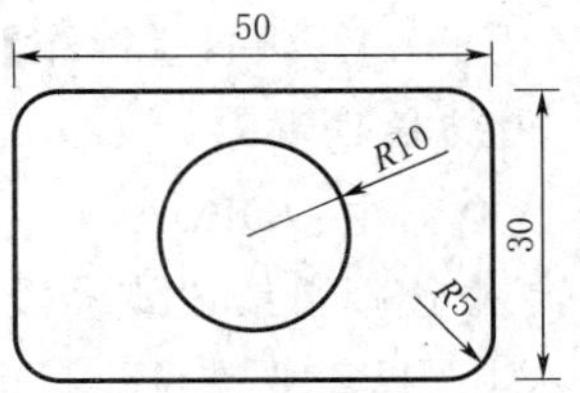

图 2.65 半径标注

◆命令：DIMRADIUS

◆选择圆弧或圆：

（选择右下角的圆弧）

◆标注文字=5

◆指定尺寸线位置或［多行文字（M）/文字（T）/角度（A）］：

（拖动鼠标将半径标注放在合适位置）

2.4.2.5 直径标注

直径标注用于标注圆或大于半圆的圆弧的直径尺寸。

1. 调用命令

(1) 命令：DIMDIAMETER（DDI）。

(2) 菜单栏：【标注】→【直径】。

(3) 功能区：【默认】→【注释】→。

(4) 工具栏：【标注】工具栏第 7 个按钮。

2. 操作步骤

◆命令：DIMDIAMETER

◆选择圆弧或圆：

（选择需要进行半径标注的圆弧或者圆）

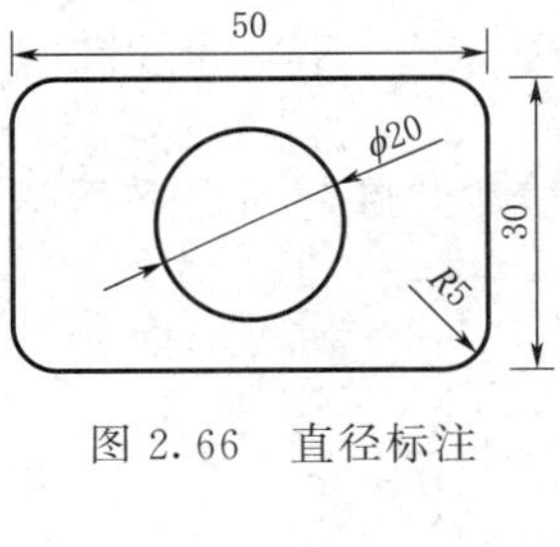

图 2.66 直径标注

◆标注文字=

（显示被标注对象的半径值）

◆指定尺寸线位置或［多行文字（M）/文字（T）/角度（A）］：

（拖动鼠标将直径标注放置在合适位置）

3. 应用举例

实例：对图 2.66 所示的圆进行直径标注。

◆命令：DIMDIAMETER

◆选择圆弧或圆：

（选择圆）

◆标注文字＝20

◆指定尺寸线位置或［多行文字（M）/文字（T）/角度（A）］：

（拖动鼠标将尺寸线放置在合适位置）

2.4.2.6 弧长标注

弧长标注用于标注圆弧线段或多段线圆弧线段部分的弧长。

1. 调用命令

（1）命令：DIMARC（DAR）。

（2）菜单栏：【标注】→【弧长】。

（3）功能区：【默认】→【注释】→。

（4）工具栏：【标注】工具栏第 3 个按钮。

2. 操作步骤

◆命令：DIMARC

◆选择弧线段或多段线弧线段：

（选择需要进行弧长标注的圆弧）

◆指定弧长标注位置或［多行文字（M）/文字（T）/角度（A）/部分（P）/引线（L）］：

（拖动鼠标将弧长标注放置在合适位置）

◆标注文字＝

3. 选项说明

（1）部分（P）：重新设定标注该圆弧对象的某一部分的长度。

（2）引线（L）：引线是按径向绘制的，指向所标注圆弧的圆心的标记。

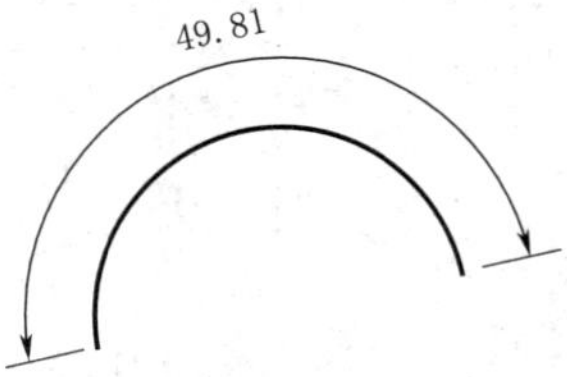

图 2.67 弧长标注

4. 应用举例

实例：对图 2.67 所示的弧线进行弧长标注。

◆命令：DIMARC

◆选择弧线段或多段线弧线段：

（选择弧线段）

◆指定弧长标注位置或［多行文字（M）/文字（T）/角度（A）/部分（P）/引线（L）］：

（拖动鼠标将弧长标注放在合适位置）

◆标注文字＝49.81

2.4.2.7 坐标标注

坐标标注用于标注点的坐标位置，这种尺寸标注应用相对较少，在建筑总平面图绘制时偶有用到。

1. 调用命令

（1）命令：DIMORDINATE（DOR）。

（2）菜单栏：【标注】→【坐标】。

（3）功能区：【默认】→【注释】→。

（4）工具栏：【标注】工具栏第 4 个按钮。

2. 操作步骤

◆命令：DIMORDINATE

◆指定点坐标：

（点取或捕捉要标注坐标的点，AutoCAD 把这个点作为指引线的起点，并提示）

◆指定引线端点或［X 基准（X）/Y 基准（Y）/多行文字（M）/文字（T）/角度（A）］：

（鼠标单击确定引线端点，自动退出命令）

3. 选项说明

（1）指定引线端点：确定另外一点。根据这两点之间的坐标差决定是生成 X 坐标尺寸，还是 Y 坐标尺寸。如果这两点的 Y 坐标之差比较大，则生成 X 坐标，反之生成 Y 坐标。

（2）X 基准（X）：测量 X 坐标并测量引线和标注文字的方向。将显示引线端点提示，从中可以指定端点。

（3）Y 基准（Y）：测量 Y 坐标并测量引线和标注文字的方向。将显示引线端点提示，从中可以指定端点。

（4）多行文字（M）：显示多行文字编辑器，可用它来编辑标注文字。

（5）文字（T）：在命令行自定义标注文字。

（6）角度（A）：修改标注文字的角度。

2.4.2.8 折断标注

折断标注用于打断标注，使标注、尺寸延伸线或引线不显示。

1. 调用命令

（1）命令：DIMBREAK。

（2）菜单栏：【标注】→【标注打断】。

（3）功能区：【注释】→【标注】→。

（4）工具栏：【标注】工具栏第 13 个按钮。

2. 操作步骤

◆命令：DIMBREAK

◆选择标注或［多个（M）］：

（选择需要打断的尺寸标注；或者通过【多个（M）】选项选择多个需要打断的标注）

◆选择要打断标注的对象或［自动（A）/恢复（R）/手动（M）］＜自动＞：

（选择要打断标注的对象）

3. 选项说明

（1）自动（A）：自动将折断标注放置在与选定标注相交对象的所有交点处。

（2）恢复（R）：在选定的标注中删除所有折断标注。

（3）手动（M）：自主指定折断标注的两个点。

4. 应用举例

实例：将图2.68（a）所示的直径标注在矩形处打断，结果如图2.68（b）所示。

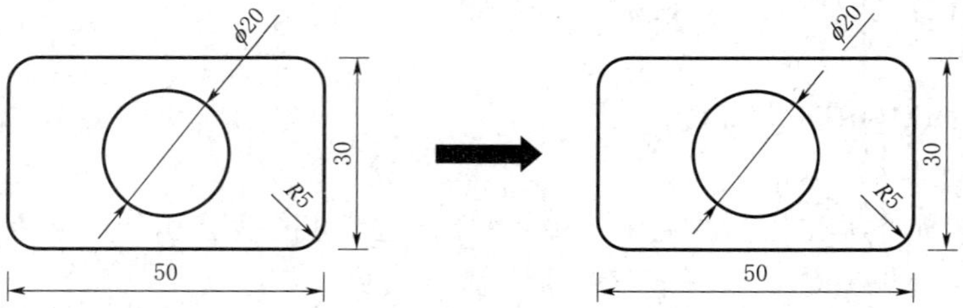

（a）折断前的标注　　（b）折断后的标注

图2.68　折断标注

◆命令：DIMBREAK

◆选择标注或［多个（M）］：

（选择圆的直径标注）

◆选择要打断标注的对象或［自动（A）/恢复（R）/手动（M）］＜自动＞：

（选择外部矩形）

◆选择要打断标注的对象或［自动（A）/恢复（R）/手动（M）］＜自动＞：

（可继续选择用于打断标注的对象，或单击右键退出命令）

2.4.2.9　折弯线性标注

折弯线性用于将折弯符号添加到线性类标注的尺寸线中。

1. 调用命令

（1）命令：DIMJOGLINE（DJL）。

（2）菜单栏：【标注】→【折弯线性】。

（3）功能区：【注释】→【标注】→。

（4）工具栏：【标注】工具栏第17个按钮。

2. 操作步骤

◆命令：DIMJOGLINE

◆选择要添加折弯的标注或［删除（R）］：

［选择需要折弯的线型标注，注意一定是线性类标注；或通过【删除（R）】选项去掉之前在某个标注中执行的折弯效果］

◆指定折弯位置（或按＜Enter＞键）：

（在尺寸线上指定折弯的位置）

3. 应用举例

实例：将图2.69（a）所示的线性标注改为折弯线性标注，结果如图2.69（b）所示。

◆命令：DIMJOGLINE

◆选择要添加折弯的标注或［删除（R）］：

（选择线性尺寸标注）

◆指定折弯位置（或按＜Enter＞键）：

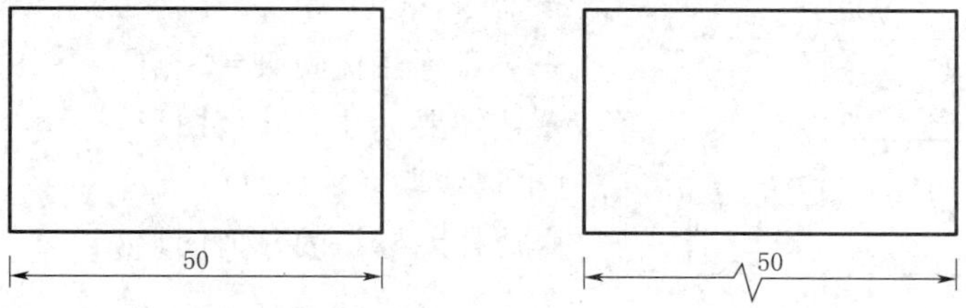

（a）线性标注　　（b）折弯线性标注

图 2.69　折弯线性标注

（拖动鼠标将折弯符号放在合适位置）

2.4.3 快速标注工具

2.4.3.1 快速标注

快速标注用于同时快速标注多个对象。

1. 调用命令

（1）命令：QDIM。

（2）菜单栏：【标注】→【快速标注】。

（3）功能区：【注释】→【标注】→ 快速。

（4）工具栏：【标注】工具栏第 9 个按钮。

2. 操作步骤

◆命令：QDIM

◆关联标注优先级＝端点

◆选择要标注的几何图形：

（选择需要进行尺寸标注的对象）

◆选择要标注的几何图形：

（继续选择需要进行尺寸标注的对象或单击右键表示对象选择完毕）

◆指定尺寸线位置或［连续（C）/并列（S）/基线（B）/坐标（O）/半径（R）/直径（D）/基准点（P）/编辑（E）/设置（T）］＜连续＞：

（拖动鼠标确定尺寸线的合适位置）

3. 选项说明

（1）连续（C）：同时创建多个连续标注。

（2）并列（S）：创建一系列并列标注。

（3）基线（B）：同时创建多个基线标注。

（4）半径（R）：同时创建多个半径标注。

（5）直径（D）：同时创建多个直径标注。

（6）基准点（P）：为基线标注和连续标注确定一个新的基准点。

（7）编辑（E）：编辑一系列标注。从现有标注中添加或删除标注点。

（8）设置（T）：为指定尺寸界线原点设置默认的对象捕捉方式。

4. 应用举例

实例：执行快速标注完成图 2.70 所示图形轮廓的标注。

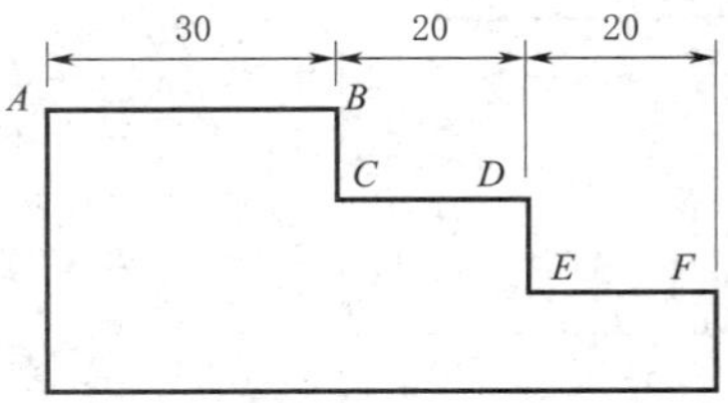

图 2.70 快速标注

◆命令：QDIM

◆关联标注优先级＝端点

◆选择要标注的几何图形：

（框选线段 AB、CD、EF）

◆选择要标注的几何图形：

◆指定尺寸线位置或［连续（C）/并列（S）/基线（B）/坐标（O）/半径（R）/直径（D）/基准点（P）/编辑（E）/设置（T）］＜连续＞：

（拖动鼠标确定尺寸线的位置）

2.4.3.2 基线标注

基线标注用于以某一个标注的第一条尺寸界线为基准，连续标注多个线性尺寸。每个新尺寸的尺寸线会自动向外侧偏移一个距离，该距离在【尺寸标注样式管理器】中设定。

※ 注意：要使用【基线标注】，必须有已标注好的线性标注。

1. 调用命令

（1）命令：DIMBASELINE（DBA）。

（2）菜单栏：【标注】→【基线标注】。

（3）功能区：【注释】→【标注】→。

（4）工具栏：【标注】工具栏第10个按钮。

2. 操作步骤

◆命令：DIMBASELINE

◆指定第二条尺寸界线原点或［放弃（U）/选择（S）］＜选择＞：

（系统将自动以最后一次标注的第一条尺寸界线为基准来创建标注，并提示用户指定第二条尺寸界线端点位置，捕捉需要进行标注的某一对象的端点）

3. 选项说明

（1）选择（S）：重新选择基准标注。

（2）放弃（U）：放弃上一步操作。

4. 应用举例

实例：执行基线标注完成图2.71所示图形轮廓的尺寸标注。

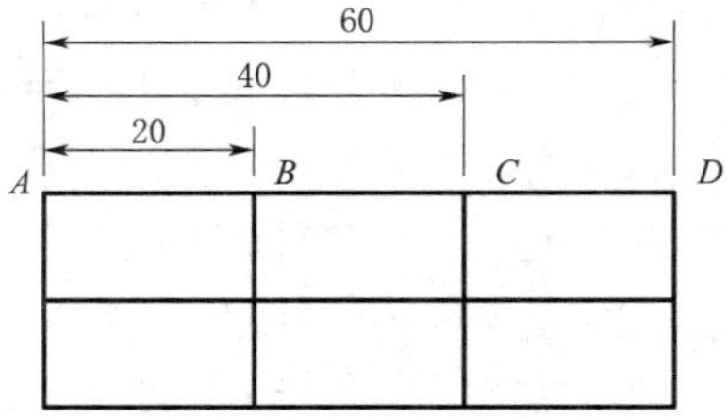

图 2.71 基线标注

◆命令：DIMLINEAR

◆指定第一条尺寸界线原点或＜选择对象＞：

（拾取点 A）

◆指定第二条尺寸界线原点：

（拾取点 B）

◆指定尺寸线位置或［多行文字（M）/文字（T）/角度（A）/水平（H）/垂直（V）/旋转（R）］：

（拖动鼠标放在合适位置）

◆标注文字＝20

（已完成一次线性标注。此步骤是为了先创建一个线性标注，以作为基线标注的基准）

◆命令：DIMBASELINE

◆指定第二条尺寸界线原点或［放弃（U）/选择（S）］＜选择＞：

（系统将自动以最后一次标注的第一条尺寸界线为基准来创建标注，即将点 A 位置的尺寸界线作为基准界线，并提示用户指定第二条尺寸界线，此时拾取点 C）

◆标注文字＝40

◆指定第二条尺寸界线原点或［放弃（U）/选择（S）］＜选择＞：

（拾取点 D）

◆标注文字＝60

◆指定第二条尺寸界线原点或［放弃（U）/选择（S）］＜选择＞：

（按＜Esc＞键退出命令）

2.4.3.3 连续标注

连续标注用于创建一系列首尾相连的标注，每个连续标注都从前一个标注的第二条尺寸界线处开始。

1. 调用命令

（1）命令：DIMCONTINUE（DCO）。

（2）菜单栏：【标注】→【连续标注】。

（3）功能区：【注释】→【标注】→ 。

（4）工具栏：【标注】工具栏第 10 个按钮 。

2. 操作步骤

◆命令：DIMCONTINUE。

◆指定第二条尺寸界线原点或［放弃（U）/选择（S）］＜选择＞：

（系统将自动以前一次标注的第二条尺寸界线为基准来创建标注，并提示用户指定第二条尺寸界线，捕捉需要进行标注的某一对象的端点）

3. 选项说明

（1）选择（S）：重新选择基准标注。

（2）放弃（U）：放弃上一步操作。

4. 应用举例

实例：执行连续标注完成图 2.72 所示图形的尺寸标注。

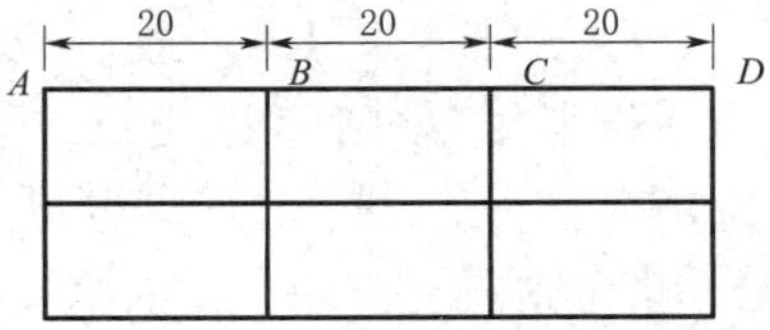

图 2.72　连续标注

◆命令：DIMLINEAR

◆指定第一条尺寸界线原点或＜选择对象＞：

（拾取点 A）

◆指定第二条尺寸界线原点：

（拾取点 B）

◆指定尺寸线位置或［多行文字（M）/文字（T）/角度（A）/水平（H）/垂直（V）/旋转（R）］：

（拖动鼠标单击放在合适位置）

◆标注文字＝20

（已完成一次线性标注，此步骤是为了先创建一个线性标注，作为连续标注的基准）

◆命令：DIMCONTINUE

◆指定第二条尺寸界线原点或［放弃（U）/选择（S）］＜选择＞：

（拾取点 *C*，系统将自动以前一次标注的第二条尺寸界线为基准来创建标注，并提示用户指定第二条尺寸界线）

◆标注文字＝20

◆指定第二条尺寸界线原点或［放弃（U）/选择（S）］＜选择＞：

（拾取点 *D*）

◆标注文字＝20

◆指定第二条尺寸界线原点或［放弃（U）/选择（S）］＜选择＞：

（按＜Enter＞键结束）

2.4.3.4 多重引线标注

多重引线标注用于标注（标记）注释、说明等。

1. 调用命令

（1）命令：MLEADERSTYLE（MLS）。

（2）菜单栏：【标注】→【多重引线】。

（3）功能区：【注释】→【引线】→
。

（4）工具栏：【多重引线】工具栏第 1 个按钮。

2. 操作步骤

◆命令：MLEADERSTYLE

◆指定引线箭头的位置或［引线基线优先（L）/内容优先（C）/选项（O）］＜选项＞：

（可指定引线箭头的位置）

◆指定引线基线的位置：

（可指定引线基线的位置）

◆指定引线基线的位置或［引线箭头优先（H）/内容优先（C）/选项（O）］＜选项＞：C

（输入 C 按＜Enter＞键，可更改为先确定标注内容）

◆指定文字的第一个角点或［引线箭头优先（H）/引线基线优先（L）/选项（O）］＜选项＞：

（指定多行文字输入框的第一个角点位置）

◆指定对角点：

（指定多行文字输入框的对角点位置）

◆指定引线箭头的位置：

（指定引线箭头的位置）

3. 应用举例

实例：对图 2.73 进行引线标注，标注结果如图 2.73 所示。

◆命令：MLEADER

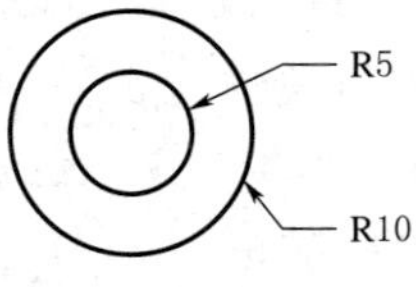

图 2.73 多重引线标注

◆指定引线箭头的位置或［引线基线优先（L）/内容优先（C）/选项（O）］＜选项＞：
（拖动鼠标放在合适位置）

◆指定引线基线的位置：

（拖动鼠标放在合适位置，键盘输入“R10”后点击【多行文字对话框】中的【确定】按钮，按＜Enter＞键重复多重引线标注命令）

◆指定引线箭头的位置或［引线基线优先（L）/内容优先（C）/选项（O）］＜选项＞：
（拖动鼠标放在合适位置）

◆指定引线基线的位置：

（拖动鼠标放在合适位置，键盘输入“R5”后点击【多行文字对话框】中的【确定】按钮）

任务 2.5　注　写　文　字

2.5.1　设置文字样式

文字在注写前应该先设置文字样式，包括字体、字高、宽度比例等主要内容。

1. 调用命令

（1）命令：STYLE（ST）。

（2）菜单栏：【格式】→【文字样式】。

（3）功能区：【默认】→【注释】→ 。

（4）工具栏：【文字】工具栏第 6 个按钮 。

2.4

2. 操作步骤

◆命令：STYLE

打开【文字样式】对话框，如图 2.74 所示，用户可以设置文字的相关参数。

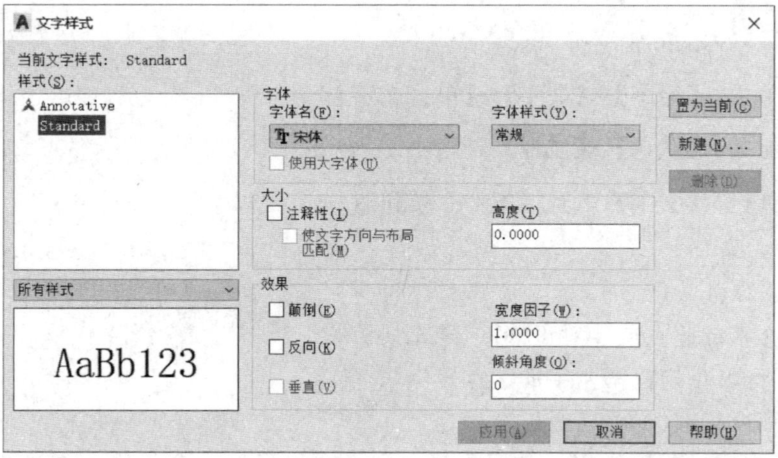

图 2.74　【文字样式】对话框

3. 选项说明

（1）【当前文字样式】：显示当前使用的文字样式名称。

（2）【样式】：显示该图形文件中创建的所有文字样式名称或正在使用的文字样式名称。

（3）【所有样式】：可以通过箭头下拉列表选择【所有样式】或【正在使用的样式】选项。若选择【所有样式】，上部【样式】列表中将会显示所有文字样式名称；若选择【正在使用的样式】，上部【样式】列表将会显示所有正在使用的文字样式名称。

（4）【预览框】：左下部位为文字效果预览框，可以查看当前设置状态下的文字的效果。

（5）【字体】：用于设定文字的字体、大小和是否使用大字体，所能够设置的字体包括所有注册的 TrueType 字体和 *Fonts* 文件夹中编译的 SHX 形状字体。

（6）【效果】：可以在该部分设置文字是否颠倒、是否反向，也可以设置是水平排列文字还是竖直排列文字，实际工作中，这些设置用得不多。最重要的设置是【宽度因子】和【倾斜角度】两项，前者用于设置字体的宽与高的比值，后者用于设置字体的倾斜程度。

图 2.75　【新建文字样式】对话框

（7）【置为当前】：用于将选定的字体样式设置为当前样式。

（8）【新建】：单击【新建】按钮会打开的【新建文字样式】对话框，如图 2.75 所示，可设置新文字样式的名称。

（9）【删除】：可以删除不需要的字体样式。需要注意的是，当前样式、系统默认样式和正在使用的样式（即包含文字对象的样式）不能被删除。

2.5.2　注写文字

2.5.2.1　注写单行文字

单行文字一次命令下如果创建若干行文字，则每一行文字是一个独立的文字对象，而不是一个整体。

1. 调用命令

（1）命令：DTEXT（DT）。

（2）菜单栏：【绘图】→【文字】→【单行文字】。

（3）功能区：【默认】→【注释】→  → 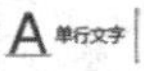。

（4）工具栏：【文字】工具栏第 2 个按钮 。

2. 操作步骤

◆命令：DTEXT

◆指定文字的起点或［对正（J）/样式（S）］：

（在绘图区域指定注写文字的起点）

◆指定高度＜0.0000＞：

（若当前文字样式中指定了文字高度，则不会出现这一个步骤，直接跳至下一步；若当前文字样式没有指定文字高度，则会出现此步骤，要求用户输入文字的字高）

◆指定文字的旋转角度＜0＞：

（输入文字的旋转角度并按＜Enter＞键，此时可以在屏幕中开始输入文字。书写过程中

若要提行应按<Enter>键，若要退出命令应按<Enter>+<Esc>键或按两次<Enter>键）

3. 选项说明

（1）对正（J）：调整文字对正的方式。

（2）样式（S）：更改当前使用的文字样式。

2.5.2.2 注写多行文字

多行文字与单行文字最大的区别在于一次命令创建的若干行文字是一个整体文字对象。

1. 调用命令

（1）命令：MTEXT（T）。

（2）菜单栏：【绘图】→【文字】→【多行文字】。

（3）功能区：【默认】→【注释】→  → 。

（4）工具栏：【文字】工具栏第 1 个按钮 。

2. 操作步骤

◆命令：MTEXT

◆指定第一点：

（光标在绘图区域指定一点，作为多行文字书写范围的第一个角点）

◆指定对角点或［高度（H）/对正（J）/行距（L）/旋转（R）/样式（S）/宽度（W）/栏（C）］：

（鼠标拖动出一个矩形书写范围后指定一点，作为多行文字书写范围的第二个角点，此时在上方功能区会打开【文字编辑器】对话框，如图 2.76 所示。绘图区出现【多行文字书写框】，如图 2.77 所示）

图 2.76 【文字编辑器】对话框

图 2.77 【多行文字书写框】

3. 选项说明

（1）指定对角点：直接在屏幕上拾取一个点作为矩形框的第二个角点，AutoCAD 以这两个点为对角线形成一个矩形区域，其宽度作为将来要标注的多行文本的宽度，而第一个点作为第一行文本顶线的起点。响应后 AutoCAD 打开图 2.76 的【文字编辑器】对话框和图 2.77 的【多行文字书写框】，可利用此选项卡与编辑器输入多行文本并对其格式进行设置。

（2）对正（J）：确定所标注文本的对齐方式。

（3）行距（L）：确定多行文本的行间距，这里所说的“行间距”是指相邻两文本行基线之间的垂直距离。

（4）旋转（R）：确定文本行的倾斜角度。

（5）样式（S）：确定当前的文本样式。

（6）宽度（W）：指定多行文本的宽度。可在屏幕上选取一点与由前面确定的第一个角点组成的矩形框的宽作为多行文本宽度。可以输入一个数值，精确设置多行文本的宽度。

※ 注意：在创建多行文本时，只要给定文本行的起始点和宽度，AutoCAD 就会打开如图 2.76 所示的【文字编辑器】选项卡，用户可以在编辑器中输入和编辑多行文本，包括字高、文本样式及倾斜角等。

（7）栏（C）：根据栏宽、栏间距宽度和栏高组成矩形框，打开如图 2.76 所示的【文字编辑器】选项卡和多行文字编辑器。

4.【文字编辑器】对话框

用于控制文本的显示特性。可以在输入文本前设置文本的特性，也可以改变已输入的文本特性。

（1）【样式】面板。

【文本高度】下拉列表框：用于确定文本的字符高度，可在文本编辑器中直接输入新的字符高度，也可从此下拉列表框中选择已设定过的高度。

（2）【格式】面板。

1）【B】：用于设置黑体效果，只对 TrueType 字体有效。

2）【*I*】：用于设置斜体效果，只对 TrueType 字体有效。

3）【删除线】：用于在文字上添加水平删除线。

4）【下画线】：用于设置或取消下画线。

5）【上画线】：用于设置或取消上画线。

6）【堆叠】：即层叠/非层叠文本按钮，用于层叠所选的文本，也就是创建分数形式。如果选中已经层叠的文本对象后单击此按钮，则恢复到非层叠形式。

7）【倾斜角度】下拉列表框：用于设置文字的倾斜角度。

8）【追踪】：用于增大或减小选定字符之间的空隙。

9）【宽度因子】：用于扩展或收缩选定字符。

10）【上标】：将选定文字转换为上标，即在输入线的上方设置稍小的文字。

11）【下标】：将选定文字转换为下标，即在输入线的下方设置稍小的文字。

12）【清除格式】：删除选定字符的格式，或删除选定段落的段落格式，或删除选定段落中的所有格式。

（3）【插入】面板。

【符号】@：用于输入各种符号。单击该按钮，系统打开符号下拉菜单，如图 2.78 所示。用户可以从中选择符号输入文本中。

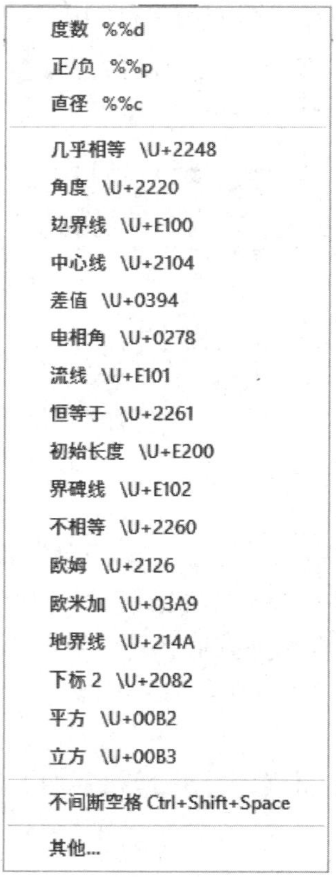

图 2.78 【符号】下拉菜单

任务 2.6 编 制 表 格

工程图纸常需要编制表格，可以用直线命令等绘制，也可以通过 AutoCAD 提供的表格工具来创建表格。在创建表格前，应先对表格样式进行设置，创建好表格后，也可以通过编辑操作对其进行修改。

2.6.1 设置表格样式

1. 调用命令

（1）命令：TABLESTYLE（TS）。

（2）菜单栏：【格式】→【表格样式】。

（3）功能区：【默认】→【注释】→ 。

（4）工具栏：【样式】工具栏第 3 个按钮 。

2. 操作步骤

◆命令：TABLESTYLE

（打开【表格样式】对话框，如图 2.79 所示，用户可以对表格的样式进行新建、修改等操作）

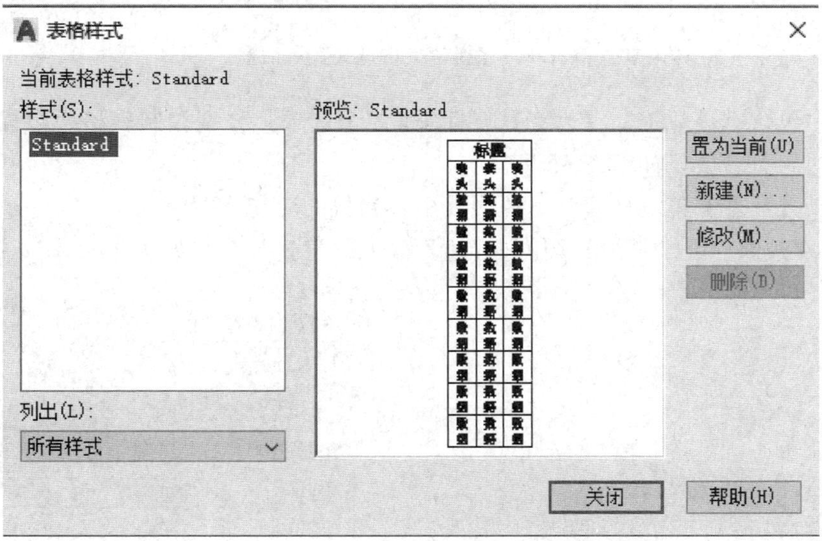

图 2.79 【表格样式】对话框

点击【新建】按钮，打开【创建新的表格样式】对话框，如图 2.80 所示。

输入新样式名后，单击【继续】按钮，系统打开【新建表格样式】对话框，如图 2.81 所示，从中可以定义新的表格样式。

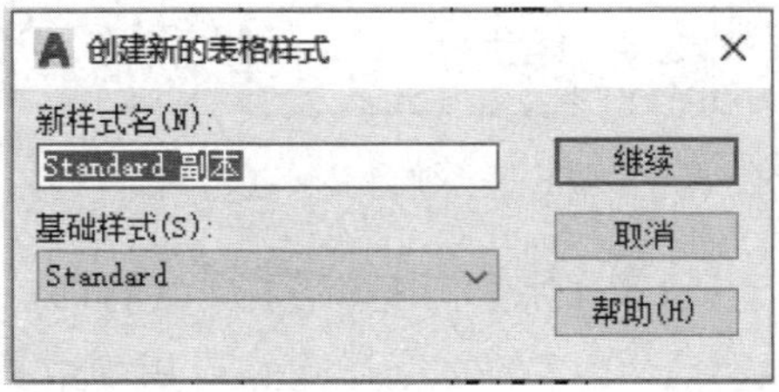

图 2.80 【创建新的表格样式】对话框

3. 选项说明

【新建表格样式】对话框的【单元样式】

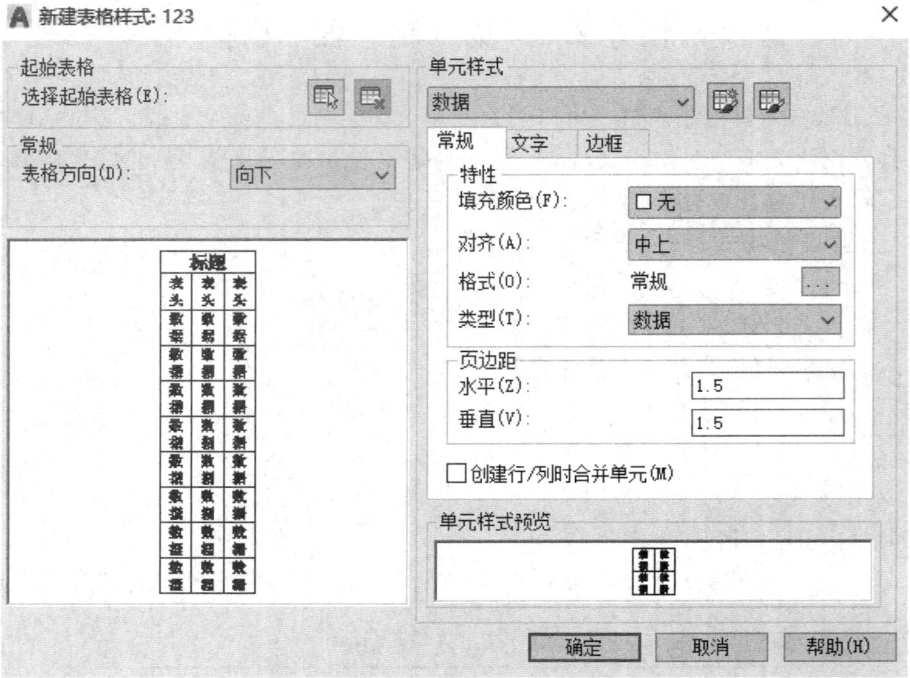

图 2.81 【新建表格样式】对话框

下拉列表中包含有【数据】、【表头】、【标题】3 个选项，分别控制表格中数据、列标题和总标题的有关参数，如图 2.82 所示。

下面以【数据】单元样式为例说明其中各参数的功能。

(1)【常规】：用于控制数据栏与标题栏的上下位置关系，如图 2.83 所示。

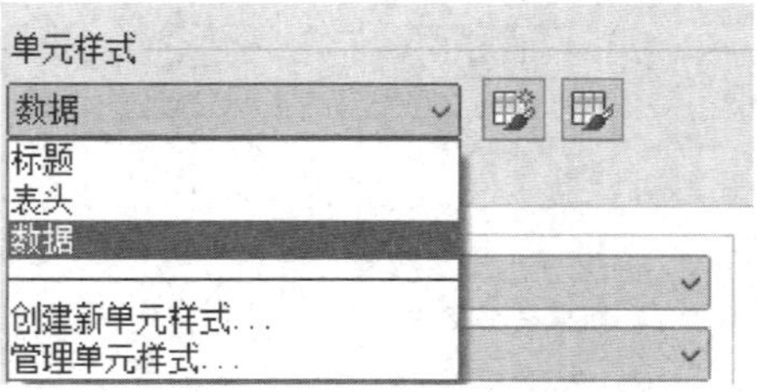

图 2.82 【单元样式】下拉框

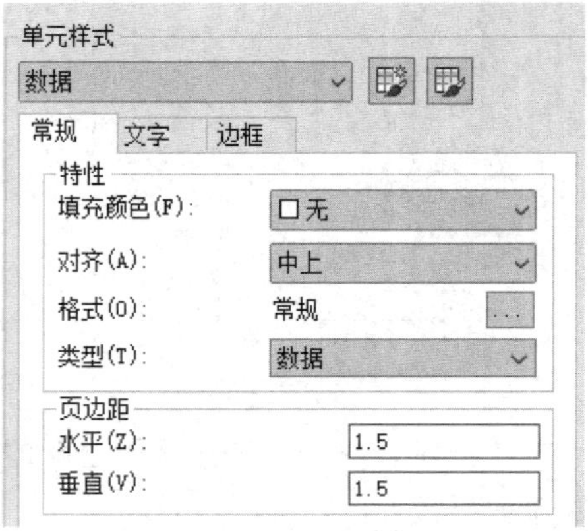

图 2.83 【常规】选项卡

(2)【文字】：用于设置文字属性，选择此选项卡，在【文字样式】下拉列表框中可以选择已定义的文字样式并应用于数据文字，也可以单击右侧的按钮重新定义文字样式。其中有【文字高度】、【文字颜色】、【文字角度】各选项设定的相应参数格式可供用户选择，如图 2.84 所示。

（3）【边框】：用于设置表格的边框属性，下面的边框线按钮控制数据边框线的各种形式，如绘制所有数据边框线、只绘制数据边框外部边框线、只绘制数据边框内部边框线、无边框线、只绘制底部边框线等。选项卡中的【线宽】、【线型】、【颜色】下拉列表框则控制边框线的线宽、线型和颜色；选项卡中的【间距】文本框用于控制单元边界和内容之间的间距，如图 2.85 所示。

图 2.84 【文字】选项卡

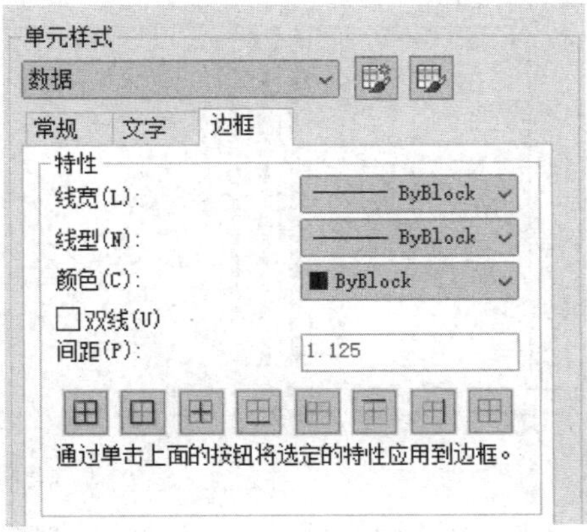

图 2.85 【边框】选项卡

（4）【单元样式预览】：显示当前表格样式的样例。

对当前表格样式进行修改，方法与新建表格样式相同。

2.6.2 创建表格

1. 调用命令

（1）命令：TABLE（TB）。

（2）菜单栏：【绘图】→【表格】。

（3）功能区：【默认】→【注释】→ 。

（4）工具栏：【绘图】工具栏第 18 个按钮 。

2. 操作步骤

◆命令：TABLE

（打开【插入表格】对话框，如图 2.86 所示）

（在【插入表格】对话框中进行相应设置后，单击【确定】按钮，系统在指定的插入点或窗口自动插入一个空表格，并显示多行文字编辑器，用户可以逐行逐列输入相应的文字或数据，如图 2.87 所示）

3. 选项说明

（1）【表格样式】通过箭头下拉列表选择已创建的需要的表格样式。通过单击下拉列表旁边的按钮，用户可以创建新的表格样式。

（2）【插入选项】可以指定插入表格的方式。

1）【从空表格开始】：创建可以手动填充数据的空表格。

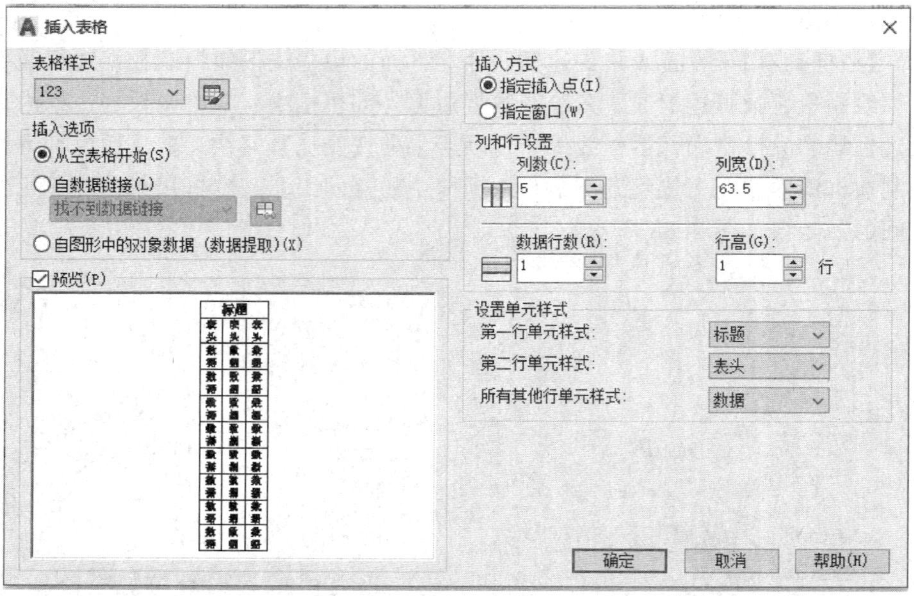

图 2.86 【插入表格】对话框

图 2.87 【多行文字编辑器】对话框

2）【自数据链接】：从外部电子表格中的数据创建表格。

3）【自图形中的对象数据（数据提取）】：启动【数据提取】向导。

（3）【插入方式】。

1）【指定插入点】：指定表左上角的位置。可以使用定点设备，也可以在命令行中输入坐标值。如果表格样式将表的方向设置为由下而上读取，则插入点位于表的左下角。

2）【指定窗口】：指定表的大小和位置。可以使用定点设备，也可以在命令行中输入坐标值。选中此单选按钮时，行数、列数、列宽和行高取决于窗口的大小及列和行的设置。

（4）【列和行设置】。

1）【列数】：指定列数。选定【指定窗口】选项并指定列宽时，【自动】选项将被选定，且列数由表格的宽度控制。如果已指定包含起始表格的表格样式，则可以选择要添加到此起始表格的其他列的数量。

2）【列宽】：指定列的宽度。选定【指定窗口】选项并指定列数时，则选定了【自动】选项，且列宽由表格的宽度控制。最小列宽为一个字符。

3）【数据行数】：指定行数。选定【指定窗口】选项并指定行高时，则选定了【自动】选项，且行数由表格的高度控制。带有标题行和表格头行的表格样式最少应有三行。最小行高为一个文字行。如果已指定包含起始表格的表格样式，则可以选择要添加到此起始表格的其他数据行的数量。

4）【行高】：按照行数指定行高。文字行高基于文字高度和单元边距，这两项均在表格样式中设置。选定【指定窗口】选项并指定行数时，则选定了【自动】选项，且行高由表格的高度控制。

(5)【设置单元样式】：对于那些不包含起始表格的表格样式，指定新表格中行的单元格式。

1)【第一行单元样式】：指定表格中第一行的单元样式。默认情况下，使用标题单元样式。

2)【第二行单元样式】：指定表格中第二行的单元样式。默认情况下，使用表头单元样式。

3)【所有其他行单元样式】：指定表格中所有其他行的单元样式。默认情况下，使用数据单元样式。

(6)【预览】：显示当前表格样式的样例。

2.6.3 编辑表格

1. 调用命令

(1) 命令：TABLEDIT。

(2) 快捷菜单：选定表和一个或多个单元后，右击，在打开的快捷菜单中选择【编辑文字】命令。

(3) 定点设备：在表单元内双击。

2. 操作步骤

◆命令：TABLEDIT

(打开【多行文字编辑器】对话框，用户可以对指定表格单元的文字进行编辑，如图 2.87 所示)

3. 应用举例

实例：创建如图 2.88 (a) 的表格，列宽为 30，行高为 3 行。创建完成后修改张三的性别为男，如图 2.88 (b) 所示。

学生考试成绩		
姓名	性别	考试分数
张三	女	90
李四	男	85
王五	男	92
赵六	男	70

(a) 原始表格

学生考试成绩		
姓名	性别	考试分数
张三	男	90
李四	男	85
王五	男	92
赵六	男	70

(b) 修改后表格

图 2.88 创建表格

◆命令：TABLE

（打开【插入表格】对话框，如图 2.89 所示）

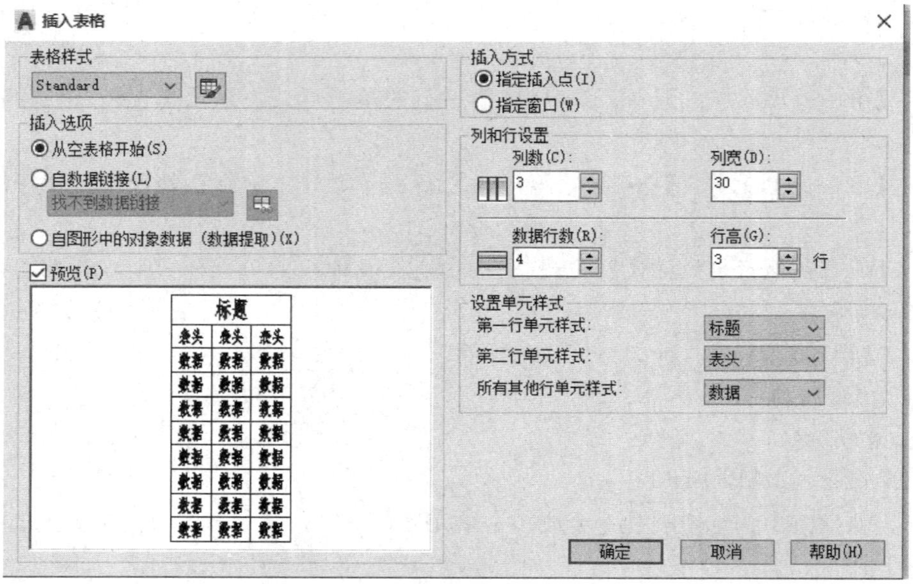

图 2.89 【插入表格】对话框

[在对话框里修改列数为 3，列宽 30，数据行数为 4，行高 3 行，单击【确定】按钮。系统在指定的插入点自动插入表格，如图 2.90 所示，并显示多行文字编辑器，如图 2.91 所示。把对正样式切换为正中，逐行逐列输入相应的文字和数据，完成后的表格如图 2.88 (a) 所示]

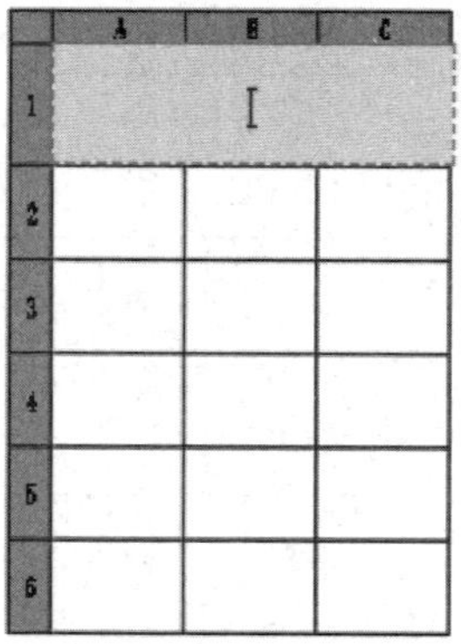

图 2.90 插入空表格

图 2.91 对正样式

◆命令：TABLEDIT

◆拾取表格单元：

[双击“女”所在的单元格，修改为“男”，完成后的表格如图 2.88 (b) 所示]

任务 2.7　创建及调用样板文件

2.5

图形绘制之前都要新建文件，在新建文件时会打开【选择样板】对话框，样板文件格式为（*.dwt），如图 2.92 所示。CAD 为用户提供了许多样板文件，用户也可以根据工作需要创建自己的样板文件，这为图样绘制带来很多便利。

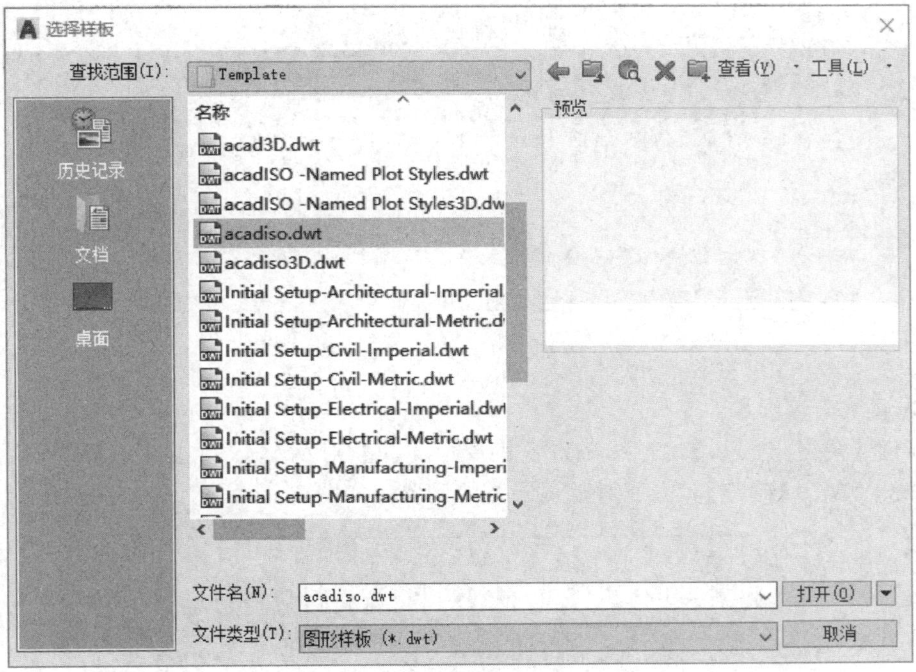

图 2.92 【选择样板】对话框

2.7.1 创建样板文件

样板文件是在基本绘图环境设置完成后，将文件保存为样板文件（格式为 *.dwt），以后绘图时直接调用即可。参照《水利水电工程制图标准　基础制图》（SL 73.1—2013）和《CAD 工程制图规则》（GB/T 18229—2000）的规定，设置图形单位、图层、文字样式、标注样式等，操作如下。

1. 设置图形单位

执行【单位（UN）】命令，打开【图形单位】对话框，修改【长度】和【角度】的类型及精度，具体参数如图 2.93 所示，单击【确定】，完成设置。

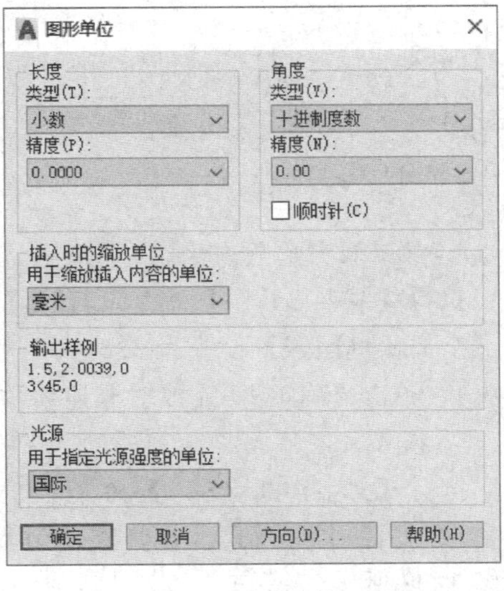

图 2.93 【图形单位】对话框

2. 设置图层

执行【图层（LA)】命令，打开【图层特性管理器】对话框，参照表2.1中各图层的参数新建“粗实线”“细实线”“点画线”“虚线”等图层并设置颜色、线型及线宽，如图2.94所示。

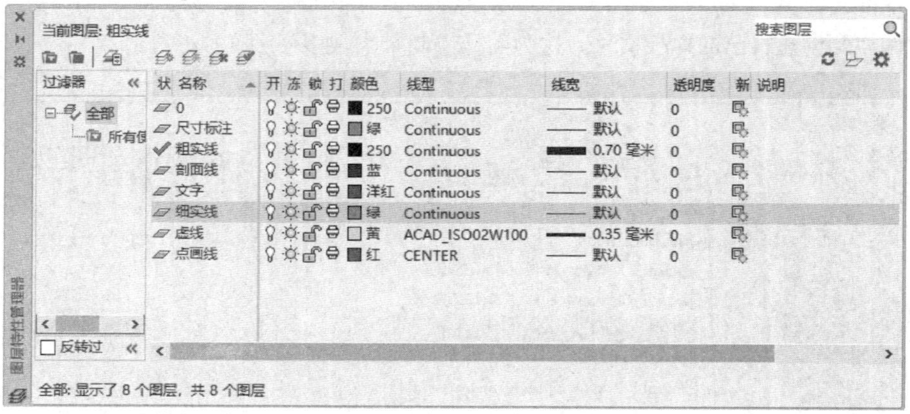

图2.94 设置图层

3. 设置默认线宽

执行【线宽（LW)】命令，打开【线宽设置】对话框，将【默认】线宽设置为0.18mm，单击【确定】，完成对默认线宽的设置，如图2.95所示。

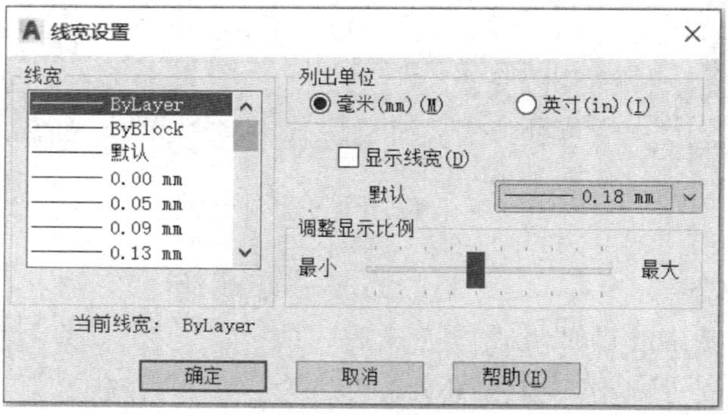

图2.95 【线宽设置】对话框

4. 设置线型比例因子

执行【线型（LT)】命令，打开【线型管理器】对话框。单击右上角【显示细节】，将【全局比例因子】设置为0.28（一般设置在0.25～0.4之间，图样尺寸越大，取值越大)，单击【确定】，完成对非连续线型比例因子的设置，如图2.96所示。

5. 设置文字样式

执行【文字样式（ST)】命令，打开【文字样式】对话框。新建“汉字”和“数字与字母”两种文字样式，并修改【STANDARD】文字样式，具体参数见表2.2，结果如图2.97所示。

图 2.96 【线型管理器】对话框

表 2.2　　文字样式参数表

样式名	字体	字体高度	宽度因子
STANDARD（修改）	gbeitc. shx	0.0000（默认设置）	0.7
汉字（新建，样式名自定）	仿宋	5	0.7
数字与字母（新建，样式名自定）	gbeitc. shx	3.5	0.7

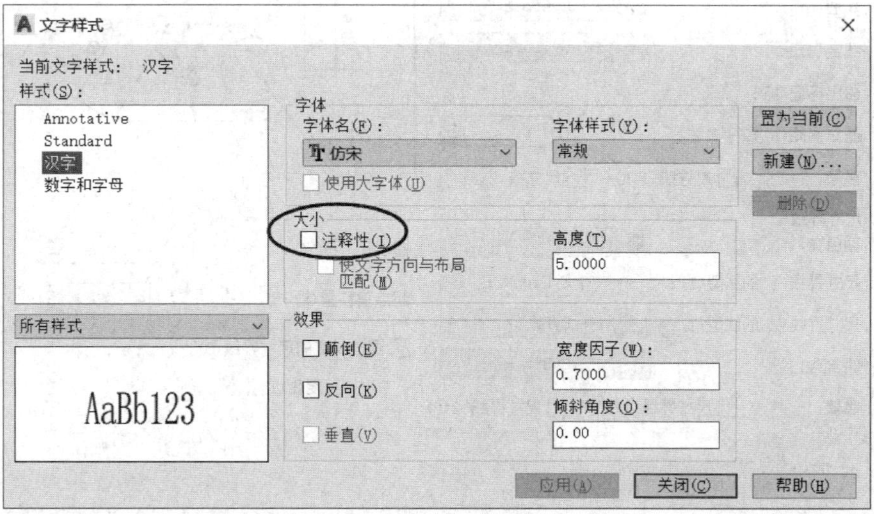

图 2.97 【文字样式】对话框

※ 注意：

(1)“STANDARD”和“数字与字母”文字样式建议使用 gbeitc. shx 字体。(. shx 为 CAD 软件自带的字体)

(2)可根据需要将样板文件中文字样式创建为注释性文字，即勾选注释性，在绘制不同比例图样中注写文字时，直接调整当前视图的注释比例即可。

6. 设置标注样式

执行【标注样式（D）】命令，打开【标注样式管理器】对话框。单击【新建】，创建“1∶1”标注样式，基础样式为【ISO－25】，用于【所有标注】，单击【继续】，如图 2.98 所示。

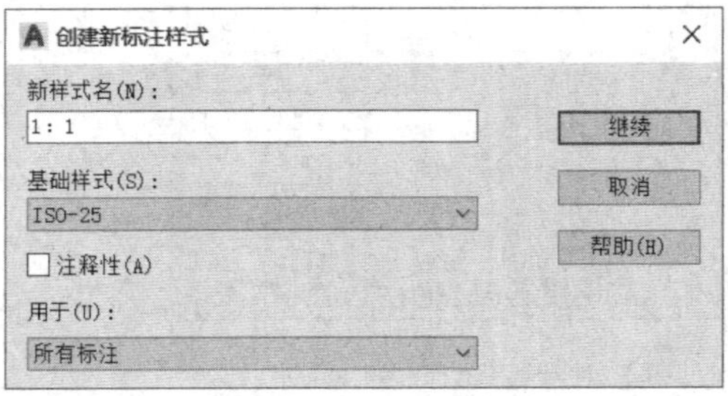

图 2.98 【新建“1∶1”】标注样式对话框

在【新建标注样式：1∶1】对话框里分别对【线】、【文字】、【主单位】等进行设置。

(1)【线】：【基线间距】为 7；【超出尺寸线】为 2；【起点偏移量】为 2，如图 2.99 所示。

※ 注意：根据《水利水电工程制图标准 基础制图》(SL 73.1—2013) 规定，平行排列的尺寸线间距应大于 7mm，且各层尺寸线间距宜保持一致；由轮廓线延长引出的尺寸界线与轮廓线之间宜留有 2～3mm 的间隙，并应超出尺寸线 2～3mm。

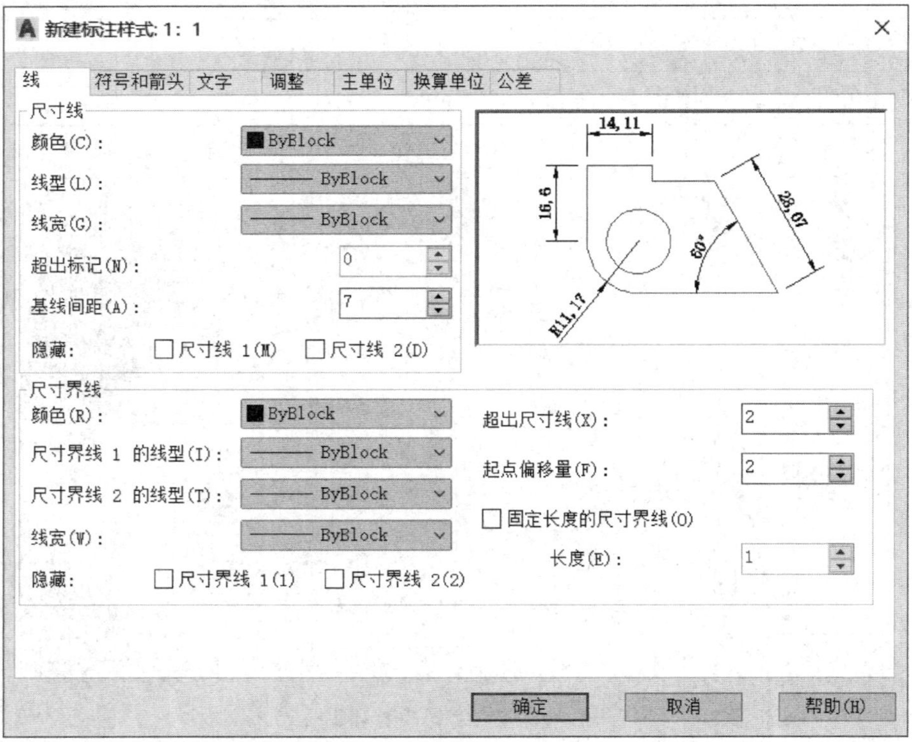

图 2.99 设置【线】对话框

(2)【文字】：将【文字高度】设置为 3.5，如图 2.100 所示。

※ 注意：根据《水利水电工程制图标准　基础制图》（SL 73.1—2013）规定，工程图样的汉字字高不宜小于 3.5mm，数字及字母不宜小于 2.5mm。

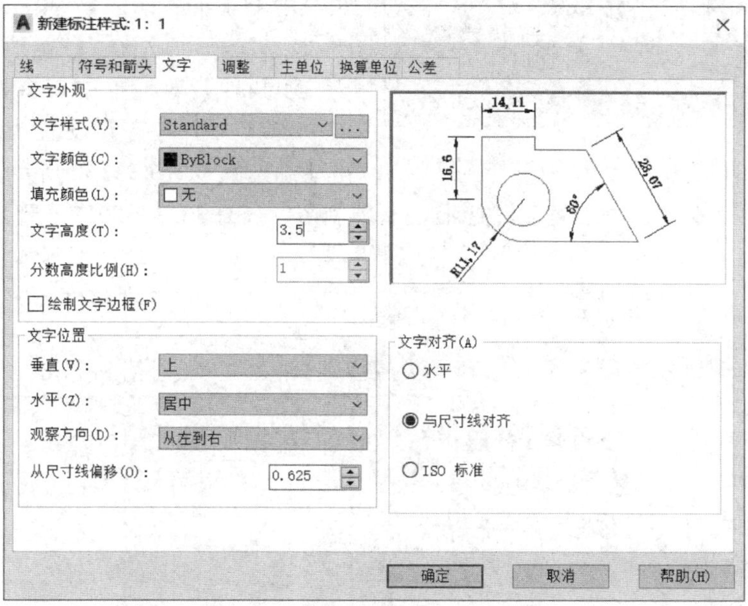

图 2.100　设置【文字】对话框

(3)【主单位】：【小数分隔符】为【句点】；【角度标注】的【精度】为 0.00，【消零】勾选【后续】，如图 2.101 所示，单击【确定】，完成设置。

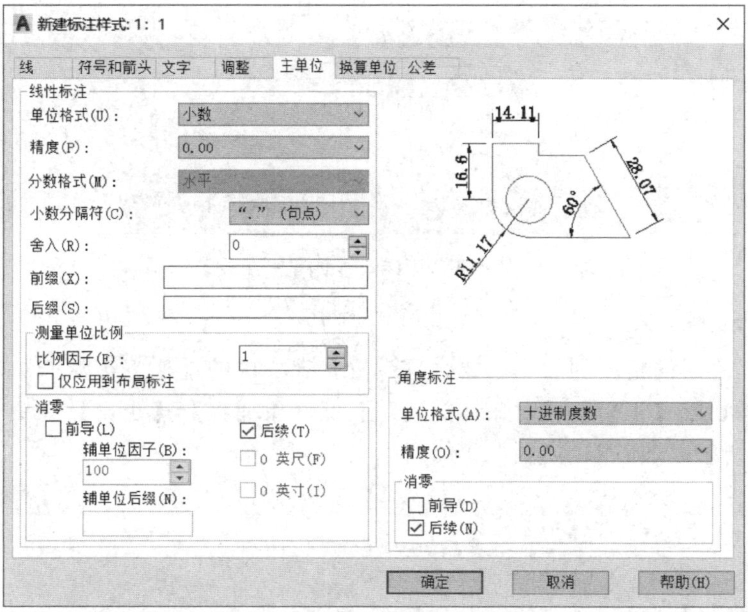

图 2.101　设置【主单位】对话框

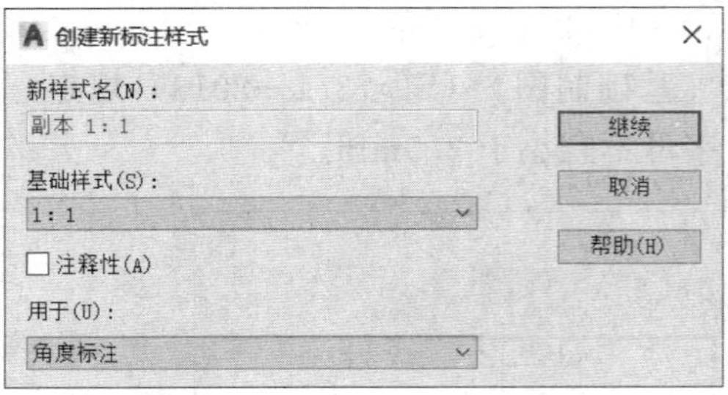

图 2.102 创建【副本 1∶1】标注样式对话框

在【标注样式管理器】对话框中单击【1∶1】标注样式，再单击【新建】，创建“副本 1∶1”，基础样式为【1∶1】标注样式，用于【角度标注】，单击【继续】，如图 2.102 所示。在【新建标注样式：1∶1∶角度】对话框中，将【文字】选项卡中的【文字对齐】设置为【水平】，单击【确定】，如图 2.103 所示。

※ 注意：《水利水电工程制图标准　基础制图》(SL 73.1—2013) 规定，角度数字一律水平注写。

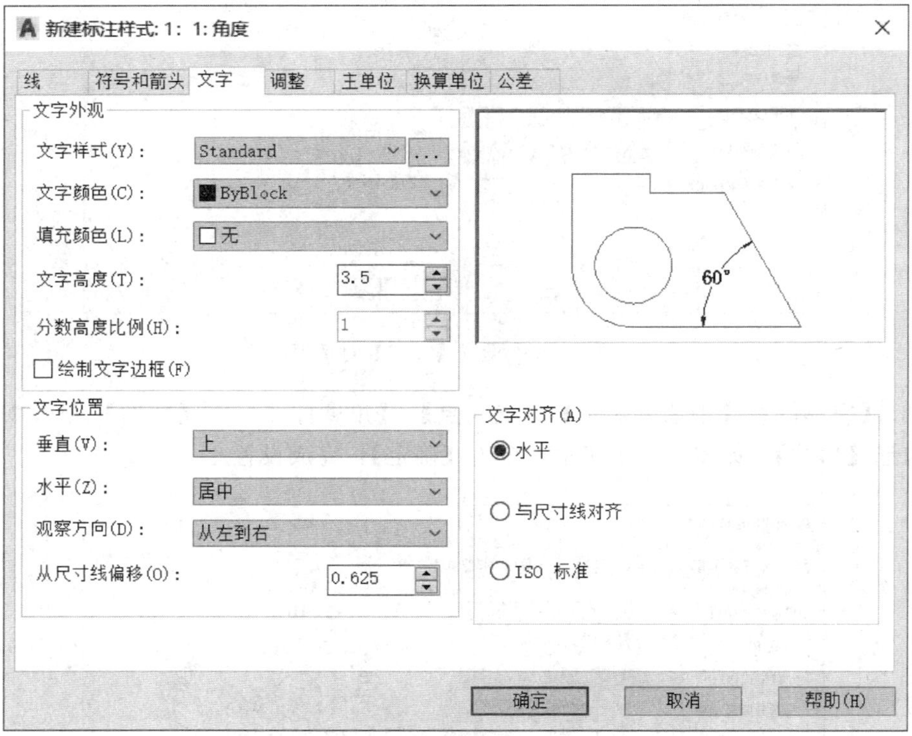

图 2.103 【新建标注样式：1∶1∶角度】对话框

7. 设置状态栏

为了保证绘图的精度和效率，要合理设置状态栏中的选项。实际工作中常将【动态输入】、【极轴】或【正交】、【对象捕捉追踪】、【对象捕捉】、【线宽】这几项打开，按钮蓝色显示表示打开该功能，如图 2.104 所示。

图 2.104 设置状态栏

8. 保存样板文件

所有设置完成后，执行【保存<Ctrl+S>】命令，打开【图形另存为】对话框。

单击【文件类型】下拉列表选择“AutoCAD 图形样板（*.dwt)”，如图 2.105 所示，文件名存为“水利工程图”（文件名可自定)，单击【保存】，如图 2.106 所示。在【样板选项】对话框中单击【确定】，样板文件创建成功。

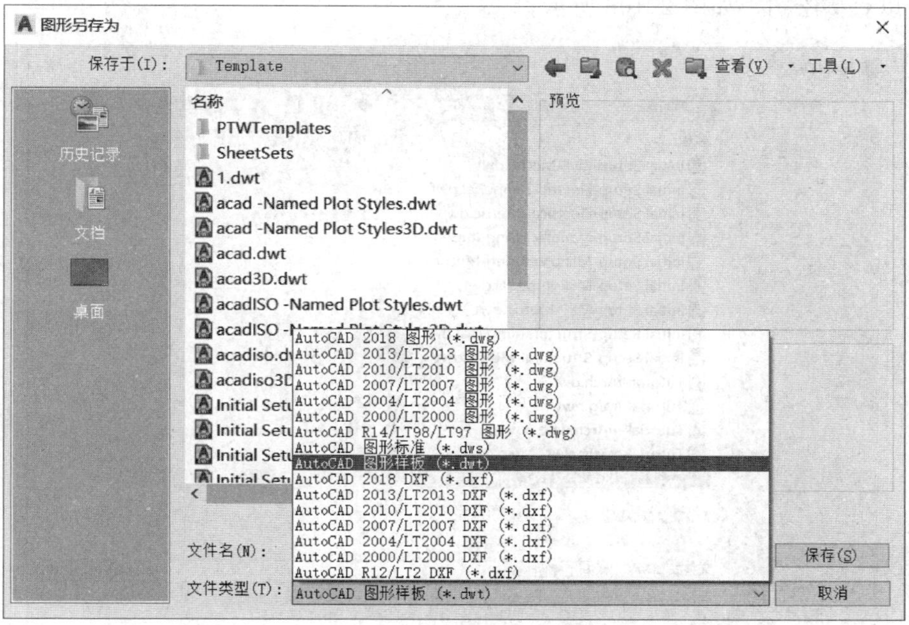

图 2.105 保存为“样板文件”对话框

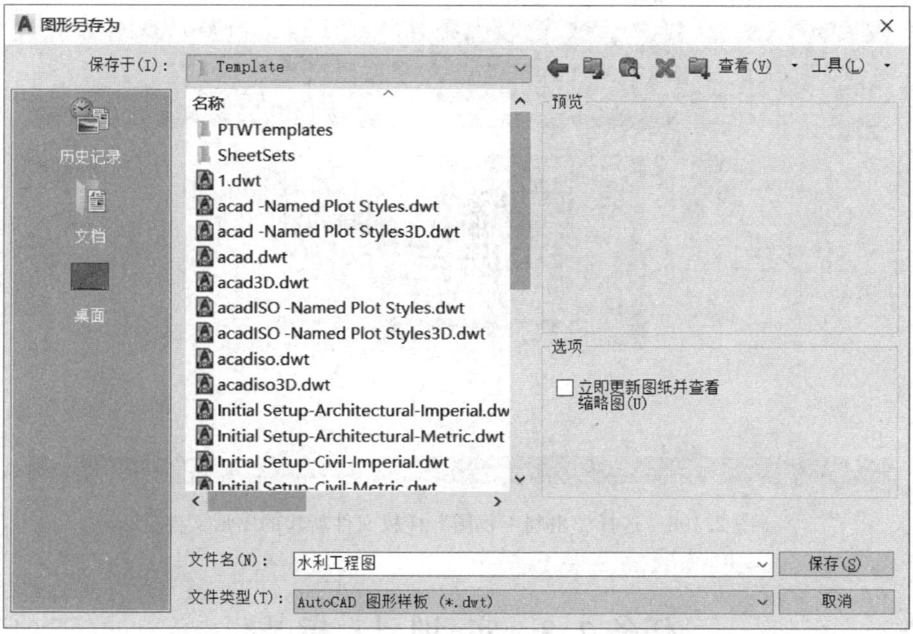

图 2.106 命名“样板文件”

2.7.2 调用样板文件

执行【新建＜Ctrl＋N＞】命令，打开【选择样板】对话框，选择“水利工程图.dwt”样板文件，单击【打开】，如图2.107所示。新建的文件包含了前述所有的设置，可以直接绘图，如图2.108所示。

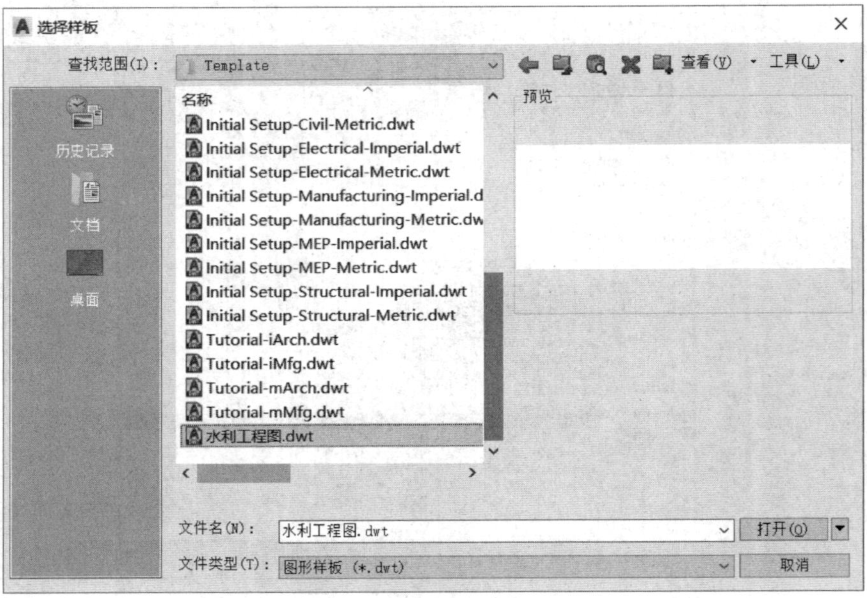

图2.107 【选择样板】对话框

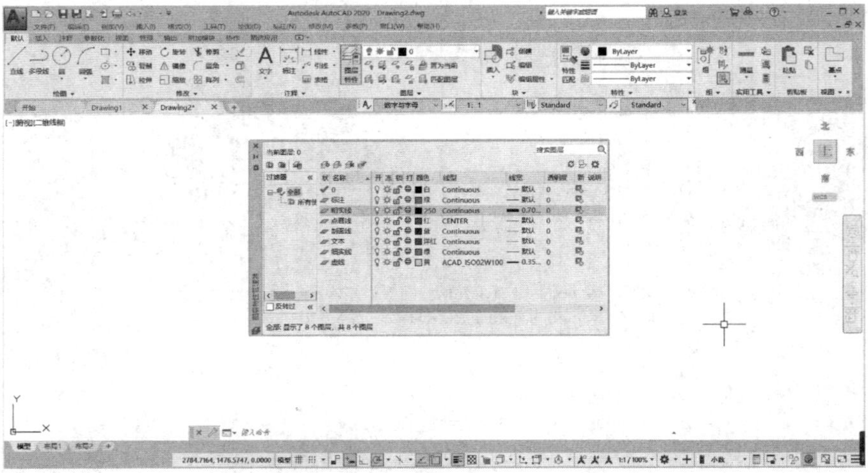

图2.108 选择“水利工程图”样板文件新建的图形文件

任务2.8 实训与指导

实训1：新建图形文件，将背景颜色改为“黑色”，颜色主题改为“明”，按表2.3

设置图层并保存图形文件。

表 2.3 图层参数表

序号	图层名	线型	线宽/mm	颜色
1	加粗实线	Continuous	1.4	红色
2	粗实线	Continuous	1	白色
3	细实线	Continuous	默认（0.25）	白色
4	虚线	HIDDEN	0.5	黄色
5	点画线	CENTER2	默认（0.25）	红色
6	标注	Continuous	默认（0.25）	绿色
7	文本	Continuous	默认（0.25）	洋红
8	剖面线	Continuous	默认（0.25）	蓝色

实训 1 指导：

（1）新建文件。执行【新建<Ctrl+N>】命令，新建文件。

（2）设置【选项】参数。执行【选项（OP）】命令，将背景颜色改为“黑”。

（3）设置图层。执行【图层（LA）】命令，各图层参数见表 2.3。

（4）设置默认线宽。执行【线宽设置（LW）】命令，默认线宽为 0.25。

（5）保存文件。执行【保存<Ctrl+S>】命令，以“姓名+学号后两位”，如“张三 01.dwg”为文件名保存。

实训 2：新建图形文件，并将背景颜色改为“白色”，设置图形单位、图层、线宽、文字样式、标注样式等，并以“工程图样.dwt”进行保存。

实训 2 指导：

（1）新建文件。执行【新建<Ctrl+N>】命令，新建一个文件。

（2）设置【选项】参数。执行【选项（OP）】命令，将背景颜色改为“白”。

（3）设置图形单位。执行【单位（UN）】命令，设置图形单位。

（4）设置图层。执行【图层（LA）】命令，各图层参数见表 2.1。

（5）设置默认线宽。执行【线宽设置（LW）】命令，默认线宽为 0.18。

（6）设置线型比例因子。执行【线型（LT）】命令，设置【全局比例因子】为 0.35。

（7）设置文字样式。执行【文字样式（ST）】命令，各样式参数见表 2.2。

（8）设置标注样式。执行【标注样式（D）】命令，各参数见任务 2.7.1 设置标注样式相关内容。

（9）设置状态栏。

（10）保存样板文件。执行【保存<Ctrl+S>】命令，以“工程图样.dwt”为文件名保存。

项目 3

绘制基础图形

无论多么复杂的工程图样，都是由基本图形经过编辑完成的。本项目介绍了水利工程图样中常用绘图和修改命令的基本操作。通过本项目的学习不仅能绘制图框、组合体三视图、技巧图，还能绘制水利工程中常见的钢筋混凝土结构横断面图、溢流坝横断面图、建筑平面图等，为绘制工程图样打下坚实基础。

任务 3.1 绘制图框和标题栏

要绘制如图 3.1 所示的 A3 图纸的图框及标题栏，需要执行【矩形】、【直线】、【偏移】、【修剪】、【延伸】等命令。

※ 注意：为了将图框及标题栏的尺寸清楚呈现，对该图进行了处理，请读者参照尺寸绘图。

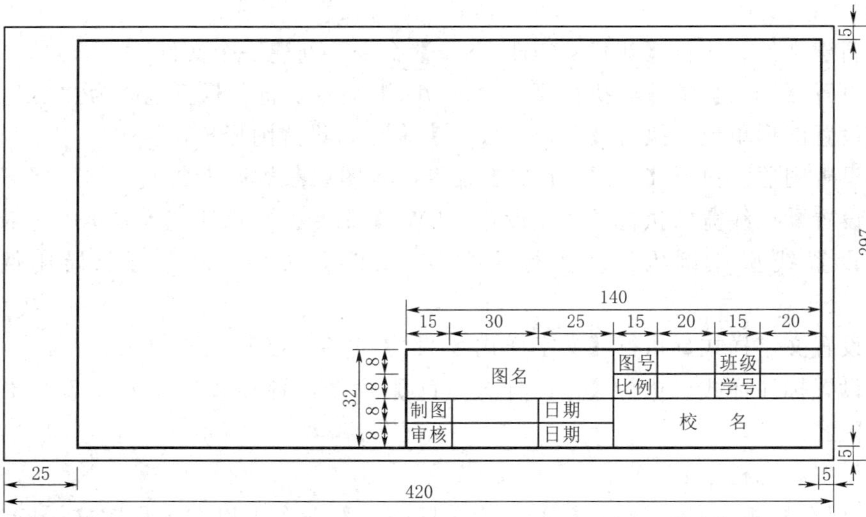

图 3.1　A3 图纸的图框及标题栏

3.1.1　绘制矩形

矩形命令用于绘制矩形多段线。

3.1

1. 调用命令

（1）命令：RECTANG（REC）。

（2）菜单栏：【绘图】→【矩形】。

（3）功能区：【默认】→【绘图】→□矩形。

（4）工具栏：【绘图】工具栏第 5 个按钮□。

2. 操作步骤

◆命令：RECTANG

◆指定第一个角点或［倒角（C）/标高（E）/圆角（F）/厚度（T）/宽度（W）］：（光标在绘图区拾取一个点或输入绝对坐标值来确定矩形第一个对角点的位置）

◆指定另一个角点或［面积（A）/尺寸（D）/旋转（R）］：

（光标在绘图区拾取一个点或输入相对直角坐标值@x，y 来确定矩形的另一个对角点，矩形绘制完成并退出命令）

3. 选项说明

（1）第一个角点：通过指定两个角点确定矩形，如图 3.2（a）所示。

（2）倒角（C）：指定倒角距离，绘制带倒角的矩形，如图 3.2（b）所示。每一个角点的逆时针和顺时针方向的倒角距离可以相同，也可以不同，其中第一个倒角距离是指角点逆时针方向的倒角距离，第二个倒角距离是指角点顺时针方向的倒角距离。

（3）标高（E）：指定矩形标高（Z 坐标），即把矩形放置在标高为 Z 并与 XOY 坐标面平行的平面上，并作为后续矩形的标高值。

（4）圆角（F）：指定圆角半径，绘制带圆角的矩形，如图 3.2（c）所示。

（5）厚度（T）：指定矩形的厚度。

（6）宽度（W）：指定矩形的线宽，如图 3.2（d）所示。

（7）面积（A）：指定面积和长度或宽度后，系统自动计算另一个维度，绘制出矩形。如果矩形有倒角或圆角，则在长度或面积计算中也会考虑此设置，详见实例 4。

（8）尺寸（D）：使用长度和宽度创建矩形，详见实例 3。

※ 注意：矩形的长度指水平方向的尺寸，宽度指竖直方向的尺寸。

（9）旋转（R）：使所绘制的矩形旋转一定角度，如图 3.2（e）所示。

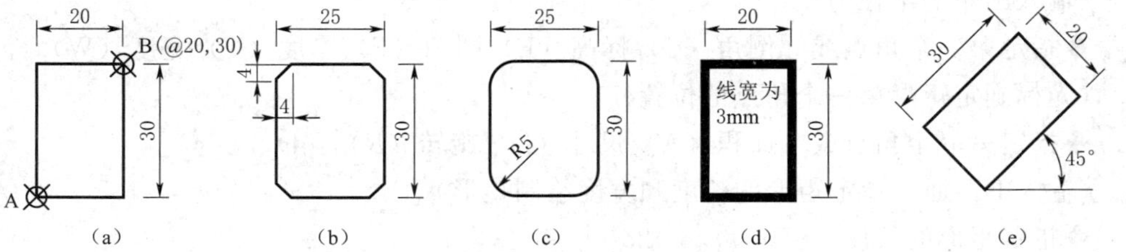

图 3.2 各种类型的矩形

4. 应用举例

实例 1：绘制图 3.2（a）所示的矩形。

◆命令：RECTANG

◆指定第一个角点或［倒角（C）/标高（E）/圆角（F）/厚度（T）/宽度（W）］：
（光标确定矩形第一个对角点A的位置）

◆指定另一个角点或［面积（A）/尺寸（D）/旋转（R）］：@20，30
（输入另一个角点B的相对直角坐标值@20，30，矩形绘制完成并退出命令）

※ 注意：在【动态输入】启用时，相对坐标（笛卡尔格式）是默认设置，此时可直接输入（20，30）；在【动态输入】禁用时，绝对坐标是默认设置，此时需输入（@20，30）；按<F12>键可打开或关闭【动态输入】。

实例2：绘制图3.2（b）所示的倒角矩形。

◆命令：RECTANG

◆指定第一个角点或［倒角（C）/标高（E）/圆角（F）/厚度（T）/宽度（W）］：C
（输入C，绘制带有倒角的矩形）

※ 注意：选择二级选项时，可以输入对应二级选项后面的字母或单击该二级选项或单击鼠标右键在弹出的快捷菜单中选择该二级选项。

◆指定矩形的第一个倒角距离<0.0000>：4
（输入第一个倒角距离4）

◆指定矩形的第二个倒角距离<0.0000>：4
（输入第二个倒角距离4）

◆指定第一个角点或［倒角（C）/标高（E）/圆角（F）/厚度（T）/宽度（W）］：
（光标确定矩形第一个角点的位置）

◆指定另一个角点或［面积（A）/尺寸（D）/旋转（R）］：@25，30
（输入另一个角点的相对直角坐标值@25，30，矩形绘制完成并退出命令）

※ 注意：绘制倒角矩形后要绘制直角矩形时，则应先将倒角距离改为0。

实例3：绘制图3.2（c）所示的圆角矩形。

◆命令：RECTANG

◆指定第一个角点或［倒角（C）/标高（E）/圆角（F）/厚度（T）/宽度（W）］：F
（输入F，绘制带有圆角的矩形）

◆指定矩形的圆角半径<0.0000>：5
（输入圆角的半径为5）

◆指定第一个角点或［倒角（C）/标高（E）/圆角（F）/厚度（T）/宽度（W）］：
（光标确定矩形第一个角点的位置）

◆指定另一个角点或［面积（A）/尺寸（D）/旋转（R）］：D
（输入D，通过指定矩形的长度和宽度绘制矩形）

◆指定矩形的长度<0.0000>：25
（输入矩形的长度即水平方向的尺寸25）

◆指定矩形的宽度<0.0000>：30
（输入矩形的宽度即竖直方向的尺寸30）

◆指定另一个角点或［面积（A）/尺寸（D）/旋转（R）］：
（光标确定矩形另一个角点的方位，矩形绘制完成并退出命令）

※ 注意：绘制圆角矩形后要绘制直角矩形则应先将圆角半径改为 0。

实例 4：绘制图 3.3 所示面积为 10000，宽度为 30 的矩形。

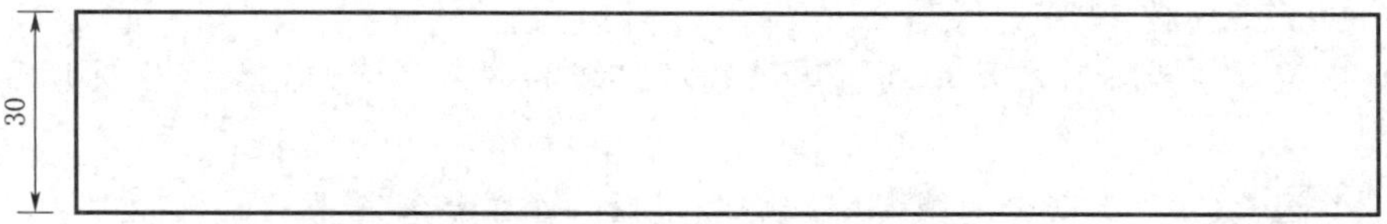

图 3.3　通过指定面积和宽度绘制矩形

◆命令：RECTANG

◆指定第一个角点或［倒角（C）/标高（E）/圆角（F）/厚度（T）/宽度（W）］：

（光标确定矩形第一个对角点的位置）

◆指定另一个角点或［面积（A）/尺寸（D）/旋转（R）］：A

（输入 A）

◆输入以当前单位计算的矩形面积＜0.0000＞：10000

（输入矩形的面积 10000）

◆计算矩形标注时依据［长度（L）/宽度（W）］＜长度＞：W

（输入 W。若已知矩形的长度，则输入 L，长度指矩形水平方向的尺寸，宽度指矩形竖直方向的尺寸）

◆输入矩形宽度＜0.0000＞：30

（输入矩形的宽度 30，矩形绘制完成并退出命令）

5. 实训

绘制附录 3-01（1-1、1-2、1-3）。

3.1.2　绘制直线段

直线命令用于绘制一系列连续的直线段。

1. 调用命令

（1）命令：LINE（L）。

（2）菜单栏：【绘图】→【直线】。

（3）功能区：【默认】→【绘图】→ 直线。

（4）工具栏：【绘图】工具栏第 1 个按钮。

3.2

2. 操作步骤

◆命令：LINE

◆指定第一个点：

（光标在绘图区拾取一个点或者输入第一个点的坐标值）

◆指定下一点或［放弃（U）］：

（光标在绘图区拾取一个点或输入坐标指定直线的端点）

◆指定下一点或［关闭（C）/退出（X）/放弃（U）］：

（可继续指定直线的端点，或通过输入坐标指定直线的端点）

3. 选项说明

（1）指定第一个点：在绘图区单击或者输入第一个点的坐标值确定直线第一个点的位置。

（2）指定下一点：在屏幕中通过单击确定直线的端点，或通过输入坐标指定直线的端点。

（3）关闭（C）：将指定的第一个端点和最后一个端点连接起来。

（4）退出（X）：退出命令。

（5）放弃（U）：放弃上一步指定的点。

4. 应用举例

实例1：绘制图3.4所示的直线AB。

◆命令：LINE

◆指定第一个点：

（光标在绘图区单击确定直线点A的位置）

◆指定下一点或［放弃（U）］：@50＜45

（输入点B相对于点A的相对极坐标值@50＜45；也可将极轴追踪设置为45°，利用对象追踪绘图）

◆指定下一点或［退出（E）/放弃（U）］：

（按＜Enter＞键退出命令）

实例2：执行【直线】命令绘制图3.5所示的长方形。

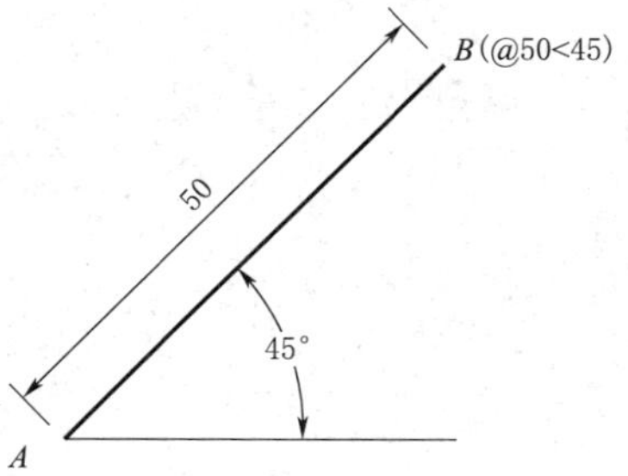

图3.4　直线图形

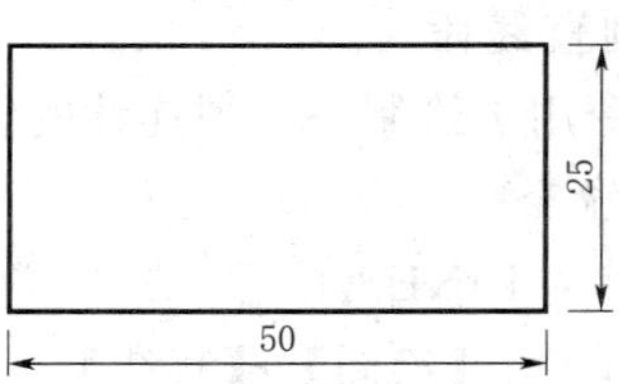

图3.5　长方形

◆命令：LINE

◆指定第一个点：

（光标确定长方形左下角点的位置）

◆指定下一点或［放弃（U）］：50

（光标控制在水平向右的方向，输入50确定长方形的下边长）

◆指定下一点或［退出（E）/放弃（U）］：25

（光标控制在竖直向上的方向，输入25确定长方形的右边宽）

◆指定下一点或［关闭（C）/退出（X）/放弃（U）］：50

（光标控制在水平向左的方向，输入50确定长方形的上边长）

◆指定下一点或［关闭（C）/退出（X）/放弃（U）］：C

(输入 C，矩形绘制完成，退出命令)

5. 实训

绘制附录 3-01 (1-4、1-5、1-6、1-7、1-8)。

3.1.3 偏移

偏移命令用于创建同心圆、平行线和等距曲线。

1. 调用命令

3.3

(1) 命令：OFFSET (O)。

(2) 菜单栏：【修改】→【偏移】。

(3) 功能区：【默认】→【修改】→ 。

(4) 工具栏：【修改】工具栏中第 4 个按钮 。

2. 操作步骤

◆命令：OFFSET

当前设置：删除源＝否　图层＝源　OFFSETGAPTYPE＝0

◆指定偏移距离或［通过 (T)/删除 (E)/图层 (L)］＜通过＞：

(输入偏移距离或选定两点，并以两点间距为偏移距离)

◆选择要偏移的对象，或［退出 (E)/放弃 (U)］＜退出＞：

(选中要偏移的对象)

◆指定要偏移的那一侧上的点，或［退出 (E)/多个 (M)/放弃 (U)］＜退出＞：

(单击对象要偏移一侧的位置)

3. 选项说明

(1) 通过 (T)：对象通过一个定点。

(2) 删除 (E)：设定是否删除源对象。

(3) 图层 (L)：设定新对象所在的图层。

(4)【退出 (E)】：退出命令。

(5)【多个 (M)】：重复使用当前偏移距离多次进行偏移操作。

(6)【放弃 (U)】：恢复到前一个偏移。

4. 应用举例

实例：绘制图 3.6 所示图形。

先执行【直线】命令绘制源对象 (50mm 长的水平直线)，再执行【偏移】命令生成多条平行线。

图 3.6 【偏移】命令

【偏移】命令操作如下：

◆命令：OFFSET

当前设置：删除源＝否　图层＝当前　OFFSETGAPTYPE＝0

◆指定偏移距离或［通过 (T)/删除 (E)/图层 (L)］＜通过＞：10

(输入 10)

◆选择要偏移的对象，或［退出 (E)/放弃 (U)］＜退出＞：

(选择直线)

◆指定要偏移的那一侧上的点，或［退出（E）/多个（M）/放弃（U）］＜退出＞：m（输入M）

◆指定要偏移的那一侧上的点，或［退出（E）/放弃（U）］＜下一个对象＞：（在直线下方单击）

◆指定要偏移的那一侧上的点，或［退出（E）/放弃（U）］＜下一个对象＞：（在偏移出的新直线下方单击）

◆指定要偏移的那一侧上的点，或［退出（E）/放弃（U）］＜下一个对象＞：（在偏移出的新直线下方单击）

◆指定要偏移的那一侧上的点，或［退出（E）/放弃（U）］＜下一个对象＞：（在偏移出的新直线下方单击）

◆指定要偏移的那一侧上的点，或［退出（E）/放弃（U）］＜下一个对象＞：（直接按＜Enter＞键）

※ 注意：

（1）可偏移的对象包括直线、样条曲线、圆弧、圆、多边形和二维多段线，不能偏移的有面域对象、三维实体（表面除外）及文字。

（2）对直线、构造线、射线执行偏移命令时，实际是它们的平行线，长度不会发生变化；对圆和圆弧执行偏移命令后，圆弧的长度会发生变化，圆的半径会发生变化；对椭圆执行偏移命令后其轴长会发生变化。

（3）偏移多段线或样条曲线时，将偏移所有顶点控制点，如果把某个顶点偏移到样条曲线或多段线的一个锐角内时，则可能出错。

5. 实训

绘制附录3-01（1-9、1-10）。

3.1.4 修剪与延伸

修剪命令可以剪切掉对象的某一部分。当对象某一部分多余，通过【删除】命令无法实现，可以选择采用修剪的方式完善图形。

1. 调用命令

3.4

（1）命令：TRIM（TR）。

（2）菜单栏：【修改】→【修剪】。

（3）功能区：【默认】→【修改】→修剪。

（4）工具栏：【修改】工具栏第10个按钮。

2. 操作步骤

◆命令：TRIM

当前设置：投影=UCS，边=无

选择剪切边...

◆选择对象或＜全部选择＞：

（选择作为剪切边界的对象，即指将对象分为保留部分和删除部分的边界对象，若直接按＜Enter＞键，则表示绘图区域中所有对象均作为剪切边界）

◆选择要修剪的对象，或按住＜Shift＞键选择要延伸的对象，或［栏选（F）/窗交（C)/投影（P)/边（E)/删除（R)/放弃（U)]：

（光标选择需要删除的部分对象）

3. 选项说明

(1) 栏选（F)：选择与栏选虚线相交的对象。

(2) 窗交（C)：选择与选择框边相交或完全被选择框框中的对象。

(3) 投影（P)：设定修剪对象时的投影方式。

(4) 边（E)：设定是否将剪切边界的延长线作为延伸对象。

(5) 删除（R)：删除整个选中对象。

(6) 放弃（U)：放弃最近一次删除操作。

4. 应用举例

实例：修剪图 3.7（a）所示图形，结果如图 3.7（b）所示。

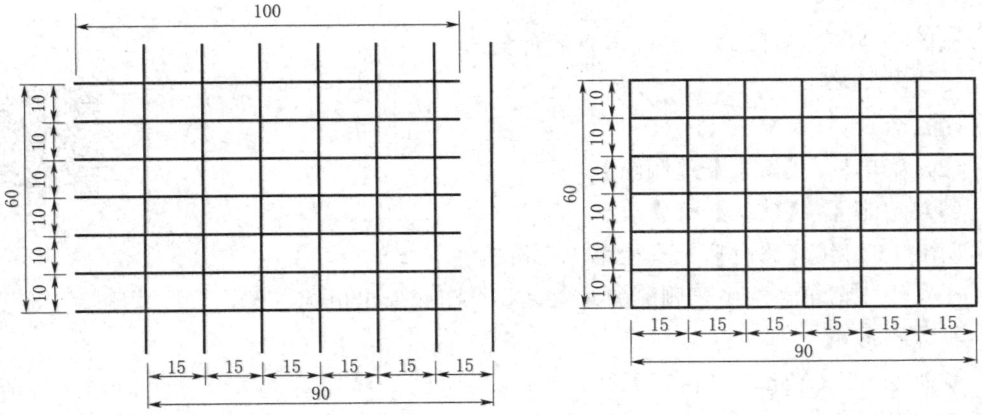

（a）图形修剪前　（b）图形修剪后

图 3.7 【修剪】命令

◆命令：TRIM

当前设置：投影＝UCS，边＝无

选择剪切边...

◆选择对象或＜全部选择＞：

（按＜Enter＞键）

◆选择要修剪的对象或按住＜Shift＞键选择要延伸的对象，或者［栏选（F)/窗交（C)/投影（P)/边（E)/删除（R)］：

（按住＜Shift＞键，交叉窗口选择右端伸出的水平直线即可延长直线）

◆选择要修剪的对象或按住＜Shift＞键选择要延伸的对象，或者［栏选（F)/窗交（C)/投影（P)/边（E)/删除（R)］：指定对角点：

（松开＜Shift＞键，交叉窗口选择上端伸出的竖直直线）

◆选择要修剪的对象，或按住＜Shift＞键选择要延伸的对象，或［栏选（F)/窗交（C)/投影（P)/边（E)/删除（R)/放弃（U)］：指定对角点：

（交叉窗口选择左端伸出的水平直线）

◆选择要修剪的对象，或按住＜Shift＞键选择要延伸的对象，或［栏选（F）/窗交（C）/投影（P）/边（E）/删除（R）/放弃（U）]：指定对角点：

（交叉窗口选择下端伸出的水平直线）

◆选择要修剪的对象，或按住＜Shift＞键选择要延伸的对象，或［栏选（F）/窗交（C）/投影（P）/边（E）/删除（R）/放弃（U）]：

（按＜Enter＞键）

※ 注意：

（1）使用修剪命令修剪对象，第一次选取的实体是剪切边界而非被修剪对象。

（2）使用修剪命令不能修剪尺寸线。

（3）修剪命令操作过程中按住＜Shift＞键相当于执行【延伸】命令，放掉后又切换回【修剪】命令。

3.1.5 删除对象

删除命令用于删除多余的或不要的对象。

1. 调用命令

3.5

（1）命令：ERASE（E）。

（2）菜单栏：【修改】→【删除】。

（3）功能区：【默认】→【修改】→ 。

（4）工具栏：【修改】工具栏第1个按钮 。

（5）快捷菜单：选中要删除的对象，在绘图区单击鼠标右键，选择【删除】选项。

2. 操作步骤

◆命令：ERASE

◆选择对象：

（选择要删除的对象）

◆选择对象：

（按＜Enter＞键）

3. 应用举例

实例：将图3.8（a）中的圆删除，如图3.8（b）所示。

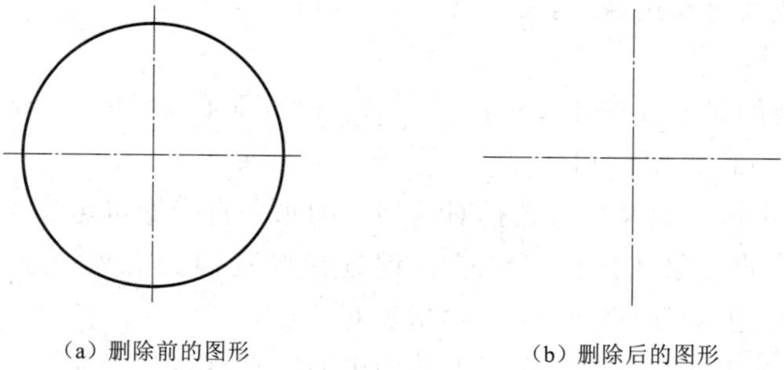

（a）删除前的图形　　（b）删除后的图形

图3.8 【删除】命令

◆命令：ERASE

◆选择对象：

（选择圆）

◆选择对象：

（按＜Enter＞键，圆被删除）

3.1.6 撤销与恢复

在绘制图形过程中有时需要返回到之前的状态，如放弃一系列的操作，或者不小心删除了复杂的图形，这时可以通过【撤销】命令来实现，但是不能放弃对当前图形的外部操作（如打印或写入文件）。

调用命令：

（1）命令：UNDO（U 或＜Ctrl＋Z＞）。

（2）快速访问工具栏：第 8 个按钮。

（3）快捷菜单：无命令运行和无对象选定的状态下，在绘图区域单击鼠标右键，选择【放弃】选项。

3.1.7 查询工具

AutoCAD 中提供了多种查询功能，包括距离、半径、角度、面积、体积等，这些功能基本都集中在【查询】工具栏上，如图 3.9 所示。应用这些查询命令可以方便地了解系统的运行状态、图形对象的数据信息及几何信息，善用这些查询功能能给用户绘制图纸带来很大的方便。

图 3.9 【查询】工具

1. 调用命令

（1）命令：MEASUREGEOM。

（2）功能区：【默认】→【实用工具】→。

3.6

2. 操作步骤

◆命令：MEASUREGEOM

◆输入一个选项［距离（D）/半径（R）/角度（A）/面积（AR）/体积（V）/快速（Q）/模式（M）/退出（X）］＜距离＞：D

（查询距离）

◆指定第一点：

（光标拾取直线的一个端点）

◆指定第二个点或［多个点（M）］：

（光标拾取直线的另一个端点）

◆输入一个选项［距离（D）/半径（R）/角度（A）/面积（AR）/体积（V）/快速（Q）/模式（M）/退出（X）］＜距离＞：

（按＜Esc＞键退出）

3. 选项说明

（1）距离（D）：查询两点之间的距离，*XY* 平面中的倾角，与 *XY* 平面的夹角，*X* 增量，*Y* 增量和 *Z* 增量。

（2）半径（R）：查询圆或圆弧的半径和直径。

（3）角度（A）：查询圆弧、圆或直线的角度。

（4）面积（AR）：查询自定义图形的区域面积和周长。

（5）体积（V）：查询自定义图形的体积。

（6）快速（Q）：快速查询长度。

（7）模式（M）：设置是否始终默认为快速测量行为。

（8）退出（X）：退出查询命令。

4. 应用举例

实例1：查询图3.10中线段 *AB* 长度。

◆命令：MEASUREGEOM

◆输入一个选项［距离（D）/半径（R）/角度（A）/面积（AR）/体积（V）/快速（Q）/模式（M）/退出（X）］<距离>：D

（输入D）

◆指定第一点：

（光标拾取点 *A*）

◆指定第二个点或［多个点（M）］：

（光标拾取点 *B*）

◆距离＝35.7771，*XY* 平面中的倾角＝0，与 *XY* 平面的夹角＝0

◆*X* 增量＝35.7771，*Y* 增量＝0.0000，*Z* 增量＝0.0000

◆输入一个选项［距离（D）/半径（R）/角度（A）/面积（AR）/体积（V）/快速（Q）/模式（M）/退出（X）］<距离>：*取消*（按<Esc>键）

实例2：查询图3.11中阴影部分的面积。

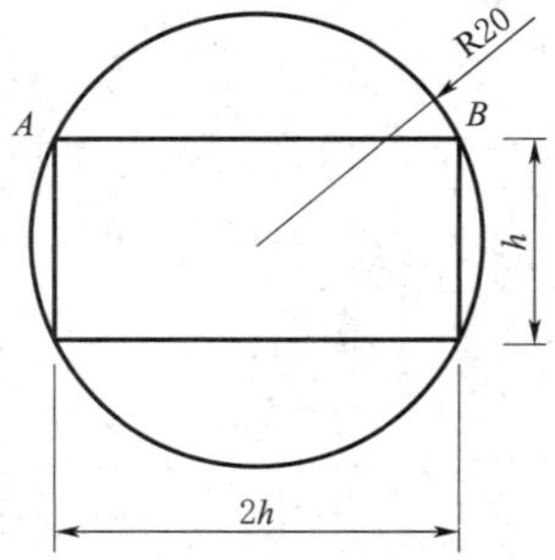

图3.10 【查询】长度

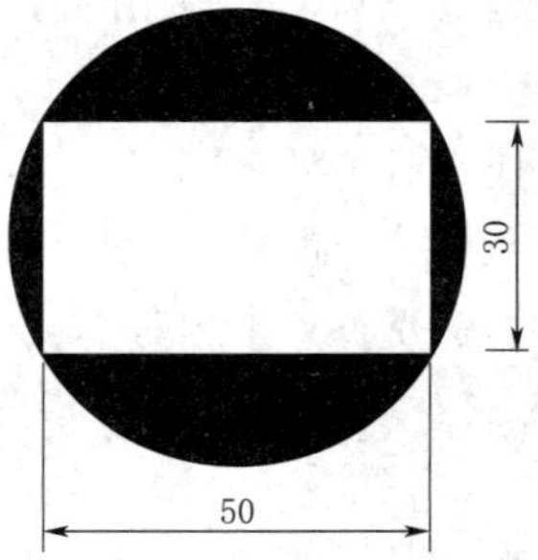

图3.11 【查询】面积

◆命令：MEASUREGEOM

◆输入一个选项［距离（D）/半径（R）/角度（A）/面积（AR）/体积（V）/快速（Q）/模式（M）/退出（X）］<距离>：AR

（输入AR）

◆指定第一个角点或［对象（O）/增加面积（A）/减少面积（S）/退出（X）］<对象（O）>：A

（输入A）

◆指定第一个角点或［对象（O）/减少面积（S）/退出（X）］：O

（输入O）

◆（“加”模式）选择对象：

（选择圆）

区域＝2670.3538，圆周长＝183.1848

总面积＝2670.3538

◆指定第一个角点或［对象（O）/减少面积（S）/退出（X）］：S

（输入S）

◆指定第一个角点或［对象（O）/增加面积（A）/退出（X）］：O

（输入O）

（“减”模式）选择对象：

（选择长方形）

区域＝1500.0000，周长＝160.0000

总面积＝1170.3538

◆输入一个选项［距离（D）/半径（R）/角度（A）/面积（AR）/体积（V）/快速（Q）/模式（M）/退出（X）］＜面积＞：

（按＜Esc＞键）

3.1.8 目标图形绘制思路

3.7

操作提示：

（1）调用样板文件。执行【新建＜Ctrl＋N＞】命令，在【选择样板】对话框中，选择“水利工程图.dwt”，单击【打开】。

（2）绘制A3图纸的幅面线及图框线。将“细实线”图层置为当前，执行【矩形（REC）】命令绘制420×297的矩形；执行【偏移（O）】命令向内偏移5mm，再利用夹点编辑将左侧竖直边向右拉伸20mm，将其放置在“粗实线”图层，并利用特性面板将图框的线宽改为1mm，如图3.12（a）所示。

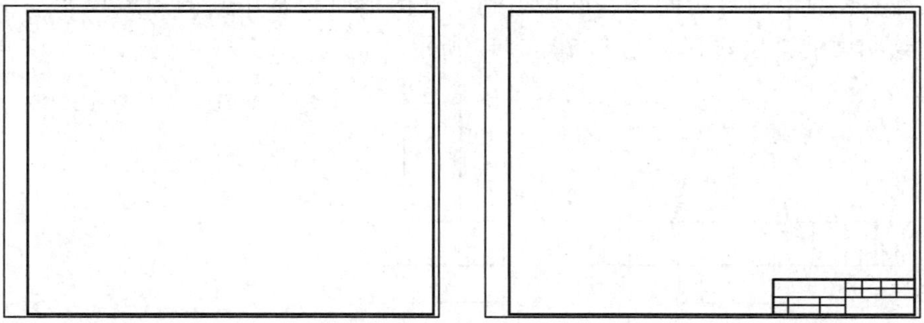

（a）　（b）

图3.12　绘制图框及标题栏

（3）绘制标题栏。执行【矩形（REC）】命令在图框右下角绘制140×32的矩形；执行【直线（L）】、【偏移（O）】命令绘制分栏线，并执行【修剪（TR）】、【删除（E）】等命令进行编辑，如图3.12（b）所示。

（4）注写标题栏。执行【多行文字（T）】命令，注写标题栏内相关信息，如图3.13所示。

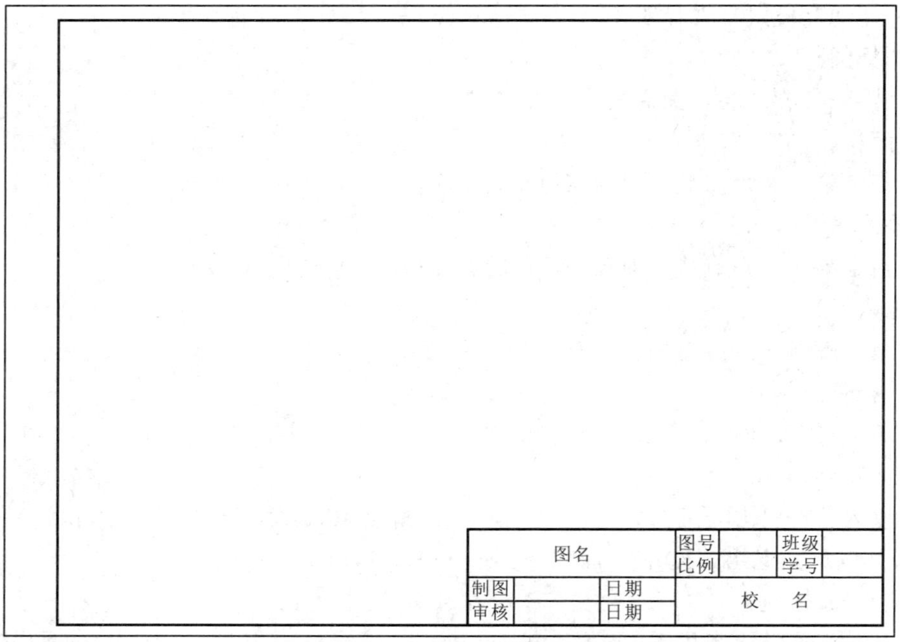

图 3.13 A3 图框及标题栏

任务 3.2 绘制组合体三视图

要绘制如图 3.14 所示的组合体三视图，需要执行【矩形】、【直线】、【圆】、【复制】、【倒角】、【拉伸】、【移动】等命令。

3.2.1 绘制圆

圆是一种简单的封闭曲线，也是绘制工程图形时经常用到的图形单元。在 AutoCAD 中绘制圆的方法共有 6 种，如图 3.15 所示。

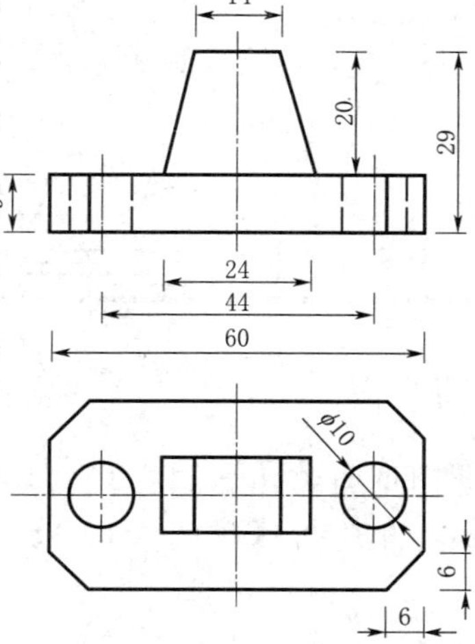

图 3.14 组合体三视图

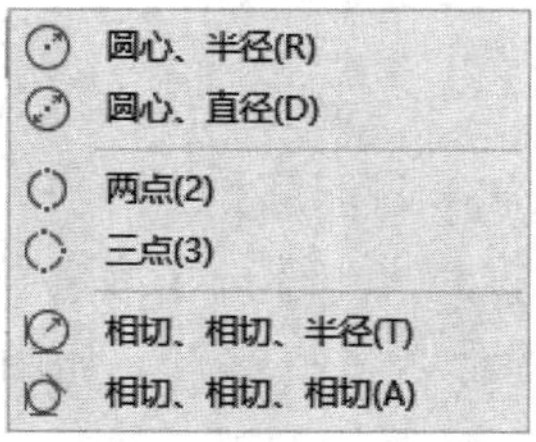

图 3.15 【圆】的绘图方式

1. 调用命令

3.8

(1) 命令：CIRCLE (C)。

(2) 菜单栏：【绘图】→【圆】→单击需要的命令。

(3) 功能区：【默认】→【绘图】→。

(4) 工具栏：【绘图】工具栏第 7 个按钮。

2. 操作步骤

以圆心、半径方法为例讲述圆的绘制方法。

◆命令：CIRCLE

◆指定圆的圆心或［三点（3P）/两点（2P）/相切、相切、半径（T）］：

(在屏幕中指定圆的圆心位置)

◆指定圆的半径或［直径（D）］：

(输入圆的半径值)

3. 选项说明

(1) 指定圆的圆心：在屏幕中确定圆心位置。

(2) 半径：指定圆的半径值以确定圆，如图 3.16（a）所示。

(3) 直径（D）：指定圆的直径值以确定圆，如图 3.16（b）所示。

(4) 三点（3P）：指定 3 个不在同一条直线上的点以确定圆，如图 3.16（c）所示三角形外接圆。

(5) 两点（2P）：指定直径的两个端点以确定圆，如图 3.16（d）。

(6) 相切、相切、半径（T）：指定两个与圆相切的对象和圆的半径以确定圆，如图 3.16（e）所示。

(7) 相切、相切、相切（A）：指定三个与圆相切的对象，系统会自动确定出圆，如图 3.16（c）所示三角形内切圆。

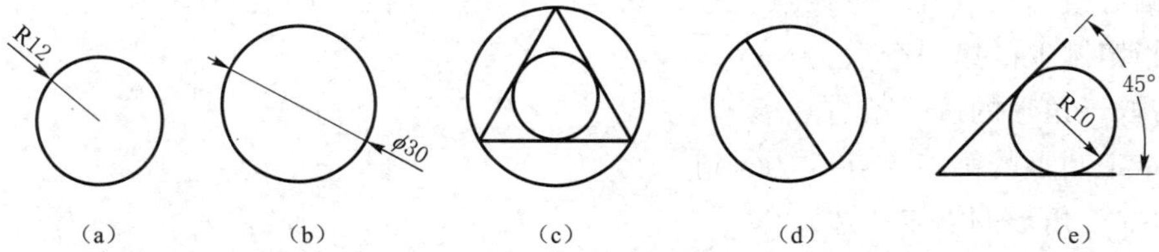

图 3.16 【圆】的画法

4. 应用举例

实例 1：通过指定圆心和半径的方法绘制图 3.16（a）所示的圆。

◆命令：CIRCLE

◆指定圆的圆心或［三点（3P）/两点（2P）/相切、相切、半径（T）］：

(在屏幕中指定圆的圆心位置)

◆指定圆的半径或［直径（D）］：12

(输入圆的半径值 12)

实例 2：通过指定圆心和直径的方法绘制 3.16（b）所示的圆。

◆命令：CIRCLE

◆指定圆的圆心或［三点（3P）/两点（2P）/相切、相切、半径（T）］：

（在屏幕中指定圆心）

◆指定圆的半径或［直径（D）］＜40.0000＞：D

（输入D）

◆指定圆的直径＜200.0000＞：30

（输入直径值30）

※ 注意：继续绘制圆时，若不改变半径或直径大小，系统默认绘制与上一次相同大小的圆。

实例3：绘制如图3.16（c）所示的圆。

首先执行【直线】命令绘制任意三角形，再执行【圆】命令绘制外接圆和内切圆。

绘制外接圆：

◆命令：CIRCLE

◆指定圆的圆心或［三点（3P）/两点（2P）/相切、相切、半径（T）］：3P

（输入3P，执行【三点】绘制模式）

◆指定圆上的第一个点：

（拾取三角形的第一个顶点）

◆指定圆上的第二个点：

（拾取三角形的第二个顶点）

指定圆上的第三个点：

（拾取三角形的第三个顶点，三角形的外接圆绘制完成并自动退出命令）

绘制内切圆：

◆命令：菜单栏：【绘图】→【圆】→【相切、相切、相切】

◆圆心或［三点（3P）/两点（2P）/切点、切点、半径（T）］：3P

◆指定圆上的第一个点：_tan 到

（拾取三角形的第一条边）

◆指定圆上的第二个点：_tan 到

（拾取三角形的第二条边）

◆指定圆上的第三个点：_tan 到

（指定三角形的第三条边，三角形的内切圆绘制完成并自动退出命令）

实例4：通过直线的两个端点绘制如图3.16（d）所示的圆。

◆命令：CIRCLE

◆指定圆的圆心或［三点（3P）/两点（2P）/相切、相切、半径（T）］：2P

（输入2P回车，执行【两点】绘制模式）

◆指定圆直径的第一个端点：

（指定直线的第一个端点）

◆指定圆直径的第二个端点：

（指定直线的第二个端点）

实例 5：绘制如图 3.16（e）所示的圆。

◆命令：CIRCLE

◆指定圆的圆心或［三点（3P）/两点（2P）/切点、切点、半径（T）］：T

（输入 T 按<Enter>键，执行【切点、切点、半径】绘制模式）

◆指定对象与圆的第一个切点：

（选取角的一条边）

◆指定对象与圆的第二个切点：

（选取角的另一条边）

◆指定圆的半径<11.7230>：10

（输入圆的半径值 10，圆绘制完成并自动退出命令）

5. 实训

绘制附录 3-01（1-11、1-12、1-13、1-14、1-15）。

3.2.2 复制

复制命令用于复制一个已绘制的对象，并把它粘贴到任意指定位置。

1. 调用命令

（1）命令：COPY（CO）。

（2）菜单栏：【修改】→【复制】。

（3）功能区：【默认】→【修改】→复制。

（4）工具栏：【修改】工具栏第 2 个按钮。

3.9

2. 操作步骤

◆命令：COPY

◆选择对象：

（选中要进行复制的对象）

复制模式＝多个

◆指定基点或［位移（D）/模式（O）］<位移>：

（指定一个基点）

※ 注意：该点是复制完成后粘贴时用以对准新位置的点。

◆指定第二个基点或［阵列（A）］<使用第一个点作为位移>：

（指定第二个基点，即新位置点）

※ 注意：如果在【指定第二个点】提示下按<Enter>键，则第一个点将被认为是相对 *X*，*Y*，*Z* 位移。例如，如果指定基点坐标为（3，2），并在下一个提示下按<Enter>键，对象将被复制到距其当前位置沿 *X* 方向 3 个单位，*Y* 方向 2 个单位的位置。

3. 选项说明

（1）指定基点：复制完成后粘贴时用以对准新位置的点。

（2）位移（D）：使用坐标指定相对距离和方向。指定的两点定义一个矢量，指示复制对象的放置离原位置有多远以及以哪个方向放置。

（3）模式（O）：输入复制模式选项【单个（S）/多个（M）】，【单个】创建选定对象的单个副本，并结束命令。【多个】在命令执行期间，将 COPY 命令设定为自动重复。

（4）阵列（A）：指定在线性阵列中排列的副本数量。指定阵列中的项目数，包括原始选择集。确定阵列相对于基点的距离和方向。默认情况下，阵列中的第一个副本将放置在指定的位移，其余的副本使用相同的增量位移放置在超出该点的线性阵列中。

4. 应用举例

实例：以五角星的中心为基点，复制一个五角星到B处，如图3.17所示。

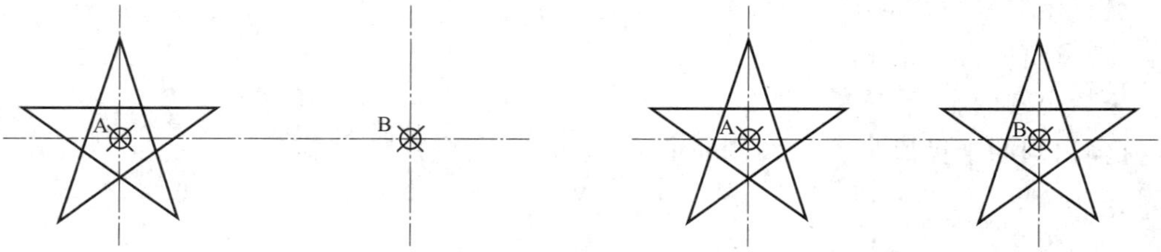

（a）复制前　　（b）复制后

图3.17　五角星的复制

◆命令：COPY

◆选择对象：找到5个

（选中五角星）

◆选择对象：

（单击右键表示对象选择完毕）

◆指定基点或【位移（D）/模式（O）】＜位移＞：

（光标拾取点A）

◆指定第二个点或＜使用第一个点作为位移＞：

（光标移动并拾取点B）

◆指定第二个点或【退出（E）/放弃（U）】＜退出＞：

（按＜Enter＞键退出）

※ 注意：若要继续重复复制，在按＜Enter＞键退出之前，可以继续选择要粘贴的位置；若按＜Enter＞键退出以后要继续执行复制命令，可再次按＜Enter＞键。

5. 实训

绘制附录3-01（1-16、1-17、1-18）。

3.2.3 倒角

在AutoCAD绘图过程中，常常会遇到各种折线，这些折线可以直接用【直线】命令绘制，但实际工作中常用倒角命令来实现。倒角的方式有两种：一种是设定两个倒角距离，另一种是设定一个倒角距离和一个倒角角度。

1. 调用命令

（1）命令：CHAMFER（CHA）。

（2）菜单栏：【修改】→【倒角】。

（3）功能区：【默认】→【修改】→。

（4）工具栏：【修改】工具栏第15个按钮。

3.10

2. 操作步骤

◆命令：CHAMFER

◆（“修剪”模式）当前倒角距离 1＝5.0000，距离 2＝5.0000

（显示当前倒角设置；默认的参数为【修剪】模式，且两个倒角均为 0，若执行一次倒角命令后，显示上一次设置的倒角距离）

※ 注意：

（1）若倒角距离默认为 0 时，必须先对倒角距离值进行设定，否则直接进行倒角操作会失败，因为没有实际倒角距离。

（2）选择角边时，会将第一个倒角距离对应所选的第一条角边，第二个倒角距离对应所选的第二条角边。

◆ 选择第一条直线或【放弃（U）/多段线（P）/距离（D）/角度（A）/修剪（T）/方式（E）/多个（M）】：

（选择要倒角的第一条线）

◆ 选择第二条直线或【放弃（U）/多段线（P）/距离（D）/角度（A）/修剪（T）/方式（E）/多个（M）】：

（选择要倒角的第二条线）

3. 选项说明

（1）放弃（U）：恢复在命令中执行的上一个操作。

（2）多段线（P）：设定要倒角的对象为多段线，之后若选中多段线，则其所有折线转角处均会按设置的倒角参数进行倒角。

（3）距离（D）：设定倒角模式为距离倒角，并设置两个倒角距离值。

（4）角度（A）：设定倒角模式为角度倒角，并设置一个倒角距离值及倒角角度。

（5）修剪（T）：选定的对象或线段将被修剪，以与倒角线的端点相交。如果选定的对象或线段不与倒角线相交，则在添加倒角线之前，将对它们进行延伸或修剪。不修剪：在添加倒角线前，选定的对象或线段不会被修剪。

（6）方式（E）：切换距离倒角和角度倒角模式。

（7）多个（M）：设定进行多组倒角。

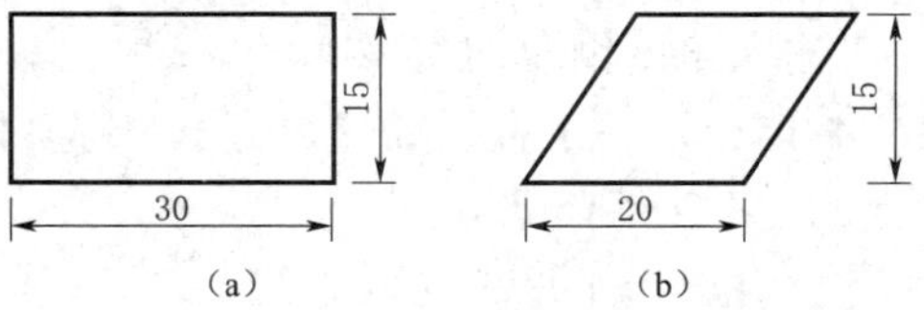

图 3.18 矩形的倒角

4. 应用举例

实例 1：将图 3.18（a）所示矩形进行倒角，结果如图 3.18（b）所示。

◆命令：CHAMFER

◆（“修剪”模式）当前倒角距离 1＝0.0000，距离 2＝0.0000

◆选择第一条直线或［放弃（U）/多段线（P）/距离（D）/角度（A）/修剪（T）/方式（E）/多个（M）］：D

（输入 D 并按<Enter>键，进行两个倒角距离值的设置）

◆指定第一个倒角距离<41.2677>：10

（输入第一个倒角距离值 10）

◆指定第二个倒角距离<10.0000>：15

（输入第二个倒角距离值15）

◆选择第一条直线或［放弃（U）/多段线（P）/距离（D）/角度（A）/修剪（T）/方式（E）/多个（M）］：P

（矩形是多段线，因此输入P并按＜Enter＞键，将对多段线类对象所有转折处均要倒角）

◆选择二维多段线：

（选择矩形，矩形倒角完成并退出命令）

实例2：对图3.19（a）所示两条相交直线进行角度倒角，结果如图3.19（b）所示。

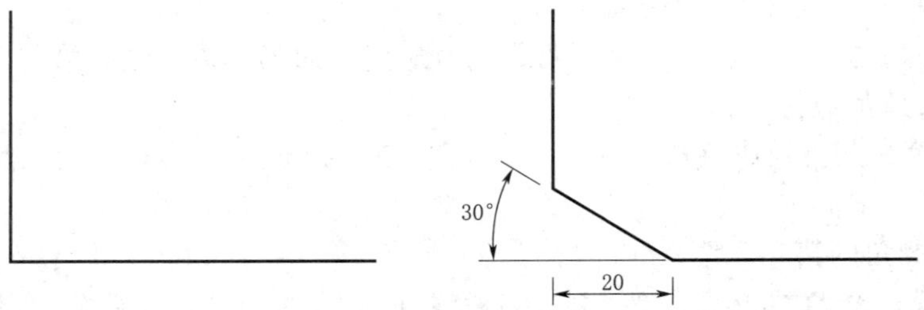

（a）相交直线倒角前

（b）相交直线倒角后

图3.19 【倒角】命令

◆命令：CHAMFER

◆（“修剪”模式）当前倒角距离1＝0.0000，距离2＝0.0000

◆选择第一条直线或【放弃（U）/多段线（P）/距离（D）/角度（A）/修剪（T）/方式（E）/多个（M）】：A

（输入A并按＜Enter＞键，进行角度倒角距离值的设置）

◆指定第一条直线的倒角长度＜0.0000＞：20

（输入角度倒角的直线长度20）

◆指定第一条直线的倒角角度＜0＞：30

（输入角度倒角的角度30°）

◆选择第一条直线或【放弃（U）/多段线（P）/距离（D）/角度（A）/修剪（T）/方式（E）/多个（M）】：

（此时选择水平方向的直线）

◆选择第二条直线，或按住＜Shift＞键选择要应用角点的直线：

（此时选择竖直方向的直线）

5. 实训

绘制附录3-01（1-3、1-19、1-20）。

3.2.4 拉伸

拉伸命令可以在任一个方向上按用户所确定的尺寸拉伸和移动以交叉窗口选定的图形，比如用户可以把正方形拉伸为长方形，但不改变图形的宽度。

1. 调用命令

（1）命令：STRETCH（S）。

（2）菜单栏：【修改】→【拉伸】。

（3）功能区：【默认】→【修改】→拉伸。

3.11

（4）工具栏：【修改】工具栏第9个按钮。

2．操作步骤

◆命令：STRETCH

◆以交叉窗口或交叉多边形选择要拉伸的对象...

（应以从右往左拉出的交叉选框选择对象，要被拉伸变形的部分应与选框的边相交，要移动的部分应完全被选框框中）

◆选择对象：

（单击右键表示对象选择完毕）

◆指定基点或【位移（D）】＜上次位移＞：

（可以指定拉伸的第一个基点即起始点）

◆指定第二点或＜使用第一点作为位移＞：

（可以指定拉伸对象的第二个基点，即拉伸的终点；或直接按＜Enter＞键，将第一点的坐标值作为位移值）

3．选项说明

（1）指定基点：指定拉伸对象的起始点。

（2）位移（D）：指定要拉伸的距离。

4．应用举例

实例：将图3.20（a）所示的床进行拉伸，结果如图3.20（b）所示。

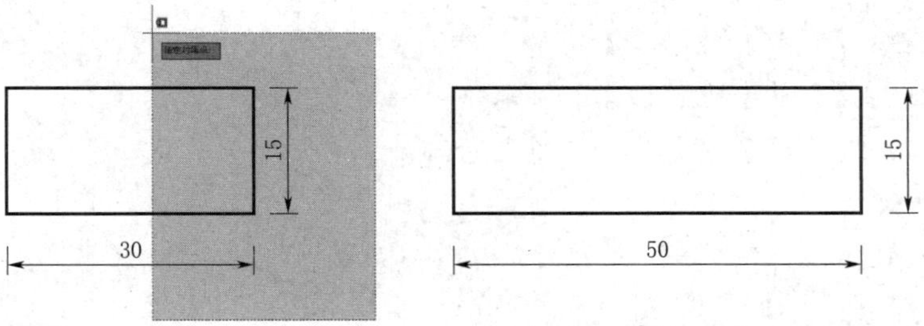

（a）矩形拉伸前　　（b）矩形拉伸后

图3.20　矩形的拉伸操作

◆命令：STRETCH

◆以交叉窗口或交叉多边形选择要拉伸的对象...

◆选择对象：指定对角点：找到4个

［选定要拉伸的对象，仅希望将矩形向右侧拉长，因此在选中对象时要注意，应按图3.20（a）所示从右侧拉出虚线的交叉选框，然后完全框中矩形的最右侧轮廓，并让矩形的上下轮廓与虚线选框相交］

◆选择对象：

（单击右键表示对象选择完毕）

◆指定基点或【位移（D）】＜位移＞：

（选择矩形水平直线右侧端点）

◆指定第二个点或＜使用第一个点作为位移＞：

（鼠标向右移动，控制在水平方向，输入20）

※ 注意：

（1）选取对象时，若整个实体都在选取窗口内，则执行的结果等同于执行【移动】命令；若只有一端在选取窗口内，另一端在选取窗口外，则遵循如下的拉伸规则：

对于线、等宽线、区域填充等图形，窗口外的端点不动，窗口内的端点移动，从而改变图形。

对于圆弧，窗口外的端点不动，窗口内的端点移动，圆弧的弦高保持不变，从而改变图形。

对于多段线，与直线、圆弧相似，同时，多段线的两端宽度切线方向以及曲线拟合信息都不改变。

对于圆、形、块、文本和属性定义，如果其定义点位于选取窗口内，则对象移动；否则不动。

（2）要拉伸对象必须以窗交或者圈交的方式进行。

5. 实训

绘制附录 3-01（1-19、1-20）。

3.2.5　移动

移动命令用于调整各对象的相对位置和绝对位置。

1. 调用命令

3.12

（1）命令：MOVE（M）。

（2）菜单栏：【修改】→【移动】。

（3）功能区：【默认】→【修改】→ 移动。

（4）工具栏：【修改】工具栏第 6 个按钮。

2. 操作步骤

◆命令：MOVE

◆选择对象：

（选择对象，单击右键表示对象选择完毕）

◆指定基点或【位移（D）】<位移>：

[指定基点或通过【位移（D）】选项设定移动的间距]

◆指定第二点或<使用第一点作为位移>：

（指定第二点，指定的两个点定义了一个矢量，用于指示选定对象要移动的距离和方向）

3. 应用举例

实例：将图 3.21（a）所示左上角的小矩形移动到右下角，如图 3.21（b）所示。

◆命令：MOVE

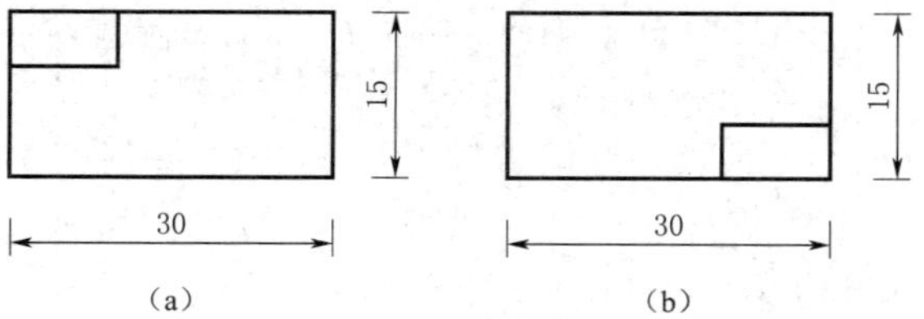

图 3.21　小矩形的移动操作

◆选择对象：找到 1 个

[选择左上角小矩形，如图 3.21（a）所示]

◆选择对象：

（单击右键表示对象选择完毕）

◆指定基点或【位移（D）】<位

移＞：

（选择小矩形右下角点）

◆指定第二个点或＜使用第一个点作为位移＞：

（选择大矩形右下角点）

3.2.6 目标图形绘制思路

操作提示：

3.13

（1）调用样板文件。执行【新建＜Ctrl＋N＞】命令，在【选择样板】对话框中，选中“水利工程图.dwt”，单击【打开】。

（2）绘制俯视图。执行【矩形（REC）】命令绘制 60×30 和 24×12 的矩形；执行【倒角（CHA）】命令做出 60×30 的矩形四个角上 5×5 的倒角；执行【圆（C）】命令绘制左侧直径为 10 的圆；执行【复制选择（CO）】命令复制一个同样的圆；执行【直线（L）】命令绘制出小矩形左右两条线，如图 3.22（c）俯视图所示。

（3）绘制主视图。利用【对象捕捉追踪】左边端点对齐俯视图矩形最左边，执行【矩形（REC）】命令绘制 60×9 和 14×20 的矩形；执行【拉伸（S）】命令将 14×20 的矩形左右分别向内拉伸 3mm；再利用【对象捕捉追踪】，执行【直线（L）】命令绘制 60×9 的矩形中的实线和虚线，如图 3.22（a）主视图所示。

※ 注意：绘制主视图时要遵循三视图投影规律，与俯视图“长对正”。

（4）绘制左视图。利用【对象捕捉追踪】下面端点对齐主视图矩形最下边，执行【矩形（REC）】命令绘制 30×9 和 12×20 的矩形；利用【对象捕捉追踪】，执行【直线（L）】命令绘制 30×9 的矩形中的实线和虚线，如图 3.22（b）左视图所示。

※ 注意：绘制左视图时要遵循三视图投影规律，与主视图“高平齐”。

（5）标注尺寸。执行【线性（DLI）】、【直径（DDI）】等完成尺寸标注。执行【移动（M）】命令调整三视图的布局，完成组合体三视图的绘制，如图 3.23 所示。

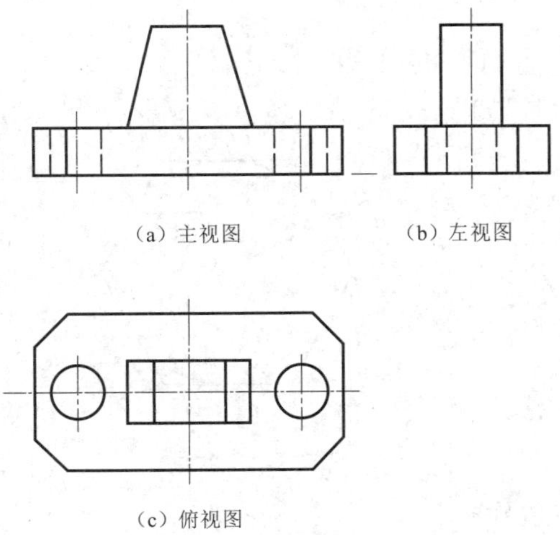

（a）主视图 （b）左视图

（c）俯视图

图 3.22 绘制三视图

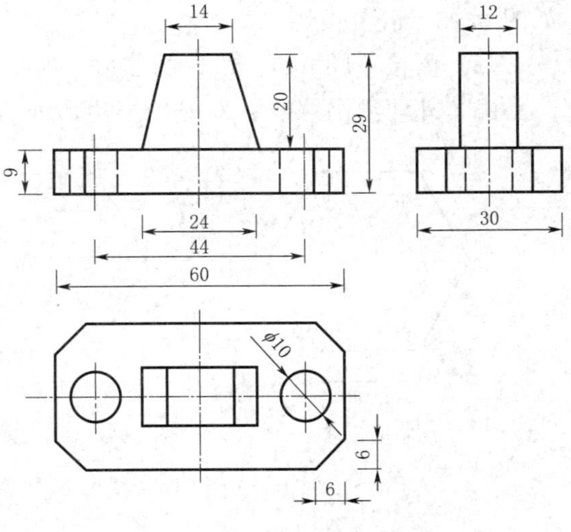

图 3.23 标注三视图

任务 3.3 绘制技巧图

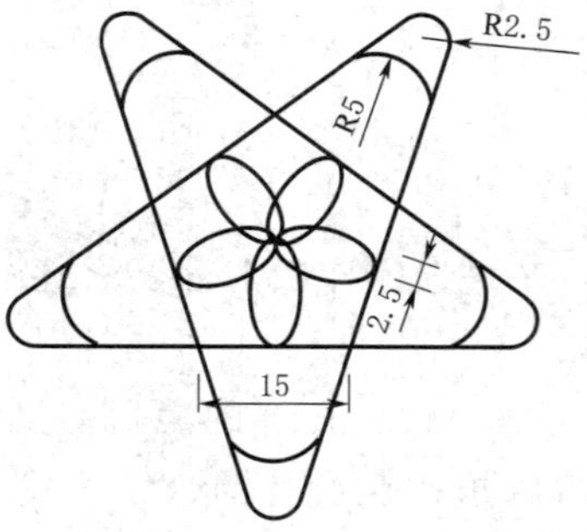

图 3.24 技巧图

要绘制如图 3.24 所示的技巧图，需执行【多边形】、【射线】、【圆角】、【椭圆】、【阵列】等命令。

3.3.1 多边形

多边形命令用于创建等边闭合多段线。

1. 调用命令

（1）命令行：POLYGON（POL）。

（2）菜单栏：【绘图】→【多边形】。

（3）功能区：【默认】→【绘图】→ 多边形。

（4）工具栏：【绘图】工具栏第 4 个按钮。

3.14

2. 操作步骤

◆命令：POLYGON

◆输入侧面数＜4＞：

（指定多边形的边数，默认值为 4）

◆指定正多边形的中心点或［边（E）］：

（通过指定多边形的中心点来绘制多边形）

◆输入选项［内接于圆（I）/外切于圆（C）］＜I＞：

（指定是内接于圆或外切于圆）

◆指定圆的半径：

（输入内接圆或外切圆的半径）

3. 选项说明

（1）边（E）：只要指定多边形的一条边，系统就会按逆时针方向创建该正多边形，如图 3.25（a）所示。

（2）内接于圆（I）：绘制的多边形内接于圆，如图 3.25（b）所示。

（3）外切于圆（C）：绘制的多边形外切于圆，如图 3.25（c）所示。

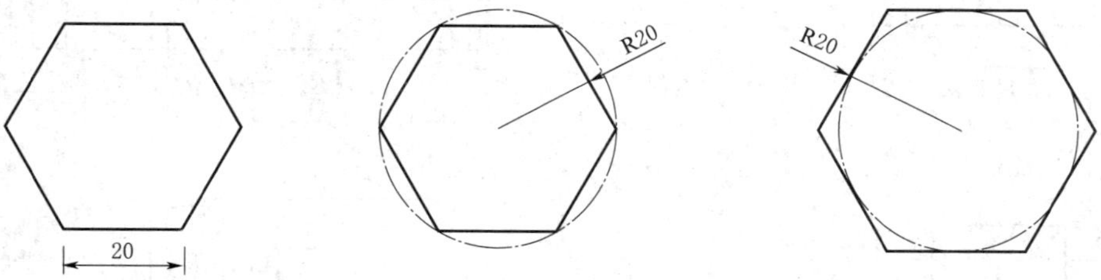

（a）已知边长　（b）内接于圆　（c）外切于圆

图 3.25 多边形的画法

4. 应用举例

实例 1：绘制图 3.25（a）所示的正多边形。

◆POLYGON

◆输入侧面数<4>：6

（输入多边形的边数）

◆指定正多边形的中心点或［边（E）］：E

（输入E，根据边长绘制多边形）

◆指定边的第一个端点：

（光标拾取多边形边的第一个端点）

◆指定边的第二个端点：20

（光标控制方向，输入第二个端点到第一个端点的距离为20，多边形绘制完成并退出命令）

实例2：绘制3.25（b）所示的正多边形。

◆命令：POLYGON

◆输入侧面数<6>：6

（输入多边形的边数）

◆指定正多边形的中心点或［边（E）］：

（光标拾取一个点确定多边形的中心点）

◆输入选项［内接于圆（I）/外切于圆（C）］<I>：I

（选择内接于圆绘制多边形）

◆指定圆的半径：20

（输入内接圆的半径20，多边形绘制完成并退出命令）

实例3：绘制3.25（c）所示的正多边形。

◆命令：POLYGON

◆输入侧面数<6>：6

（输入多边形的边数）

◆指定正多边形的中心点或［边（E）］：

（光标拾取一个点确定多边形的中心点）

◆输入选项［内接于圆（I）/外切于圆（C）］<I>：C

（选择外切于圆绘制多边形）

◆指定圆的半径：20

（输入外切圆的半径20，多边形绘制完成并退出命令）

5. 实训

绘制附录3-02（2-1、2-2、2-3）。

3.3.2 射线

射线是单向的无限长直线，相当于光线从某一点单向发射出去。射线可以取代构造线作为绘图辅助线，也可以在某些场合替代直线段使用。

1. 调用命令

（1）命令行：RAY。

（2）菜单栏：【绘图】→【射线】。

（3）功能区：【默认】→【绘图】→ 。

2. 操作步骤

◆命令：RAY

◆指定起点：

（拾取一个点作为射线的起始点）

◆指定通过点：（给出通过点，画出射线）

（拾取第二个点作为射线的通过点）

◆指定通过点：

（可以连续指定通过点以确定多条射线，要退出命令可按＜Esc＞键）

3.3.3 圆角

在实际工程中，有很多建筑为了不留直角或尖角而需要进行圆角操作，如泄洪渠道的转弯处、溢洪道的泄槽转弯处的平面投影等。AutoCAD 中提供了圆角命令来实现该操作，可用圆弧把两个线性对象光滑连接起来。

1. 调用命令

3.15

（1）命令行：FILLET（F）。

（2）菜单栏：【修改】→【圆角】。

（3）功能区：【默认】→【修改】→ 圆角。

（4）工具栏：【修改】工具栏第 16 个按钮 。

2. 操作步骤

◆命令：FILLET

当前设置：模式＝修剪，半径＝0.0000

※ 注意：【模式】更改时，【倒角】和【圆角】命令通用，即改变其任一个操作的【模式】设置，两个操作的设置都会变动；半径值默认为 0，若要进行圆角必须先设置不为 0 的半径值，否则圆角失败。

◆选择第一个对象或［放弃（U）/多段线（P）/半径（R）/修剪（T）/多个（M）］：

［若半径值已设置好，可直接选择对象进行圆角；或通过【半径（R）】选项对圆角的半径值进行设定］

◆选择第二个对象，或按住＜Shift＞键选择要应用角点的对象：

（选择第二个圆角对象）

3. 选项说明

（1）放弃（U）：恢复在命令中执行的上一个操作。

（2）多段线（P）：设定要圆角的对象为多段线，之后若选中多段线，则其所有折线转角处均会按设置的圆角参数进行圆角。

（3）半径（R）：用来设置倒角的圆的半径。

（4）修剪（T）：选定的对象或线段将被修剪，以与圆角线的端点相交。如果选定的对象或线段不与圆角线相交，则在添加圆角线之前，将对它们进行延伸或修剪。不修剪：在添加圆角线前，选定的对象或线段不会被修剪。

（5）多个（M）：设定进行多组圆角。

4. 应用举例

实例1：将已知矩形进行圆角，结果如图3.26所示。

先执行【矩形（REC)】命令，绘制60×40的矩形，再执行【圆角（F)】命令。【圆角】操作如下：

◆命令：FILLET

◆（“修剪”模式）半径R=5.0000

◆选择第一个对象或［放弃（U)/多段线（P)/半径（R)/修剪（T)/多个（M)]：R

（输入R，设置圆角半径）

◆指定圆角半径<5.0000>：16

（输入R为16）

◆选择第一个对象或［放弃（U)/多段线（P)/半径（R)/修剪（T)/多个（M)]：P

（矩形是多段线，因此输入P并按<Enter>键，将对多段线类对象所有转折处均倒圆角）

◆选择二维多段线：

（选择矩形，矩形圆角完成并退出命令）

实例2：对已知相交直线进行圆角，结果如图3.27所示。

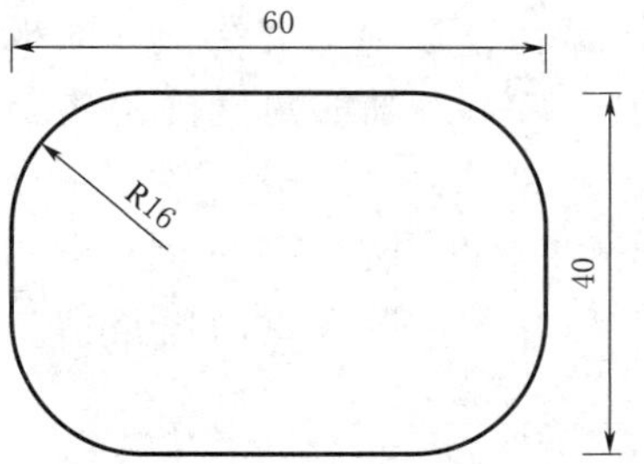

图3.26 矩形倒圆角

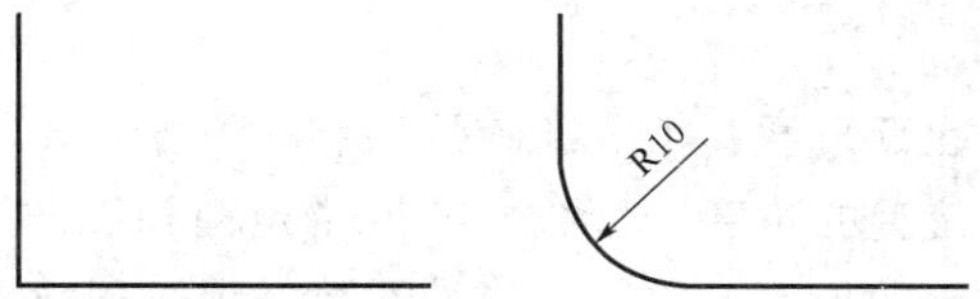

(a) 相交直线圆角前　(b) 相交直线圆角后

图3.27 相交直线的圆角

◆命令：FILLET

◆（“修剪”模式）半径R=16.0000

◆选择第一个对象或［放弃（U)/多段线（P)/半径（R)/修剪（T)/多个（M)]：R

（输入R，设置圆角半径）

◆指定圆角半径<16.0000>：10

（输入R为10）

◆选择第一个对象或［放弃（U)/多段线（P)/半径（R)/修剪（T)/多个（M)]：

（选择第一条角边）

◆选择第二个对象：点第二条直线

（选择第二条角边；相比于倒角，圆角在选择对象时，选择顺序不影响最终结果）

5. 实训

绘制附录3-01（1-2)、附录3-02（2-4)。

3.3.4 椭圆

椭圆是一种典型的封闭曲线图形，圆在某种意义上可以看成是椭圆的特例。

1. 调用命令

(1) 命令行：ELLIPSE（EL）。

(2) 菜单栏：【绘图】→【椭圆】→【圆弧】。

(3) 功能区：【默认】→【绘图】→ 。

(4) 工具栏：【绘图】工具栏第 10 个按钮 。

3.16

2. 操作步骤

◆命令：ELLIPSE

◆指定椭圆的轴端点或［圆弧（A）/中心点（C）］：

（指定椭圆的其中一条轴的轴端点）

◆指定轴的另一个端点：

（指定该轴的另一个端点）

◆指定另一条半轴长度或［旋转（R）］：

［指定另一条轴的半轴长度；或通过【旋转（R）】选项绘制椭圆］

3. 选项说明

(1) 指定椭圆的轴端点：根据两个端点定义椭圆的第一条轴，第一条轴的角度确定整个椭圆的角度。第一条轴既可定义椭圆的长轴，也可定义其短轴。

(2) 圆弧（A）：用于创建一段椭圆弧，与单击“默认”选项卡“绘图”面板中的“椭圆弧”按钮功能相同，如图 3.28（c）所示。其中，第一条轴的角度确定椭圆弧的角度。

起点角度：指定椭圆弧端点的两种方式之一，光标与椭圆中心点连线的夹角为椭圆端点位置的角度。参数（P）：指定椭圆弧端点的另一种方式，该方式同样是指定椭圆弧端点的角度，但通过矢量参数方程式创建椭圆弧。

夹角（I）：定义从起始角度开始的包含角度。

(3) 中心点（C）：通过指定的中心点创建椭圆。

(4) 旋转（R）：通过绕第一条轴旋转圆来创建椭圆。

4. 应用举例

实例 1：用中心点的方式绘制图 3.28（a）所示椭圆。

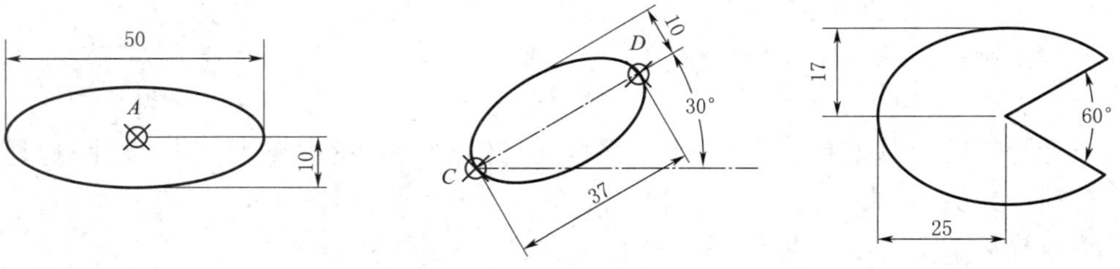

(a) (b) (c)

图 3.28 椭圆实例

◆命令：ELLIPSE

◆指定椭圆的轴端点或［圆弧（A）/中心点（C）］：C

（输入 C 并按<Enter>键更改为指定椭圆中心点位置）

◆指定椭圆的中心点：

（指定点 A 为椭圆的中心点）

◆指定轴的端点：25

（光标控制轴的方向，输入椭圆长轴的半轴长度为 25）

◆指定另一条半轴长度或［旋转（R）］：10

（输入椭圆短轴的半轴长度为 10，椭圆绘制完成退出命令）

实例 2：用轴端点的方式绘制图 3.28（b）所示椭圆。

◆命令：ELLIPSE

◆指定椭圆的轴端点或［圆弧（A）/中心点（C）］：

（指定点 C 为椭圆的一个轴端点，极轴设置角度 30°）

※ 注意：第一条轴的角度确定整个椭圆的角度。

◆指定轴的另一个端点：37

（光标追踪到 30°方向，输入轴长 37，确定点 D）

◆指定另一条半轴长度或［旋转（R）］：10

（输入椭圆短轴的半轴长度为 10，椭圆绘制完成退出命令）

实例 3：绘制图 3.28（c）所示椭圆弧。

◆命令：ELLIPSE

◆指定椭圆的轴端点或［圆弧（A）/中心点（C）］：A

（输入 A）

◆指定椭圆的轴端点或［圆弧（A）/中心点（C）］：

（点击屏幕任意一点，选取轴端点）

◆指定轴的另一个端点：50

（拖动鼠标确定长轴方向，并输入长轴长度 50 确定椭圆的另一个轴端点）

◆指定另一条半轴长度或［旋转（R）］：17

（输入椭圆短轴的半轴长度为 17）

◆指定起点角度：210

（椭圆弧角度从长轴起点开始，逆时针旋转为正，故本图起点角度为 180＋30＝210°）

◆指定起点角度：150

（光标与椭圆中心点连线的夹角为椭圆端点位置的角度）

◆椭圆中心依次连接椭圆弧的起点和端点。

［也可以输入夹角（I）：从起始角度开始到端点的包含角度，本示例包含角为 300°］

5．实训

绘制附录 3－02（2－5、2－6、2－7）。

3.3.5 阵列

在一张图中，需要在矩形或环形（圆形）阵列中创建对象的副本时，可采用此命令。阵列方式包括三种：矩形阵列、环形阵列、路径阵列。

1. 调用命令

(1) 命令：ARRAY (AR)。

(2) 菜单栏：【修改】→【阵列】。

(3) 功能区：【默认】→【修改】→ 。

(4) 工具栏：【修改】工具栏第5个按钮 。

3.17

2. 操作步骤

◆命令：ARRAY

◆选择对象：

（选择需要阵列的图形对象）

◆输入阵列类型［矩形（R）/路径（PA）/极轴（PO）］<矩形>：

（选择阵列的类型）

3. 选项说明

(1) 矩形阵列。将对象沿 X 轴及 Y 轴方向等距离排列，根据需要可以设置两个阵列方向的夹角，如图3.29 (a) 所示。

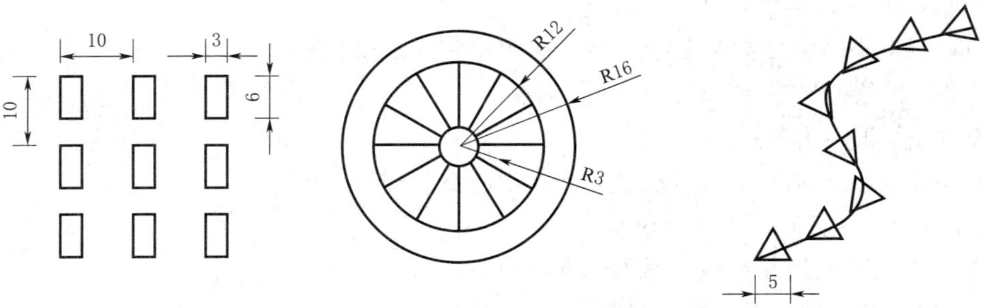

(a) 矩形阵列　(b) 极轴阵列　(c) 路径阵列

图3.29　阵列类型

执行【矩形阵列】，在功能区选项卡中会弹出【矩形阵列】对话框，如图3.30所示。在对话框“列数”及“介于”中输入矩形阵列的列数及列间距；在“行数”及“介于”中输入矩形阵列的行数及行间距，绘图区显示当前设置的预览，阵列完成点击右侧的【关闭】按钮。

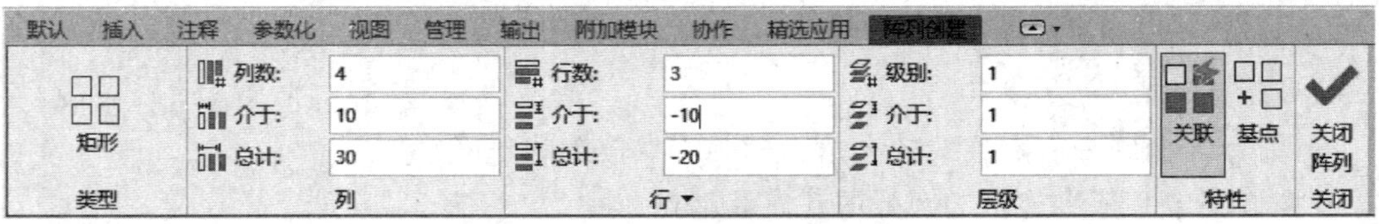

图3.30　【矩形阵列】对话框

※ 注意：在矩形阵列时，存在方向性，行间距和列间距数值为正数时，向 X 轴、Y 轴正方向进行阵列，如需改变方向，需将间距值调整为负值。

(2) 极轴阵列（环形阵列）。将对象以某个点为圆心，沿其圆周方向排列，可以沿整个圆周排列，也可以沿部分圆弧排列，如图3.29 (b) 所示。

执行【环形阵列】并指定阵列中心点后在功能区选项卡中会弹出【环形阵列】对话

框，如图 3.31 所示。在对话框“项目数”及“填充”中输入环形阵列的项目总数及填充角度，绘图区显示当前设置的预览，阵列完成点击右侧的【关闭】按钮。

图 3.31 【极轴阵列】对话框

系统默认阵列方向为逆时针，如需调整方向，可在功能区选项卡中点击【方向】按钮进行调整。极轴阵列时，根据绘图需要可选择旋转对象或不旋转对象，可以在功能区选项卡中点击【旋转项目】按钮进行调整。

(3) 路径阵列。将对象沿一定的路径进行阵列，如图 3.29 (c) 所示。

执行【路径阵列】并选择路径曲线后在功能区选项卡中会弹出【路径阵列】对话框，如图 3.32 所示。在对话框“项目数”及“介于”中输入路径阵列的项目总数及间距，绘图区显示当前设置的预览，阵列完成点击右侧的【关闭】按钮。

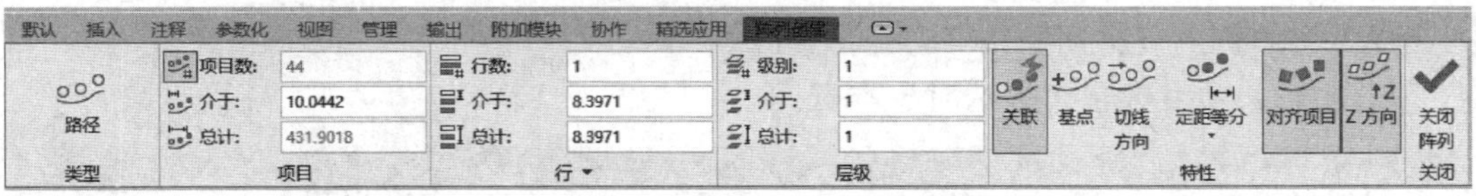

图 3.32 【路径阵列】对话框

4. 应用举例

实例 1：绘制图 3.29 (a) 所示的图形。

首先执行【矩形 (REC)】命令，绘制一个 3×6 的矩形，再执行【阵列 (AR)】命令，操作如下。

◆命令：ARRAY

◆选择对象：

(选择矩形)

◆输入阵列类型［矩形 (R)/路径 (PA)/极轴 (PO)］<矩形>：R

(选择矩形阵列)

在功能区选项卡中弹出【矩形阵列】对话框。在对话框“列数”及“介于”中输入矩形阵列的列数 3 及列间距−10，在“行数”及“介于”中输入矩形阵列的行数 3 及行间距 10，如图 3.33 所示。绘图区显示当前设置的预览，阵列完成点击右侧的【关闭】按钮，退出命令。

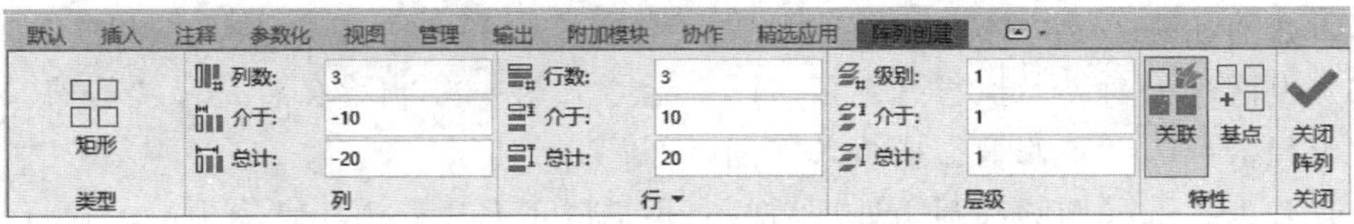

图 3.33 【矩形阵列】对话框

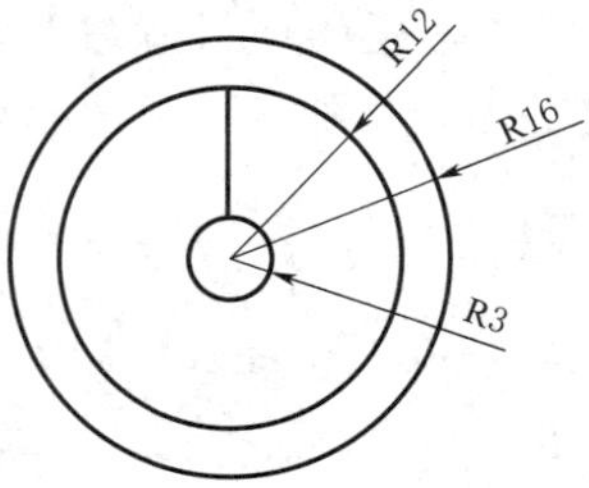

图 3.34 环形阵列图样

实例 2：绘制图 3.29（b）所示图形。

执行【圆（C）】命令绘制半径为 3、12 和 16 的同心圆；执行【直线（L）】命令连接半径 3 和 12 的圆的象限点，如图 3.34 所示。执行【环形阵列（AR）】命令对直线进行环形阵列，阵列操作如下。

◆命令：ARRAY

◆选择对象：

（选择图 3.34 中的直线）

◆输入阵列类型［矩形（R）/路径（PA）/极轴（PO）］＜矩形＞：PO

（选择极轴阵列即环形阵列）

◆类型＝极轴　关联＝是

◆指定阵列的中心点或［基点（B）/旋转轴（A）］：

（光标拾取同心圆圆心为阵列中心点）

在功能区选项卡中弹出【极轴阵列】对话框。在对话框“项目数”中输入 12；填充中输入 360（填充角度默认 360°），如图 3.35 所示。绘图区显示当前设置的预览，阵列完成点击右侧的【关闭】按钮，退出命令。

※ 注意：项目数包含被选对象本身。

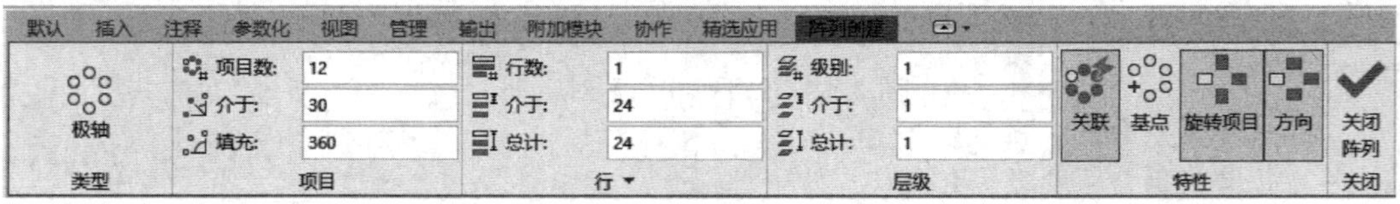

图 3.35 极轴阵列对话框

5. 实训

绘制附录 3－02（2－8、2－9、2－10）。

3.3.6 目标图形绘制思路

3.18

操作提示：

（1）调用样板文件。执行【新建＜Ctrl＋N＞】命令，在【选择样板】对话框中，选择“水利工程图 . dwt”，单击【打开】。

（2）绘制正多边形。执行【多边形（POL）】命令绘制边长为 15 的五边形，如图 3.36（a）所示。

（3）绘制椭圆。执行【椭圆（EL）】命令，连接正五边形中心点与任意边的中点，为椭圆长轴，然后输入短轴长度，绘制一个椭圆，如图 3.36（b）所示。

（4）绘制夹角。执行【射线（RAY）】命令绘制一个五边形的夹角，并【修剪（TR）】，如图 3.36（c）所示。

（5）倒圆角。对夹角执行【圆角（F）】命令，第一次半径 $R=2.5$，“修剪”模式；第二次半径 $R=5$，“不修剪”模式，如图 3.36（d）所示。

（6）阵列。选择椭圆和圆角处理后的夹角，以正多边形中心点为中心，执行【阵列（AR）】命令阵列 5 个。

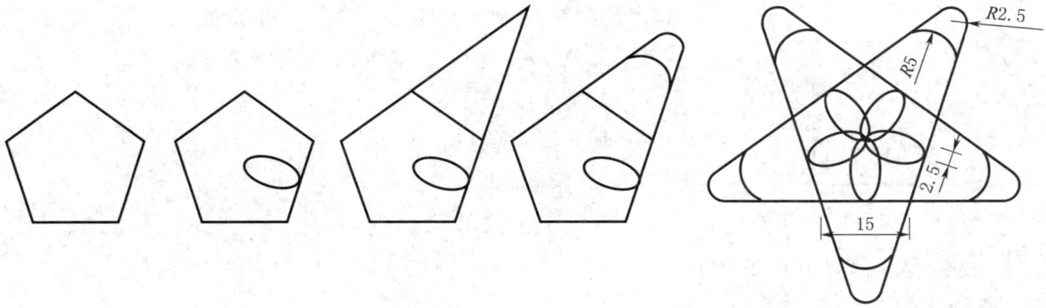

(a)　(b)　(c)　(d)　(e)

图 3.36　绘图步骤

（7）尺寸标注。执行【线性（DLI)】、【半径（DRA)】、【对齐（DAL)】进行尺寸标注，如图 3.36（e）所示。

任务 3.4　绘制矩形截面梁横断面图

要绘制如图 3.37 所示的钢筋混凝土结构横断面图，要执行【矩形】、【圆】、【偏移】等已经学习过的命令，还需要执行【镜像】、【图案填充】、【缩放】、【打断】等命令。

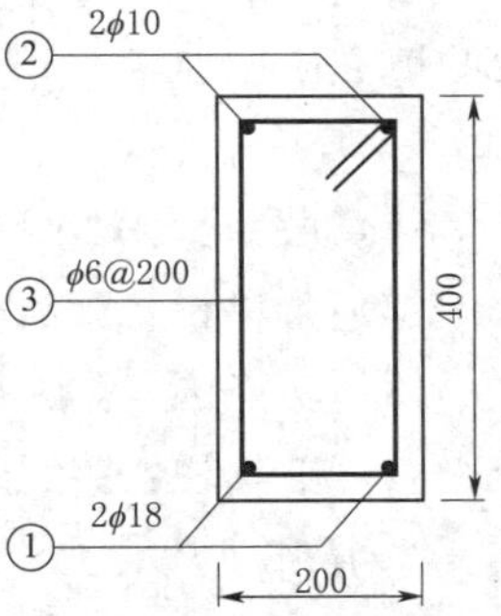

图 3.37　矩形截面梁横断面图

3.19

3.4.1　镜像

镜像命令可以帮助用户完成具有对称性或部分对称性图样的绘制。

1. 调用命令

（1）命令：MIRROR（MI)。

（2）菜单栏：【修改】→【镜像】。

（3）功能区：【默认】→【修改】→ 镜像 。

（4）工具栏：【修改】工具栏第 13 个按钮。

2. 操作步骤

◆命令：MIRROR

◆选择对象：

（选择对象并按<Enter>键结束选择）

◆指定镜像线的第一点：

◆指定镜像线的第二点：

（指定的两个点将成为直线的两个端点，选定对象相对于这条直线被镜像）

◆要删除源对象吗？【是（Y)/否（N)】<否>：

（选择是否保留源对象，输入 N 或按<Enter>键不删除源对象，输入 Y 则源对象被删除）

3. 应用举例

实例：用镜像命令绘制图 3.38 所示图形。

绘图提示：先执行【多边形（POL)】命令绘制边长为 30 的正方形，然后执行【圆

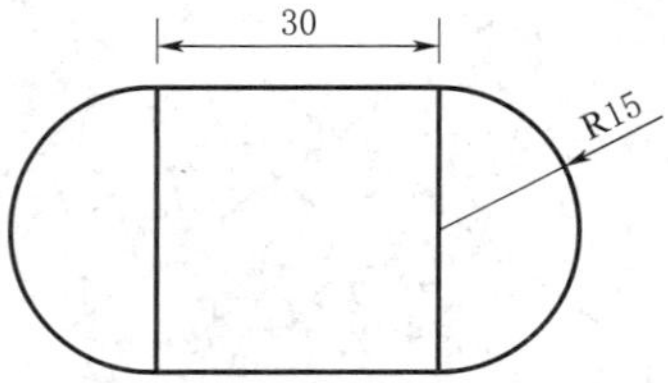

图 3.38 镜像示例图

(C)】命令绘制半径为15的圆，并修剪为半圆，再执行【镜像（MI)】命令。镜像命令操作如下：

◆命令：MIRROR

◆选择对象：

（选择半圆）

◆指定镜像的第一点：

（拾取正方形上方边的中点）

◆指定镜像的第二点：

（拾取正方形下方边的中点）

◆要删除源对象吗？【是 Y】【否 N】：N

（选择 N，不删除源对象）

4. 实训

绘制附录3－02（2－10、2－11)。

3.4.2 图案填充

当用户需要用一个重复的图案填充一个区域时，可执行图案填充命令建立一个相关联的填充阴影对象。

1. 调用命令

3.20

(1) 命令：BHATCH（H)。

(2) 菜单栏：【绘图】→【图案填充】。

(3) 功能区：【默认】→【绘图】→ 图案填充。

(4) 工具栏：【绘图】工具栏中第15个按钮。

2. 操作步骤

◆命令：BHATCH

◆拾取内部点或选择被填充的物体

执行【图案填充】命令，在功能区弹出【图案填充创建】对话框，如图3.39所示，进行边界、图案、特性等编辑。

图 3.39 图案填充编辑界面

3. 选项说明

(1) 图案边界：进行图案填充时，首先要确定填充图案的边界。定义边界的对象只能是直线、双向射线、单向射线、多线、样条曲线、圆弧、圆、椭圆、椭圆弧、面域等对象或用这些对象定义的块，而且作为边界的对象在当前屏幕上必须全部可见。

(2) 孤岛：在进行图案填充时，把位于总填充域内的封闭区域称为孤岛。在用BHATCH命令填充时，AutoCAD允许用户以【拾取点】的方式确定填充边界，即在希望填充的区域内任意拾取一点，AutoCAD会自动确定填充边界，同时也确定该边界内的岛。如果用户是以拾取对象的方式确定填充边界的，则必须确切地点取这些岛。

(3) 填充方式：在进行图案填充时，需要控制填充的范围，AutoCAD 系统为用户设置以下三种填充方式实现对填充范围的控制，如图 3.40 所示。

图 3.40　三种填充方式

1) 普通孤岛检测：该方式从边界开始，由每条填充线或每个填充符号的两端向里画，遇到内部对象与之相交时，填充线或符号断开，直到遇到下一次相交时再继续画。采用这种方式时，要避免剖面线或符号与内部对象的相交次数为奇数。该方式为系统内部的默认方式。

2) 外部孤岛检测：该方式从边界向里画剖面符号，只要在边界内部与对象相交，剖面符号由此断开，而不再继续画。

3) 忽略孤岛检查：该方式忽略边界内的对象，所有内部结构都被剖面符号覆盖。

(4) 拾取点：通过选择由一个或多个对象形成的封闭区域内的点，确定图案填充边界。指定内部点时，可以随时在绘图区域中右击以显示包含多个选项的快捷菜单。

(5) 选择边界对象：指定基于选定对象的图案填充边界。使用该选项时，不会自动检测内部对象，必须选择选定边界内的对象，以按照当前孤岛检测样式填充这些对象。

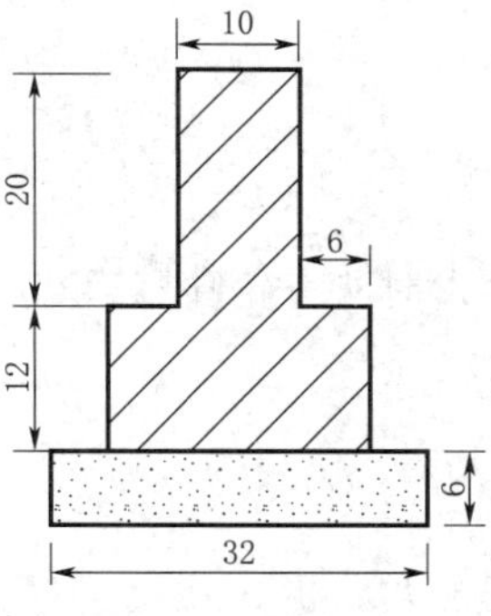

图 3.41　填充图

4. 应用举例

实例 1：绘制图 3.41 所示图形。

先执行【矩形（REC)】、【直线（L)】命令将图形绘制完成，再执行【图案填充（H)】命令。上半部分采取“拾取点”的方式，下半部分采取选择对象的方式。

下半部分选择对象的方式：

◆命令：BHATCH

在功能区弹出的【图案填充创建】对话框中，选择【图案】为“DOTS”；【比例】设置为 0.75；点击【选择】功能按钮，在绘图区选择需要填充的矩形，预览无误后关闭对话框，如图 3.42 所示。

图 3.42　矩形【图案填充】对话框

上部：

◆命令：BHATCH

在功能区弹出的【图案填充创建】对话框中，选择【图案】为“LINE”；【比例】设置为 0.75；【角度】为 45；点击【拾取点】功能按钮，在绘图区倒 T 形内部点击，预览无误后关闭对话框，如图 3.43 所示。

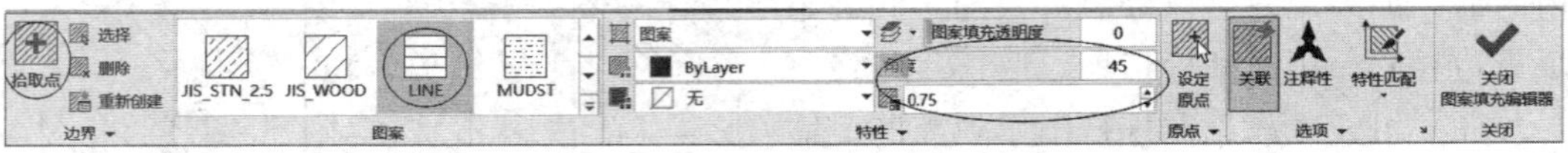

图 3.43 倒 T 形【图案填充】对话框

5. 实训

绘制附录 3－02（2－12、2－13）。

3.4.3 缩放

缩放命令用于把选择的对象，在 *X*、*Y*、*Z* 方向以相同的比例放大或缩小，由于三个方向的缩放率相同，因此保证了缩放对象的形状不变。

1. 调用命令

3.21

（1）命令：SCALE（SC）。

（2）菜单栏：【修改】→【缩放】。

（3）功能区：【默认】→【修改】→ 缩放。

（4）工具栏：【修改】工具栏中第 8 个按钮。

2. 操作步骤

◆命令：SCALE

◆选择对象：

（选择要缩放的对象）

◆指定基点：

（指定缩放的基点，放大图形时，所有轮廓远离基点，缩小图形时所有轮廓靠近基点）

◆指定比例因子或【复制（C）/参照（R）】：

（输入缩放的比例因子）

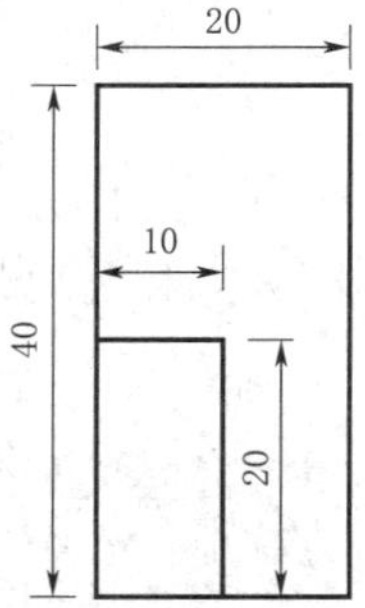

图 3.44 缩放图例

3. 选项说明

（1）指定比例因子：比例因子大于 1 则放大图形；比例因子小于 1 则缩小图形。

（2）复制（C）：复制出一个新的对象后再执行缩放命令。

（3）参照（R）：指定两点来确定一条参照线，然后再输入新的参照线长度以实现缩放对象，此时的比例因子由软件自动计算，比例因子等于＝新参照线长度/原参照线长度。

4. 应用举例

实例 1：绘制图 3.44 所示图形对象。

先执行【矩形（REC)】命令绘制一个 20×40 的矩形，再执行【缩放（SC)】命令。缩放命令操作如下：

◆命令：SCALE

◆选择对象：

（选择矩形）

◆指定基点：

（选择矩形左下角点）

◆指定比例因子或［复制（C）/参照（R）］：C

（选择C，复制一个对象）

◆缩放一组选定对象

◆指定比例因子或［复制（C）/参照（R）］：0.5

（输入缩放的比例因子0.5，缩放完成退出命令）

实例2：绘制图3.45（b）所示图形。

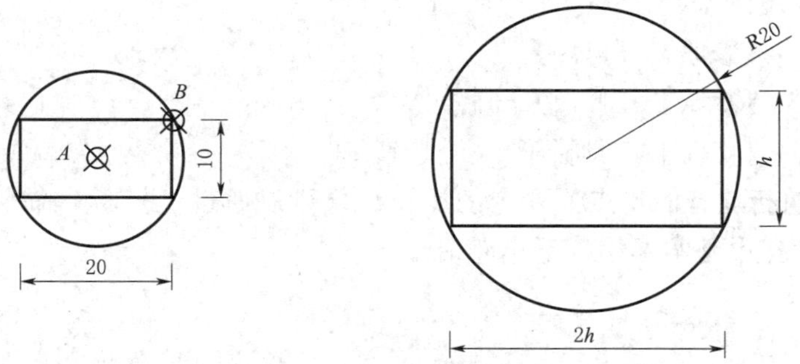

（a）缩放前　（b）缩放后

图3.45　缩放图形

分析：图3.45（b）只标注了矩形外接圆半径为20，矩形尺寸未知，但需满足长宽比为2∶1。要绘制这类根据尺寸无法直接绘制的图形，可先自定数据绘制出图样的形状，再执行【缩放（SC）】命令的“参照”，缩放到需要的尺寸。

（1）执行【矩形（REC）】命令绘制20×10的矩形（矩形尺寸自定，满足长宽比2∶1即可）。

（2）执行【圆（C）】命令利用三点画圆绘制矩形的外接圆，如图3.45（a）所示。

（3）执行【缩放（SC）】命令，将图形整体进行缩放。缩放操作如下：

◆命令：SCALE

◆选择对象：

［选择图3.45（a）的矩形和圆］

◆指定基点：

（鼠标拾取圆心点A）

◆指定比例因子或［复制（C）/参照（R）］：R

（输入R，选择参照缩放）

◆指定参照长度<11.1803>：

（光标拾取圆心点A）

◆指定第二点：

（光标拾取点B）

◆指定新的长度或［点（P）］<20.0000>：20

（输入缩放的最终值20，缩放完成退出命令）

5. 实训

绘制附录3图3-02（2-14、2-15、2-16、2-17）。

3.4.4 打断

打断命令可以把线性对象中某一部分在选中的某点处或某两点间断开，进而删除或者把被选择的对象（可以是直线、弧、圆、多段线、椭圆、样条线、射线）分割成两个部分。

1. 调用命令

(1) 命令：BREAK（BR）。

(2) 菜单栏：【修改】→【打断】。

(3) 功能区：【默认】→【修改】→ 。

(4) 工具栏：【修改】工具栏第12个按钮 。

3.22

※ 注意：执行【打断于点】命令的操作结果可以通过【打断】命令的特殊操作方法得到，实际工作中基本不用，不作介绍。

2. 操作步骤

◆命令：BREAK

◆选择对象：

（选择对象，选择对象时与对象的交点会被默认为第一个打断点）

◆指定第二个打断点或【第一点（F）】：指定第二个打断点

[若接受上一步所确定的第一个打断点，则可以继续选择第二个打断点，系统会将两点之间的部分剪切掉；或通过【第一点（F）】选项重新选择第一个打断点]

3. 应用举例

实例：如图3.46（a）所示，将*AB*两点间的圆弧剪切掉，结果如图3.46（b）所示。

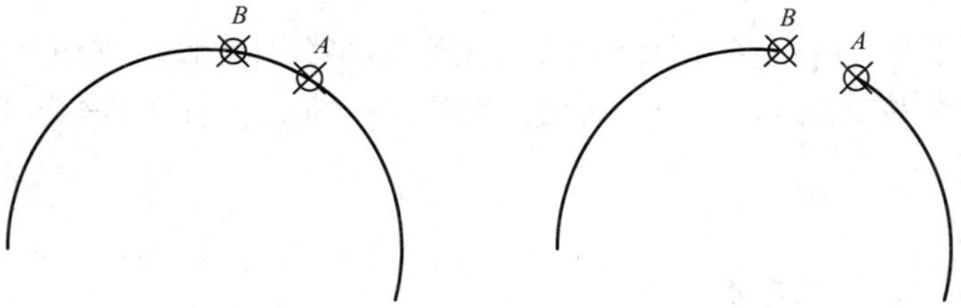

（a）圆弧打断前　　（b）圆弧打断后

图3.46 【打断】命令

◆命令：BREAK

◆选择对象：

（选择要打断的第一个点的位置，但由于此时光标状态为对象选择框，无法通过【对象捕捉】功能准确捕捉左侧边的中点，因此只能先选中对象，然后在下一步重选第一个打断点）

◆指定第二个打断点或【第一点（F）】：F

（输入F并按＜Enter＞键，重新选择第一个打断点）

◆指定第一个打断点：

（拾取点 A）

◆指定第二个打断点：

（拾取点 B）

※ 注意：

（1）若需要将对象在某点处分割成为两部分，则第一个打断点和第二个打断点都应指定为该点，或通过【打断于点】命令直接实现。

（2）打断点的拾取是有顺序要求的，默认剪切掉第一个打断点逆时针方向连向第二个打断点的部分。

3.4.5 特性匹配

在绘图过程中，若忘记改变当前图层，就会将所绘制图形放进不对应的图层中，此时需要快速将对象放进其对应的图层，或需要临时更改一些对象的特性时，可以采用特性匹配操作来实现。特性匹配不能改变图形的位置和尺寸，只改变图形的基础特性和样式。

1. 调用命令

（1）命令：MATCHPROP（MA）。

（2）菜单栏：【修改】→【特性匹配】。

（3）功能区：【默认】→【特性】→特性匹配。

（4）工具栏：【标准】工具栏第11个按钮。

3.23

2. 操作步骤

◆命令：MATCHPROP

◆选择源对象：

（选择源对象，系统将提取该对象所有特性、样式、所在图层等相应信息）

◆当前活动设置：颜色/图层/线型/线型比例/线宽/厚度/打印样式/标注/文字/填充/图案/多段线/视口表格材质/阴影显示/多重引线

◆选择目标对象或［设置（S）］：

（选择需要编辑更改的对象）

◆选择目标对象或［设置（S）］：

（按＜Esc＞键退出命令）

3. 应用举例

实例：将图3.47（a）所示虚线矩形的特性更改为与右侧圆一致，结果如图3.47（b）所示。

◆命令：MATCHPROP

◆选择源对象：

［选择图3.47（a）所示的右侧圆］

◆选择目标对象或【设置】：

［选择图3.47（a）所示的左侧虚线的矩形］

3.4.6 夹点编辑

3.24

绘图和编辑是AutoCAD设计的重要操作，用户常常要进行复制、拉

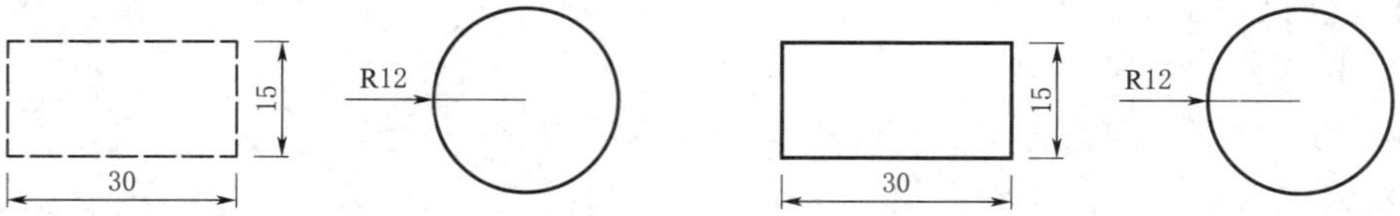

（a）特性匹配前的图形　　（b）特性匹配后的图形

图 3.47 【特性匹配】操作

伸、移动、镜像、缩放等操作。除了前面介绍的编辑方法外，AutoCAD 还提供了夹点功能以方便用户快捷地编辑对象。

用户在未执行任何命令的情况下选中对象后，该对象会在一些特定的位置出现蓝色（系统默认）的点位，这些点位称为夹点，如图 3.48 所示。不同的几何对象，夹点的个数和具体位置不同，一般出现在对象的中心点、边中点、顶点、端点等特殊位置。

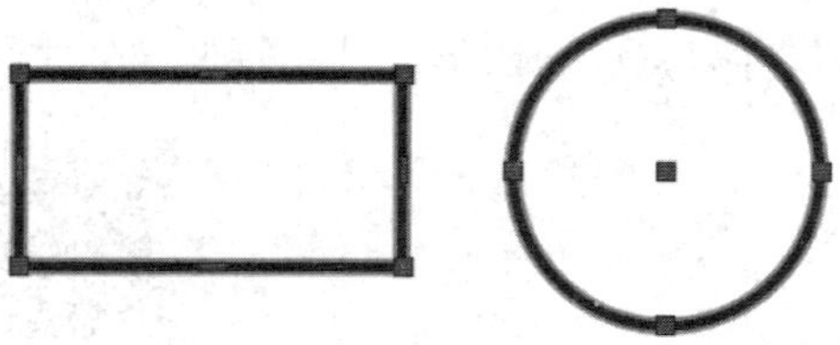

图 3.48 对象的夹点

1. 夹点状态

夹点一般分为三种状态：

（1）显示状态：选中对象后，系统默认显示为蓝色夹点，此时可以观察对象夹点所处位置。

（2）悬停状态：当光标移动到某个夹点处，且又没有点击鼠标时，系统默认显示为橙色夹点。此时表示该夹点可以被选中进行操作。

（3）选中状态：当光标单击点中某个夹点时，系统默认状态下显示为红色夹点。此时可以通过该夹点对图形对象进行复制、移动、旋转、比例缩放、镜像等快捷操作。

2. 操作步骤

当选中某个夹点时，命令行会有如下提示：

◆指定拉伸点或［基点（B）/复制（C）/放弃（U）/退出（X）］：

3. 选项说明

（1）指定拉伸点：执行拉伸操作。

（2）基点（B）：重新选择新的位置为基点。

（3）复制（C）：执行复制操作。

（4）放弃（U）：放弃上一步操作。

（5）退出（X）：退出命令。

4. 夹点快速操作

选中夹点后可单击鼠标右键激活快捷菜单，并在菜单中选择需要的操作，如图 3.49 所示。

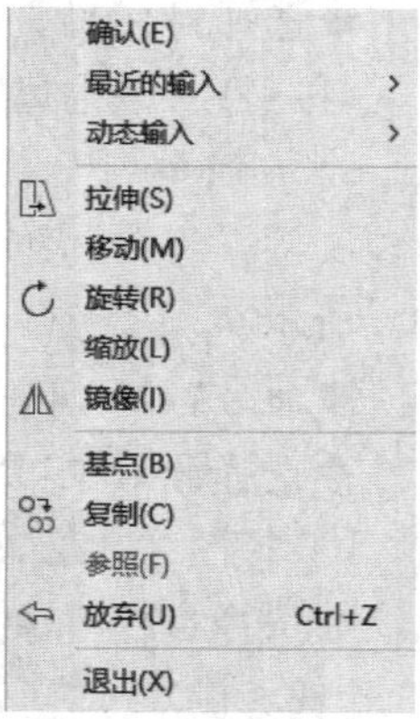

图 3.49 夹点操作快捷菜单

从菜单中可以看出，夹点编辑中能够执行的操作主要有【移动】、【镜像】、【旋转】、【缩放】、【拉伸】和【复制】等几种，直接执行相当于【拉伸】操作，【复制】操作可以在执行其他操作的同时叠加执行，因此主要对其余四种操作的快捷方式进行介绍：

1）【移动】：选中夹点后，按 1 次空格键，等同于执行【移动】操作。

2）【旋转】：选中夹点后，按 2 次空格键，等同于执行【旋转】操作。

3）【缩放】：选中夹点后，按 3 次空格键，等同于执行【缩放】操作。

4）【镜像】：选中夹点后，按 4 次空格键，等同于执行【镜像】操作。应注意镜像操作系统会自动删除源对象，若希望保留源对象，应同时执行【复制】操作。

5. 应用举例

实例：如图 3.50（a）所示，利用夹点编辑将左侧的圆移动到右侧点画线中心点 B 处，结果如图 3.50（c）所示。

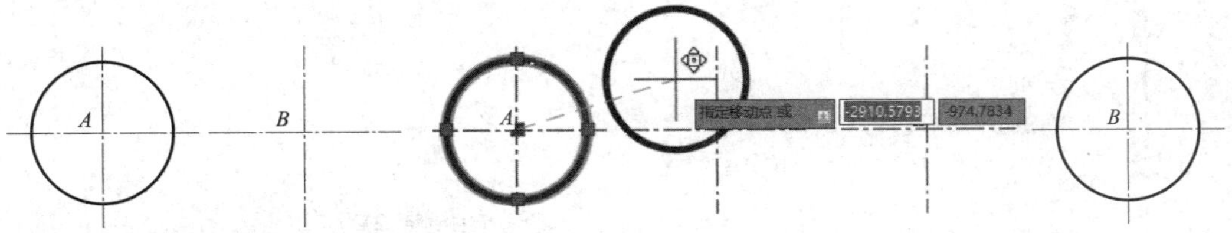

（a）移动前　　（b）移动中　　（c）移动后

图 3.50　夹点编辑移动对象

先选中圆对象，当显示为蓝色夹点状态时，选择 A 位置夹点（圆心），如图 3.50（b）所示，将光标移动到 B 点，单击，操作完成，结果如图 3.50（c）所示。

3.4.7　目标图形绘制思路

图 3.37 所示目标图形为矩形截面梁横断面图，比例为 1∶10，混凝土保护层厚度 25mm。

3.25

绘图时采用 1∶1 的比例绘制。在打印图纸时，控制【打印比例】为 1∶10，即可打印出符合要求的图样。

操作提示：

（1）调用样板文件。执行【新建＜Ctrl＋N＞】命令，在【选择样板】对话框中，选中“水利工程图.dwt”，单击【打开】。

（2）修改文字样式。执行【文字样式（ST)】命令，打开【文字样式】对话框。修改【汉字】高度为 50，【数字与字母】高度为 35。

※注意：若样板文件中文字样式创建为注释性文字，则此处不做修改，在注写文字时，将当前视图的注释比例改为 1∶10 即可。

（3）设置标注样式。执行【标注样式（D)】命令，打开【标注样式管理器】对话框。创建新样式，新样式名为“钢筋图 1∶10”（自定），基础样式为“1∶1”，用于“所有标注”，单击【继续】，如图 3.51 所示。

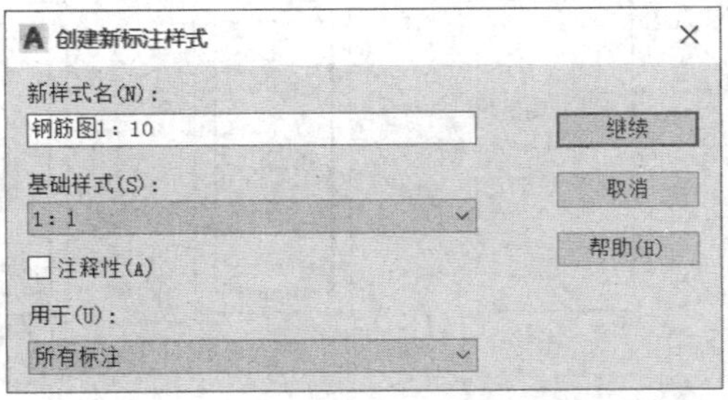

图 3.51　【创建新标注样式】对话框

为了使尺寸标注大小与图形匹配，在【新建标注样式：钢筋图 1∶10】对话框中，将【调整】选项卡中的【使用全局比例】设置为 10，其余参数均用默认设置，如图 3.52 所示，并将“钢筋图 1∶10”样式置为当前。

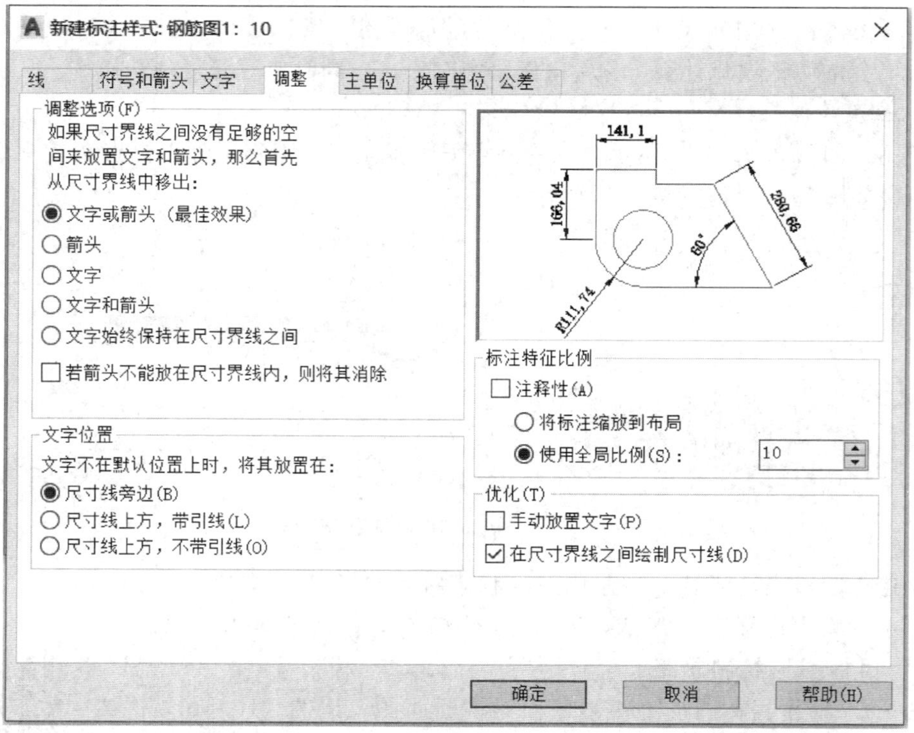

图 3.52 【新建标注样式】对话框

(4) 绘制矩形截面梁横断面图。执行【矩形（REC)】命令，绘制 200×400 的矩形，如图 3.53（a）所示；执行【偏移（O)】命令，将矩形向内偏移 25mm 绘制箍筋，如图 3.53（b）所示；执行【圆（C)】、【图案填充（H)】命令绘制左侧下部和上部箍筋转角处的纵向钢筋横断面，如图 3.53（c）所示；执行【镜像（MI)】命令，绘制右侧钢筋，如图 3.53（d）所示；执行【直线（L)】、【偏移（O)】命令绘制箍筋弯钩，如图 3.53（e）所示。

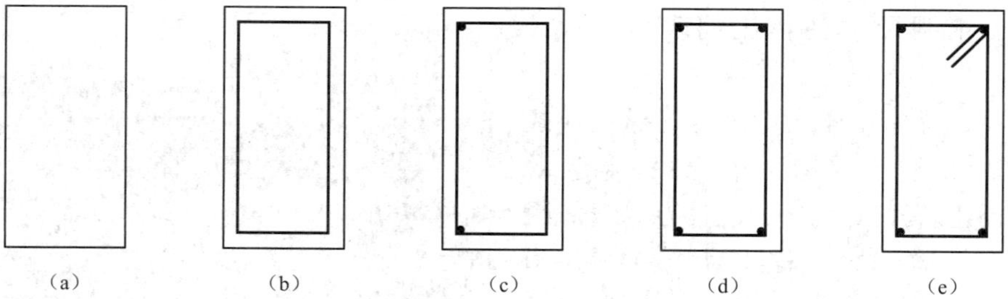

图 3.53 横断面图绘制步骤

（5）注写钢筋编号并标注。

1）注写钢筋编号。将“细实线”图层置为当前，执行【直线（L)】命令，绘制引出线，引出线应指到相应钢筋上；执行【圆（C)】命令，绘制直径为 40～60mm 的圆，引出线端点正对编号圆的象限点，中间不留空隙；执行【多行文字（T)】命令，注写编号数字及钢筋型号。

※注意：各型号钢筋的编号圆上下要对齐。

2）尺寸标注。将“尺寸标注”图层置为当前，执行【线性（DLI)】命令完成断面图尺寸标注，如图 3.54 所示。

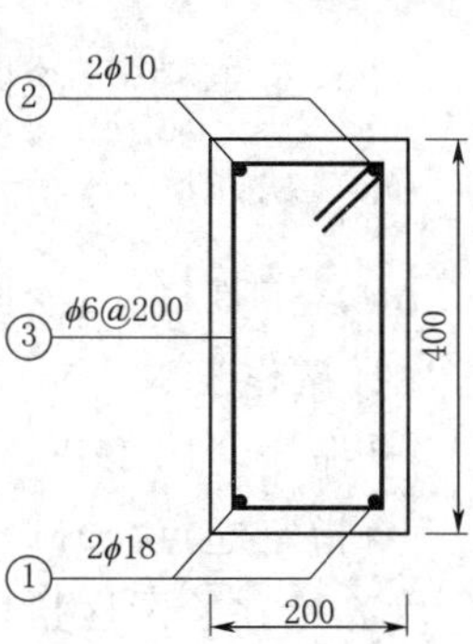

图 3.54　标注断面图

任务 3.5　绘制溢流坝断面图

要绘制如图 3.55 所示的溢流坝剖面图，需要执行【多段线】、【样条曲线】、【圆弧】、【旋转】、【分解】等命令。

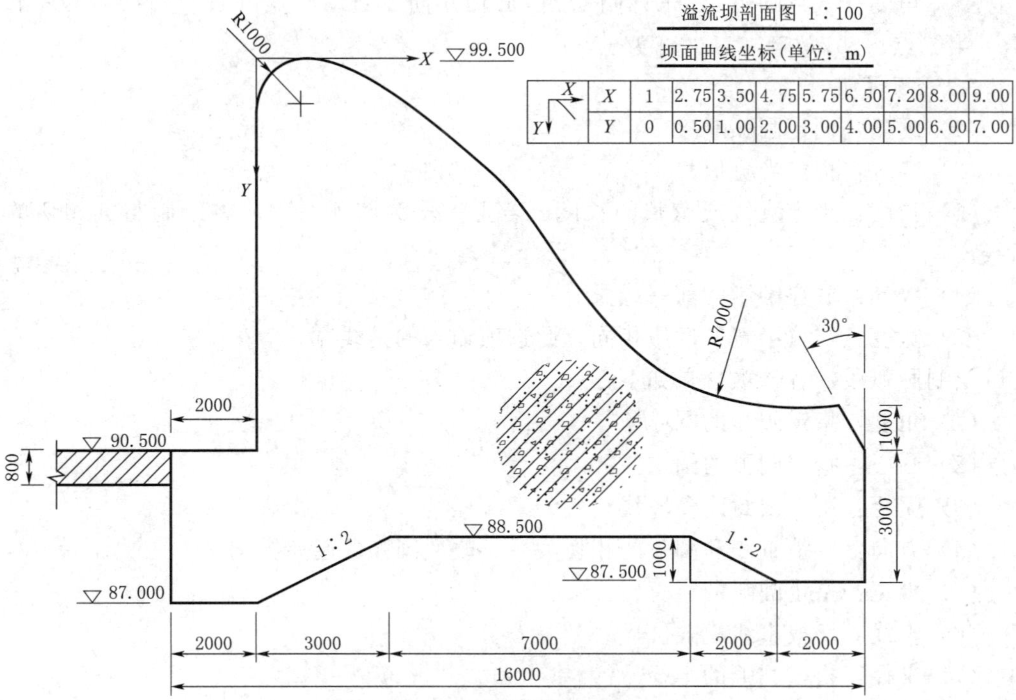

X/Y									
X	1	2.75	3.50	4.75	5.75	6.50	7.20	8.00	9.00
Y	0	0.50	1.00	2.00	3.00	4.00	5.00	6.00	7.00

图 3.55　溢流坝断面图

3.5.1　绘制及编辑多段线

多段线用于绘制直线段和圆弧段组成的一个复杂整体图形，可以设置线段的起点和端点宽度，在水利工程 CAD 制图中应用广泛。

3.5.1.1　绘制多段线

1. 调用命令

（1）命令：PLINE（PL)。

（2）菜单栏：【绘图】→【多段线】。

（3）功能区：【默认】→【绘图】→多段线。

（4）工具栏：【绘图】工具栏第3个按钮。

3.26

2. 操作步骤

◆命令：PLINE

◆指定起点

（光标在绘图区拾取一个点或输入绝对坐标值来确定多段线起点的位置）

◆绘制直线段

◆指定下一个点或［圆弧（A）/半宽（H）/长度（L）/放弃（U）/宽度（W）］：

（光标在绘图区拾取一个点或输入坐标值来确定多段线下一点的位置）

◆绘制弧线段

◆指定下一个点或［圆弧（A）/半宽（H）/长度（L）/放弃（U）/宽度（W）］：A

（输入A绘制圆弧）

◆［角度（A）/圆心（CE）/闭合（CL）/方向（D）/半宽（H）/直线（L）/半径（R）/第二点（S）/放弃（U）/宽度（W）］：

3. 选项说明

（1）圆弧：创建圆弧对象。

（2）半宽：指定半宽值。

（3）长度：指定直线或弦长的长度。若上一段为圆弧，程序将绘制与其相切的新弧线。

（4）放弃：放弃绘制的前一线段。

（5）宽度：与【半宽】性质相同，此选项输入的是线宽。

绘制圆弧段的各选项含义如下：

（1）角度：指定圆弧的圆心角。

（2）圆心：指定圆弧的圆心。

（3）闭合：用弧线封闭多段线。

（4）方向：取消直线和圆弧的相切关系，改变圆弧的起始方向。

（5）半宽：指定圆弧的半宽值。

（6）直线：切换直线模式。

（7）半径：指定圆弧的半径。

（8）第二点：选择三点画圆弧方式中的第二个点。

（9）放弃：放弃上一步操作。

（10）宽度：设置弧线的线宽。

4. 应用举例

实例1：绘制如图3.56所示的箭头。

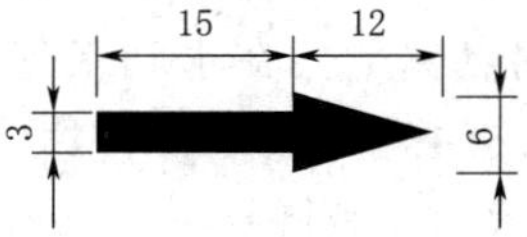

图3.56 箭头

◆命令：PLINE

◆指定起点：

（光标在绘图区拾取一个点）

◆当前线宽为0.0000

◆指定下一个点或［圆弧（A）/半宽（H）/长度（L）/放弃（U）/宽度（W）］：W

（输入W，设置多段线的线宽）

◆指定起点宽度<0.0000>：3

（输入起点宽度3）

◆指定端点宽度<3.0000>：3

（输入端点宽度3，也可直接按<Enter>键确定默认端点宽度3）

◆指定下一个点或［圆弧（A）/半宽（H）/长度（L）/放弃（U）/宽度（W）］：15

（光标控制在水平向右的方向，输入直线段长度15）

◆指定下一点或［圆弧（A）/闭合（C）/半宽（H）/长度（L）/放弃（U）/宽度（W）］：W

（输入W，设置多段线线宽）

◆指定起点宽度<3.0000>：6

（输入起点宽度6）

◆指定端点宽度<6.0000>：0

（输入端点宽度0）

◆指定下一点或［圆弧（A）/闭合（C）/半宽（H）/长度（L）/放弃（U）/宽度（W）］：12

（光标控制在水平向右的方向，输入直线段长度12）

◆指定下一点或［圆弧（A）/闭合（C）/半宽（H）/长度（L）/放弃（U）/宽度（W）］：

（按<Enter>键结束命令，完成绘制）

实例2：绘制图3.57所示的图形。

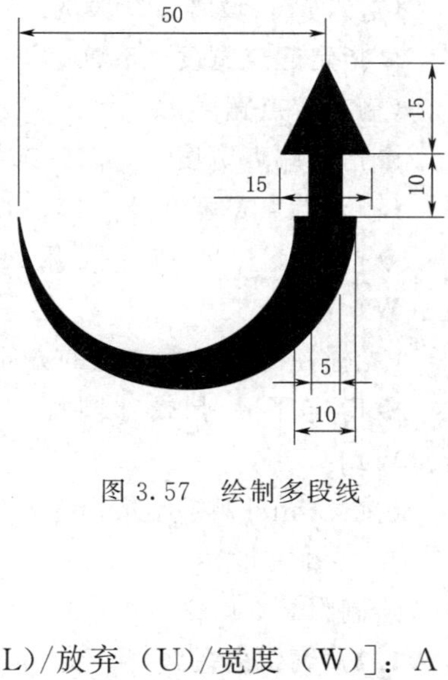

图3.57 绘制多段线

◆命令：PLINE

◆指定起点：

（光标在绘图区单击确定多段线起点）

◆当前线宽为0.0000

◆指定下一个点或［圆弧（A）/半宽（H）/长度（L）/放弃（U）/宽度（W）］：W

（输入W，设置圆弧段的线宽）

◆指定起点宽度<0.0000>：0

（输入起点宽度0）

◆指定端点宽度<0>：10

（输入端点宽度10）

◆指定下一个点或［圆弧（A）/半宽（H）/长度（L）/放弃（U）/宽度（W）］：A

（输入A，绘制圆弧）

◆指定圆弧的端点（按住<Ctrl>键以切换方向）或［角度（A）/圆心（CE）/方向

(D)/半宽（H)/直线（L)/半径（R)/第二个点（S)/放弃（U)/宽度（W)]：A

（输入A，指定圆心角）

◆指定夹角：180

（输入圆心角度数180°）

◆指定圆弧的端点（按住＜Ctrl＞键以切换方向）或［圆心（CE)/半径（R)]：50

（光标控制在水平向右的方向，输入圆弧端点至起点的距离50）

◆指定圆弧的端点（按住＜Ctrl＞键以切换方向）或［角度（A)/圆心（CE)/闭合（CL)/方向（D)/半宽（H)/直线（L)/半径（R)/第二个点（S)/放弃（U)/宽度（W)]：L

（输入L，绘制直线）

◆指定下一点或［圆弧（A)/闭合（C)/半宽（H)/长度（L)/放弃（U)/宽度（W)]：W

（输入W，设置直线段的线宽）

◆指定起点宽度＜10.0000＞：5

（输入起点宽度5）

◆指定端点宽度＜5.0000＞：5

（输入端点宽度5）

◆指定下一点或［圆弧（A)/闭合（C)/半宽（H)/长度（L)/放弃（U)/宽度（W)]：10

（光标控制在竖直向上的方向，输入直线段长度10）

◆指定下一点或［圆弧（A)/闭合（C)/半宽（H)/长度（L)/放弃（U)/宽度（W)]：W

（输入W，设置直线段的线宽）

◆指定起点宽度＜5.0000＞：15

（输入起点宽度15）

◆指定端点宽度＜15.0000＞：0

（输入端点宽度0）

◆指定下一点或［圆弧（A)/闭合（C)/半宽（H)/长度（L)/放弃（U)/宽度（W)]：15

（光标控制在竖直向上的方向，输入直线段长度15）

◆指定下一点或［圆弧（A)/闭合（C)/半宽（H)/长度（L)/放弃（U)/宽度（W)]：

（按＜Enter＞键结束命令，完成绘制）

5. 实训

绘制附录3-02（2-18、2-19、2-20）。

3.5.1.2 编辑多段线

1. 调用命令

(1) 命令：PEDIT（PE)。

(2) 菜单栏:【修改】→【对象】→【多段线】。

(3) 功能区:【默认】→【修改】→。

(4) 工具栏:【修改Ⅱ】→【编辑多段线】。

(5) 快捷菜单:选择要编辑的多段线,在绘图区右击,在弹出的快捷菜单中选择【多段线】→【编辑多段线】命令。

2. 操作步骤

◆命令:PEDIT

◆选择多段线或[多条(M)]:

(选择要编辑的多段线)

◆输入选项[闭合(C)/合并(J)/宽度(W)/编辑顶点(E)/拟合(F)/样条曲线(S)/非曲线化(D)/线型生成(L)/反转(R)/放弃(U)]:

3. 选项说明

(1) 合并(J):以选中的多段线为主体,合并其他直线段、圆弧和多段线,使其成为一条多段线。能合并的条件是各段端点首尾相连,如图3.58所示。

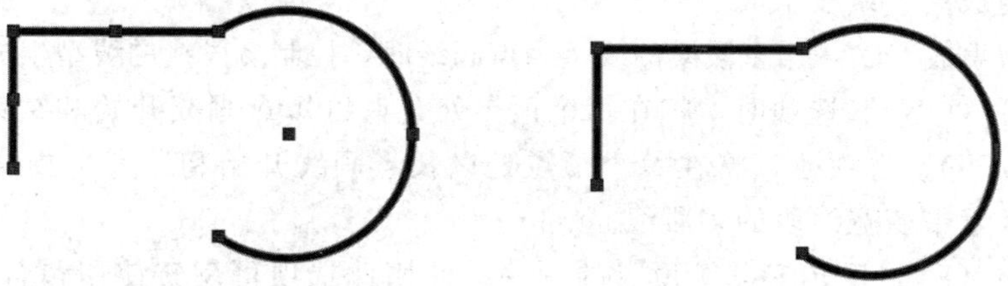

(a) 合并前　　(b) 合并后

图3.58 合并多段线

(2) 宽度(W):修改整条多段线的线宽,使其具有同一线宽,如图3.59所示。

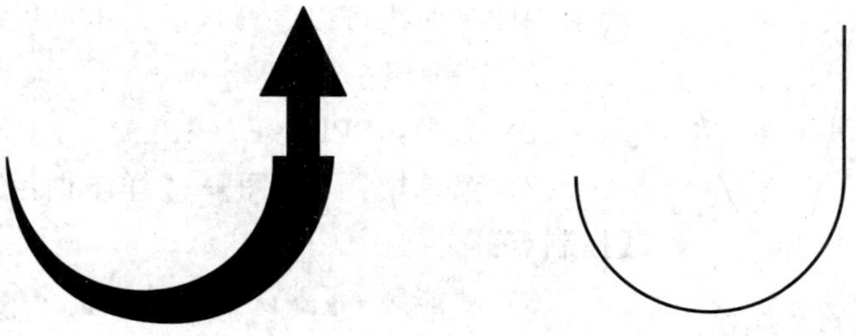

(a) 修改宽度前　　(b) 修改宽度后

图3.59 修改多段线线宽

(3) 编辑顶点(E):选择该项后,在多段线起点处出现一个斜的十字叉“×”,它为当前顶点的标记,并在命令行出现后续操作的提示:

◆[下一个(N)/上一个(P)/打断(B)/插入(I)/移动(M)/重生成(R)/拉直(S)/切向(T)/宽度(W)/退出(X)]<N>:

这些选项允许用户进行移动、插入顶点和修改任意两点间的线宽等操作。

(4) 拟合（F）：将指定的多段线生成由光滑圆弧连接的圆弧拟合曲线，该曲线经过多段线的各顶点，如图3.60所示。

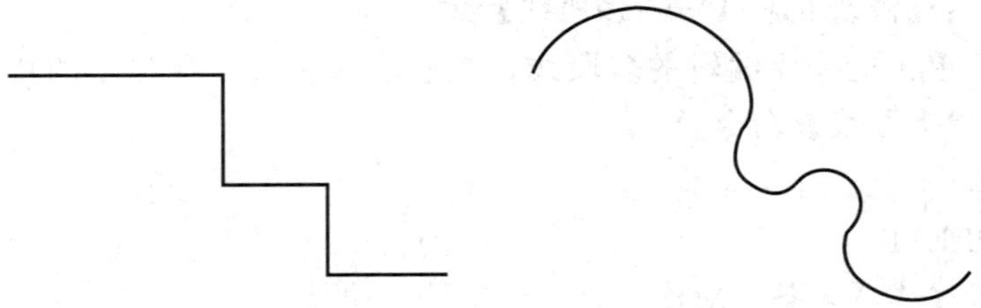

(a) 拟合前　　(b) 拟合后

图3.60　拟合曲线

(5) 样条曲线（S）：将指定的多段线以各顶点为控制点生成样条曲线。

(6) 非曲线化（D）：将指定的多段线中的圆弧由直线代替。对于选用【拟合（F）】或【样条曲线（S）】选项后生成的圆弧拟合曲线或样条曲线，则删除生成曲线时新插入的顶点恢复成由直线段组成的多段线。

(7) 线型生成（L）：当多段线的线型为点画线时，控制多段线的线型生成方式开关。

选择【开（ON）】选项时，将在每个顶点处允许以短点画线开始和结束生成线型；选择【关（OFF）】选项时，将在每个顶点处以长点画线开始和结束生成线型。【线型生成】不能用于带变宽线段的多段线。

(8) 反转（R）：反转多段线顶点的顺序。使用此选项可反转使用包含文字线型的对象的方向。

3.5.2　绘制样条曲线

在水利工程制图中，有些对象是不规则的图形，往往需要用样条曲线来表达。样条曲线是经过或接近一系列给定点的光滑曲线，如图3.61所示。样条曲线可以是开放的，也可以是封闭的。

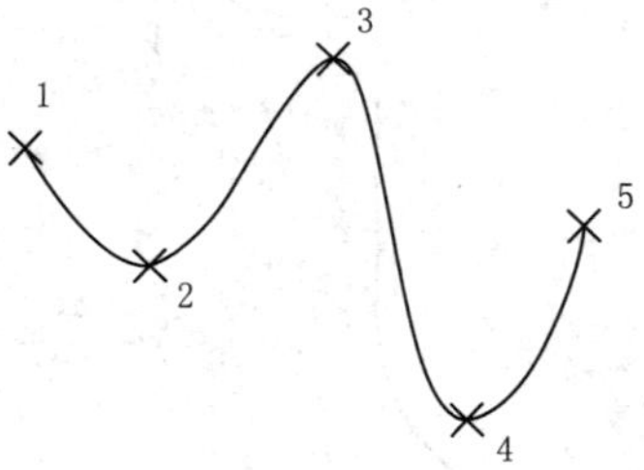

图3.61　绘制样条曲线

1. 调用命令

(1) 命令：SPLINE（SPL）。

(2) 菜单栏：【绘图】→【样条曲线】→【拟合点】或【控制点】。

(3) 功能区：【默认】→【绘图】→ 或 。

(4) 工具栏：【绘图】工具栏第9个按钮 。

3.27

2. 操作步骤

◆命令：SPLINE

◆指定第一点或［方式（M）/节点（K）/对象（O）］

（光标在绘图区拾取一个点或输入坐标值来确定样条曲线起点的位置）

◆输入下一点或［起点切向（T）/公差（L）］

（光标在绘图区拾取一个点或输入坐标值来确定样条曲线下一点的位置）

◆输入下一点或［起点切向（T）/公差（L）/闭合（C）］

（光标在绘图区拾取一个点或输入坐标值来确定样条曲线下一点的位置）

3. 选项说明

（1）方式：控制使用拟合点还是使用控制点来创建样条曲线。

（2）节点：指定节点性参数化，它会影响样条曲线在通过拟合点时的形状。

（3）起点切向：定义样条曲线起点的切向。

（4）端点相切：定义样条曲线端点的切向。

（5）公差：指定距样条曲线必须经过的指定拟合点的距离。

（6）闭合：闭合样条曲线。

4. 应用举例

实例：根据坝面曲线坐标绘制坝面曲线，如图 3.62 所示。

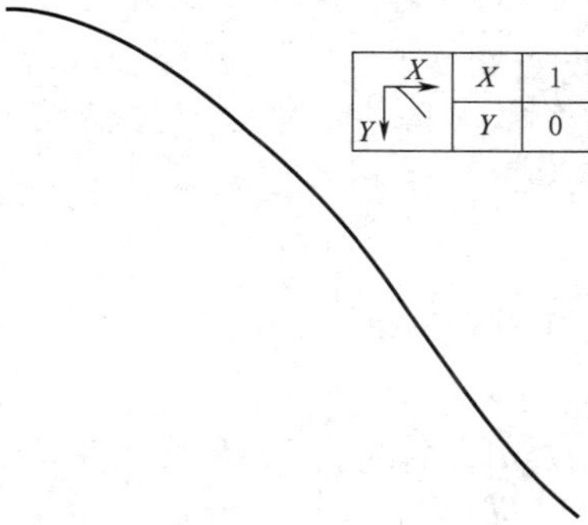

坝面曲线坐标

X→ / Y↓										
	X	1	2.75	3.50	4.75	5.75	6.50	7.20	8.00	9.00
	Y	0	0.50	1.00	2.00	3.00	4.00	5.00	6.00	7.00

图 3.62 绘制坝面曲线

操作提示：

绘制溢流坝坝面曲线前，先要设置指针输入的格式。执行【工具】→【绘图设置】命令，打开【草图设置】对话框，单击【动态输入】选项，单击【指针输入】→【设置】按钮，如图 3.63 所示。

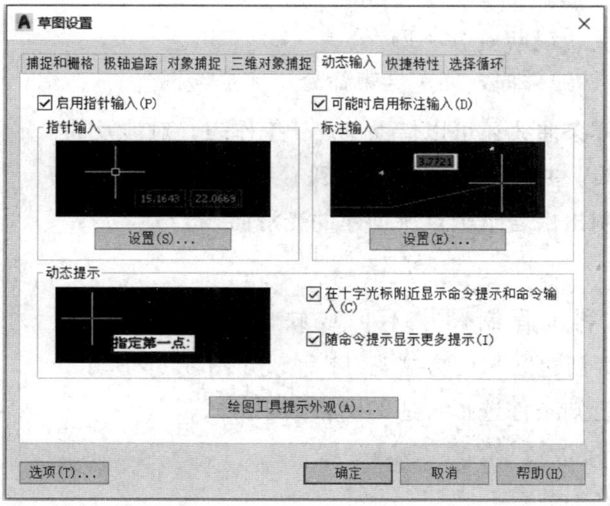

图 3.63 【草图设置】对话框

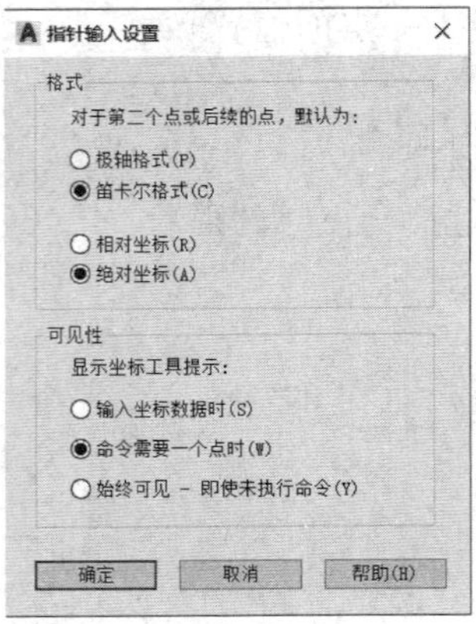

图 3.64 【指针输入设置】对话框

打开【指针输入设置】对话框，具体设置如图 3.64 所示。

坝面曲线操作如下：

◆命令：SPLINE

◆指定第一个点或［方式（M）/节点（K）/对象（O）］：1000，0

（输入第一个点的坐标 1000，0）

◆输入下一点或［起点切向（T）/公差（L）］：2750，－500

（输入下一个点的坐标 2750，－500）

◆输入下一点或［端点相切（T）/公差（L）］：3500，－1000

（输入下一个点的坐标 3500，－1000）

◆输入下一点或［端点相切（T）/公差（L）］：4750，－2000

（输入下一个点的坐标 4750，－2000）

◆输入下一点或［端点相切（T）/公差（L）］：5750，－3000

（输入下一个点的坐标 5750，－3000）

◆输入下一点或［端点相切（T）/公差（L）］：6500，－4000

（输入下一个点的坐标 6500，－4000）

◆输入下一点或［端点相切（T）/公差（L）］：7200，－5000

（输入下一个点的坐标 7200，－5000）

◆输入下一点或［端点相切（T）/公差（L）］：8000，－6000

（输入下一个点的坐标 8000，－6000）

◆输入下一点或［端点相切（T）/公差（L）］：9000，－7000

（输入下一个点的坐标 9000，－7000）

◆输入下一点或［端点相切（T）/公差（L）］：T

（拖动光标指定切线方向，回车结束命令，完成绘图）

※注意：绘制样条曲线还可以借助 Excel 工作表，对涉及的坐标点数据进行编辑，并将其一次性复制到 CAD 软件的样条曲线命令中，即可绘制出由若干个点所创建的光滑曲线。

3.5.3 绘制圆弧

圆弧及圆是水利工程制图中不可或缺的图形元素。在 AutoCAD 2020 中，创建圆弧的方式有 11 种，如图 3.65 所示，用户可根据图形的已知条件选择合适的圆弧绘制方式。

图 3.65 绘制圆弧的方式

1. 调用命令

（1）命令：ARC（A）。

（2）菜单栏：【绘图】→【圆弧】→选择绘制圆弧的方式。

(3) 功能区：【默认】→【绘图】→。

(4) 工具栏：【绘图】工具栏第6个按钮。

3.28

2. 操作步骤

◆命令：ARC

◆指定圆弧的起点或［圆心（C）］：

（光标在绘图区拾取一个点或输入坐标值来确定圆弧起点的位置）

◆指定圆弧的第二个点或［圆心（C）/端点（E）］：

（光标在绘图区拾取一个点或输入坐标值来确定圆弧第二点的位置）

◆指定圆弧的端点：

（光标在绘图区拾取一个点或输入坐标值来确定圆弧端点的位置）

3. 选项说明

(1) 圆心（C）：通过指定圆心、圆弧起点和端点的方式绘制圆弧。

(2) 端点（E）：通过指定圆弧的起点、端点、圆心（或者角度、方向、半径）绘制圆弧。

4. 应用举例

实例1：以【三点】方式绘制图3.66所示的圆弧。

◆命令：ARC

◆指定圆弧的起点或［圆心（O）］：

（光标在绘图区拾取点1）

◆指定圆弧的第二点或［圆心（O）/端点（E）］：

（光标在绘图区拾取点2）

◆指定圆弧的端点：

（光标在绘图区拾取点3，完成圆弧绘制）

实例2：绘制图3.67所示图形。

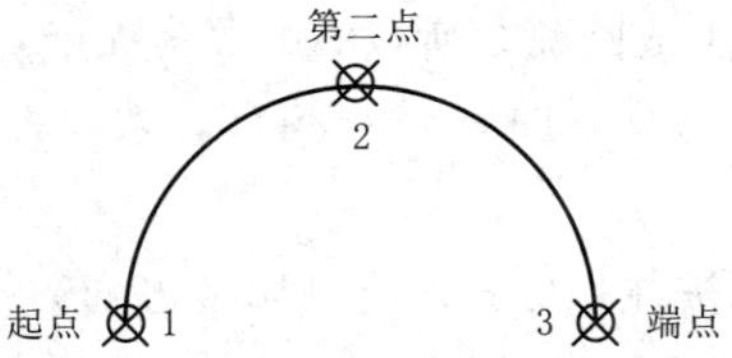

图3.66 三点绘制圆弧

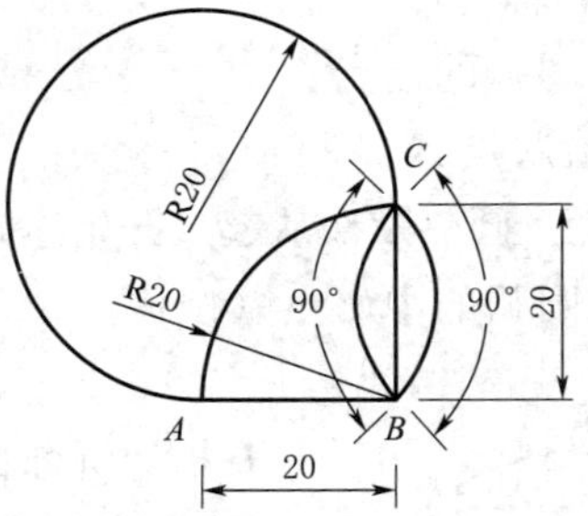

图3.67 绘制圆弧

执行【直线（L）】或【多段线（PL）】命令，绘制水平和竖直方向的两条直线。

(1) 绘制BC段圆弧。

◆命令：ARC

（执行【绘图】→【圆弧】→【起点、端点、角度】命令）

◆指定圆弧的起点或［圆心（C）］：

（光标拾取点 *B*）

◆指定圆弧的端点：

（光标拾取点 *C*）

※ 注意：圆弧默认从起点开始逆时针方向生成圆弧，所以 *BC* 段圆弧起点为点 *B*。

◆指定圆弧的中心点（按住＜Ctrl＞键以切换方向）或［角度（A）/方向（D）/半径（R）］：_a

◆指定夹角（按住＜Ctrl＞键以切换方向）：90

（输入圆心角度数 90°，圆弧绘制完成）

（2）绘制 *CB* 段圆弧。

◆命令：ARC

（执行【绘图】→【圆弧】→【起点、端点、角度】命令）

◆指定圆弧的起点或［圆心（C）］：

（光标拾取点 *C*）

◆指定圆弧的端点：

（光标拾取点 *B*）

※ 注意：圆弧默认从起点开始逆时针方向生成圆弧，所以 *CB* 段圆弧起点为点 *C*。

◆指定圆弧的中心点（按住＜Ctrl＞键以切换方向）或［角度（A）/方向（D）/半径（R）］：_a

◆指定夹角（按住＜Ctrl＞键以切换方向）：90°

（输入圆心角度数 90°，圆弧绘制完成）

（3）绘制 *CA* 段劣弧（圆心角小于 180°）。

◆命令：ARC

（执行【绘图】→【圆弧】→【起点、端点、半径】命令）

◆指定圆弧的起点或［圆心（C）］：

（光标拾取点 *C*）

◆指定圆弧的端点：

（光标拾取点 *A*）

※ 注意：圆弧默认从起点开始逆时针方向生成圆弧，所以 *CA* 段劣弧起点为点 *C*。

◆指定圆弧的中心点（按住＜Ctrl＞键以切换方向）或［角度（A）/方向（D）/半径（R）］：_r

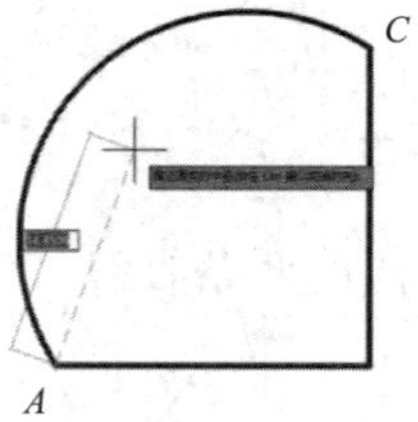

图 3.68 光标拖出圆弧符号

◆指定圆弧的半径（按住＜Ctrl＞键以切换方向）：20

（输入劣弧半径值 20，圆弧绘制完成）

※ 注意：输入圆弧半径值之前需拖动光标出现圆弧符号才能输入半径值，否则圆弧无法生成，如图 3.68 所示。

（4）绘制 *CA* 段优弧（圆心角大于 180°）。

◆命令：ARC

（执行【绘图】→【圆弧】→【起点、端点、半径】命令）

◆指定圆弧的起点或［圆心（C）］：

（光标拾取点 C）

◆指定圆弧的端点：

（光标拾取点 A）

※ 注意：圆弧默认从起点开始逆时针方向生成圆弧，所以 CA 段优弧起点为点 C。

◆指定圆弧的中心点（按住＜Ctrl＞键以切换方向）或［角度（A）/方向（D）/半径（R）］：_r

◆指定圆弧的半径（按住＜Ctrl＞键以切换方向）：－20

（输入优弧半径值－20，圆弧绘制完成）

※ 注意：使用【起点、端点、半径】绘制优弧时，需在半径值前加“－”号；绘制劣弧时，半径值前不加任何符号。

5. 实训

绘制附录 3-03（3-1、3-2、3-3）。

3.5.4 旋转对象

旋转命令可将选中的实体绕指定的基点进行旋转。在旋转对象时，输入的角度为正值时，按逆时针旋转；输入的角度为负值时，按顺时针旋转。

1. 调用命令

3.29

（1）命令：ROTATE（RO）。

（2）菜单栏：【修改】→【旋转】。

（3）功能区：【默认】→【修改】→ 旋转 。

（4）工具栏：【修改】工具栏第 7 个按钮。

2. 操作步骤

◆命令：ROTATE

◆UCS 当前的正角方向：ANGDIR＝逆时针　ANGBASE＝0

◆选择对象：

（选择对象，单击右键表示对象选择完毕）

◆指定基点：

（指定旋转中心）

◆指定旋转角度，或［复制（C）/参照（R）］＜0＞：

（输入旋转角度，旋转完成）

3. 选项说明

（1）复制：在旋转的同时执行【复制】命令，即多创建一个对象出来后再进行旋转。

（2）参照：指定两点以重新指定一个参照方向，并通过指定该参照方向的新方向以实现对象的旋转，实体所旋转的角度等于新角度减去参照角度。

4. 应用举例

实例：将矩形旋转 30°，结果如图 3.69（b）所示。

◆命令：ROTATE

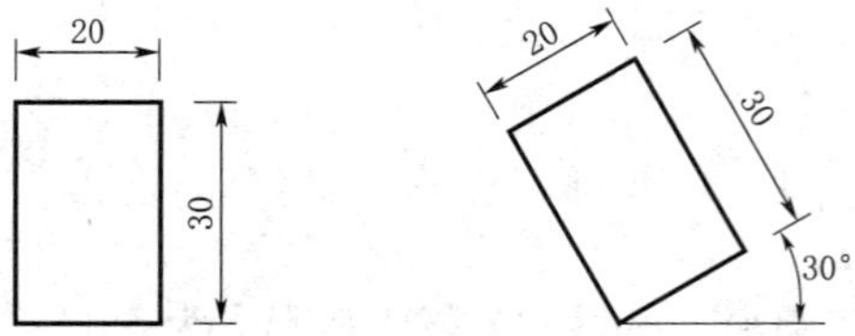

（a）矩形旋转前 （b）矩形旋转后

图 3.69 旋转矩形

◆UCS 当前的正角方向：ANGDIR＝逆时针 ANGBASE＝0

◆选择对象：

（选择矩形，单击右键完成选择）

◆指定基点：

（单击矩形左下角点）

◆指定旋转角度，或［复制（C）/参照（R）］＜0＞：30

（输入旋转角度 30°，旋转完成）

5. 实训

绘制附录 3－03（3－4、3－5）。

3.5.5 分解

分解命令用于将组合对象分解成各自独立的对象，以方便对分解后的各对象进行编辑。

1. 调用命令

（1）命令：EXPLODE（X）。

（2）菜单栏：【修改】→【分解】。

（3）功能区：【默认】→【修改】→。

（4）工具栏：【修改】工具栏最后一个按钮。

2. 操作步骤

◆命令：EXPLODE

◆选择对象：找到 1 个

（选择要分解的对象，单击右键表示对象选择完毕，对象被分解的同时自动退出命令）

3.5.6 目标图形绘制思路

图 3.55 所示的溢流坝断面图按照 1∶1 比例绘制，打印比例为 1∶100。

3.30

操作提示：

（1）调用样板文件。

执行【新建＜Ctrl＋N＞】命令，在【选择样板】对话框中，选中“水利工程图.dwt”，单击【打开】。

（2）修改文字样式。

执行【文字样式（ST）】命令，打开【文字样式】对话框。修改【汉字】高度为 500，【数字与字母】高度为 350。

※注意：若样板文件中文字样式创建为注释性文字，则此处不做修改，在注写文字时，将当前视图的注释比例改为 1∶100 即可。

（3）设置标注样式。

执行【标注样式（D）】命令，打开【标注样式管理器】对话框。单击【新建】，弹出【创建新标注样式】对话框，新样式名为“溢流坝 1∶100”，基础样式为“1∶1”，用于“所有标注”，单击【继续】，如图 3.70 所示。

在【新建标注样式：溢流坝 1∶100】对话框中，将【调整】选项卡中的【使用全局比例】改为 100（出图比例的倒数），其余参数均用“水利工程图.dwg”样板文件中的设置，单击【确定】完成设置，如图 3.71 所示，并将“溢流坝 1∶100”样式置为当前。

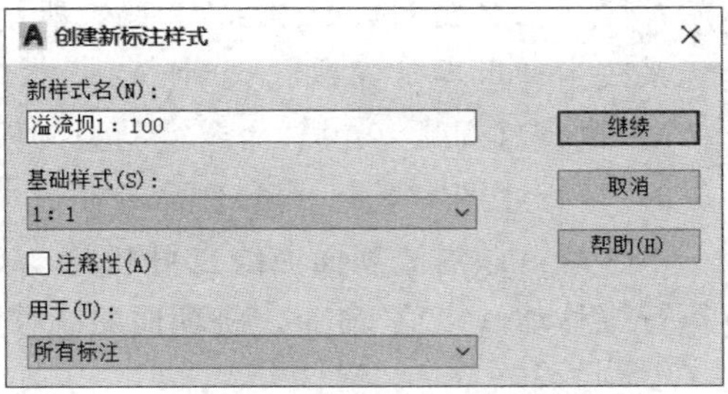

图 3.70 【创建新标注样式】对话框

（4）绘制溢流坝断面图。

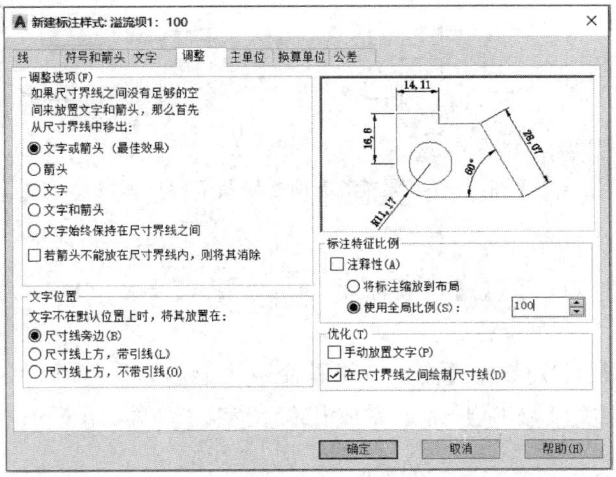

图 3.71 【新建标注样式：溢流坝 1∶100】对话框

1）执行【直线（L）】、【矩形（REC）】、【拉伸（S）】、【修剪（TR）】等命令绘制溢流坝断面中的直线段，如图 3.72（a）所示。

2）执行【圆角（F）】命令绘制坝顶连接段圆弧。

3）执行【UCS】命令定义用户坐标系，原点定在点 A 处，OX 轴水平向右为正，OY 轴竖直向下为正，如图 3.72（b）所示。

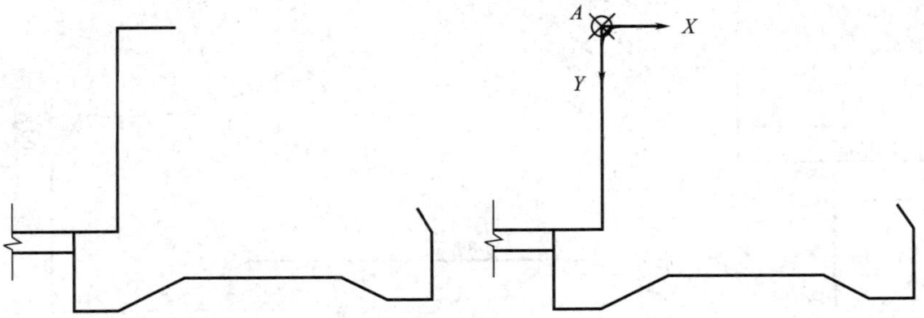

（a） （b）

图 3.72 绘制溢流坝直线段及上部圆弧

4）执行【样条曲线（SPL）】命令，根据溢流坝段坐标值绘制溢流坝面曲线，详细步骤参照 3.5.2 案例，如图 3.73（a）所示；绘制完成后再次执行【UCS】命令将用户坐标系改为“世界坐标系”。

5）执行【圆弧（A）】命令绘制溢流坝反弧段，如图 3.73（b）所示。

6）执行【图案填充（H）】命令完成填充，如图 3.73（c）所示。

※注意：该溢流坝面曲线也可参照 3.5.2 实例 4 的微课，借助 Excel 工作表完成，再执行【移动（M）】命令，将坝面曲线移动至对应位置。

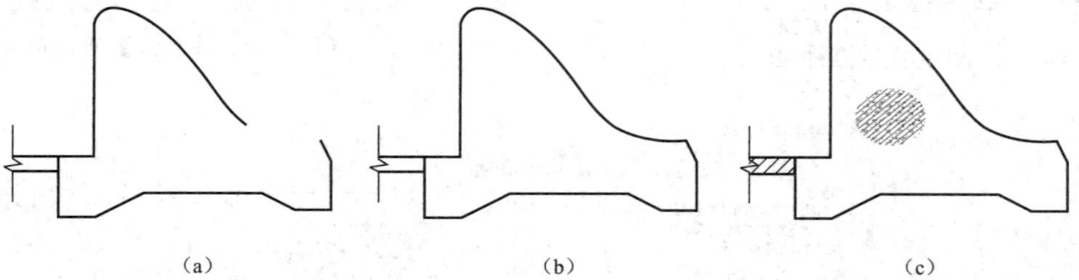

图 3.73 绘制溢流坝曲线及下游反弧段

（5）尺寸标注及注写文字。

1）执行【线性（DLI）】、【连续标注（DCO）】、【半径（DRA）】、【角度（DAN）】等标注命令完成尺寸标注。

2）执行【矩形（REC）】、【夹点编辑】命令，绘制高程符号，完成高程标注。

3）执行【多行文字（T）】命令完成相关文字的注写，图样绘制完成，如图 3.74 所示。

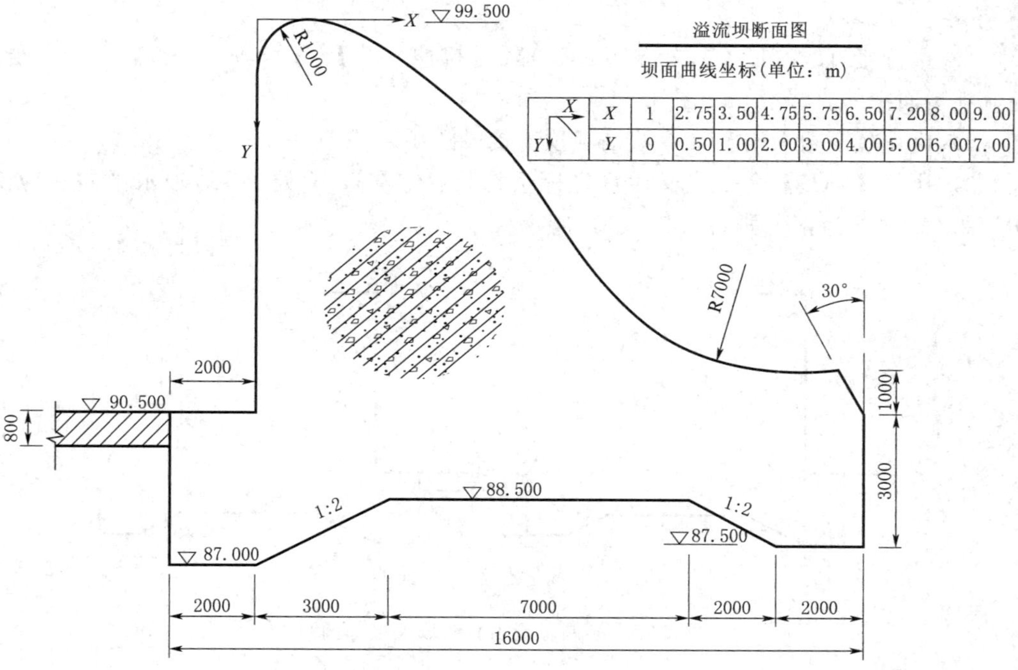

X / Y									
X	1	2.75	3.50	4.75	5.75	6.50	7.20	8.00	9.00
Y	0	0.50	1.00	2.00	3.00	4.00	5.00	6.00	7.00

图 3.74 溢流坝断面图

任务 3.6 绘制建筑平面图

要绘制如图 3.75 所示的建筑平面图，需执行【构造线】、【多线】等命令。

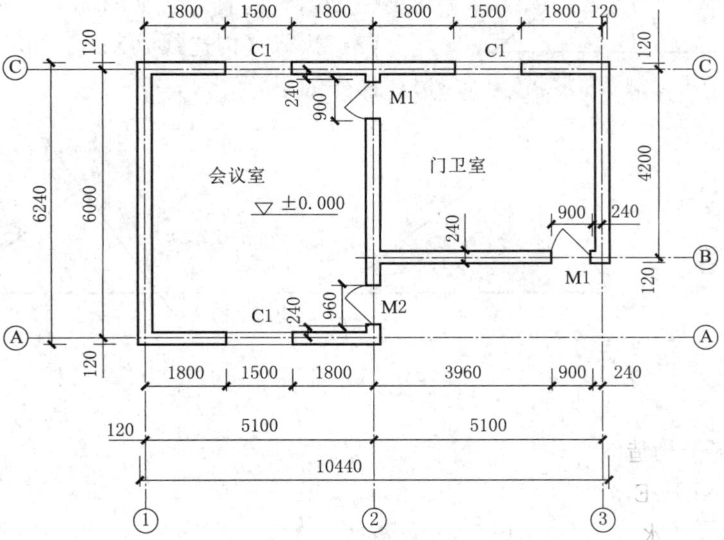

图 3.75 建筑平面图

3.6.1 绘制构造线

构造线为两端无限延伸的直线，没有起点和终点，可以放置在三维空间的任何地方，主要用于绘制辅助线。

3.31

1. 调用命令

(1) 命令：XLINE (XL)。

(2) 菜单栏：【绘图】→【构造线】。

(3) 功能区：【默认】→【绘图】→ 。

(4) 工具栏：【绘图】工具栏第 2 个按钮 。

2. 操作步骤

◆命令：XLINE

◆指定点或［水平 (H)/垂直 (V)/角度 (A)/二等分 (B)/偏移 (O)]：

(光标单击确定构造线的起始位置点)

◆指定通过点：

(适用于上一个步骤指定了构造线第一个通过点的操作，可连续指定多个通过点)

3. 选项说明

(1) 水平 (H)：绘制水平方向的构造线。

(2) 垂直 (V)：绘制竖直方向的构造线。

(3) 角度 (A)：绘制与系统设置的 0°方向成一定夹角的构造线。

(4) 二等分 (B)：绘制角平分线。

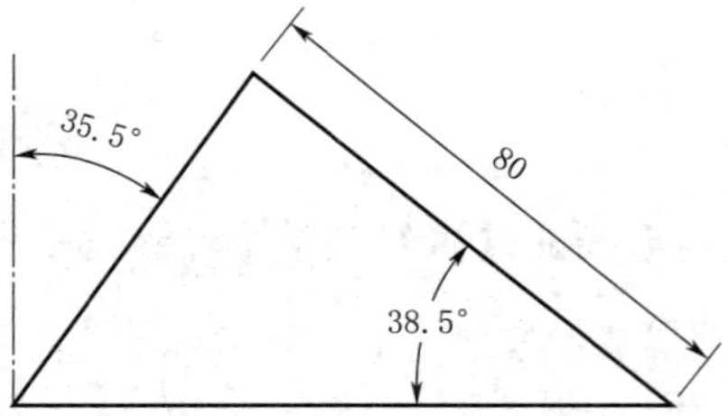

图 3.76 绘制三角形

(5) 偏移（O）：绘制已知线的平行线。

4. 应用举例

实例：绘制如图 3.76 所示的三角形。

(1) 执行【直线（L）】命令绘制长度为 80，角度为 141.5°的直线，如图 3.77（a）所示。

(2) 执行【构造线（XL）】命令绘制另外两条边。操作如下：

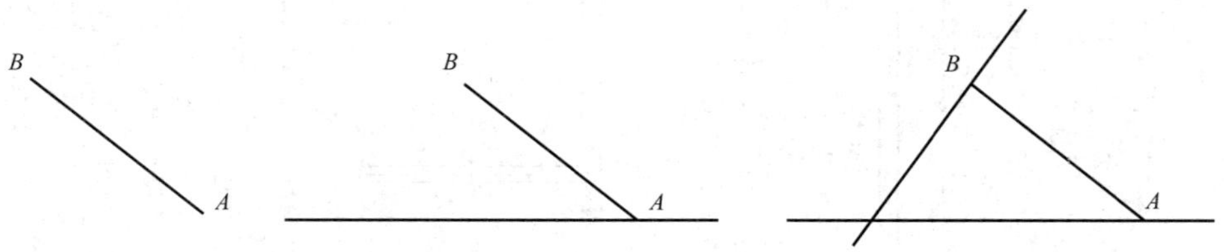

(a) (b) (c)

图 3.77 绘制三角形步骤

1) 绘制水平构造线。

◆命令：XLINE

◆指定点或［水平（H）/垂直（V）/角度（A）/二等分（B）/偏移（O）］：H

（输入 H，绘制水平方向的构造线）

◆指定通过点：

（光标捕捉点 A，绘制水平方向的构造线）

◆指定通过点：

［空格键或者＜Enter＞键结束构造线命令，如图 3.77（b）所示］

2) 绘制倾斜构造线。

◆命令：XLINE

◆指定点或［水平（H）/垂直（V）/角度（A）/二等分（B）/偏移（O）］：A

（输入 A，绘制倾斜构造线）

◆输入构造线的角度（0）或［参照（R）］：54.5

（输入构造线的角度为 90°－35.5°＝54.5°）

◆指定通过点：

（光标捕捉点 B）

◆指定通过点：

［按空格键或者＜Enter＞键结束构造线命令，如图 3.77（c）所示］

(3) 执行【修剪】命令，剪去多余线条，图形绘制完成。

5. 实训

绘制附录 3-03（3-6、3-7、3-8、3-9）。

3.6.2 绘制及编辑多线

多线是由若干条互相平行的线条元素所组成的，要绘制多线应该先设定其样式。在使用了设定的多线样式绘图后不能再修改多线样式。

3.32

3.6.2.1 设置多线样式

调用命令：

（1）命令：MLSTYLE。

（2）菜单栏：【格式】→【多线样式】。

执行【多线样式】命令，打开【多线样式】对话框，如图 3.78 所示。单击【新建】按钮，打开【创建新的多线样式】对话框，如图 3.79 所示。

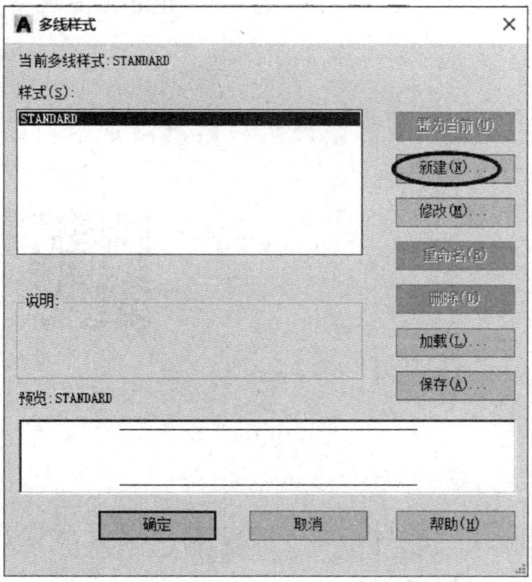

图 3.78 【多线样式】对话框

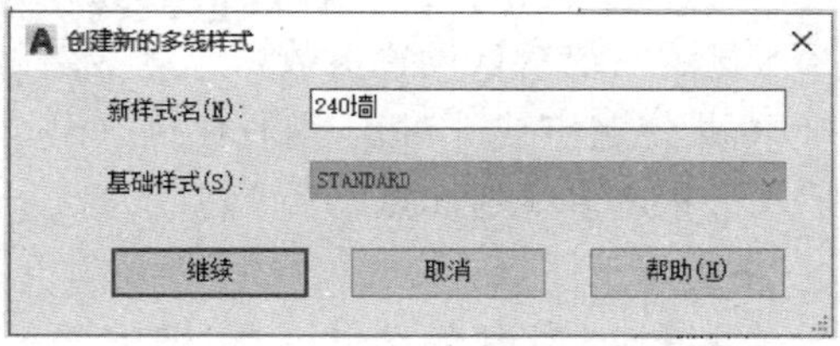

图 3.79 【创建新的多线样式】对话框

输入新样式名、选定基础样式（即样式模板），单击【继续】按钮进入【新建多线样式】对话框，如图 3.80 所示。各项参数含义如下：

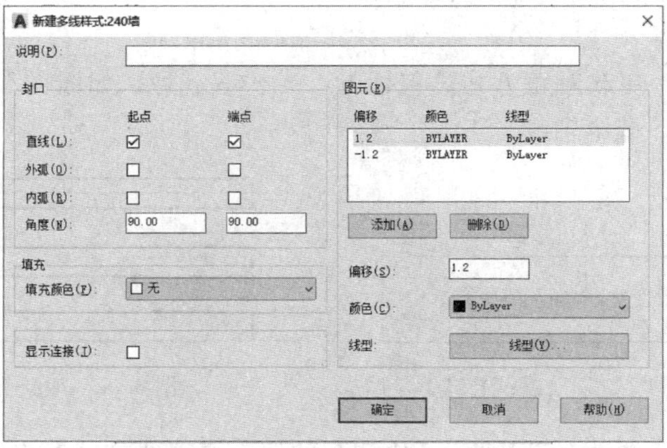

图 3.80 【新建多线样式：240 墙】对话框

（1）【封口】：有【直线】、【外弧】、【内弧】、【角度】四种封口方式，并且都可以设定多线的【起点】和【端点】是否封口。需要封口的位置和类型对应的复选框应勾选。

（2）【填充】：设定是否在最外侧的两个多线元素之间填充颜色，可在箭头下拉列表中选择【无】或其他需要设定的颜色。还可以在【显示连接】复选框处设定是否在多线转折处连接直线。

（3）【图元】：通过【添加】按钮增加图元（即线条）的数量，也可选中要删除的图元后点击【删除】按钮以删除多余的图元。可以在【偏移】右侧的框中设定各图元到中轴线位置的偏移量，可在【颜色】和【线型】右侧的箭头下拉列表处设定各图元的颜色和线型。

新建多线样式“240墙”参数设置如图3.80所示，单击【确定】按钮完成多线样式创建，新建的多线样式如图3.81所示。

3.6.2.2 绘制多线

1. 调用命令

（1）命令：MLINE（ML）。

（2）菜单栏：【绘图】→【多线】。

3.33

2. 操作步骤

◆命令：MLINE

◆当前设置：对正＝上，比例＝20.00，样式＝Standard

（显示系统默认设置参数）

◆指定起点或［对正（J）/比例（S）/样式（ST）］：

（可指定多线的起点）

◆指定下一点：

（继续指定多线的端点，类似于绘制直线）

◆指定下一点或［放弃（U）］：

（继续指定多线的端点，类似于绘制直线）

◆指定下一点或［闭合（C）/放弃（U）］：

（单击空格键或者回车键，多线绘制完成）

3. 选项说明

（1）对正（J）：更改对正方式。包括上、无、下三种，如图3.82所示。根据需要选定，常用无对正，即中轴线对正。

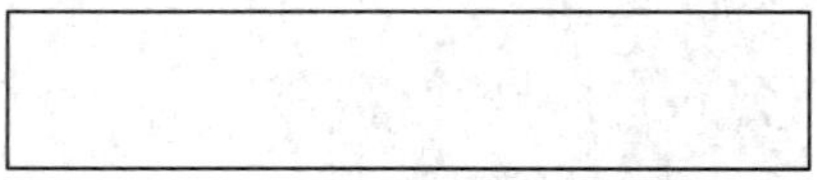

图3.81 “240墙”多线样式

图3.82 对正方式

（2）比例（S）：更改当前比例。【比例】的值与【多线样式】中设定的偏移量的值相乘得到的数据就是该条图元到中轴线的距离。

（3）样式（ST）：更改当前多线样式。

（4）闭合（C）：用于绘制闭合的多线。

4. 应用举例

实例：绘制如图 3.83（b）所示的多线。

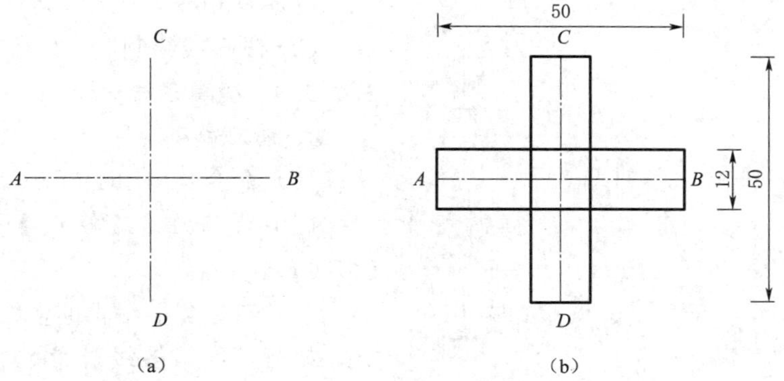

图 3.83　绘制多线

执行【直线（L)】命令，绘制如图 3.83（a）所示的中心线；执行【多线（ML)】命令绘制多线，多线操作如下：

◆命令：MLINE

◆当前设置：对正＝上，比例＝20.00，样式＝Standard

（显示系统默认设置参数，需对参数进行相应修改）

◆指定起点或［对正（J)/比例（S)/样式（ST)］：J

（输入 J，更改对正方式）

◆输入对正类型［上（T)/无（Z)/下（B)］＜上＞：Z

（输入 Z，更改对正方式为无对正）

◆当前设置：对正＝无，比例＝20.00，样式＝Standard

（显示当前设置参数）

◆指定起点或［对正（J)/比例（S)/样式（ST)］：S

（输入 S，更改当前比例）

◆输入多线比例＜20.00＞：5

（当前比例改为 5）

◆当前设置：对正＝无，比例＝5.00，样式＝Standard

◆指定起点或［对正（J)/比例（S)/样式（ST)］：ST

（输入 ST，更改多线样式）

◆输入多线样式名或［?］：240 墙

（输入新样式名“240 墙”）

◆当前设置：对正＝无，比例＝5.00，样式＝240 墙

（显示当前设置参数，参数满足条件即可开始绘制多线）

◆指定起点或［对正（J)/比例（S)/样式（ST)］：

（光标捕捉水平中心线端点 *A*）

◆指定下一点：

图 3.84 【多线编辑工具】对话框

（光标捕捉水平中心线端点 B）

◆指定下一点：

（按<Enter>键结束）

CD 段多线绘制同 AB 段，此处略。

3.6.2.3 编辑多线

1. 调用命令

（1）命令：MLEDIT。

（2）菜单栏：【修改】→【对象】→【多线】。

（3）双击需要编辑的多线。

执行【编辑多线】命令，打开【多线编辑工具】对话框，如图 3.84 所示，用户可以选择多线编辑的类型。单击相应编辑类型的图标按钮，系统自动切换至绘图界面，选择要编辑的多线对象。

2. 多线编辑类型

（1）【十字闭合】：选中的第二条多线对象保持原状，第一条多线所有元素都被其断开。

（2）【十字打开】：选中的两条多线对象的最外侧元素均断开且刚好相接，但所选第一条多线对象的内部元素被断开，第二条多线对象的内部元素保持原状。

（3）【十字合并】：选中的两条多线对象的所有元素均刚好剪切到相交的状态，因此选择多线对象时的顺序可不分先后。

（4）【T 形闭合】：将以选中的第二条多线对象为剪切边界，将第一条多线修剪掉，但其交界处是封闭的。

（5）【T 形打开】：将以选中的第二条多线对象为剪切边界，将第一条多线修剪掉，但第二条多线对象外侧元素在交界处被打开。

（6）【T 形合并】：将以选中的第二条多线对象为剪切边界，将第一条多线修剪掉，且两条多线对象的所有元素对应相交。

（7）【角点接合】：会将两条多线对象完成转角相交，其所有元素对应相交形成转角形状，多余的部分被修剪掉。

（8）【添加顶点】：在多线对象的任意位置创建新的顶点，即转折点。

（9）【删除顶点】：删除多线对象的任意中顶点，相当于将删除的顶点两侧的顶点连接起来。

（10）【单个剪切】：在多线对象的任意一个元素上指定两个点，并删除掉该元素两点之间的部分。

（11）【全部剪切】：在多线对象的任意一个元素上指定两个点，并将两点间多线对象的所有元素全部删除掉。

（12）【全部接合】：可将被剪切开的多线对象的所有元素接合起来。

3. 应用举例

实例：将图 3.85（a）所示多线用“十字打开”进行编辑，结果如图 3.85（b）所示。

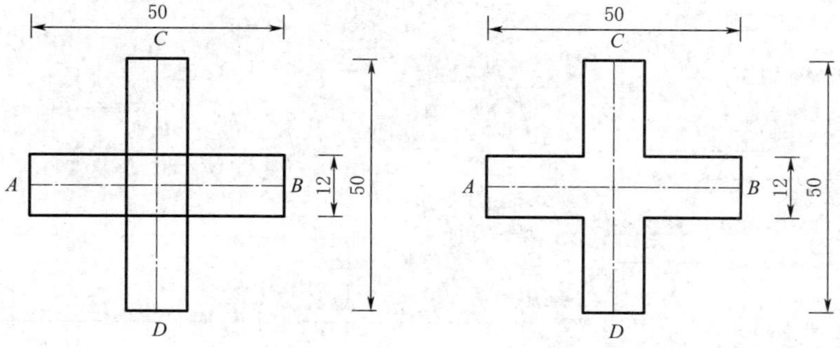

（a） （b）

图 3.85 “十字打开”效果图

操作提示：

双击任意一条多线，打开【多线编辑工具】对话框，单击“十字打开”，回到绘图区分别单击两条多线，多线编辑成功。

4. 实训

绘制附录 3-03（3-10、3-11）。

3.6.3 创建和使用图块

图块简称为块。AutoCAD 把块当成一个单一的实体来处理。在 AutoCAD 中，使用块可以提高绘图速度、节省存储空间、便于修改图形、能够为块添加属性，还可以控制块中的对象是保留其原特性还是继承当前的图层、颜色、线型或者线宽设置。

3.6.3.1 创建内部块

在图形中定义块后，可以根据需要多次插入块，但内部块只能在定义图块的图形文件中调用，不能被其他图形文件调用。

1. 调用命令

（1）命令：BLOCK(B)。

（2）菜单栏：【绘图】→【块】→【创建】。

（3）功能区：【默认】→【块】→ 。

（4）工具栏：【绘图】工具栏第 13 个按钮。

执行【创建块】命令，打开【块定义】对话框，如图 3.86 所示。

2. 选项说明

（1）【名称】：输入新建图块的名称。单击箭头下拉列表，打开列表框，该列表中显示了当前图形文件中的所有内部块。

（2）【基点】：设置块的插入基点位置。用户可以在【X】/【Y】/【Z】的输入框中直接输入插入点的 X、Y、Z 坐标值；也可以单击【拾取点】按钮，用十字光标直接在绘图区域点击以拾取坐标值。实际工作中，为了在插入块时能比较准确方便，创建块时应选取对象特征点作为插入点，如中心点、右下角点等。

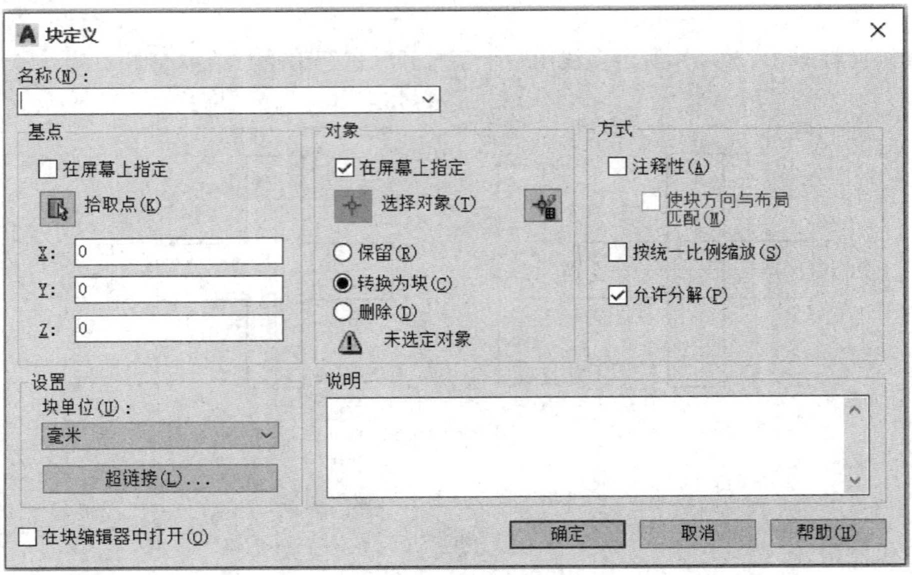

图 3.86 【块定义】对话框

(3)【对象】：设置组成块的对象。单击【选择对象】按钮，AutoCAD 会切换到绘图窗口，用户可在绘图区中选择构成图块的图形对象。选择图形对象后，在【名称】右方会显示选中对象的预览效果。

1)【保留】：保留原对象的属性，其仍是单独的对象。

2)【转换为块】：将原对象也转化为块。

3)【删除】：删除所选取的原对象。

(4)【方式】：可设置组成块的对象的显示方式。

1)【注释性】：指定块为【annotative】。

2)【使块方向与布局匹配】：指定在图纸空间视口中的块参照的方向与布局的方向匹配。如果未选择【注释性】选项，则该选项不可用。

3)【按统一比例缩放】：指定是否按统一比例缩放。在对应的复选框中勾选或取消勾选。如果勾选该项，表示所创建的块在插入时 X、Y、Z 的缩放比例一致；取消勾选，表示所创建的块在插入时可以对块 X、Y、Z 进行不同比例的缩放。

4)【允许分解】：指定块参照是否可以被分解。在对应的复选框中勾选或取消勾选。勾选表示可以分解，取消勾选表示不能被分解，默认设置为可以分解，实际工作中根据需要而定。

(5)【设置】：设置插入块的单位。单击箭头下拉列表，将出现下拉列表选项，用户可从中选取所插入块的单位。实际工作中一般选择毫米。

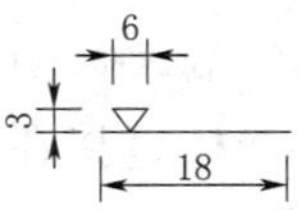

图 3.87 高程符号尺寸

(6)【说明】：图块的详细描述。用户可以在说明下面的文本框中详细描述所定义图块的资料。

3. 应用举例

实例：将高程符号创建为图块，尺寸如图 3.87 所示。

操作提示：

(1) 执行【矩形 (REC)】、【直线 (L)】、【夹点编辑】命令绘制图 3.87 所示图形，不标注尺寸。

(2) 执行【创建块 (B)】命令，在【块定义】对话框中，名称为：高程，单击【拾取点】及【选择对象】在绘图区进行相应选择，如图 3.88 所示，单击【确定】完成“高程”图块的定义。

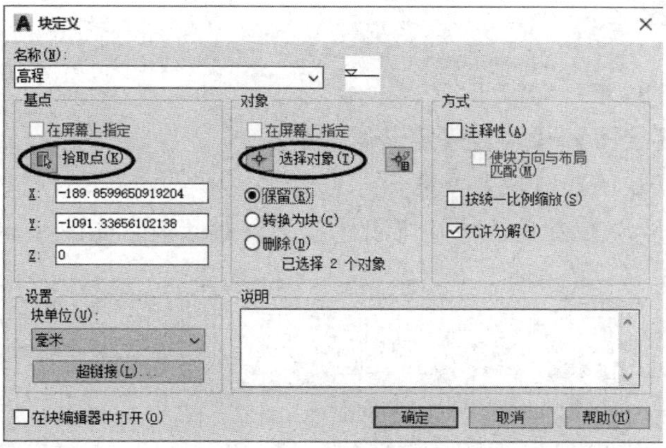

图 3.88 创建高程符号【块定义】对话框

3.6.3.2 插入块

1. 调用命令

(1) 命令：INSERT (I)。

(2) 菜单栏：【插入】→【块选项板】。

(3) 功能区：【默认】→【块】→插入。

(4) 工具栏：【绘图】工具栏第 12 个按钮。

执行【插入块 (I)】命令，打开【插入块】对话框，如图 3.89 所示。

2. 选项说明

(1)【当前图形】：选中该标签，显示为当前图形中的图形块。

(2)【最近使用】：选中该标签，显示为最近使用的块。

(3)【其他图形】：选中该标签，可通过浏览按钮 ... 选择需要的图形文件。

(4)【插入点】：控制块的插入点。

(5) 【比例】：指定插入块的缩放比例。若插入比例值是负值，则插入块的镜

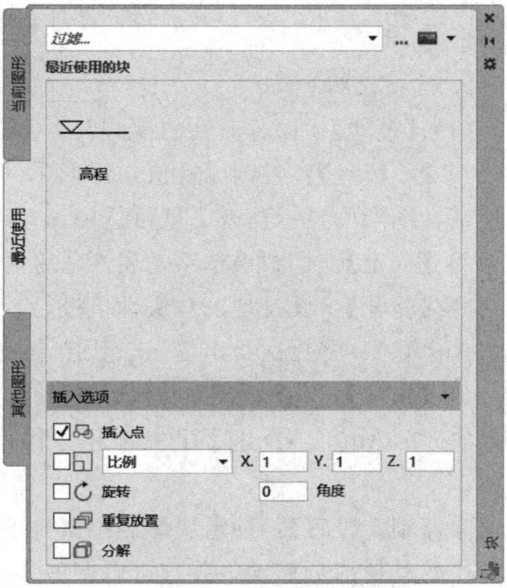

图 3.89 插入【块】对话框

像图像。

（6）【统一比例】：为 X、Y、Z 坐标指定统一的比例值。

（7）【旋转】：在当前 UCS 中指定块的旋转角度。

（8）【重复放置】：重复插入选中块。

（9）【分解】：分解块并插入该块的各个部分。

3.6.3.3 创建属性块

1. 调用命令

（1）命令：ATTDEF（ATT）。

（2）菜单栏：【绘图】→【块】→【定义属性】。

（3）功能区：【默认】→【块】→ 。

执行【创建属性块】命令，打开【属性定义】对话框，如图 3.90 所示。

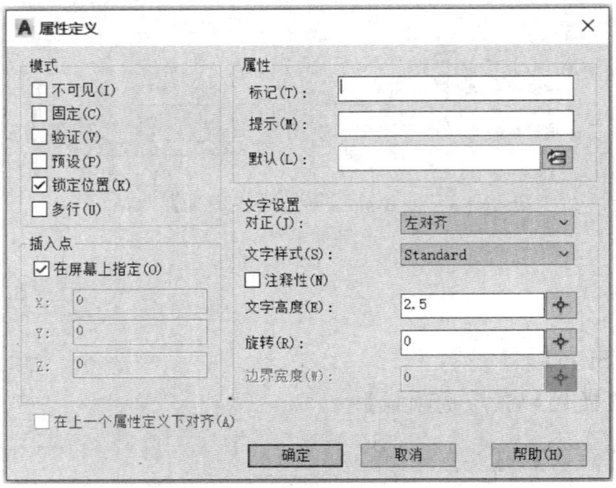

图 3.90 【属性定义】对话框

2. 选项说明

（1）【模式】：设置属性的模式。

1）【不可见】：控制属性值在图形中的可见性。如果想使图中包含属性信息，但不想使其在图形中显示出来，就可选中该选项。

2）【固定】：选中该选项，属性值将为常量。

3）【验证】：设置是否对属性值进行校验。若选择此选项，则插入块并输入属性值后，AutoCAD 将再次给出提示，让用户校验输入值是否正确。

4）【预设】：该选项用于设定是否将实际属性值设置成默认值。若选中此选项，则插入块时，AutoCAD 将不再提示用户输入新属性值，实际属性值等于【属性】中的默认值。

5）【锁定位置】：锁定块参照中属性的位置。解锁后，属性可以相对于使用夹点编辑的块的其他部分移动，并且可以调整多行属性的大小。

6）【多行】：指定属性值可以包含多行文字。选定此选项后，可以指定属性的边界宽度。

(2)【属性】：定义文字的属性。

1)【标记】：输入属性标志。

2)【提示】：输入属性提示。

3)【默认】：输入属性的缺省值。

(3)【插入点】：用于文本的插入点。

1)【在屏幕上指定】：直接在绘图窗口中指定插入点的位置。

2)【X、Y、Z 文本框】：在这 3 个框中分别输入属性插入点的 X、Y 和 Z 坐标值。

(4)【文字设置】：设置属性文字的格式。

1)【对正】：该下拉列表中包含了 10 多种属性文字的对齐方式。

2)【文字样式】：从该下拉列表中选择文字样式。

3)【文字高度】：用户可直接在文本框中输入属性文字高度，或单击【文字高度】按钮切换到绘图窗口，在绘图区中拾取两点以指定高度。

4)【旋转】：设定属性文字旋转角度。

5)【边界宽度】：换行前用以指定多线属性中文字行的最大长度。0.000 值表示对文字行的长度没有限制。此选项不适用于单线属性。

3.6.3.4 写块

写块是将图形文件中的整个图形、内部块或某些对象写入一个新的图形文件，其他图形文件均可以将它作为块调用。该图块是一个独立存在的图形文件，被称为外部块。

1. 调用命令

命令：WBLOCK（W）。

执行【写块】命令，打开【写块】对话框，如图 3.91 所示。

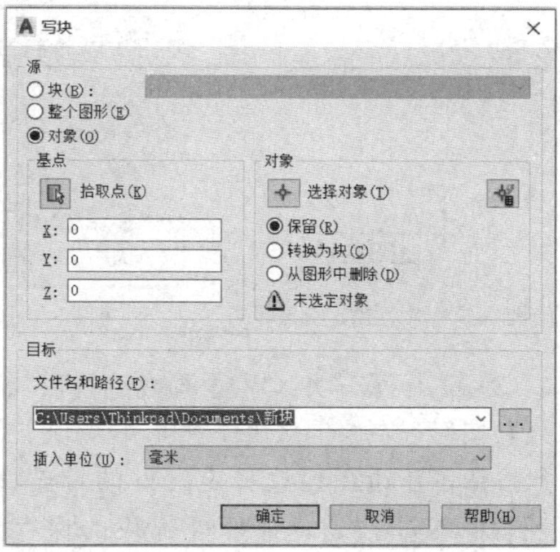

图 3.91 【写块】对话框

2. 选项说明

(1)【源】：用户可以通过【块】、【整个图形】、【对象】3 个单选按钮来确定外部块的来源。

1)【块】：将之前创建的内部块作为外部块的对象。选择该选项，【基点】和【对象】均不可用。

2)【整个图形】：以当前绘图窗口中的所有图形作为外部块的对象。选择该选项，【基点】和【对象】均不可用。

3)【对象】：在绘图窗口中直接选择图形对象作为外部块的对象。

(2)【基点】：设定插入的基点。可直接点击【拾取点】按钮，也可直接输入基点坐标值。

(3)【对象】：用于选取作为块的图形对象。

3.34

(4)【文件名和路径】：设置输出文件名及路径。点击[...]按钮，打开【浏览图形文件】对话框，在此可以改变保存文件的路径和文件名称。

(5)【插入单位】：设定插入块的单位。一般选择毫米。

3. 应用举例

实例1：写入带属性定义的高程符号图块并插入。

操作提示：

(1) 绘制高程符号，如图3.92所示。(属性块不包含尺寸标注部分)

(2) 执行【定义属性（ATT)】命令，打开【属性定义】对话框，参数设置如图3.93所示，结果如图3.94所示。

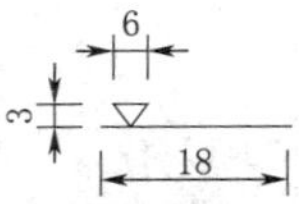

图3.92　高层符号图形

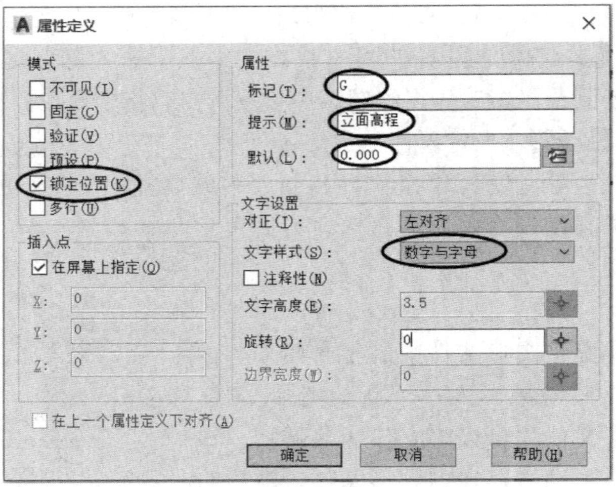

图3.93　【属性定义】对话框

图3.94　带属性图块

(3) 执行【写块（W)】命令，弹出【写块】对话框。单击【拾取点】按钮，在绘图区将三角形下端顶点作为基点；单击【选择对象】按钮，在绘图区选择定义好的带属性的图块；单击文件名和路径后面的[...]按钮，选择外部块的保存路径，并给外部块命名，名称为“高程符号”，参数设置如图3.95所示。单击【确定】按钮，关闭【写块】对话框，外部块创建成功。

(4) 执行【插入块（I)】命令，打开【插入块】对话框，选择外部块“高程符号”，如图3.96所示。在绘图区拾取插入点，打开【编辑属性】对话框，输入高程数值12.000，如图3.97所示，单击【确定】按钮，完成外部块的插入，如图3.98所示。

实例2：创建“A3图框”外部块并插入。

3.35

A3图框在工程中使用频率较高，可将A3图框创建为外部图块，需要时直接插入图框，操作步骤如下。

(1) 绘制图框及标题栏。参照3.1.8步骤绘制A3图框及标题栏，并注写标题栏内文字。

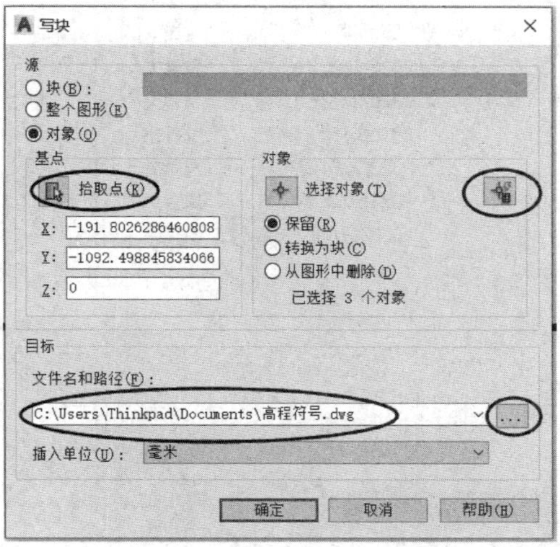

图 3.95 【写块】对话框

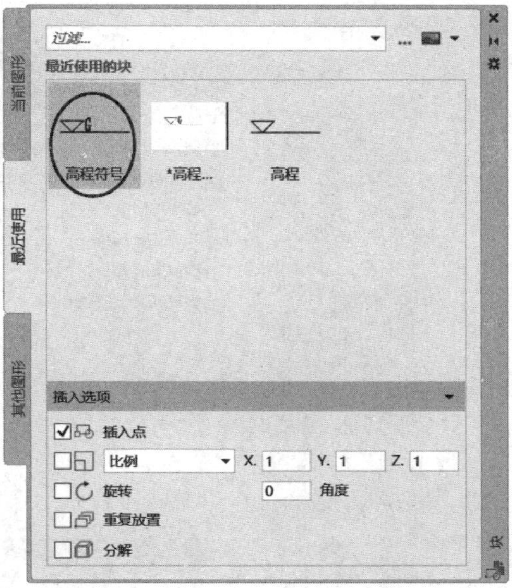

图 3.96 【插入块】对话框

（2）创建“A3 图框”外部块。执行【写块（W)】命令，打开【写块】对话框，如图 3.99 所示。在对话框中拾取基点（如左下角点)，选择图框，然后单击【文件名和路径】后面的 ... ，打开【浏览图形文件】对话框，选择图块文件保存位置，设置图块文件名（外部块格式为 *.dwg)，单击【保存】，如图 3.100 所示。在【写块】对话框中，单击【确定】，A3 图框图块创建完毕。

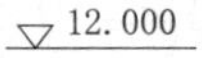

图 3.98 插入带属性的外部块

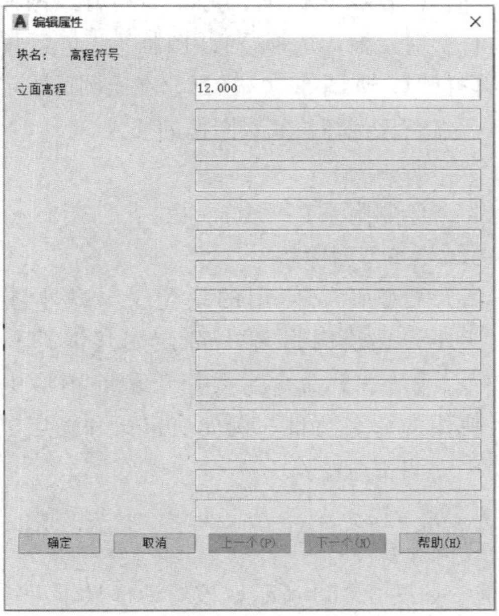

图 3.97 【编辑属性】对话框

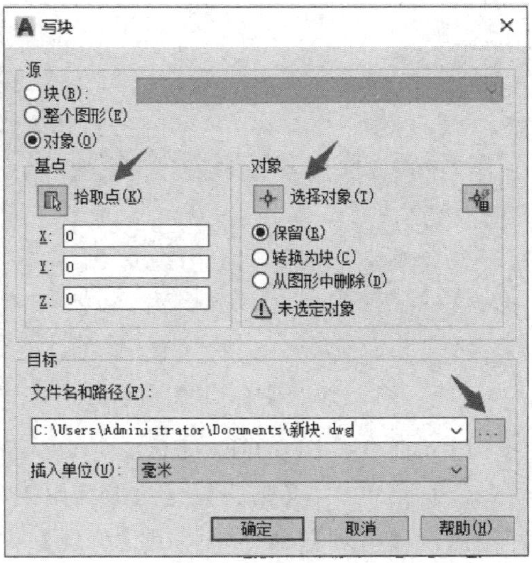

图 3.99 “A3 图框”【写块】对话框

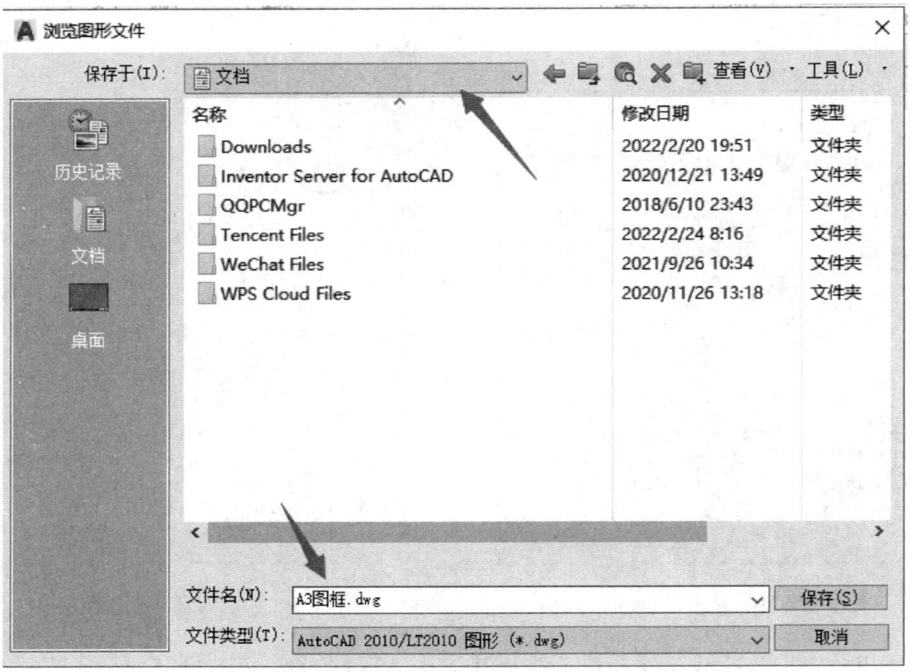

图 3.100　保存图块对话框

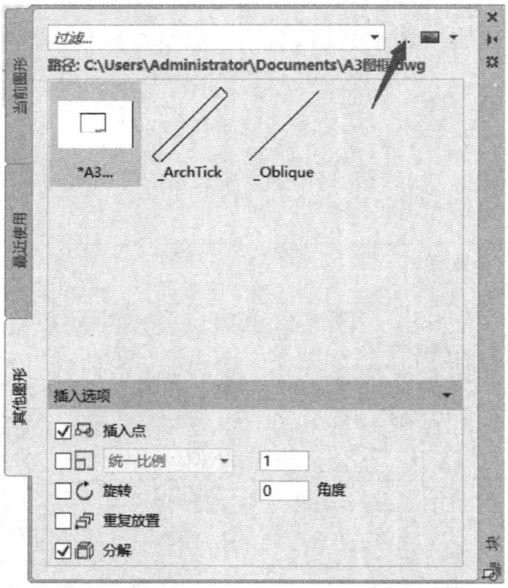

图 3.101　【插入块】对话框

（3）插入图框。执行【插入块（I）】命令，打开【插入块】对话框，如图 3.101 所示。选择【其他图形】，勾选相应【插入选项】内容，单击右上角 **…** ，打开【图形文件】对话框，选择“A3 图框 .dwg”，单击【打开】，如图 3.102 所示。在绘图区指定插入点及比例等，完成图框的插入。

4. 实训

绘制附录 3－03(3－12、3－13、3－14)。

3.6.3.5　删除块

要删除未使用的块定义，减小图形大小，在绘图过程中可使用【清理】命令。【清理】命令主要用于删除图形中未使用的命名项目，例如块定义和图层。

调用命令：

（1）命令：PURGE（PU）。

（2）菜单栏：【文件】→【图形实用工具】→【清理】。

执行【清理】命令，弹出【清理】对话框，如图 3.103 所示，该对话框显示可被清理的项目。在【命名项目未使用】列表中选择【块】选项，单击【全部清理】按钮，定义但未使用的块被删除。

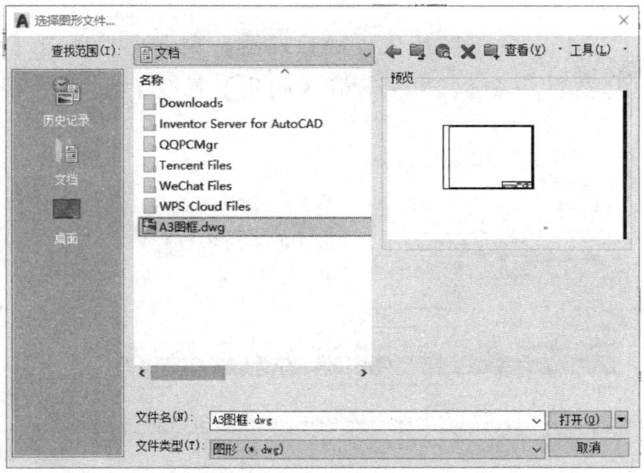

图 3.102 【选择图形文件】对话框

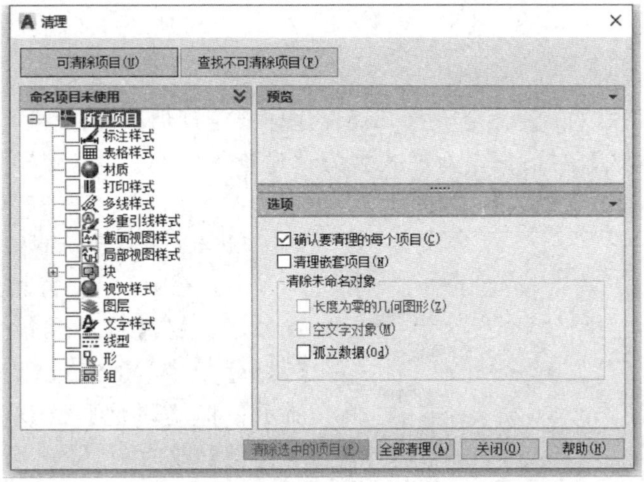

图 3.103 【清理】对话框

3.6.4 目标图形绘制思路

图 3.75 所示建筑平面图按照 1∶1 比例绘制，打印比例为 1∶100。

操作提示：

3.36

1. 调用样板文件

执行【新建＜Ctrl＋N＞】命令，在【选择样板】对话框中，选中“水利工程图.dwt”，单击【打开】。

2. 修改文字样式

执行【文字样式（ST）】命令，打开【文字样式】对话框。修改【汉字】高度为 500，【数字与字母】高度为 350。

※注意：若样板文件中文字样式创建为注释性文字，则此处不做修改，在注写文字时，将当前视图的注释比例改为 1∶100 即可。

3. 设置线型比例

执行【线型（LT）】命令，打开【线型管理器】对话框。单击【显示细节】按钮，将【全局比例因子】设置为20，然后单击【确定】按钮，完成线型比例的设置，如图3.104所示。

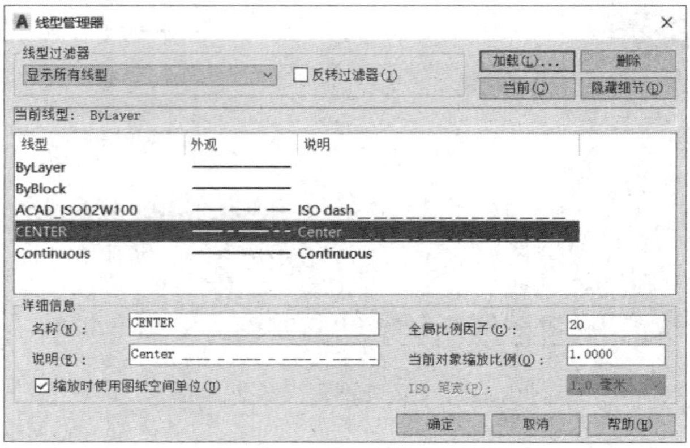

图3.104 【线型管理器】对话框

4. 设置标注样式

执行【标注样式（D）】命令，打开【标注样式管理器】对话框。单击【新建】，打开【创建新标注样式】对话框，新样式名为“建筑1∶100”，基础样式为“1∶1”，用于“所有标注”，单击【继续】，如图3.105所示。

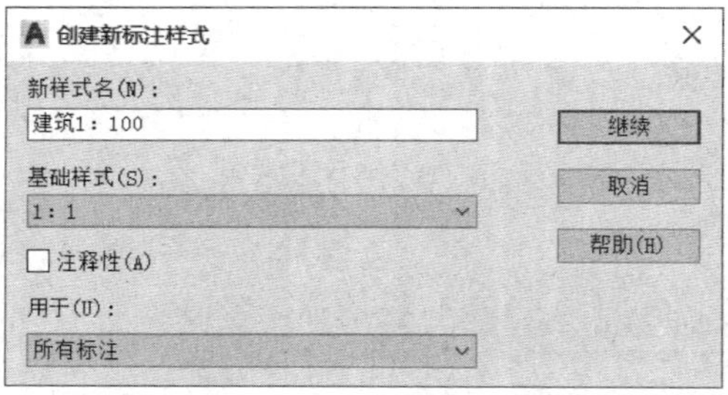

图3.105 【创建新标注样式】对话框

根据《房屋建筑制图统一标准》（GB/T 50001—2017）进行相应修改，参数设置如下：将【符号和箭头】选项卡中的【箭头】改为【/建筑标记】，如图3.106所示；将【调整】选项卡中的【使用全局比例】改为100，其余参数均用“水利工程图”样板文件的设置，如图3.107所示，并将“建筑1∶100”样式置为当前。

5. 设置多线样式

建筑平面图中的墙线和窗线要执行【多线（ML）】命令，在执行命令前，应先设置多线样式。

（1）设置墙体样式。执行【格式】→【多线样式】命令，打开【多线样式】对话框，单击【新建】按钮，在对话框中输入新样式名为“240墙体”（样式名自定，如Q240），如图3.108所示。

单击【继续】按钮，弹出【新建多线样式：240墙体】对话框。在该对话框中进行以下设置：选择直线起点和端点均封口，因该建筑墙体厚度为240mm，所以图元“偏移”值首行设为120，第二行设为－120，如图3.109所示。

※ 注意：对话框中图元的“偏移”值是墙体轮廓线与定位轴线的距离。

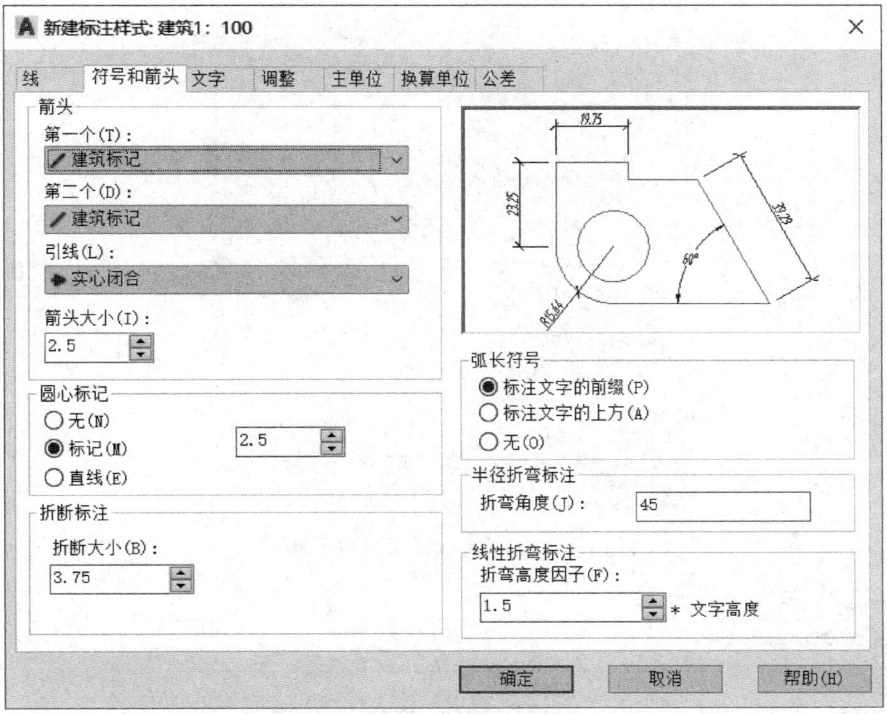

图 3.106　修改【符号和箭头】

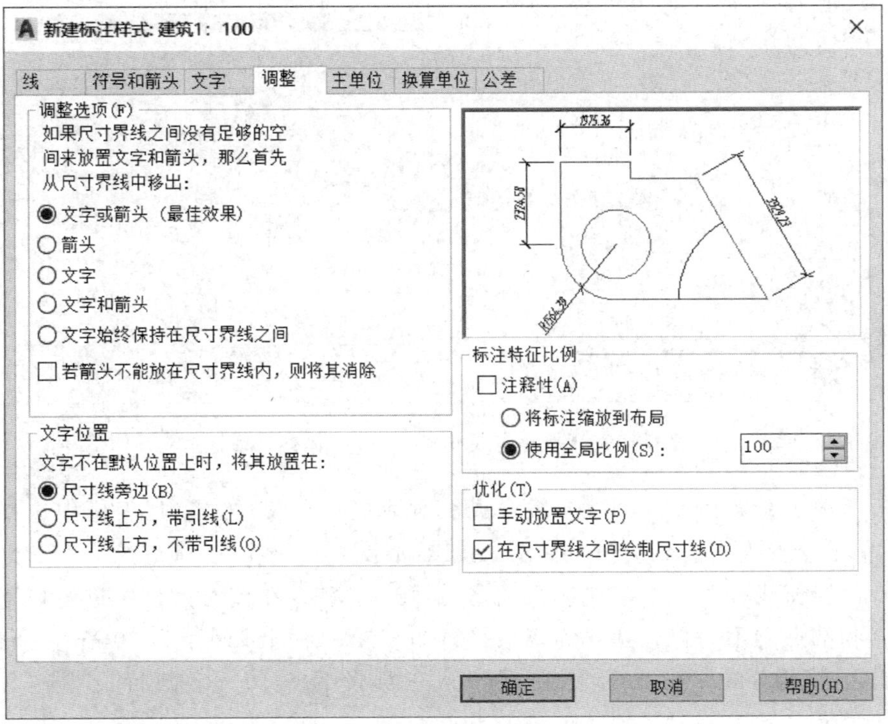

图 3.107　修改【使用全局比例】

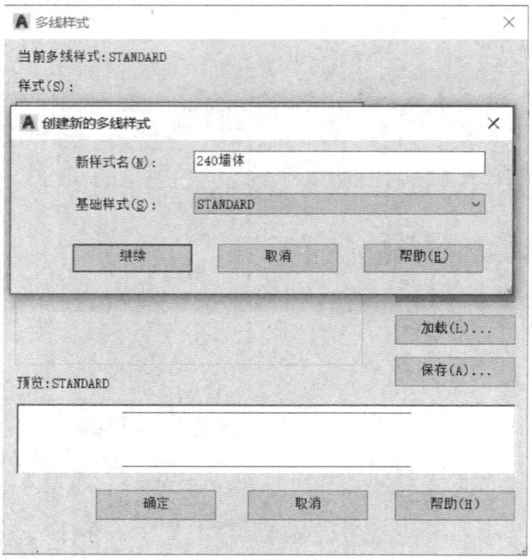

图 3.108 【多线样式】对话框

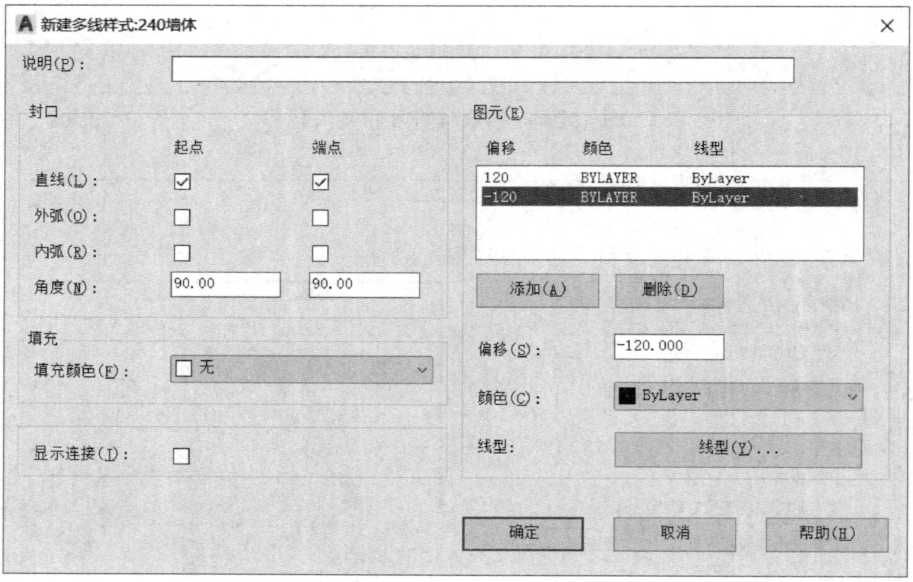

图 3.109 【新建多线样式：240 墙体】对话框

单击【确定】按钮，返回【多线样式】对话框，在【样式】列表框中选择“240墙体”，单击【置为当前】按钮，如图 3.110 所示。

（2）设置窗线样式。新建多线样式名为“240 窗”，在该对话框中进行以下设置：直线起点和端点均不封口，窗线为四条平行的直线，平行线间距为 80mm，所以图元偏移量首行设为 120，第二行设为 40，第三行设为－40，第四行设为－120，如图 3.111 所示。

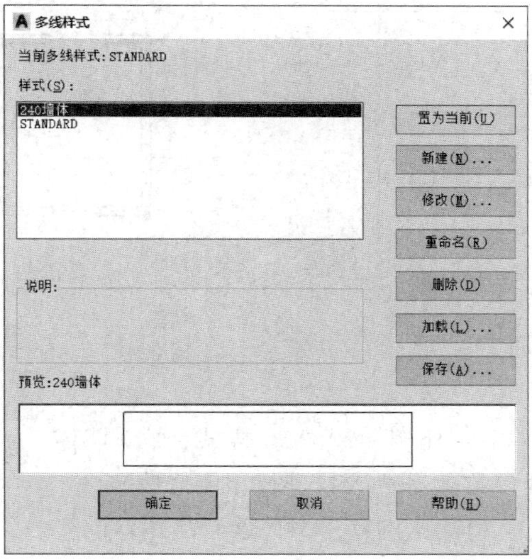

图 3.110 “240 墙体”置为当前

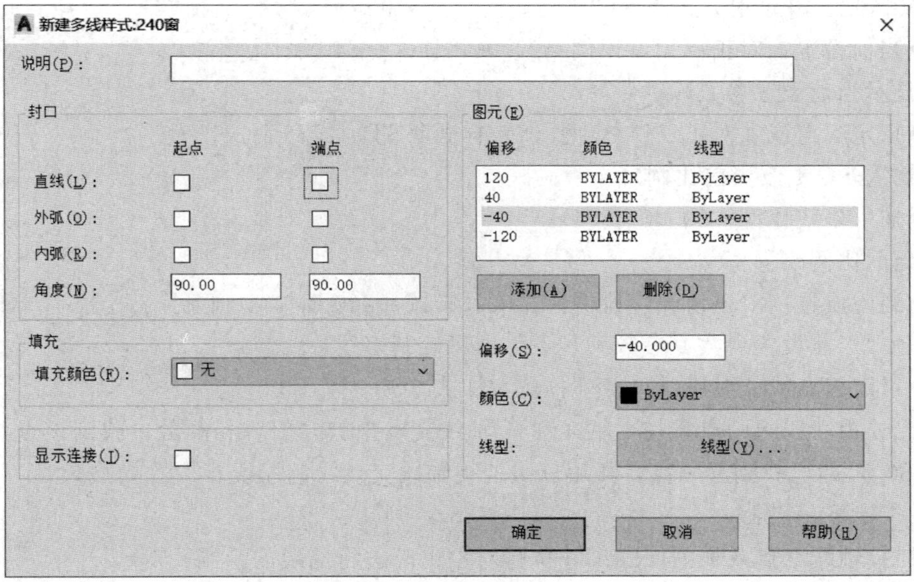

图 3.111 【新建多线样式：240 窗】对话框

6. 绘制轴网

将“点画线”图层置为当前，执行【构造线（XL）】命令绘制墙体轴网，如图 3.112 所示。

7. 绘制墙线

将“粗实线”图层置为当前。

(1) 执行【多线（ML）】命令绘制墙线。一般先画外墙，再画内墙，这样绘图为横墙和纵墙形成“T”字接头时的编辑提供了便利，绘制完成的墙体如图 3.113 所示。

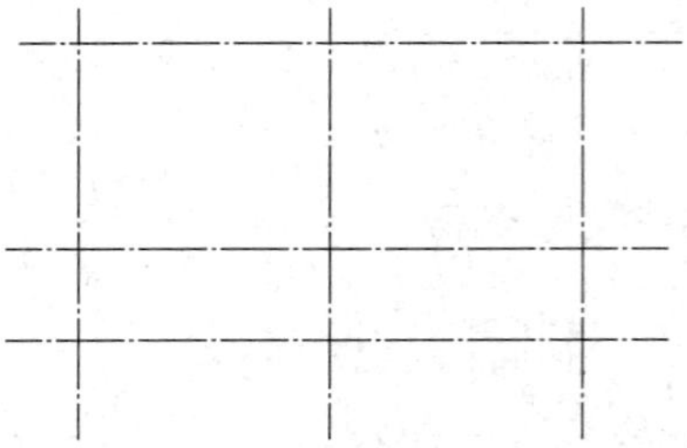

图 3.112　绘制轴网

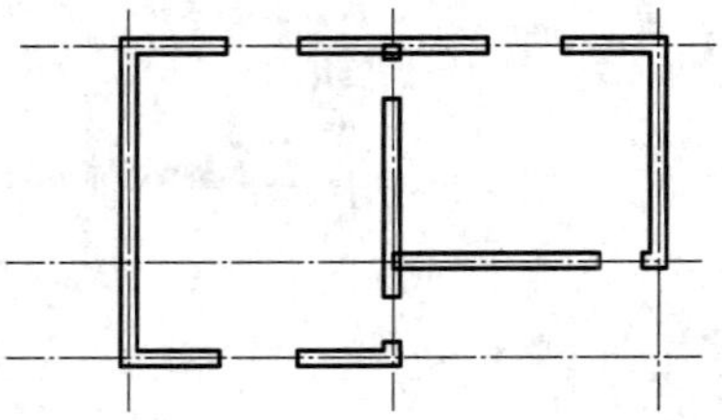

图 3.113　绘制墙线

命令行提示与操作如下：

◆命令：MLINE

◆当前设置：对正＝上，比例＝20.00，样式＝240 墙体

（显示系统默认设置参数，需对参数进行相应修改）

◆指定起点或［对正（J）/比例（S）/样式（ST）］：J

（输入 J，更改对正方式）

◆输入对正类型［上（T）/无（Z）/下（B）］＜上＞：Z

（输入 Z，将对正方式改为“无对正”）

◆当前设置：对正＝无，比例＝20.00，样式＝240 墙体

（显示当前设置参数）

◆指定起点或［对正（J）/比例（S）/样式（ST）］：S

（输入 S，更改当前比例）

◆输入多线比例＜20.00＞：1

（当前比例改为 1）

◆当前设置：对正＝无，比例＝1.00，样式＝240 墙体

（显示当前设置参数，参数满足条件即可绘制墙线）

◆指定起点或［对正（J）/比例（S）/样式（ST）］：1800

（此处为墙线起画点，在 1 轴线和 A 轴线交点正右方 1800mm 处，找到该点并向右追踪 1800，即可找到起画点，然后依次捕捉轴线交点绘制墙线）

◆指定下一点：

（捕捉轴线交点或根据墙线尺寸执行对象追踪进行墙线的绘制）

（2）编辑墙线。双击需要编辑的墙线，弹出【多线编辑工具】对话框。本图横墙与纵墙的接头为“T”字形，故选择【T 形打开】进行墙线编辑，经过编辑和修整后的墙线如图 3.114 所示。

※ 注意：选择【T 形打开】进行墙线编辑时，将以选中的第二条多线对象为剪切边界，将第一条多线修剪掉，但第二条多线对象外侧元素在交界处被打开。

8. 绘制窗线

将“细实线”图层置为当前，执行【多线（ML）】命令绘制窗线，如图 3.115 所示。

命令行提示与操作如下：

◆命令：MLINE

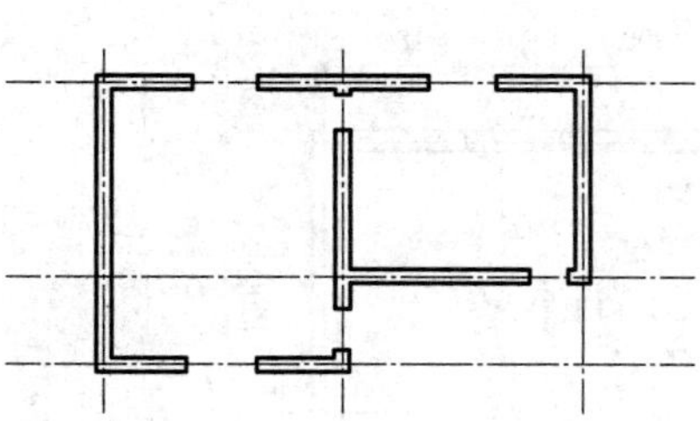

图 3.114　编辑后的墙线

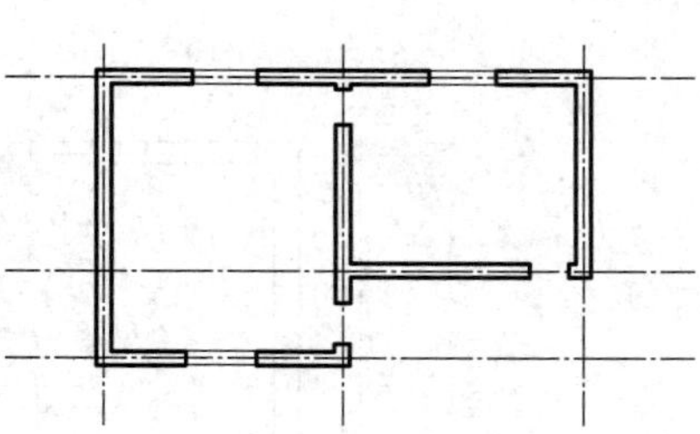

图 3.115　绘制窗线

◆当前设置：对正＝无，比例＝1，样式＝240 墙体

（显示当前设置参数）

◆指定起点或［对正（J）/比例（S）/样式（ST）］：ST

（输入 ST，更改多线样式）

◆输入多线样式名或［?］：240 窗

（输入新样式名“240 窗”）

◆当前设置：对正＝无，比例＝1.00，样式＝240 窗

（显示当前设置参数，满足要求即可开始绘制窗线）

◆指定起点或［对正（J）/比例（S）/样式（ST）］：

（光标在已经绘制好的墙线中捕捉窗线的起点）

◆指定下一点：

（光标在已经绘制好的墙线中捕捉窗线的端点）

9. 绘制其他线条

执行【直线（L）】、【圆弧（A）】等命令绘制平面图中的门，底层平面图绘制完成，如图 3.116 所示。

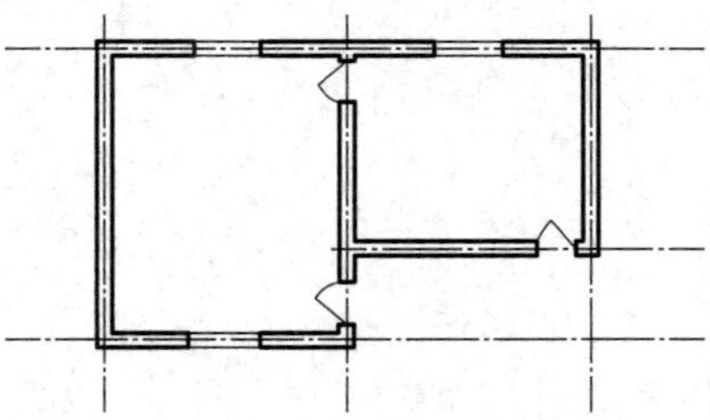

图 3.116　底层平面图

10. 尺寸标注及注写轴线编号

（1）尺寸标注。将“尺寸标注”图层置为当前，执行【线性（DLI）】、【连续（DCO）】、【基线（DBA）】等命令完成底层平面图尺寸标注；执行【插入块（I）】命令，插入 3.6.3.4 实例创建的外部图块“高程符号”，插入比例为 100，完成高程标注。

（2）注写轴线编号。执行【圆（C）】命令，绘制直径为 800～1000mm 的圆，轴线端点正对编号圆的象限点，中间不留空隙。执行【多行文字（T）】命令，将轴线编号数字注写在圆内，如图 3.117 所示。

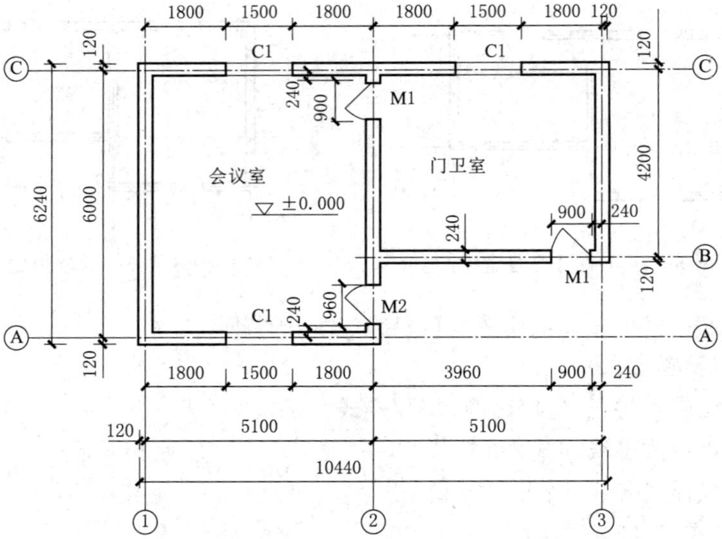

图 3.117 标注底层平面图

项目 4

绘制典型水利工程图样

水利工程要发挥兴利弊害的作用，需要修建不同功能的水工建筑物，如挡水建筑物、泄水建筑物、输水建筑物、进水建筑物等，这些建筑物大多采用钢筋混凝土结构。本项目详细介绍水利工程中的典型建筑物如重力坝、进水闸、建筑工程及钢筋混凝土结构等图样的绘图环境的设置、绘图思路、方法、技巧等。

任务 4.1　绘制重力坝剖视图

任务要求：读懂附录 4－01 所示的重力坝剖视图并抄绘，最终显示 A3 图幅的实际大小和线宽。

4.1

绘图思路：该图为重力坝纵剖视图，绘图时采用分段绘制的方式，依次绘制溢流坝段、下游消力池、出水渠。该图比例为 1∶400，在使用 CAD 软件绘图时，一般根据实际尺寸采用 1∶1 的比例绘制，这样就能免去计算的麻烦。在打印图纸时，控制【打印比例】为 1∶400，即可打印出符合要求的图样。

※注意：绘图过程中要经常执行【保存＜Ctrl＋S＞】命令。

4.1.1　调用样板文件，修改绘图环境参数

该图为水利工程图样，“水利工程图”样板文件大多数参数适用该图，只需设置线型全局比例因子、修改文字的字高、新建标注样式，其他参数不用修改，操作如下。

1. 调用样板文件

执行【新建＜Ctrl＋N＞】命令，在【选择样板】对话框中，选择“水利工程图 .dwt”，单击【打开】。

2. 设置线型比例

执行【线型（LT）】命令，打开【线型管理器】对话框。选择线型“CENTER”，单击【显示细节】按钮，将【全局比例因子】设置为 80，单击【确定】，完成对“CENTER”线型比例的设置，如图 4.1 所示。

※注意：图样的尺寸越大，【全局比例因子】的取值也越大。

3. 修改文字样式

执行【文字样式（ST）】命令，打开【文字样式】对话框。修改【汉字】高度为 2000，【数字与字母】高度为 1400。

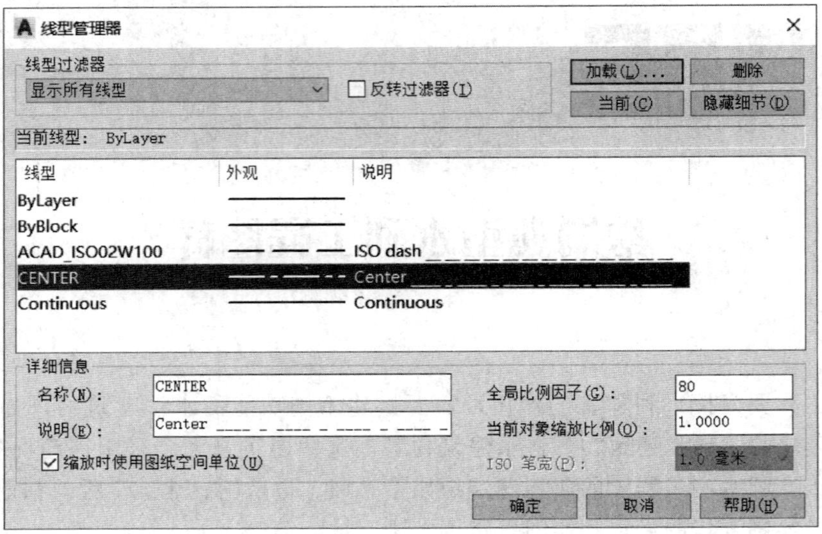

图 4.1 【线型管理器】对话框

※注意：若样板文件中文字样式创建为注释性文字，则此处不做修改，在注写文字时，将当前视图的注释比例改为 1∶400 即可。

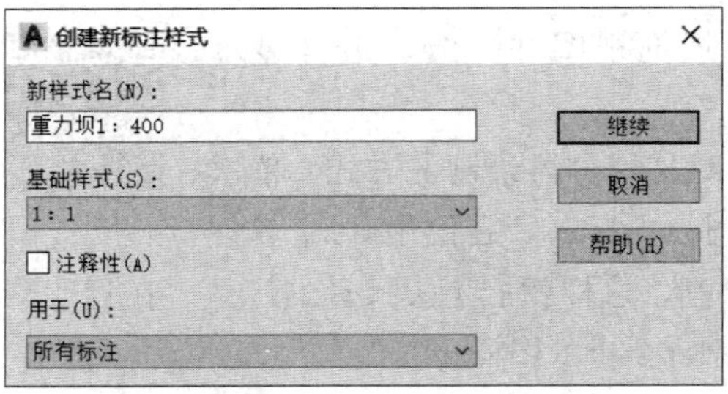

图 4.2 【创建新标注样式】对话框

4. 设置标注样式

执行【标注样式（D）】命令，打开【标注样式管理器】对话框。单击【新建】，打开【创建新标注样式】对话框，新样式名为“重力坝 1∶400”（新样式名自定），基础样式为“1∶1”标注样式，用于“所有标注”，单击【继续】，如图 4.2 所示。

为了使尺寸标注大小与图形匹配，在进行尺寸标注样式设置时，将【调整】选项卡中的【使用全局比例】设置为 400（出图比例的倒数），其余参数均用“水利工程图 .dwg”样板文件中的设置，单击【确定】完成设置，如图 4.3 所示，并将“重力坝 1∶400”样式置为当前。

4.1.2 绘制重力坝剖视图

1. 绘制溢流坝段

（1）将“点画线”图层置为当前，执行【直线（L）】命令绘制重力坝定位轴线；将“粗实线”图层置为当前，根据溢流坝剖视图的尺寸，以点 *A* 为起画点，执行【多段线（PL）】、【直线（L）】、【矩形（REC）】等命令绘制已知直线段，如图 4.4 所示。

（2）执行【UCS】命令定义用户坐标系，原点定在起画点 *A* 处，*OX* 轴水平向右为正，*OY* 轴竖直向下为正，如图 4.5（a）所示；执行【样条曲线（SPL）】命令，根据溢流坝段坐标值绘制溢流坝面曲线，如图 4.5（b）所示；绘制完成后再次执行

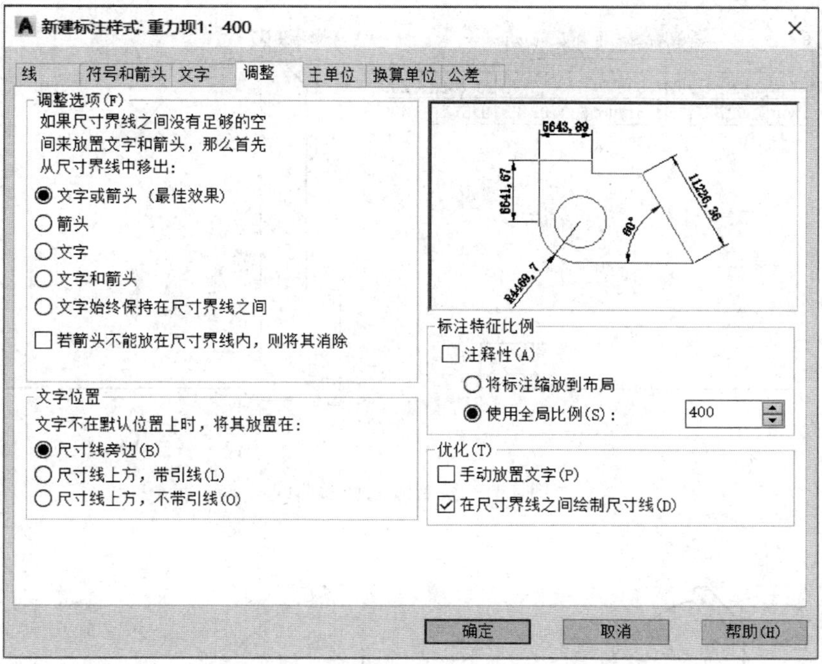

图 4.3 【新建标注样式：重力坝 1∶400】对话框

【UCS】命令将用户坐标系改为世界坐标系。

(3) 执行【直线 (L)】及【构造线 (XL)】命令绘制坡度为 1∶0.7 的斜线，如图 4.6 (a) 所示；执行【圆角 (F)】命令绘制溢流坝返弧段，如图 4.6 (b) 所示。

(4) 执行【偏移 (O)】命令将绘制好的图形向内偏移 1000mm，并【修剪 (TR)】；执行【多段线 (PL)】及【偏移 (O)】命令绘制廊道，如图 4.7 所示。

(5) 执行【直线 (L)】、【多段线 (PL)】、【偏移 (O)】命令绘制溢流坝段上部闸墩 [图 4.8 (a)] 及导墙 [图 4.8 (b)]。

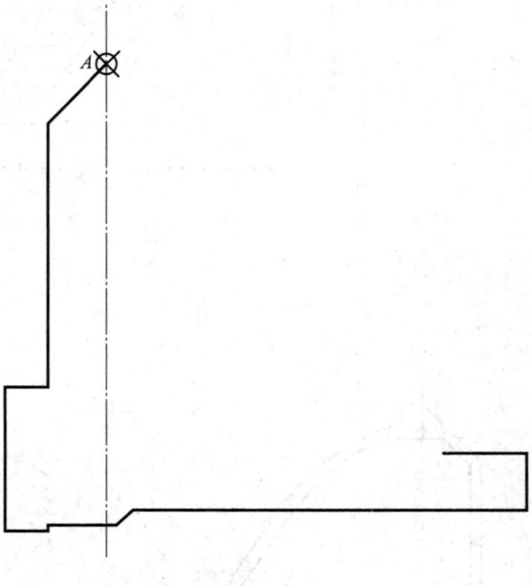

图 4.4 绘制溢流坝直线段

2. 绘制消力池、出水渠

(1) 执行【直线 (L)】、【偏移 (O)】、【定数等分 (DIV)】等命令绘制下游消力池、出水渠及坐标系等，如图 4.9 所示。

(2) 执行【图案填充 (H)】命令在剖切区域填充相应材料的图例，如图 4.10 所示。

3. 尺寸标注

将"尺寸标注"图层置为当前，执行【线性 (DLI)】、【连续 (DCO)】等命令完成尺

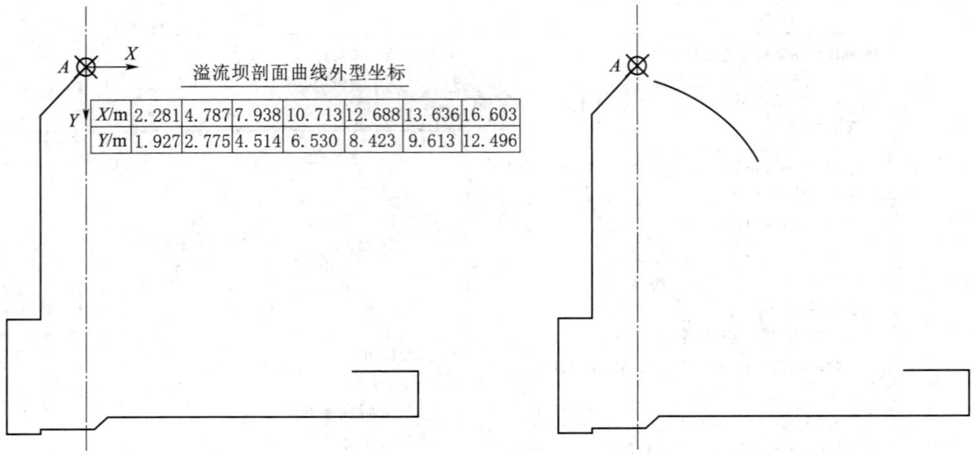

X/m	2.281	4.787	7.938	10.713	12.688	13.636	16.603
Y/m	1.927	2.775	4.514	6.530	8.423	9.613	12.496

（a）　（b）

图 4.5　绘制溢流坝面曲线

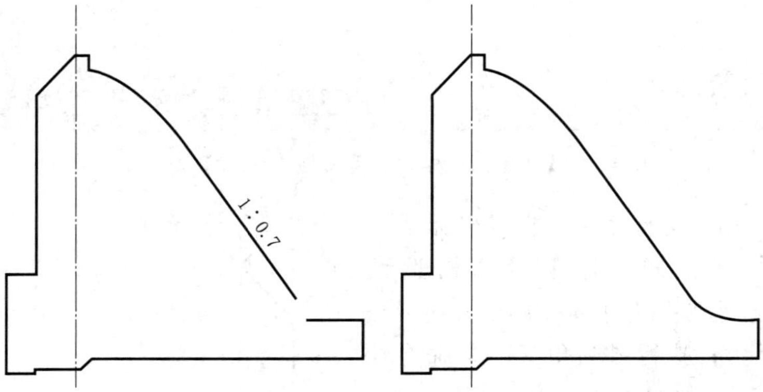

（a）　（b）

图 4.6　绘制溢流坝段圆弧

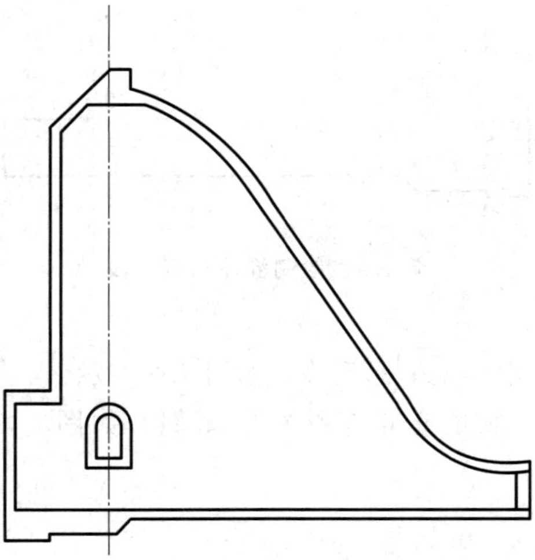

图 4.7　绘制溢流坝段

寸标注；执行【插入块（I）】命令，插入 3.6.3.4 实例 1 创建的外部块“高程符号”，插入统一比例为 400，完成高程标注，如图 4.11 所示。

4.1.3　注写文字，装入图框

（1）注写文字说明、图名等。将“文本”图层置为当前，执行【多行文字（T）】命令注写文字说明、图名等。

※注意：图名下方应绘制一条粗实线，其长度应超出视图名称前后各 3～5mm。若图名之后或图名下方要注写比例时，比例的字高应较图名字号小 1 号或 2 号。

（2）装入图框。执行【插入块（I）】命

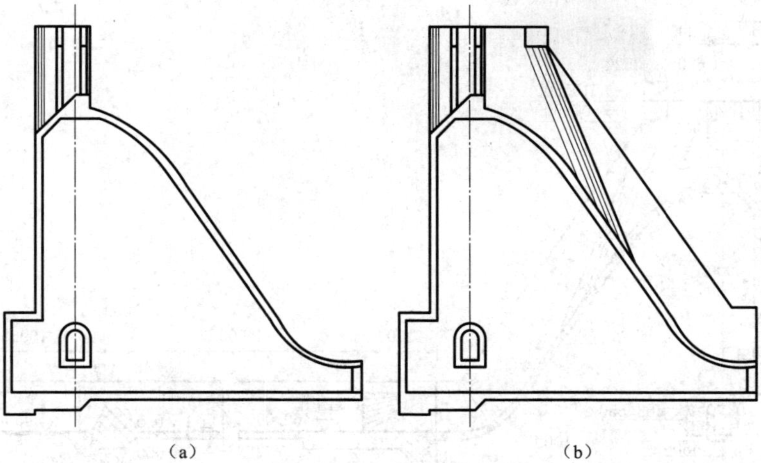

图 4.8　绘制闸墩和导墙

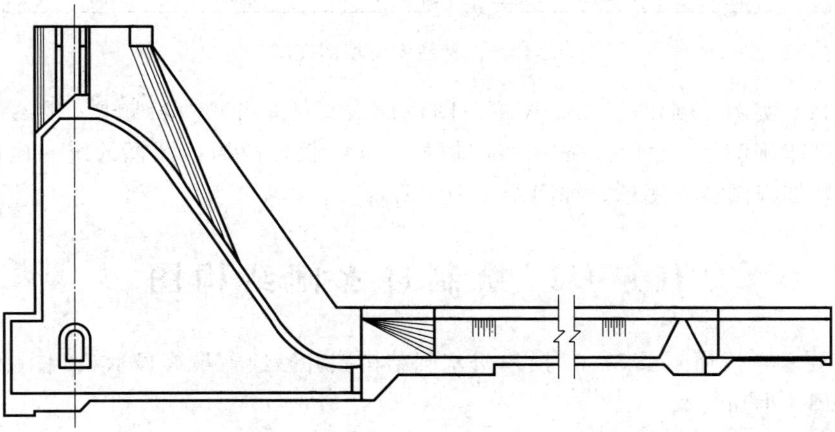

图 4.9　绘制消力池和出水渠

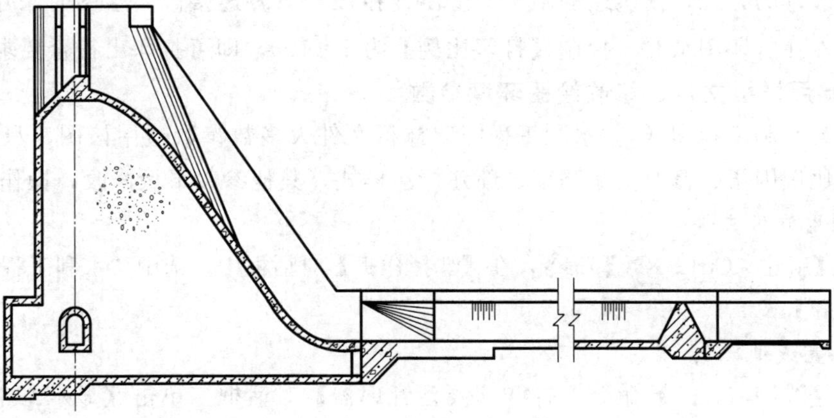

图 4.10　填充溢流坝剖视图

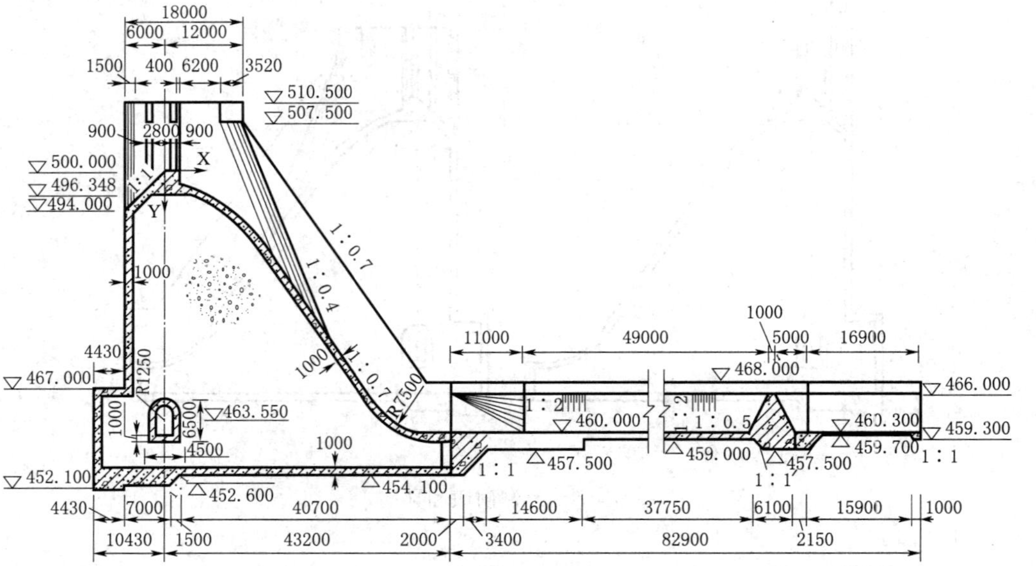

图 4.11　标注溢流坝剖视图

令将 3.6.3.4 实例 2 创建的“A3 图框”图块插入文件，并填写标题栏。因绘图比例是 1∶1，而打印比例是 1∶400，故需将图框放大 400 倍，故插入图框的统一比例为 400，再将重力坝剖视图放入图框，如附录 4－01 所示。

任务 4.2　绘制进水闸结构图

任务要求：读懂附录 5－01 所示进水闸结构图并抄绘，最终显示 A3 图幅的实际大小和线宽。

4.2

绘图思路：该图为进水闸结构图样，包含平面图、A—A 纵剖视图、B—B 剖视图和 C—C 断面图。绘制平面图和纵剖视图时，采用分段绘制的方式，依次绘制闸室、上游连接段、下游连接段。绘图时采用 1∶1 的比例绘制。在打印图纸时，控制【打印比例】为 1∶100，即可打印出符合要求的图样。

4.2.1　调用样板文件，修改绘图环境参数

该图为水利工程图样，“水利工程图”样板文件大多数参数适用该图，只需要设置线型全局比例因子、修改文字高度、新建标注样式，其他参数不做修改，操作如下。

1. 调用样板文件

执行【新建<Ctrl+N>】命令，在【选择样板】对话框中，选中“水利工程图.dwt”，单击【打开】。

2. 设置线型比例

执行【线型（LT）】命令，打开【线型管理器】对话框。单击【显示细节】按钮，将【全局比例因子】设置为 20，单击【确定】，完成对非连续线型比例的设置，如图 4.12 所示。

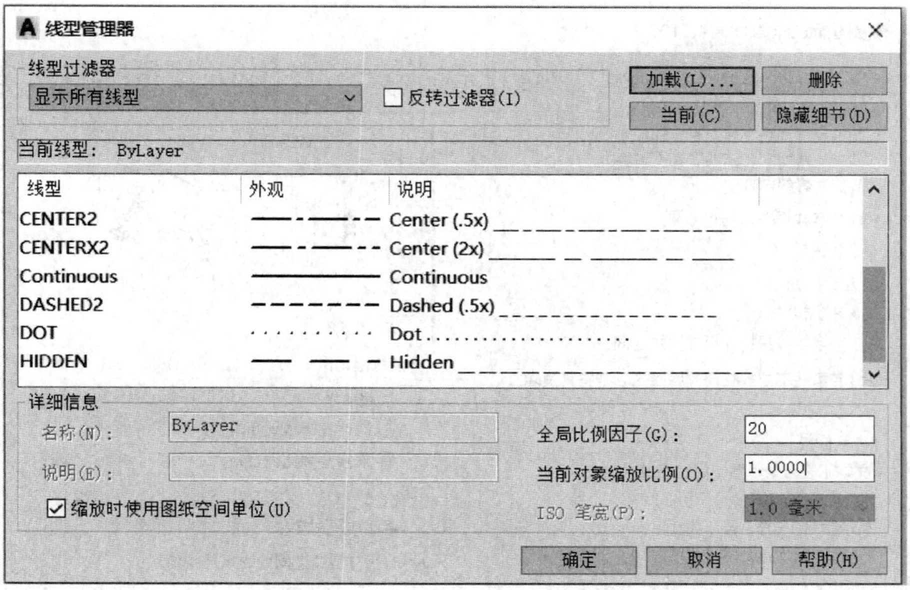

图 4.12 【线型管理器】对话框

3. 修改文字样式

执行【文字样式（ST)】命令，打开【文字样式】对话框。修改【汉字】高度为 500，【数字与字母】高度为 350。

※注意：若样板文件中文字样式创建为注释性文字，则此处不做修改，在注写文字时，将当前视图的注释比例改为 1∶100 即可。

4. 设置标注样式

执行【标注样式（D)】命令，打开【标注样式管理器】对话框。单击【新建】，打开【创建新标注样式】对话框，新样式名为“水闸 1∶100”，基础样式为“1∶1”，用于“所有标注”，单击【继续】，如图 4.13 所示。

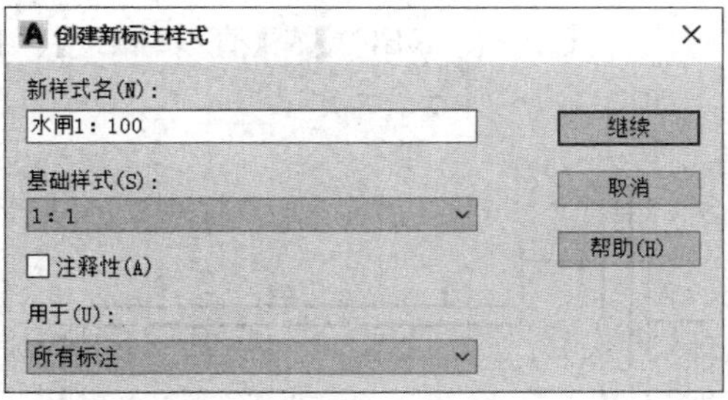

图 4.13 【创建新标注样式】对话框

在【新建标注样式：水闸 1∶100】对话框中，将【调整】选项卡中的【使用全局比例】设置为 100，其余参数均不修改，单击【确定】，完成设置，如图 4.14 所示，并将“水闸 1∶100”样式置为当前。

4.2.2 绘制 A—A 纵剖视图

根据 A—A 纵剖视图的尺寸，分段绘制闸室、上游连接段和下游连接段纵剖视图。

1. 绘制闸室

执行【矩形（REC)】、【直线（L)】、【偏移（O)】、【拉伸（S)】命令绘制闸室段纵剖视图，如图 4.15 所示。

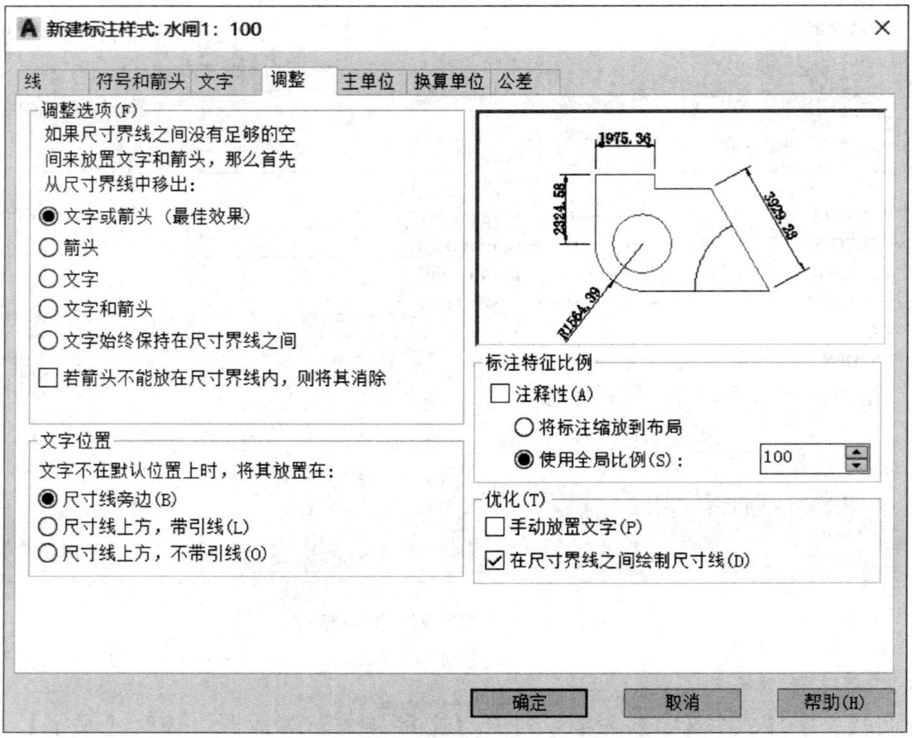

图 4.14 【新建标注样式：水闸 1∶100】对话框

2. 绘制上游连接段

执行【矩形（REC)】、【直线（L)】、【偏移（O)】等命令绘制上游连接段纵剖视图，如图 4.16 所示。

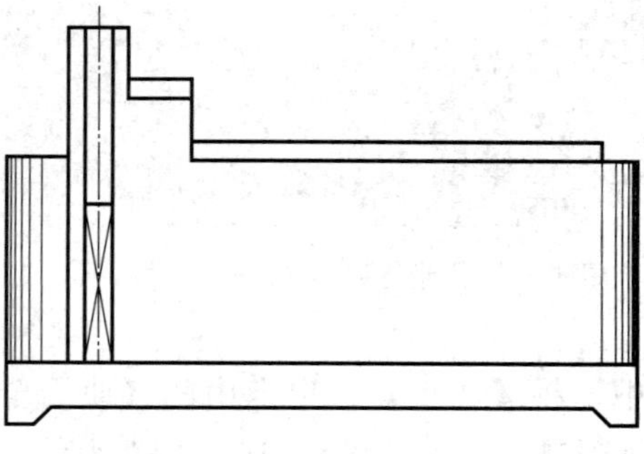

图 4.15 闸室段纵剖视图

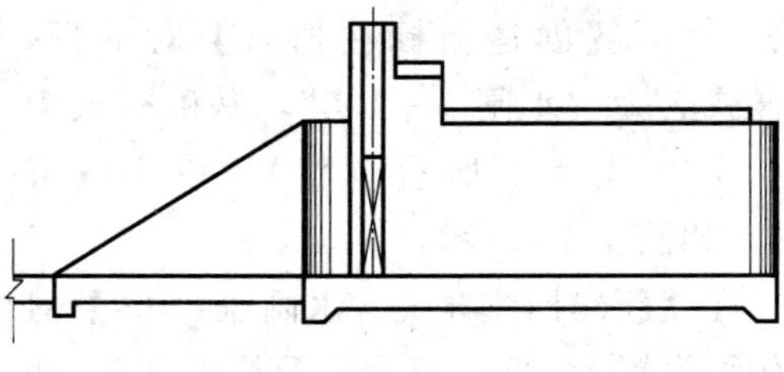

图 4.16 上游连接段纵剖视图

3. 绘制下游连接段

执行【矩形（REC)】、【直线（L)】、【偏移（O)】等命令绘制下游连接段纵剖视图；示坡线（细实线图层）可执行【直线（L)】、【复制选择（CO)】等命令绘制，如图 4.17 所示。

4. 图案填充

执行【图案填充（H)】命令完成材料图例填充；有些材料在图案填充里没有合适

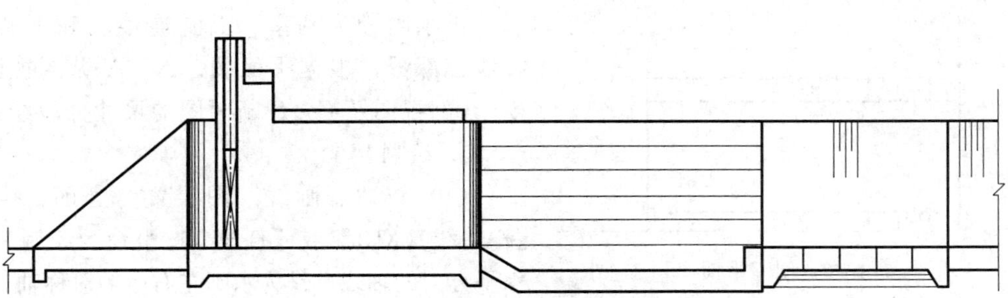

图 4.17 下游连接段纵剖视图

的图案，如浆砌块石，可单独绘制，再执行【复制选择（CO)】命令，如图 4.18 所示。

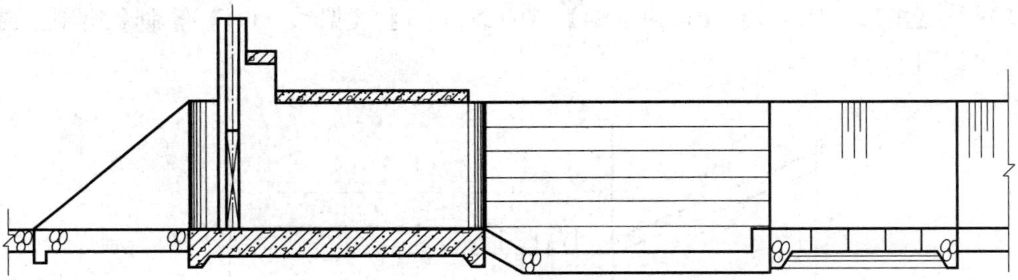

图 4.18 填充纵剖视图

5. 尺寸标注

将“尺寸标注”图层置为当前，执行【线性（DLI)】、【连续（DCO)】等命令完成尺寸标注；执行【插入块（I)】命令，插入“高程符号”外部块，完成高程标注，如图 4.19 所示。

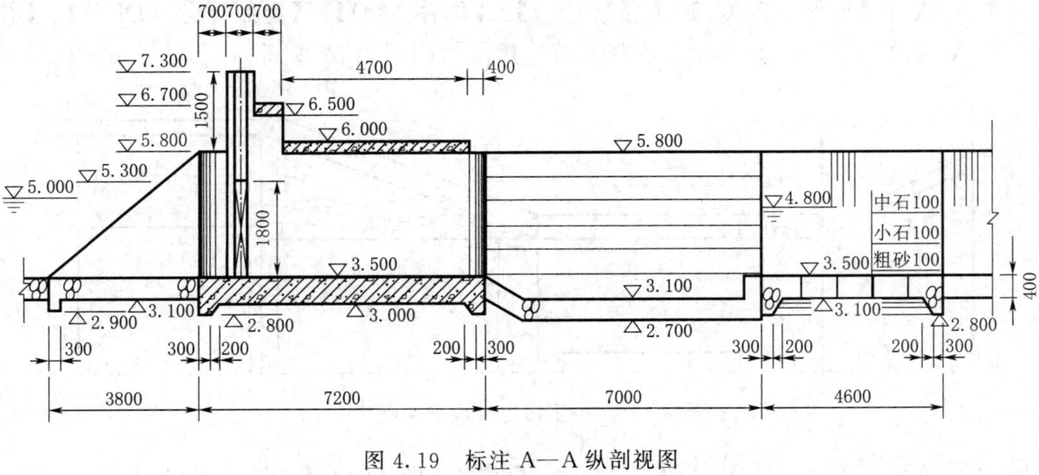

图 4.19 标注 A—A 纵剖视图

4.2.3 绘制平面图

该进水闸平面图左右岸对称，故只需要绘制左岸或者右岸。本例绘制左岸，再执行镜像命令绘制右岸。

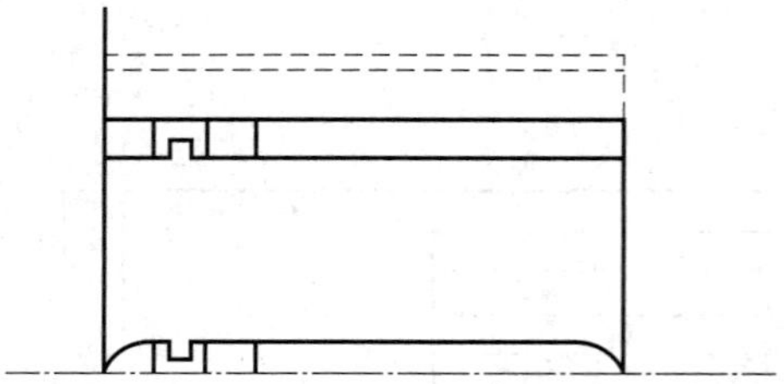

图 4.20 闸室平面图

进水闸分为闸室、上游连接段和下游连接段三部分，根据平面图、A—A 纵剖视图、B—B 剖视图及 C—C 断面图的尺寸分段绘制。

1. 绘制闸室

(1) 将“点画线”图层置为当前，执行【构造线（XL)】或【直线（L)】命令绘制一条水平方向的轴线，作为水闸左右岸的对称轴。

(2) 执行【矩形（REC)】、【直线（L)】、【圆角（F)】、【修剪（TR)】、【偏移（O)】等命令绘制闸室平面图，如图 4.20 所示。

2. 绘制上游连接段

执行【矩形（REC)】、【拉伸（S)】、【直线（L)】、【偏移（O)】等命令绘制上游连接段，如图 4.21 所示。

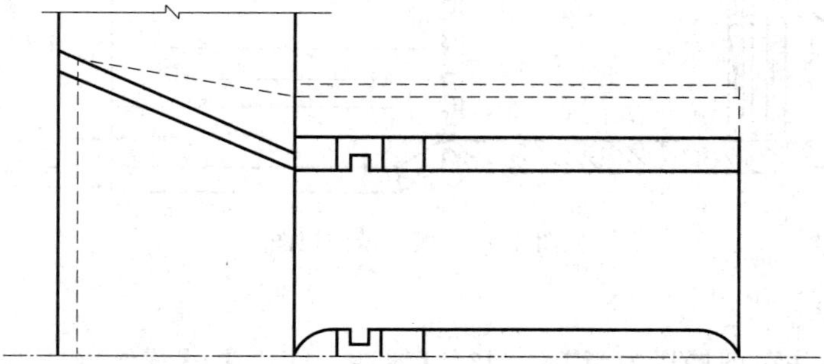

图 4.21 上游连接段平面图

3. 绘制下游连接段

(1) 执行【矩形（REC)】、【直线（L)】、【偏移（O)】、【定数等分（DIV)】、【拉伸（S)】、【阵列（AR)】等命令绘制下游连接段，如图 4.22 所示。

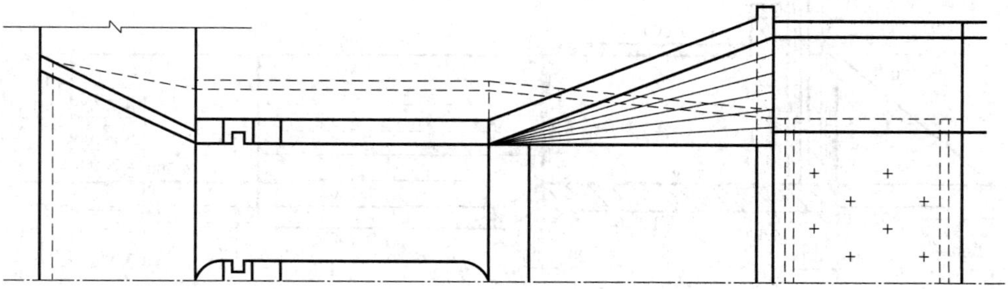

图 4.22 下游连接段平面图

(2) 执行【直线（L)】、【偏移（O)】、【复制选择（CO)】等命令绘制左岸示坡线、折断符号（细实线）、剖切位置线（粗实线），如图 4.23 所示。

4. 绘制右岸平面图

执行【镜像（MI)】命令，以中心线为对称轴，绘制右岸，如图 4.24 所示。

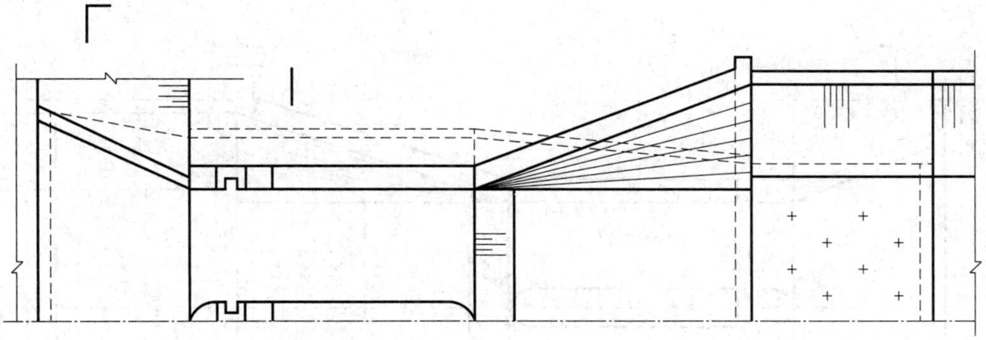

图 4.23　进水闸左岸平面图

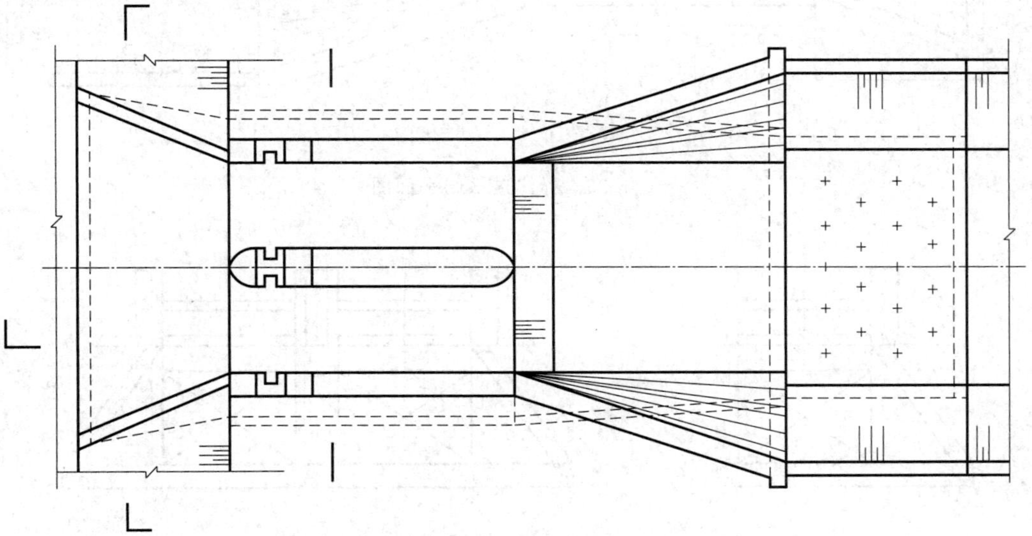

图 4.24　进水闸平面图

5. 尺寸标注

将“尺寸标注”图层置为当前，执行【线性（DLI）】、【连续（DCO）】等命令完成平面图尺寸标注，如图 4.25 所示。

※ 注意：在平面图中注写高程数值时，需将高程数值注写在细实线矩形线框内。

4.2.4　绘制 B—B 剖视图

1. 绘制剖视图

B—B 剖视图左右岸对称，故只需画一半，再镜像即可。

执行【矩形（REC)】、【直线（L)】、【偏移（O)】、【拉伸（S)】、【镜像（MI)】等命令，绘制 B—B 剖视图，如图 4.26 所示。

2. 尺寸标注

将“尺寸标注”图层置为当前，执行【线性（DLI)】、【连续（DCO)】等命令，完成尺寸标注；执行【插入块（I)】命令，插入“高程符号”外部块，完成高程标注，如图 4.27 所示。

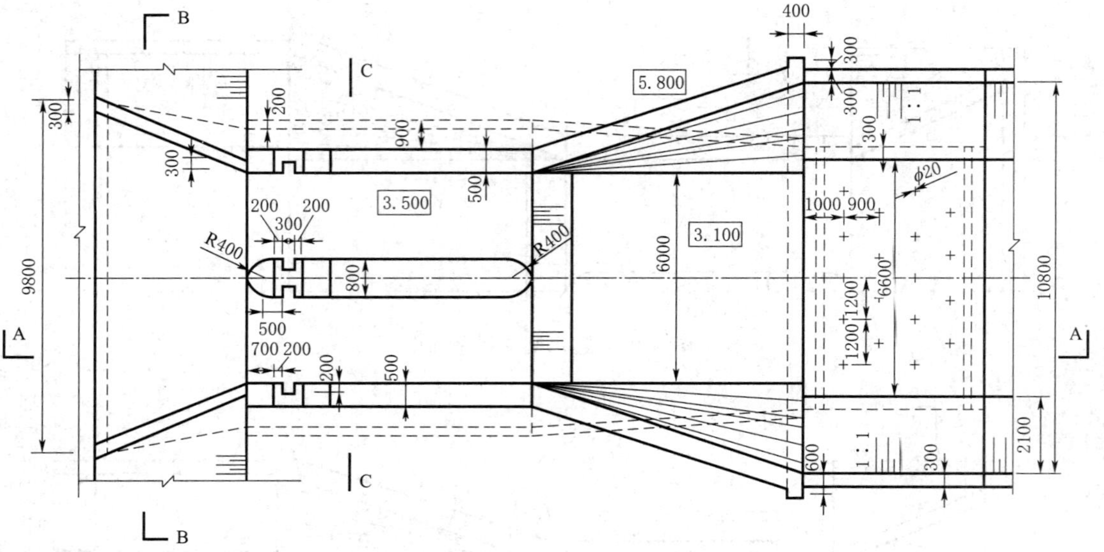

图 4.25 标注进水闸平面图

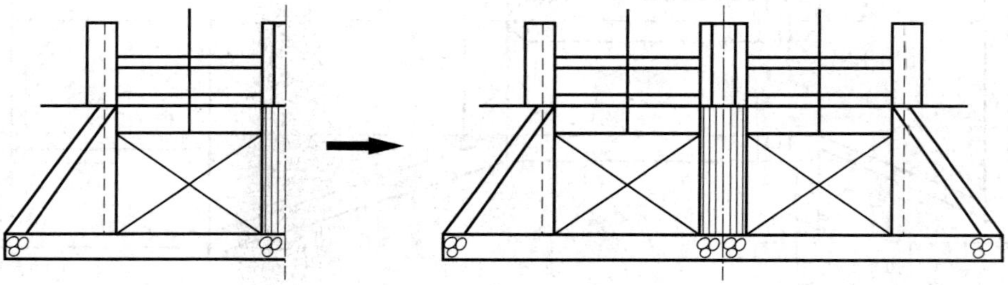

图 4.26 B—B 剖视图

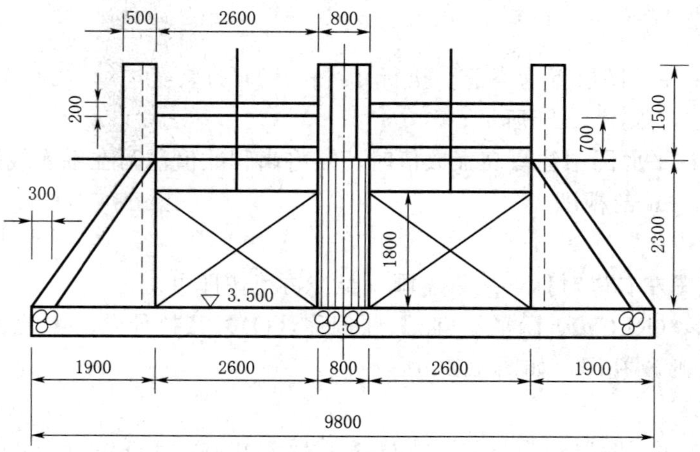

图 4.27 标注 B—B 剖视图

4.2.5 绘制 C—C 断面图

1. 绘制断面图

C—C 断面图左右岸对称，故只需画一半，再镜像即可。

执行【矩形（REC)】、【直线（L)】、【拉伸（S)】、【图案填充（H)】命令，绘制 C—C 断面图，如图 4.28（a）所示。

2. 尺寸标注

执行【线性（DLI)】、【连续（DCO)】等命令，完成尺寸标注；执行【插入块（I)】命令，插入“高程符号”外部块，完成高程标注，如图 4.28（b）所示。

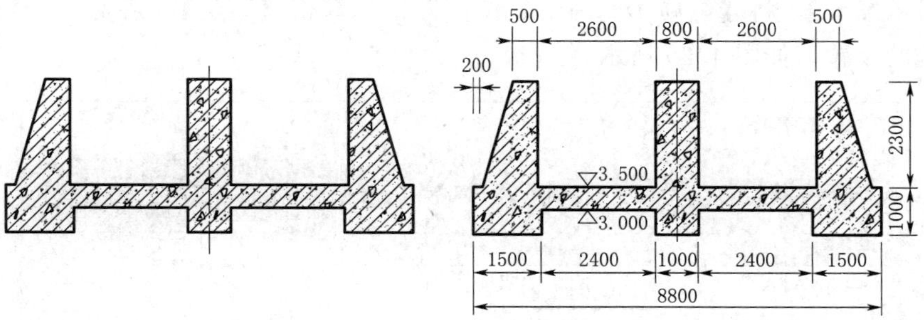

（a）C—C断面图　　（b）标注C—C断面图

图 4.28 C—C 断面图

4.2.6 注写文字，装入图框

将平面图、A—A 纵剖视图、B—B 剖视图按照视图的位置及“长对正”“高平齐”的投影规律放置。

(1) 注写文字说明、图名等。略

※ 注意：在注写多层结构时，引出线与标注各层垂直；在同一行标注中，汉字，字母和数字宜采用同一字号。

(2) 装入图框。执行【插入块（I)】命令将 3.6.3.4 实例 2 创建的“A3 图框”图块插入文件，并填写标题栏。因绘图比例是 1∶1，而打印比例是 1∶100，所以需将图框放大 100 倍，故插入图框的统一比例为 100，再将进水闸结构图放入图框，如附录 5－01 所示。

任务 4.3 绘制建筑工程图

任务要求：读懂附录 6－01 所示水库管理房施工图并抄绘，最终显示 A3 图幅的实际大小和线宽。

绘图思路：该图为建筑图样，包含水库管理房的底层平面图、正立面图、1—1 剖视图。绘图时采用 1∶1 的比例绘制。打印图纸时，控制【打印比例】为 1∶100，即可打印出符合要求的图样。

4.3

4.3.1 调用样板文件，修改绘图环境参数

该图为建筑图样，“水利工程图”样板文件大多数参数适用该图，要绘制符合《房屋建筑制图统一标准》(GB/T 50001—2017) 规定的建筑图样，还需要设置线型全局比

例因子、修改文字高度、新建建筑标注样式，其他参数不用修改。建筑平面图中的墙线和窗线要执行【多线】命令绘制，在执行【多线（ML）】命令前，应先设置多线样式，操作如下。

1. 调用样板文件

执行【新建<Ctrl+N>】命令，在【选择样板】对话框中，选中“水利工程图 .dwt”，单击【打开】。

2. 设置线型比例

执行【线型（LT）】命令，打开【线型管理器】对话框。选择线型“CENTER”，单击【显示细节】，将【全局比例因子】设置为 20，单击【确定】，完成对“CENTER”线型比例的设置，如图 4.29 所示。

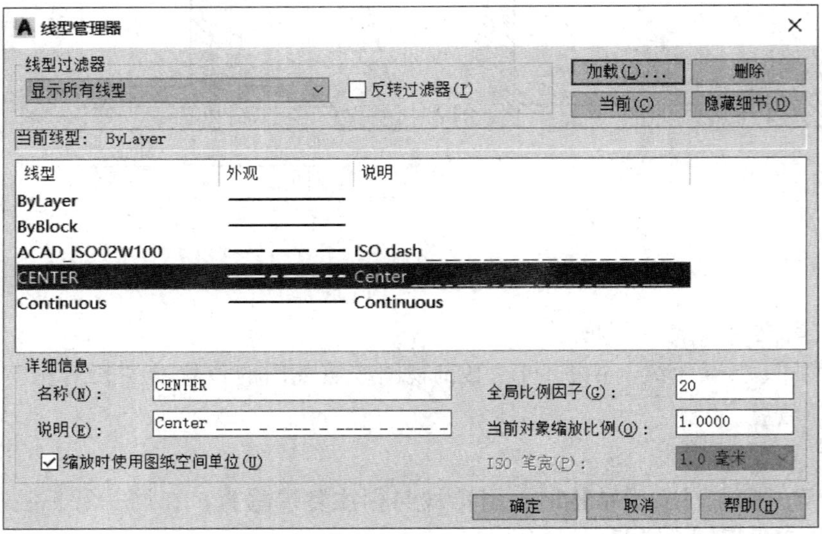

图 4.29 【线型管理器】对话框

3. 修改文字样式

执行【文字样式（ST）】命令，打开【文字样式】对话框。修改【汉字】高度为 500，【数字与字母】高度为 350。

※注意：若样板文件中文字样式创建为注释性文字，则此处不做修改，在注写文字时，将当前视图的注释比例改为 1∶100 即可。

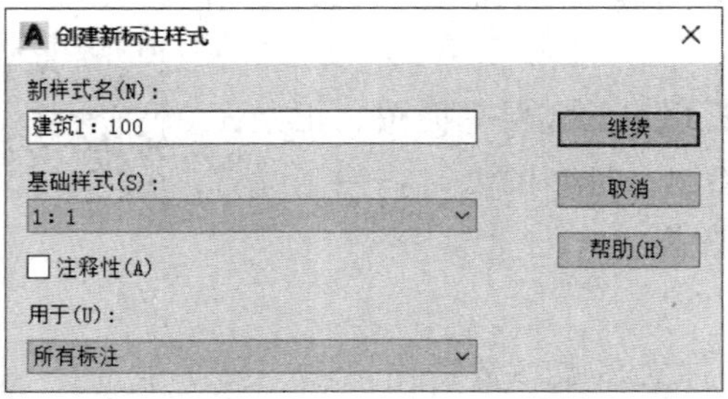

图 4.30 【创建新标注样式】对话框

4. 设置标注样式

执行【标注样式（D）】命令，打开【标注样式管理器】对话框。单击【新建】，打开【创建新标注样式】对话框，新样式名为“建筑 1∶100”，基础样式为“1∶1”，用于“所有标注”，单击【继续】，如图 4.30 所示。

根据《房屋建筑制图统一标准》（GB/T 50001—2017）进行相应修改，参数设置如下：将【符号和箭头】选项卡中的【箭头】改为【建筑标记】，如图 4.31 所示；将【调整】选项卡中的【使用全局比例】改为 100，其余参数均用“水利工程图”样板文件的设置，如图 4.32 所示，并将“建筑 1：100”样式置为当前。

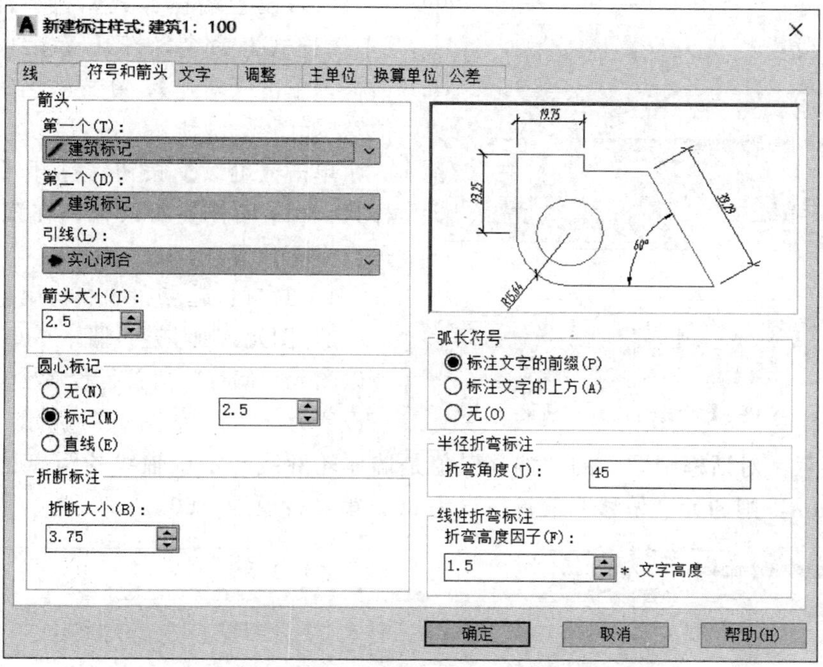

图 4.31　修改【符号和箭头】对话框

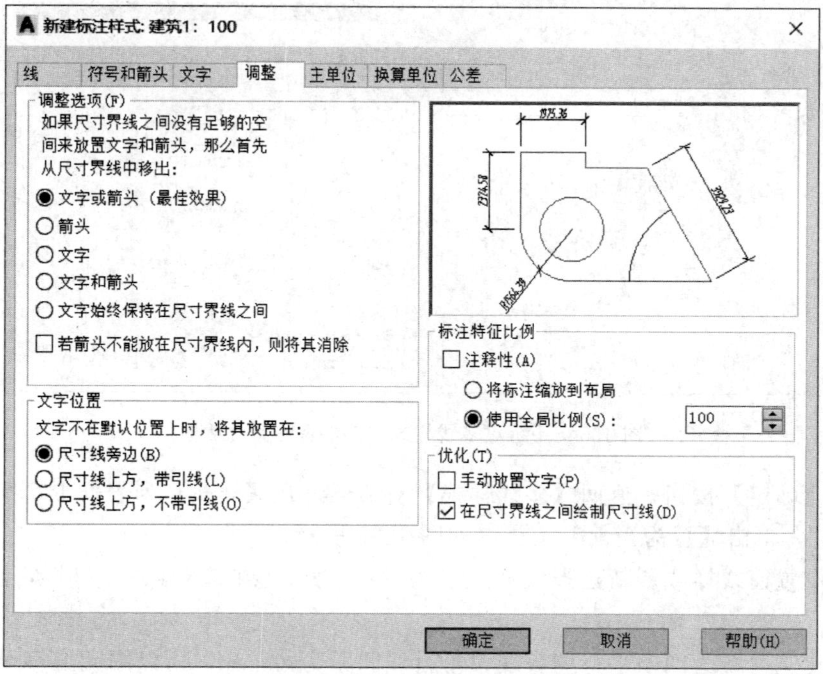

图 4.32　修改【使用全局比例】对话框

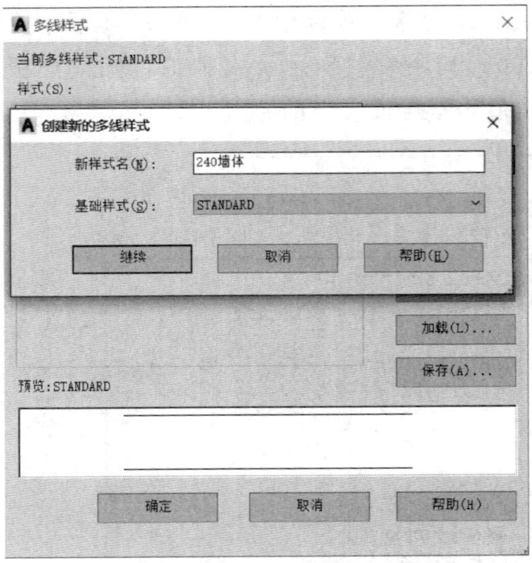

图 4.33 【多线样式】对话框

5. 设置多线样式

在使用【多线（ML）】命令前，应首先设置多线样式。

（1）设置墙体样式。执行【格式】→【多线样式】命令，打开【多线样式】对话框，单击【新建】，新样式名为“240 墙体”，如图 4.33 所示。

单击【继续】按钮，打开【新建多线样式：240 墙体】对话框。在该对话框中进行以下设置：

1）封口：起点和端点均用直线封口。

2）图元：因该建筑墙体厚度为 240mm，所以图元“偏移”值首行设置为 120，第二行设置为－120，如图 4.34 所示。

※ 注意：对话框中图元的“偏移”值是墙体轮廓线与定位轴线的距离。若墙体厚度为 120mm，则图元“偏移”值首行设为 60，第二行设为－60。

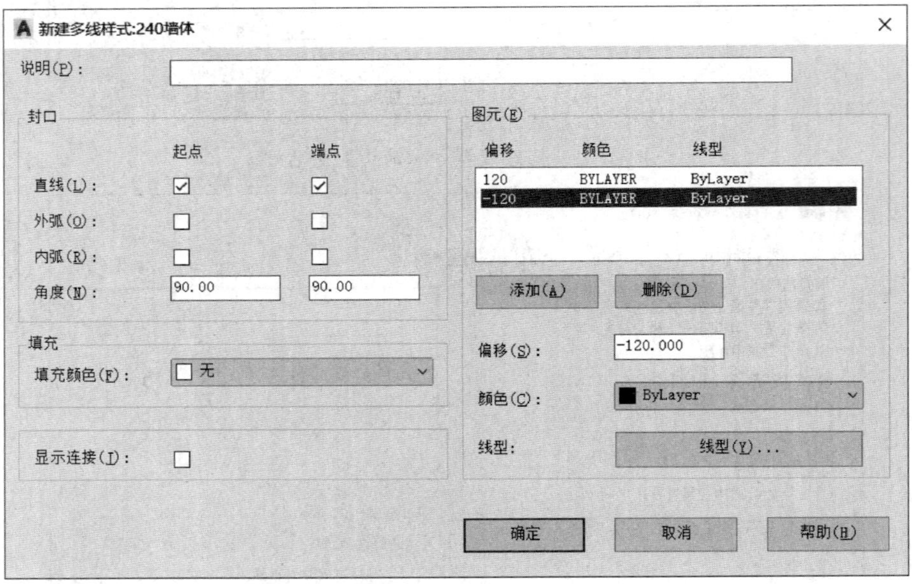

图 4.34 【新建多线样式：240 墙体】对话框

单击【确定】按钮，返回【多线样式】对话框，在【样式】列表框中选择多线样式“240 墙体”，单击【置为当前】按钮，如图 4.35 所示。

（2）设置窗线样式。新建多线样式名为“240 窗”，在该对话框中对图元进行以下设置：

因该建筑窗线为四条平行的直线，平行线间距为 80mm，所以图元偏移量首行设置为 120，第二行设置为 40，第三行设置为－40，第四行设置为－120，如图 4.36 所示。

4.3.2 绘制底层平面图

1. 绘制轴线网

建筑轴线是在绘制建筑平面图时布置墙体和门窗的依据，同样也是建筑施工定位的重要依据。根据底层平面图中各轴线的尺寸执行【构造线（XL)】、【偏移（O)】、【修剪（TR)】等命令绘制轴线网。

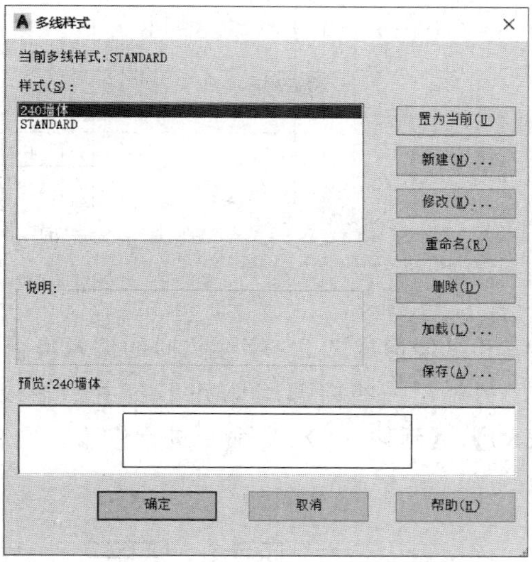

图 4.35 “240 墙体”置为当前

(1) 绘制横向轴线。将“点画线”图层置为当前，执行【构造线（XL)】命令绘制一条水平方向的基准轴线，再执行【偏移（O)】命令将横向基准轴线依次向下偏移，偏移量分别为 3300、1500、1800，完成横向轴线的绘制。

(2) 绘制纵向轴线。执行【构造线（XL)】命令绘制一条竖直方向的基准轴线，再执行【偏移（O)】命令将纵向基准轴线依次向右偏移出四条轴线，偏移量均为 3300，完成纵向轴线的绘制，如图 4.37 (a) 所示。

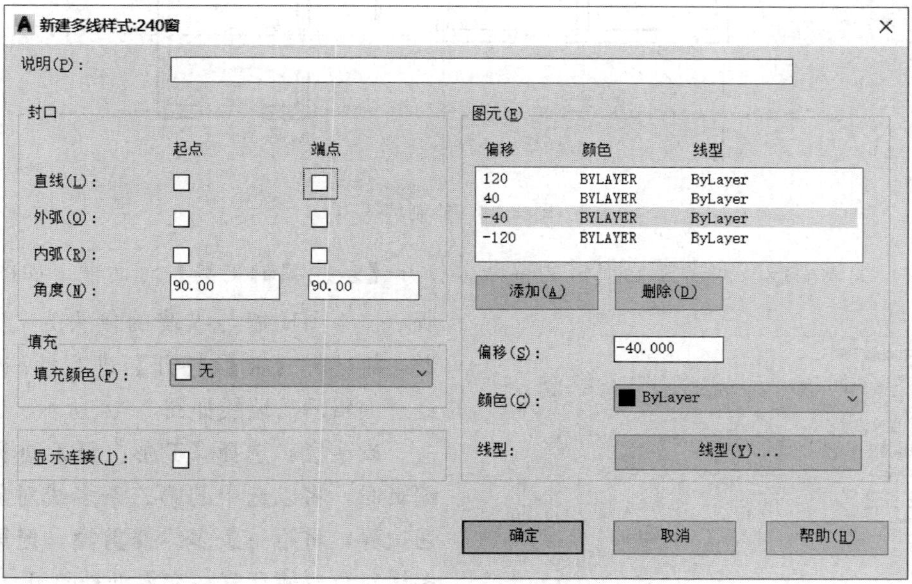

图 4.36 【新建多线样式：240 窗】对话框

(3) 修剪轴线网。执行【矩形（REC)】命令框出所需轴网，注意留够尺寸标注的位置，如图 4.37 (b) 所示；执行【修剪（TR)】命令对矩形外围多余的线条进行修剪，如图 4.37 (c) 所示；修剪完成后删除矩形，轴网绘制完成，如图 4.37 (d) 所示。

2. 绘制墙线

将“粗实线”图层置为当前。

(1) 执行【多线（ML)】命令绘制墙线。一般先画外墙，再画内墙，这样绘图为

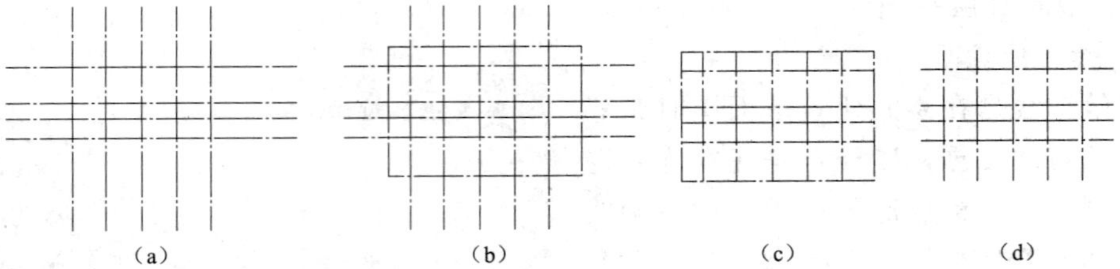

图 4.37 绘制轴网

横墙和纵墙形成“T”字接头时的编辑提供了便利。

另外，一些内部墙体并不在主要轴线上，可通过添加辅助轴线，并结合【修剪（TR)】、【延伸（EX)】命令进行修改，绘制完成的墙体如图 4.38 所示。

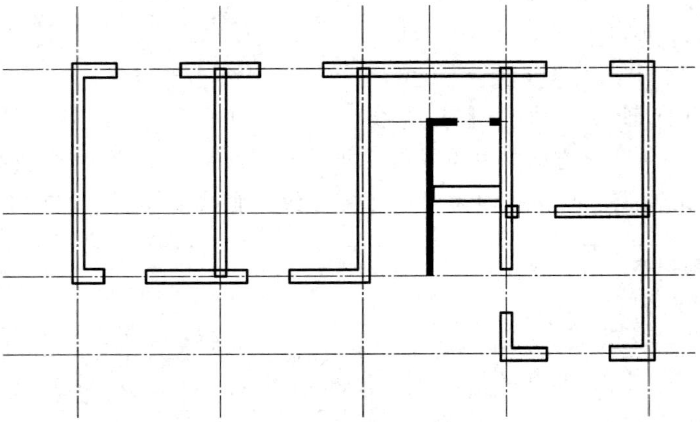

图 4.38 绘制墙线

（2）编辑墙线。双击需要编辑的墙线，打开【多线编辑工具】对话框，如图 4.39 所示。本图横墙与纵墙的接头为“T”字形，故选择【T 形打开】进行墙线编辑，经过编辑后的墙线如图 4.40 所示。

图 4.39 【多线编辑工具】对话框

※注意：选择【T 形打开】进行墙线编辑时，将以选中的第二条多线对象为剪切边界，将第一条多线修剪掉，但第二条多线对象外侧元素在交界处被打开。

3. 绘制窗线

将“细实线”图层置为当前。执行【多线（ML)】命令绘制窗线，如图 4.41 所示。

4. 绘制其他线条

执行【直线（L)】、【偏移（O)】、【圆弧（A)】等命令绘制平面图中的散水、楼梯、门等（细实线）；执行【直线（L)】

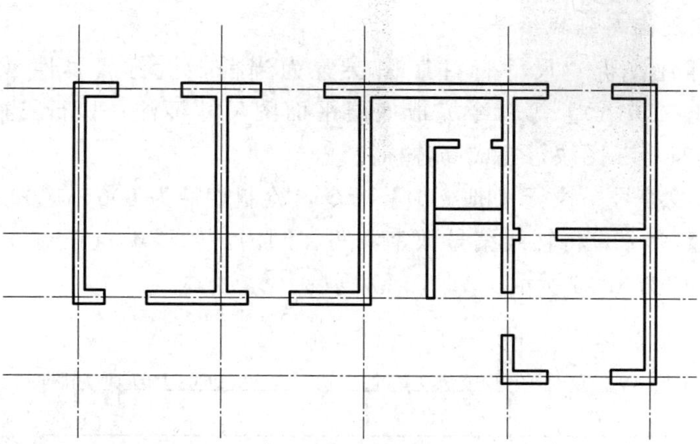

图 4.40 编辑后的墙线

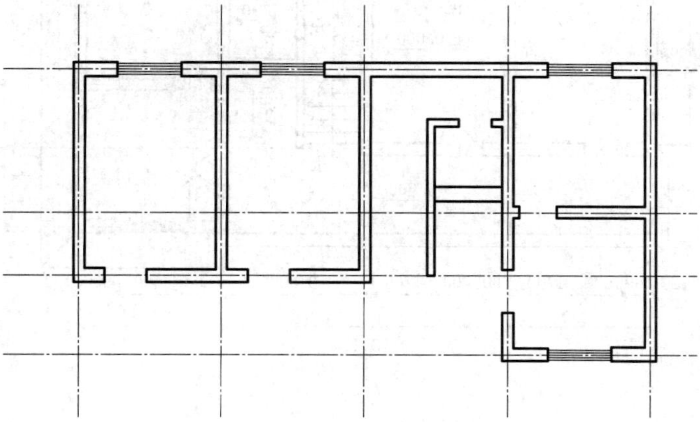

图 4.41 绘制窗线

命令绘制剖切符号（粗实线）。建筑底层平面图绘制完成，如图 4.42 所示。

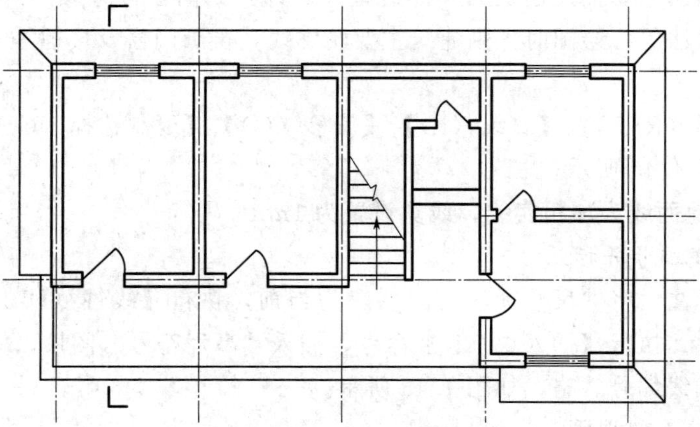

图 4.42 建筑底层平面图

5. 尺寸标注及注写轴线编号

(1) 尺寸标注。将“尺寸标注”图层置为当前，执行【线性 (DLI)】、【连续 (DCO)】、【基线 (DBA)】等命令完成底层平面图尺寸标注；执行【插入块 (I)】命令，插入“高程符号”图块，完成高程标注。

(2) 注写轴线编号。执行【圆 (C)】命令，绘制直径为 800～1000mm 的圆；执行【多行文字 (T)】命令，将轴线编号数字注写在圆内。轴线端点正对编号圆的象限点，中间不留空隙，如图 4.43 所示。

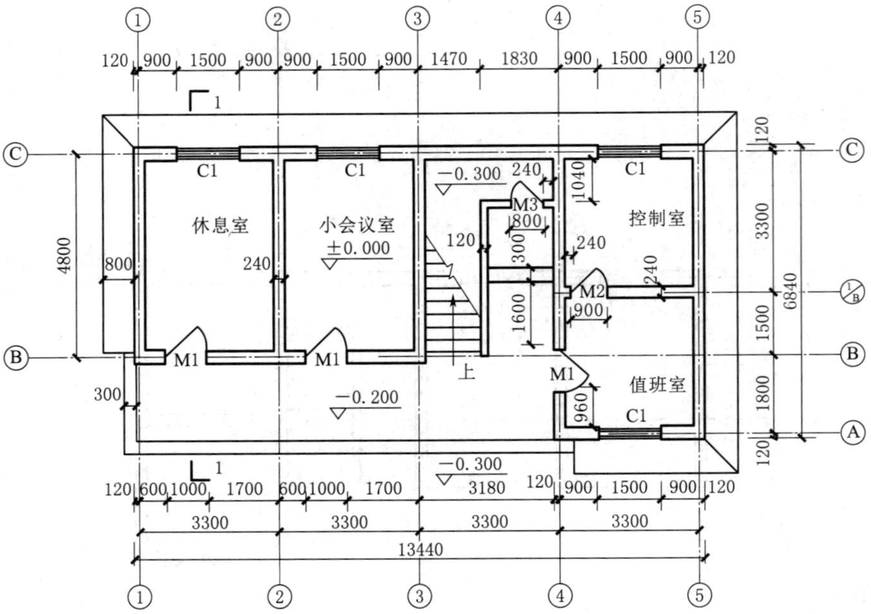

图 4.43　标注建筑底层平面图

4.3.3　绘制正立面图

建筑正立面图主要描述建筑的外部造型、装饰，如门窗位置及形式、雨篷、阳台、外墙面装饰和做法等。绘图时先画建筑主要轮廓线，再画门窗及楼梯等。

1. 绘制正立面图

执行【矩形 (REC)】、【直线 (L)】、【偏移 (O)】、【复制选择 (CO)】等命令绘制正立面图，如图 4.44 所示。

※ 注意：地面线为加粗实线，线宽设置为 1mm。

2. 注写轴线编号并标注

(1) 尺寸标注。将“尺寸标注”图层置为当前，执行【线性 (DLI)】命令完成正立面图尺寸标注；执行【插入块 (I)】命令，插入“高程符号”图块，完成高程标注。

(2) 注写轴线编号。略，如图 4.45 所示。

4.3.4　绘制 1—1 剖视图

建筑剖视图主要表达建筑内部的结构形式，沿高度方向的分层情况、构造做法，门窗洞口、层高等。绘图时先画墙线和楼面板线，再画门窗，最后对墙体及楼面板进行图

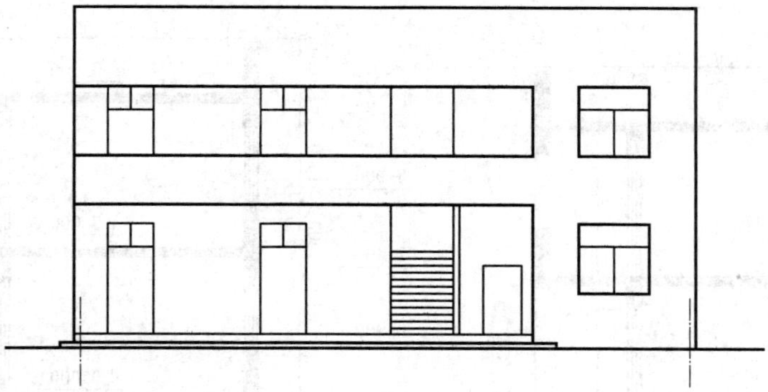

图 4.44 建筑正立面图

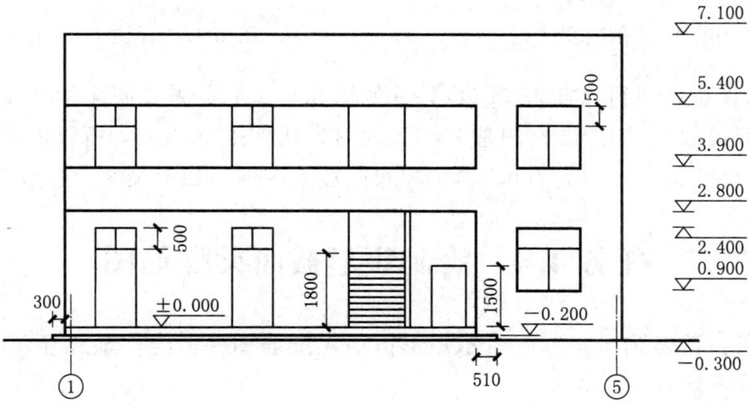

图 4.45 标注建筑正立面图

案填充。

1. 绘制 1—1 剖视图

执行【矩形（REC)】、【直线（L)】、【多线（ML)】、【图案填充（H)】等命令绘制剖视图，如图 4.46 所示。

2. 注写轴线编号并标注

(1) 尺寸标注。执行【线性（DLI)】、【连续（DCO)】命令完成 1—1 剖视图尺寸标注；执行【插入块（I)】命令，插入“高程符号”图块，完成高程标注。

(2) 注写轴线编号。略，如图 4.47 所示。

4.3.5 注写文字，装入图框

将底层平面图、正立面图、1—1 剖视图按照视图的位置及“长对正”“高平齐”的投影规律放置。

(1) 绘制指北针。参照《房屋建筑制图统一标准》(GB/T 50001—2017) 中的规定绘制指北针。

※ 注意：指北针可创建为外部图块，需要时执行【插入块（I)】命令直接调用。

(2) 注写文字说明、图名等。略

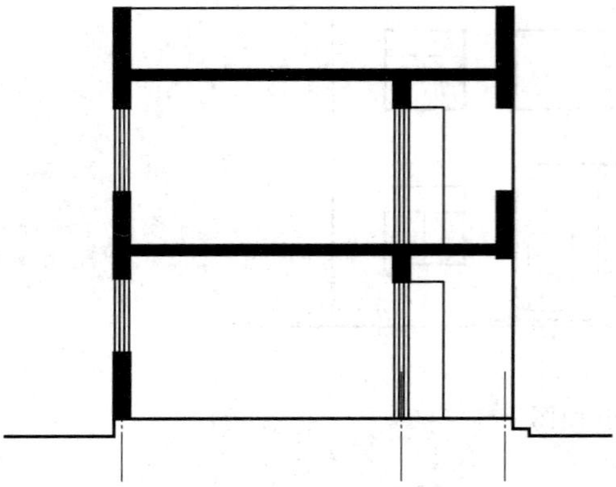

图 4.46　1—1 剖视图

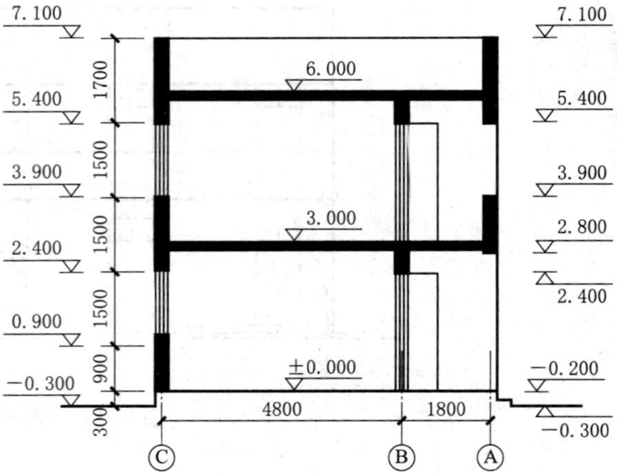

图 4.47　标注 1—1 剖视图

（3）装入图框。执行【插入块（I）】命令将 3.6.3.4 实例 2 创建的“A3 图框”插入文件，并填写标题栏。因绘图比例是 1∶1，而打印比例是 1∶100，所以需将图框放大 100 倍，故插入图框的统一比例为 100，再将建筑图放入图框，如附录 6 - 01 所示。

任务 4.4　绘制矩形截面梁配筋图

任务要求：读懂附录 7 - 01 所示矩形截面梁配筋图并抄绘，最终显示 A3 图幅的实际大小和线宽。

4.4

绘图思路：该图为钢筋混凝土结构配筋图，包含梁的正立面图、1—1 断面图和 2—2 断面图，主要表达梁内钢筋的配置情况。绘图时采用 1∶1 的比例将其依次绘制。在打印图纸时，控制【打印比例】为 1∶10，即可打印出符合要求的图样。

4.4.1　调用样板文件，修改绘图环境参数

“水利工程图 .dwt”样板文件大多数参数适用该图，只需修改文字高度、新建钢筋图标注样式，其他参数不用修改，操作如下。

1. 调用样板文件

执行【新建＜Ctrl＋N＞】命令，在【选择样板】对话框中，选中“水利工程图 .dwt”，单击【打开】。

2. 修改文字样式

执行【文字样式（ST）】命令，打开【文字样式】对话框。修改【汉字】高度为 50，【数字与字母】高度为 35。

※注意：若样板文件中文字样式创建为注释性文字，则此处不做修改，在注写文字时，将当前视图的注释比例改为 1∶10 即可。

3. 设置标注样式

执行【标注样式（D）】命令，打开【标注样式管理器】对话框。单击【新建】，打

开【创建新标注样式】对话框，名称为“钢筋图 1∶10”，基础样式为“1∶1”，用于“所有标注”，单击【继续】，如图 4.48 所示。

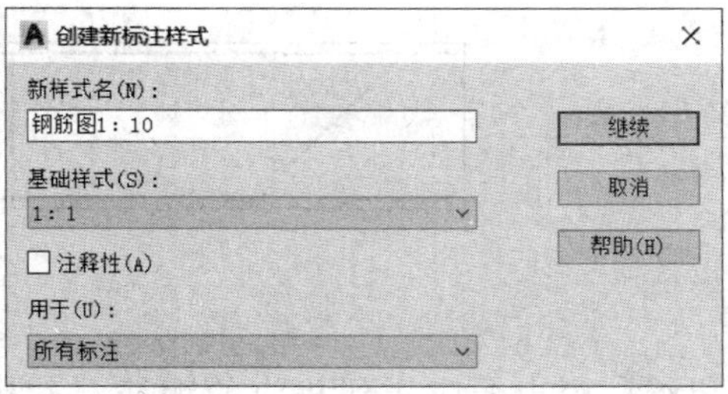

图 4.48 【创建新标注样式】对话框

为了使尺寸标注大小与图形匹配，在【新建标注样式：钢筋图 1∶10】对话框中，将【调整】选项卡的【使用全局比例】设置为 10，其余参数均用默认设置，如图 4.49 所示，并将“钢筋图 1∶10”样式置为当前。

4.4.2 绘制梁正立面图

梁正立面图表达构件内部钢筋的分布情况，绘图步骤如下。

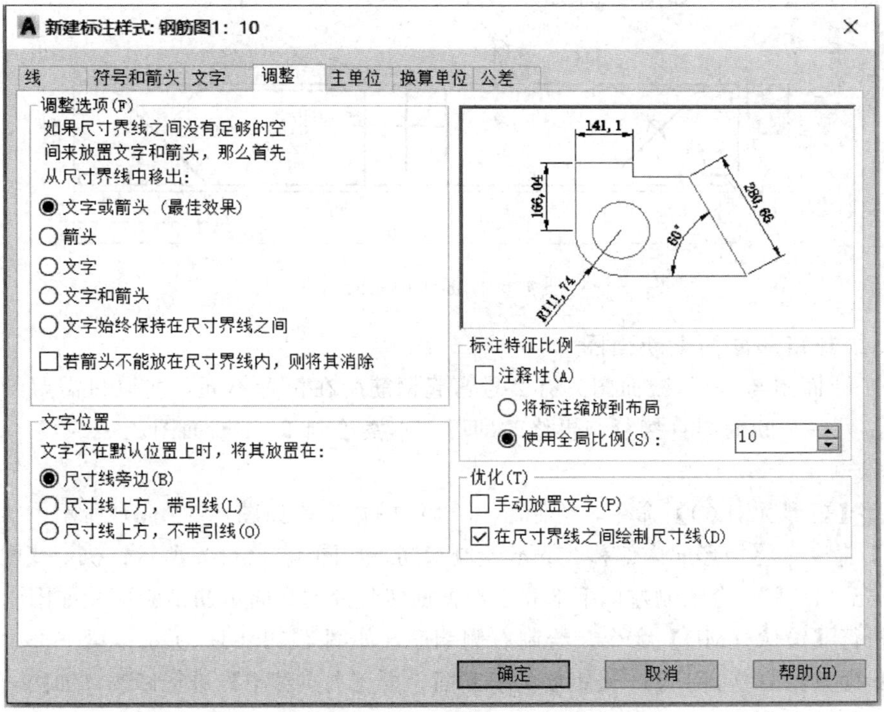

图 4.49 【新建标注样式：钢筋图 1∶10】对话框

1. 绘制梁正立面图

将“细实线”图层置为当前，执行【矩形（REC)】命令，绘制梁的外轮廓，尺寸为 3600×400；执行【偏移（O)】命令，偏移距离 25mm（混凝土保护层厚度)，偏移出梁上部和下部的钢筋；将“粗实线”图层置为当前，执行【圆（C)】、【直线（L)】、【修剪（TR)】、【镜像（MI)】等命令绘制弯起钢筋和半圆弯钩［由于梁左右对称，所以只画一端的弯钩和弯起钢筋，另一端【镜像（MI)】即可］；执行【直线（L)】、【偏移（O)】命令绘制箍筋及剖切位置线，如图 4.50 所示。

2. 注写钢筋编号并标注

(1) 注写钢筋编号。将“细实线”图层置为当前，执行【直线（L)】命令，绘制

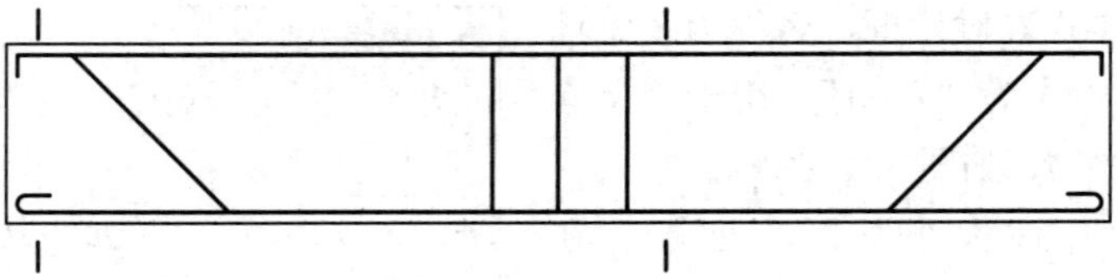

图 4.50 梁正立面图

引出线，引出线应指到相应的钢筋上；执行【圆（C)】命令，绘制直径为 40～60mm 的圆；引出线端点正对编号圆的象限点，中间不留空隙；执行【多行文字（T)】命令，将编号数字注写在圆内。

(2) 尺寸标注。执行【线性（DLI)】、【角度（DAN)】、【基线（DBA)】等命令完成正立面图尺寸标注，如图 4.51 所示。

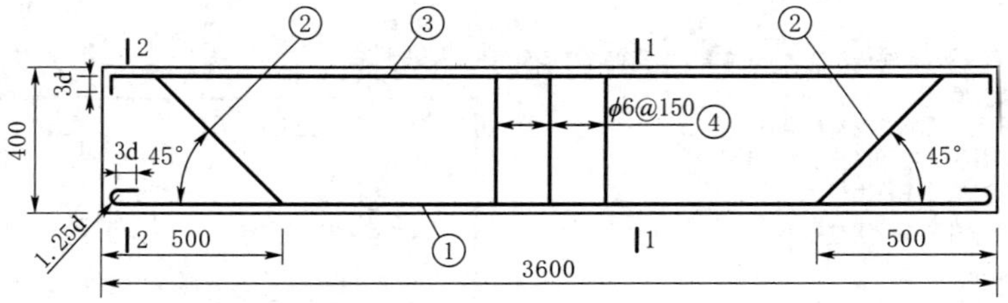

图 4.51 标注正立面图

4.4.3 绘制矩形截面梁断面图

1—1 断面图与 2—2 断面图只有 2 号弯起钢筋所在位置不同，所以只需要绘制一个断面图，另一个断面图直接复制再修改即可，本案绘制 1—1 断面图。

1. 绘制 1—1 断面图

执行【矩形（REC)】命令，绘制 240×400 的矩形，如图 4.52（a）所示；执行【偏移（O)】命令，将矩形向内偏移 25mm 绘制箍筋，如图 4.52（b）所示；执行【圆（C)】、【图案填充（H)】命令绘制左侧下部和上部箍筋转角处的纵向钢筋横断面，如图 4.52（c）所示；执行【镜像（MI)】命令，绘制右侧钢筋，如图 4.52（d）所示；梁下部中间 2 号钢筋的断面只需要复制一个 1 号钢筋的横断面，再【夹点编辑】进行修改，如图 4.52（e）所示；执行【直线（L)】、【偏移（O)】命令绘制箍筋弯钩，如图 4.52（f）所示。

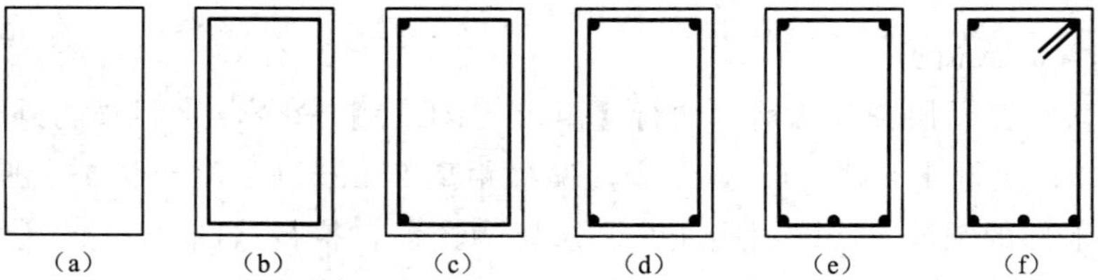

图 4.52 1—1 断面图绘制步骤

2. 注写钢筋编号并标注

(1) 注写钢筋编号。将“细实线”图层置为当前，执行【直线（L)】命令，绘制引出线，引出线应指到相应的钢筋上；执行【圆（C)】命令，绘制直径为 40～60mm

的圆，引出线端点正对编号圆的象限点，中间不留空隙；执行【多行文字（T）】命令，注写编号数字及钢筋型号。

※注意：各型号钢筋的编号圆上下要对齐。

（2）尺寸标注。将“尺寸标注”图层置为当前，执行【线性（DLI）】命令完成 1—1 断面图尺寸标注，如图 4.53 所示。

3. 绘制 2—2 断面图

执行【复制选择（CO）】命令，将 1—1 断面图复制；执行【移动（M）】命令将梁下部中间的 2 号钢筋移动到梁上部并修改标注，如图 4.54 所示。

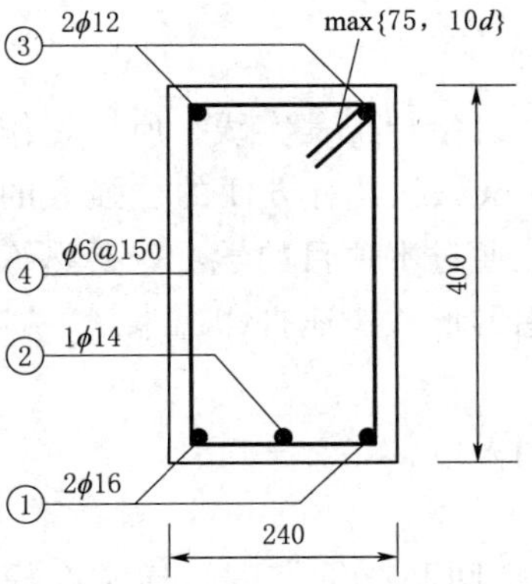

图 4.53 标注 1—1 断面图

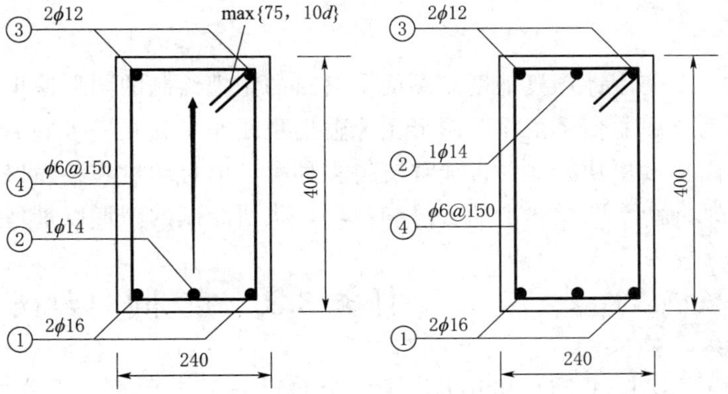

图 4.54 2—2 断面图

4.4.4 绘制钢筋表、注写文字、装入图框

（1）绘制钢筋明细表。绘制钢筋明细表，并将各类钢筋简图放入表中“形式”一栏，见表 4.1。

表 4.1 **钢筋明细表**

部位	编号	直径/mm	形式	单根长/mm	根数	总长/m	备注
梁	①	16	[直筋两端半圆弯钩]	3750	2	7.5	半圆弯钩增加长度为 6.25d（d 为钢筋直径）；直弯钩增加长度为 3.5d；弯起钢筋弯起角度 45°；混凝土保护层厚度 25mm
	②	14	[弯起钢筋]	3840	1	3.84	
	③	12	[直筋两端直弯钩]	3634	2	7.268	
	④	6	[箍筋]	1180	25	29.5	

（2）注写文字说明、图名等。略

（3）装入图框。执行【插入块（I）】命令，插入“A3 图框”图块，并填写标题栏。因绘图比例是 1∶1，而打印比例是 1∶10，所以需将图框放大 10 倍，故插入图框的统一比例为 10，再将矩形截面梁配筋图放入图框，如附录 7-01 所示。

项目5

输出图形

使用计算机辅助制图的最终目的是把绘制的图形输出，以指导工程实践。所以，作为绘图的扫尾工作，图形图像输出也是很关键的一步。AutoCAD具有方便的、强大的图形输出功能，并且能够支持多种类型的打印机和绘图仪。通过本项目的学习，要熟练掌握图形图像输出的方法和技巧，将所绘制的图形以最理想的形式快速打印出来。

任务5.1 空间与视口

AutoCAD 2020提供了两个并行的工作环境，即模型空间和图纸空间。通常在模型空间进行图形的设计和绘制，在图纸空间中进行打印前的准备工作。

5.1.1 模型空间和图纸空间

模型空间是用户建立图形图像时的工作空间。模型即用户所绘制的图形对象，用户在模型空间中可以用二维或三维视图根据需要绘制投影图或物体，也可以创建多视口以显示物体的不同部分。在模型空间的多视口情况下，用户只能在当前视口绘制和编辑图形，也只能对当前视口中的图形进行打印输出。

图纸空间不用于绘图和设计工作，它是AutoCAD提供给用户进行图形规划及打印布局的一个工作空间。从某种意义上说，图纸空间就是为布局图面、打印出图而设计的，还可在其中添加边框、注释、标题和尺寸标注等内容。在图纸空间输入的内容将不会出现在模型空间，但是在模型空间输入的内容可以通过浮动窗口显示在布局图中。

用户可以随时在模型空间和图纸空间之间进行切换，操作如下：

单击工作界面左下角【布局】选项卡，系统由模型空间切换至图纸空间；单击【模型】选项卡，系统由图纸空间切换至模型空间，如图5.1所示。

5.1.2 平铺视口

一般情况下，使用AutoCAD绘图时界面都是单视口，有时为了显示物体的不同部分或者不同方向的投影，需要将所有的图平铺到一张图上，此时需要将绘图窗口分割成几个视口，称为平铺视口。

调用命令：

（1）命令：VPORTS。

（2）菜单栏：【视图】→【视口】→【新建视口】。

图 5.1　切换【模型】和【布局】选项卡

（3）功能区：【视图】→【模型视口】→【命名】→【新建视口】。

（4）工具栏：【视口】工具栏第 1 个按钮。

激活命令后，打开【视口】对话框，如图 5.2 所示。该对话框有【新建视口】和【命名视口】两个选项卡，可对这两个选项进行操作。

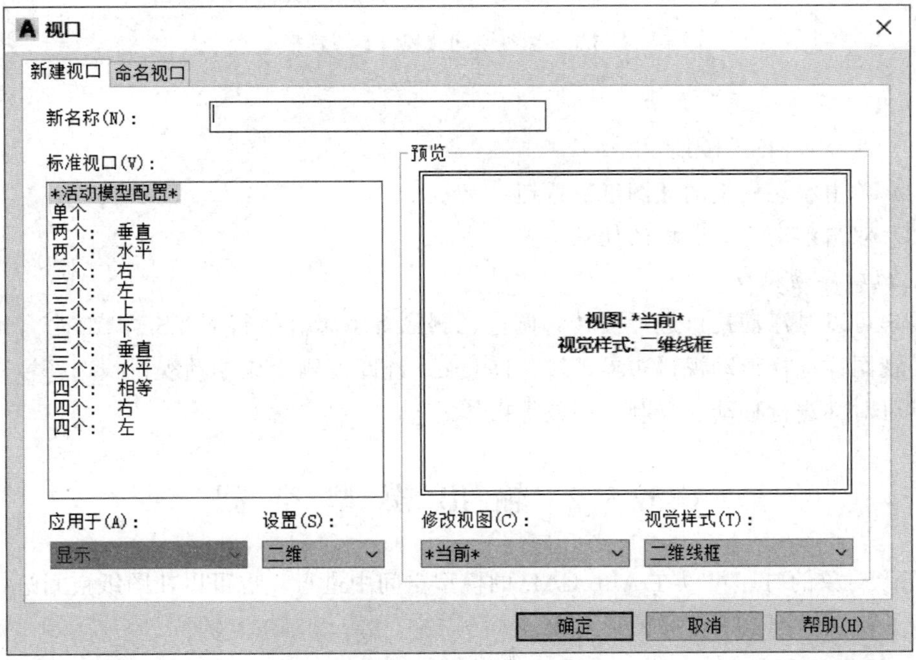

图 5.2　模型空间【视口】对话框

5.1.3　浮动视口

在图纸空间可以创建多个视口，这些视口称为浮动视口。在图纸空间无法编辑模型空间的对象，如果要编辑模型空间，必须激活浮动视口，进入浮动模型空间。

1. 调用命令

（1）命令：VPORTS。

（2）菜单栏：【视图】→【视口】→【新建视口】。

（3）功能区：【视图】→【模型视口】→【命名】→【新建视口】。

（4）工具栏：【视口】工具栏第1个按钮。

执行以上任意操作后，打开【视口】对话框，如图5.3所示。

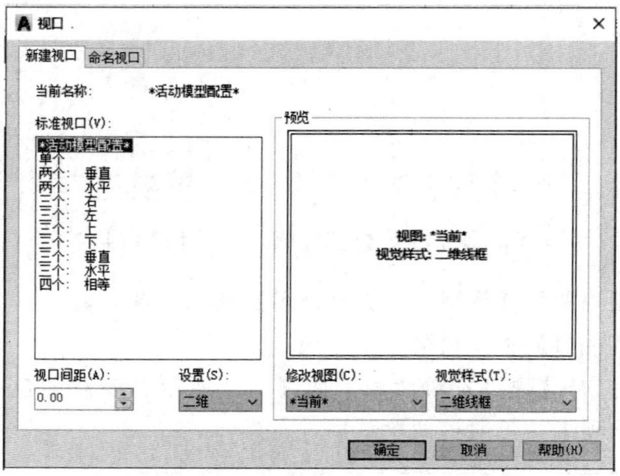

图5.3 图纸空间【视口】对话框

2. 激活浮动视口

（1）命令：MSPACE。

（2）单击状态栏上的【图纸】按钮。

（3）双击浮动视口区域的任意位置。

3. 编辑浮动视口

用户可以对浮动视口进行旋转、调整、删除等编辑。执行MVSETUP命令可以旋转整个视图；选择浮动视口边界，按<Delete>键即可删除该浮动视口；选择视口，单击右键可对其进行移动、复制、缩放等操作。

任务5.2 输出模型空间

图形对象的打印可以在AutoCAD的模型空间中进行，也可以在图纸空间进行。首先介绍如何在模型空间打印图形对象。

5.2.1 设置打印机

在打印之前，要先配制打印设备。打印图形可选用两种打印设备：Windows的系统打印机或专用绘图仪。对于小幅面的图形，使用前者即可；对于工程实际应用的大幅面图形，为了达到较好的输出效果，一般选择专用的绘图仪，可通过添加打印机向导来完成。

(1) 菜单栏：【工具】→【选项】→【打印和发布】选项卡，单击【添加或配置绘图仪】按钮，如图 5.4 所示。

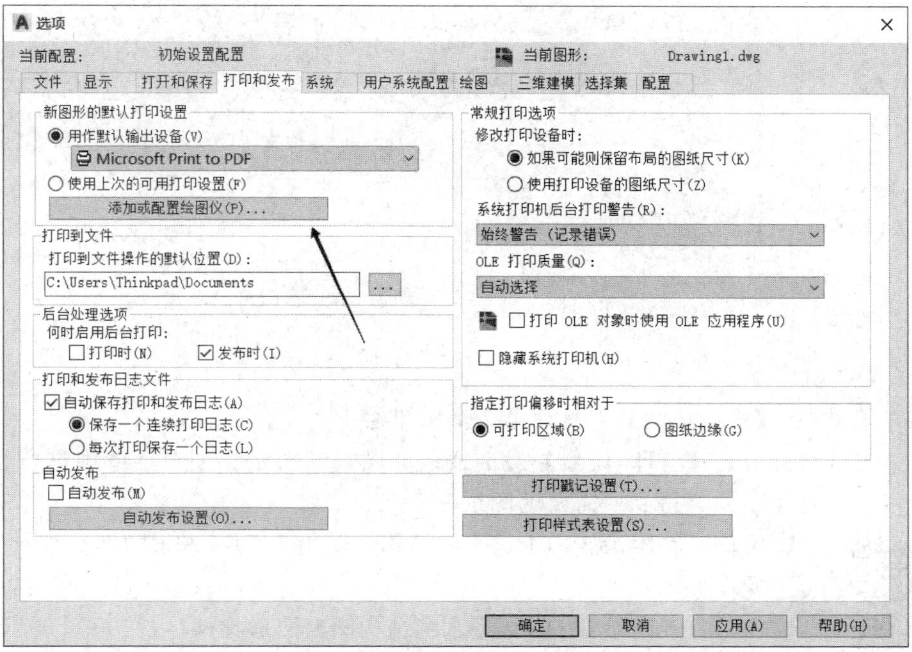

图 5.4 【选项】对话框

(2) 系统打开 Plotters 窗口，如图 5.5 所示。

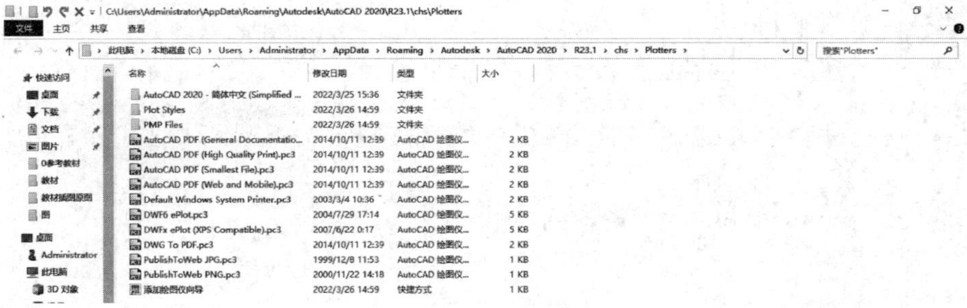

图 5.5 Plotters 窗口

(3) 要添加新的绘图仪器或打印机，可双击 Plotters 窗口中的【添加绘图仪向导】图标，打开【添加绘图仪-简介】对话框，如图 5.6 所示，按向导逐步添加。

5.2.2 打印

调用命令：

(1) 命令：PLOT<Ctrl+P>。

(2) 菜单栏：【文件】→【打印】。

(3) 功能区：【输出】→。

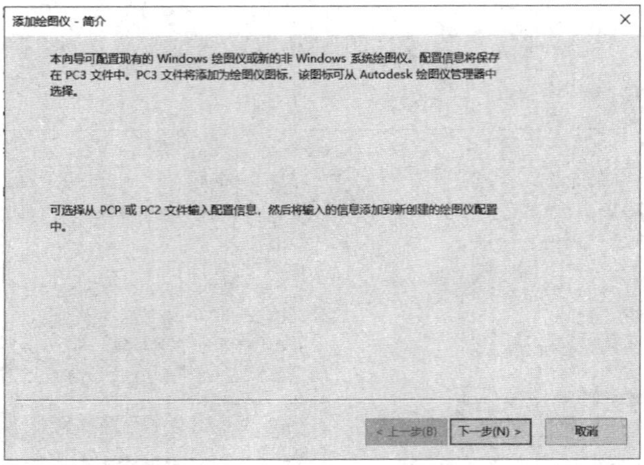

图 5.6 【添加绘图仪-简介】对话框

（4）工具栏：【快速访问】工具栏第 7 个按钮。

上述方法均会打开【打印-模型】对话框，如图 5.7 所示。在对话框中进行相应设置，即可完成打印工作，得到所需要的图纸。

5.1

实例：将附录 5－01 进水闸结构图输出为 PDF 格式文件。

操作提示：

（1）打开附录 5－01《进水闸结构图》图形文件。

（2）执行【打印<Ctrl+P>】命令，打开【打印-模型】对话框，设置相应选项，如图 5.8 所示。

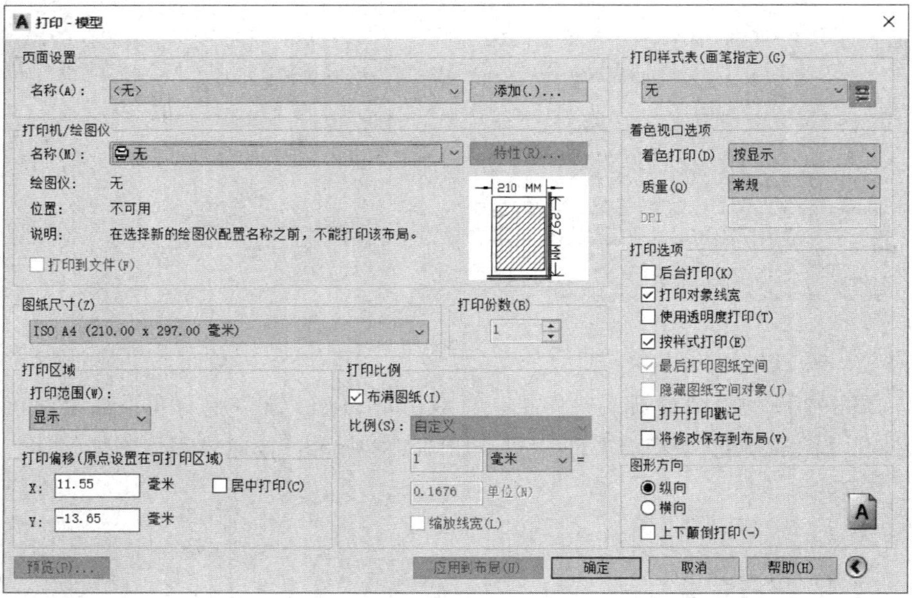

图 5.7 【打印-模型】对话框

1）打印机/绘图仪名称为：DWG To PDF. pc3。

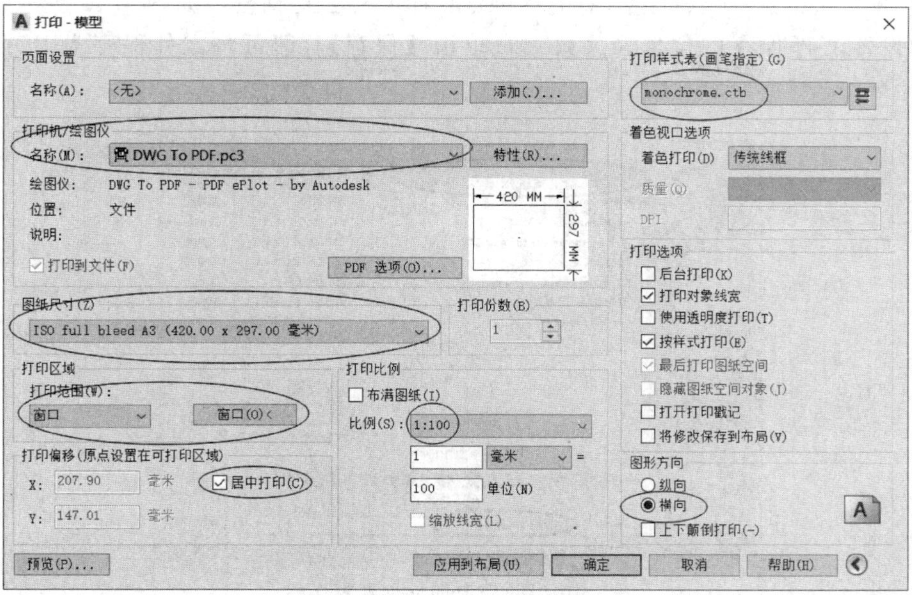

图 5.8 设置【打印-模型】对话框

2）图纸尺寸：ISO full bleed A3（420.00×297.00 毫米）。

3）打印范围：【窗口】，并点击【窗口】按钮，在模型空间中框选打印对象。

4）打印偏移：居中打印。

5）打印样式表：monochrome. ctb。

6）打印比例：1∶100。

※ 注意：绘图时一般用 1∶1 的比例绘制，打印出图时通过设置打印比例将图样缩放打印。

7）图形方向：横向。

8）设置完成后单击【预览】按钮，查看出图效果，如图 5.9 所示。

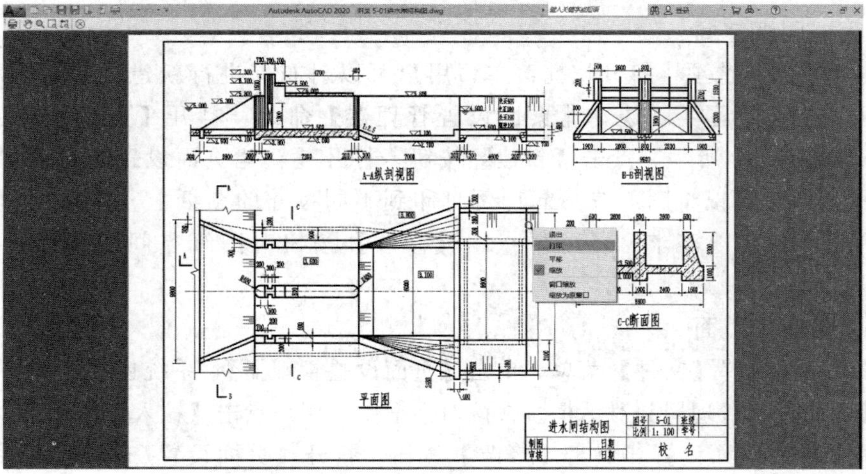

图 5.9 图样预览效果

9）单击右键选择【打印】，打开【浏览打印文件】对话框，如图 5.10 所示。在对话框中设置文件保存的位置及文件名，单击【保存】，即可将文件保存为 PDF 格式文件。

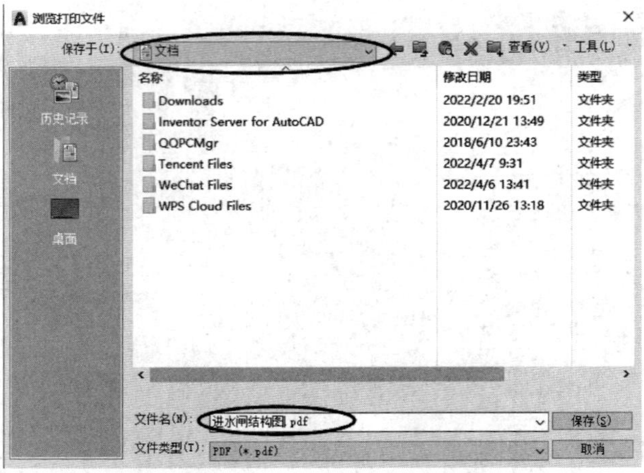

图 5.10 【浏览打印文件】对话框

任务 5.3 输出布局空间

5.3.1 创建布局

调用命令：

（1）命令：LAYOUT。

（2）菜单栏：【插入】→【布局】→【新建布局】。

（3）工具栏：【布局】工具栏第 1 个按钮。

（4）快捷菜单：在绘图区底部任意布局选项卡上右击，在打开的快捷菜单中选择【新建布局】。

5.3.2 管理图纸空间

右击【布局】选项，打开快捷菜单，用户可以对布局进行新建、删除、重命名、移动、复制操作，还可以选择【页面设置管理器】命令，打开【页面设置管理器】对话框，如图 5.11 所示。点击【新建】按钮，打开【新建页面设置】对话框，如图 5.12 所示，用户可以将图形按不同比例打印到不同尺寸的图纸上。如果打印效果不理想或者用户有其他需求，还可以点击【修改】按钮对图纸空间的页面设置进行更改。

5.3.3 设置布局页面

在图纸空间选择【文件】菜单，单击【页面设置管理器】，系统也将打开如图 5.11 所示的【页面设置管理器】对话框。在该对话框中，用户点击【输入】按钮可以为当前布局选择需要的页面设置。点击【修改】按钮，打开【页面设置-布局】对话框，如图 5.13 所示。

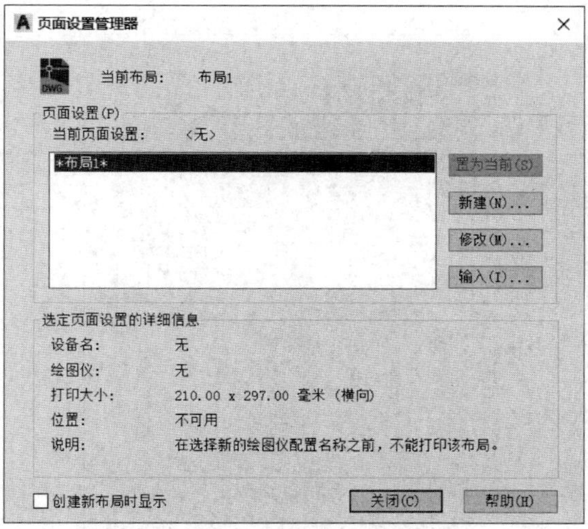

图 5.11 【页面设置管理器】对话框

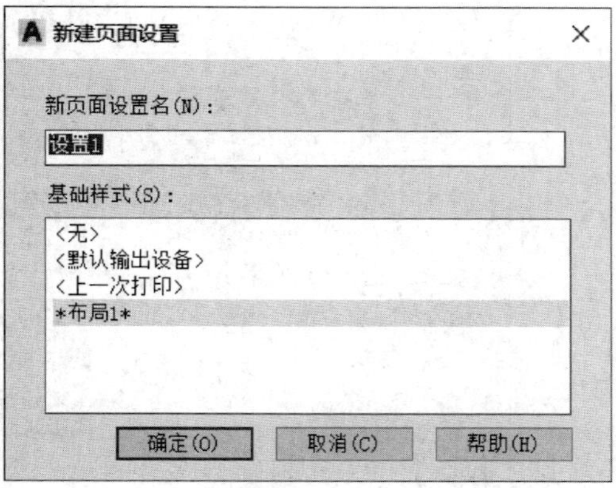

图 5.12 【新建页面设置】对话框

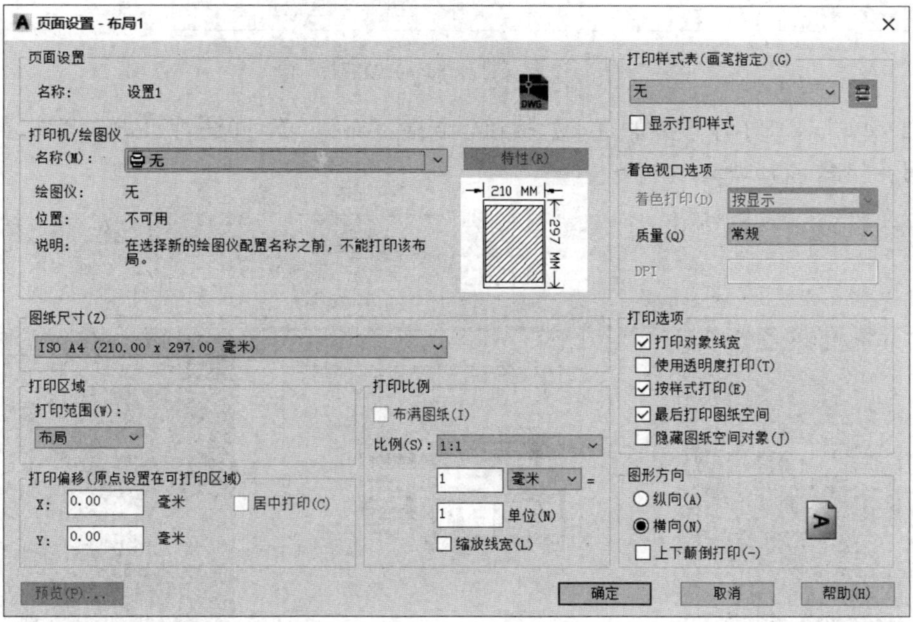

图 5.13 【页面设置-布局 1】对话框

5.3.4 打印

在图纸空间执行【打印＜Ctrl＋P＞】命令，打开【打印-布局】对话框，如图 5.14 所示。用户在该对话框的【页面设置】选项区中可以将设置好的页面选为当前布局的设置样式进行打印，也可以单击【添加】按钮进行新的页面设置。

实例：将附录 5 - 01 进水闸结构图在图纸空间输出，输出格式为 PDF。

操作提示：

(1) 打开附录 5 - 01《进水闸结构图》图形文件。

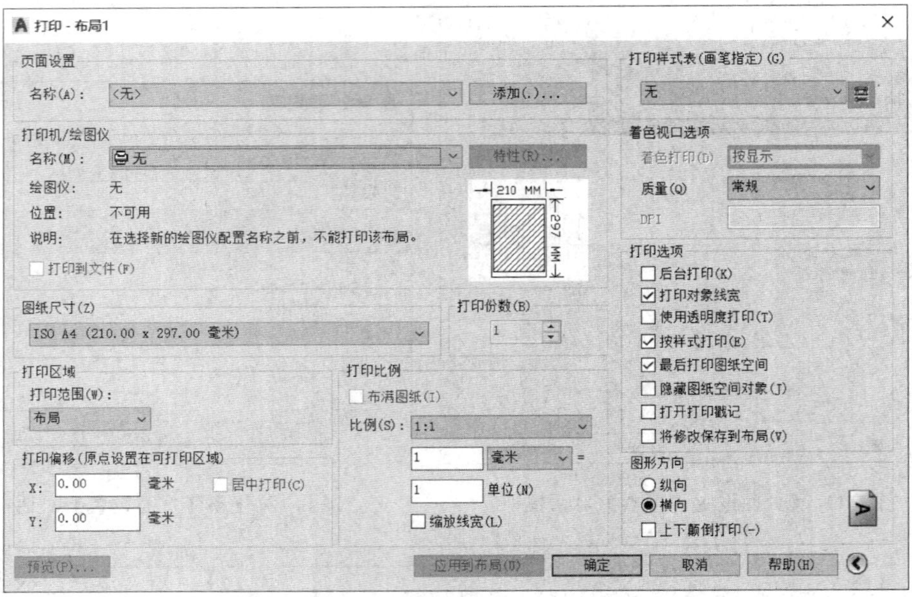

图 5.14 【打印-布局 1】对话框

(2) 单击窗口中左下方的【+】按钮，新建【布局 3】，单击即可进入【布局 3】图纸空间，如图 5.15 所示。

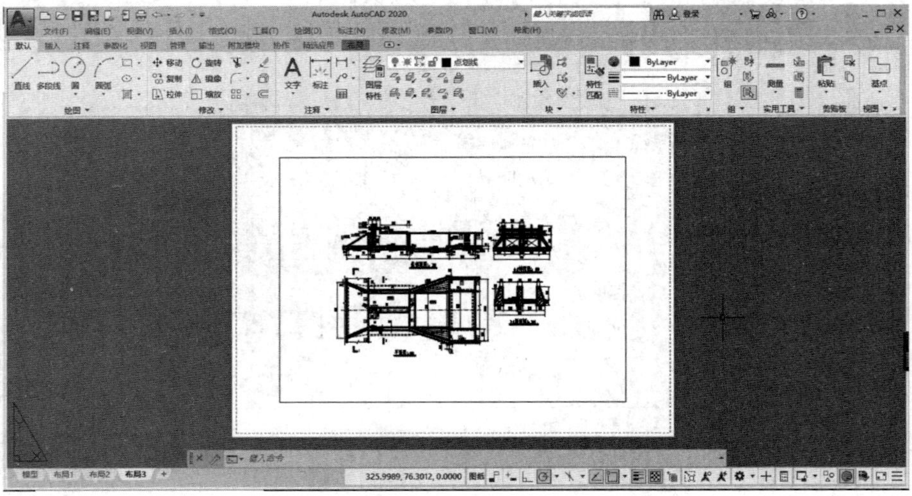

图 5.15 转换到图纸空间

(3) 在图纸空间进行图纸布局。删除布局 3 当前视口，右键【布局 3】，选择【页面设置管理器】，打开【页面设置管理器】对话框，如图 5.16 所示。单击【修改】，打开【页面设置-布局 3】对话框。在对话框中进行相应设置，参数如图 5.17 所示。

在布局空间执行【插入块（I）】命令，插入“A3 图框”图块，插入统一比例为 100。调出【视口】工具栏，单击【多边形视口】，沿图框和标题栏边框绘制一个多边

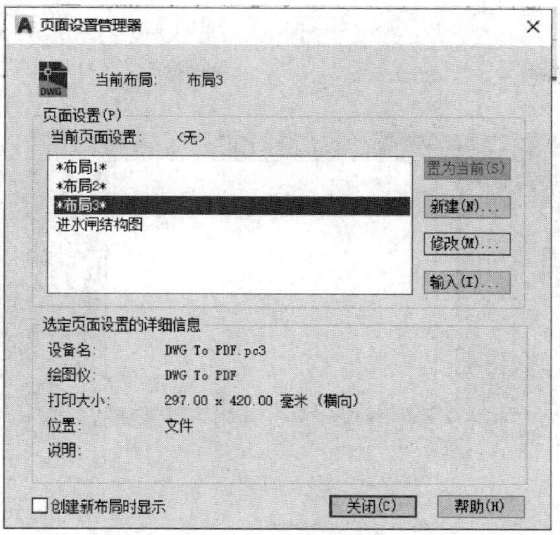

图 5.16 【页面设置管理器】对话框

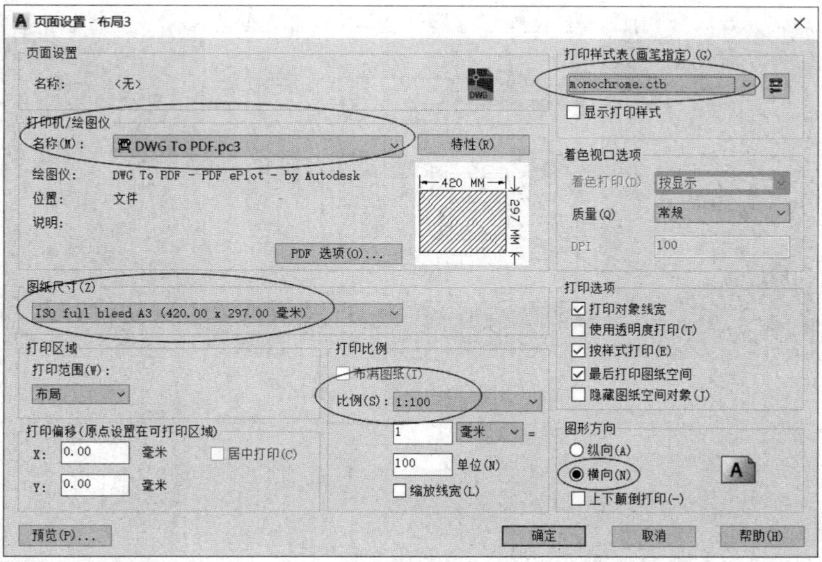

图 5.17 【页面设置-布局 3】对话框

形，如图 5.18 所示。

(4) 双击多边形窗口，可以转换到模型编辑状态，比例改为 1∶1，移动图样，使其放置在合适位置，显示效果如图 5.19 所示。

(5) 设置图纸空间打印出图参数。执行【打印＜Ctrl＋P＞】命令，打开【打印-布局 3】对话框，如图 5.20 所示。

(6) 设置完成后单击【预览】按钮，查看出图效果，如图 5.21 所示。

(7) 单击右键选择【打印】，打开【浏览打印文件】对话框，如图 5.22 所示。在对话框中设置文件保存的位置及文件名，单击【保存】，即可将文件保存为 PDF 格式文件。

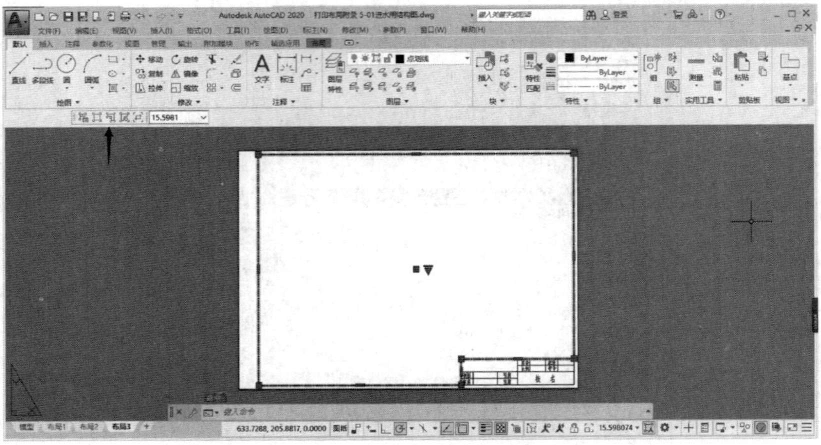

图 5.18 创建新视口

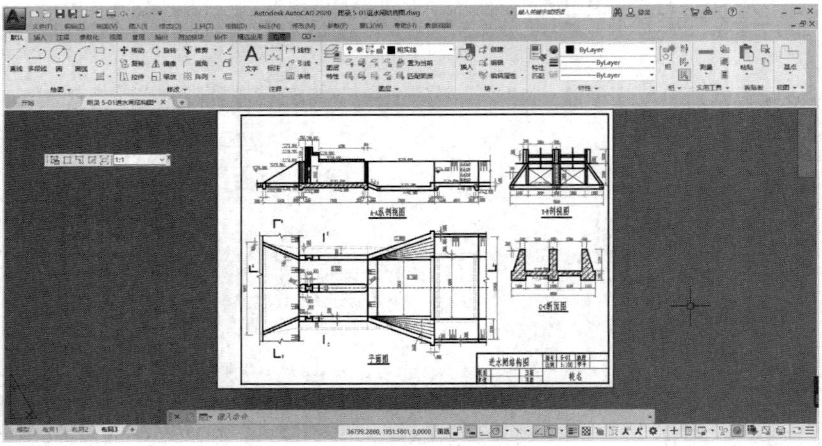

图 5.19 调节视口显示比例

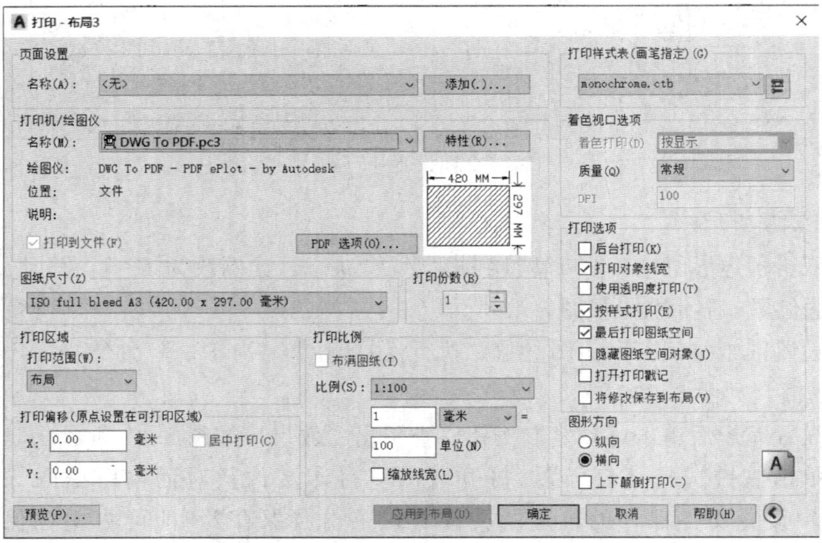

图 5.20 【打印-布局 3】对话框

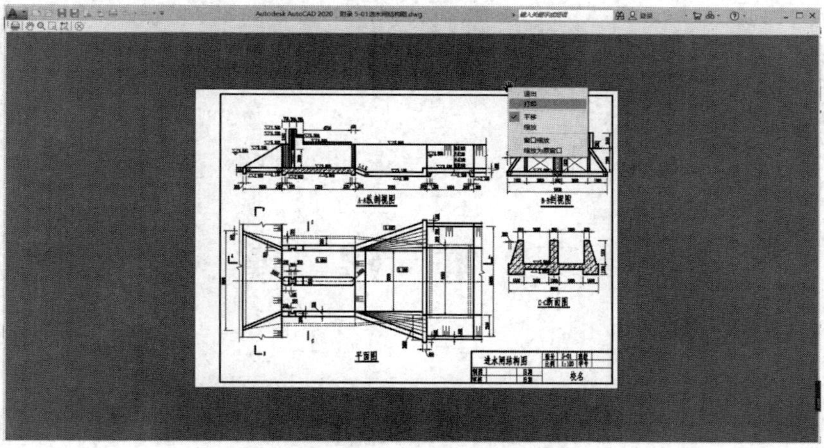

图 5.21 图样打印效果预览

图 5.22 【浏览打印文件】对话框

项目 6

三 维 建 模

由于工程图是二维平面图，需要具有专业技术知识的人员才能正确地识读。而三维模型是具有实体感的实体模型，能形象直观地展示出建筑物的空间结构，非专业人员也能看懂。随着计算机软硬件技术的发展，三维实体造型和效果显示越来越方便快捷，在AutoCAD中，用户可以利用三维绘图和编辑命令绘制较为精确、逼真的三维模型。

三维绘图要求具有较好的二维绘图基础，能够熟练地绘制各类二维图形，因为大多数三维模型是用二维图形来生成的。三维绘图过程中，最重要的不是命令的使用，而是建模的思路，即如何从二维图形生成三维模型的思路。

建模过程中主要用到三维建模命令、实体编辑命令、UCS坐标操作、视图视口操作、视觉样式切换操作等。用户在掌握这些操作的方法后，配合自己养成的建模思路和习惯，就能够绘制出精确的三维模型。

AutoCAD的三维功能并不是它的强项，和一些专业的三维模型软件相比，它创建三维模型的方法比较局限，操作不够简便，因此创建一些不太规则的三维模型时不太方便，模型也不够逼真。但是其建立的模型精确度高，因此用来绘制规则的、精确度高的建筑物还是比较合适的。

工作中，人们主要使用AutoCAD 2020来创建三维曲面模型和实体模型两种不同性质的模型。

(1) 三维曲面模型：用面来描述三维对象。表面模型不仅具有边界，而且还具有表面。表面模型示例如图6.1所示。由于表面模型具有面的特征，因此可以对它进行物理计算，以及进行渲染和着色的操作。虽然这里称为曲面，但是它代表的是一种模型类别，哪怕创建的是平面体模型，但是只要是三维曲面模型，仍然是用面来描述对象的。

(2) 实体模型：不仅具有线和面的特征，而且还具有实体的特征，可以使用软件测量其体积、重心和惯性矩等参数。三维实体模型示例如图6.2所示。

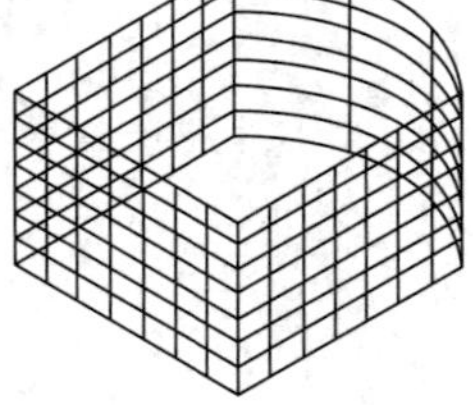

图6.1 三维曲面模型

图6.2 三维实体模型

任务 6.1 三维建模基础知识

在对使用 AutoCAD 软件绘制二维图形技能的掌握达到一定程度后，用户就具备了使用 AutoCAD 软件创建三维模型的基础条件，因为多数的复杂三维模型是需要使用二维图形来进行转化的。当然，在三维建模的过程中，需要使用到一些和三维建模相关的常用命令和操作，本部分的主要任务是创建“构建带方圆渐变段的隧洞模型”，而本部分建模的时候必须掌握自定义坐标系的调整方法、视口及视图的调整方法、拉伸命令、放样命令、布尔运算等，本部分内容需要先将“工作空间”调整到“三维建模”模式。下面先对三维建模命令的基本操作方法进行描述。

6.1.1 UCS

前面的章节已经讲过世界坐标系【WCS】，绘制二维图形时，世界坐标系已经可以完全满足用户的需要。在绘制三维模型的过程中涉及的不再是一个平面的图形，而是一个具有多个表面的空间实体，很多情况下用户可能需要在不同的表面或方向上绘制一些二维图形，世界坐标系的固定坐标轴就远远不能满足这个需要，此时用户就应该建立自己专用的坐标系，即用户坐标系【UCS】，以最大限度地满足三维建模的需要。

【UCS】的用法总的来说就是根据用户需要，在不同的位置建立起新的三维坐标系，每个坐标系的原点位置和 *X*、*Y*、*Z* 轴的方向都是可以不同的，但要注意 *X*、*Y*、*Z* 三条坐标轴之间仍然保持相互垂直的关系。用户应该尽可能多的将操作转换到当前坐标系的 *XY* 平面或与其平行的平面中来。因此可以看出，要学会绘制三维模型，必须先熟练地掌握【UCS】建立和转换的方法。

1. 调用命令

(1) 命令：UCS，如图 6.3 所示。

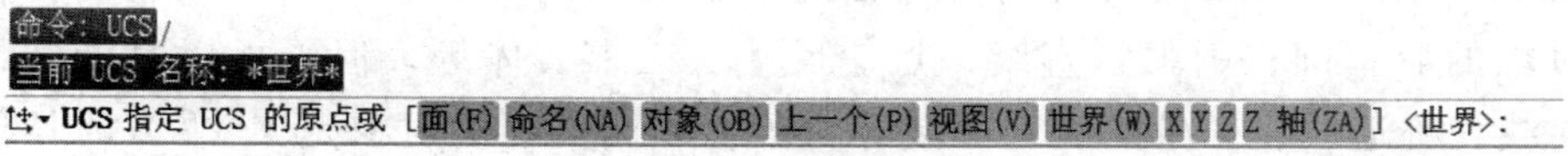

图 6.3 【UCS】命令定义

(2) 功能区：【坐标】面板，如图 6.4 所示。

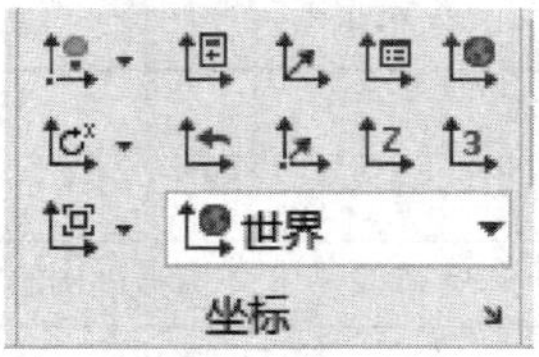

图 6.4 【坐标】面板定义

2. 操作步骤

◆命令：UCS

◆当前 UCS 名称：* 世界 *

◆指定 UCS 的原点或［面（F）/命名（NA）/对象（OB）/上一个（P）/视图（V）/世界（W）/X/Y/Z/Z 轴（ZA）］＜世界＞：

（此时直接用鼠标选定一个点或输入点坐标值，即可选定绘图区域中的某点作为新的坐标系的原点）

◆指定 *X* 轴上的点或＜接受＞：

(此时可用鼠标选定一个 X 轴的方向或直接回车接受默认方向)

3. 选项说明

(1) 面 (F): 第 1 个选项名为【面】, 如图 6.3 所示。作用是将 UCS 与三维实体上选定的某表面对齐。要选择一个面, 请在此面的边界内或面的边上单击, 被选中的面将高亮显示, UCS 的 X 轴将与找到的第一个面上的最近的边对齐, 根据命令行的提示, 还可以进行 UCS 位置的选择。如图 6.5 (a) 所示, 是坐标原点在四棱柱角点上的情形, 6.5 (b) 是通过【面】选项将坐标原点移动到四棱柱上底面后的情形。

(2) 命名 (NA): 第 2 个选项名为【命名】, 如图 6.3 所示。执行该选项后可以看到三个次级选项, 分别是【恢复】、【保存】和【删除】, 如图 6.6 所示。通过这三个选项分别可以实现切换当前的坐标系、命名和保存当前的坐标系、删除需要删除的坐标系三种操作。

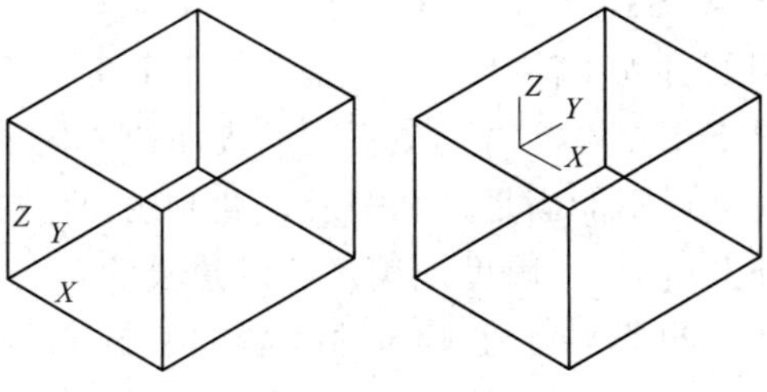

图 6.5 【面】选项操作效果

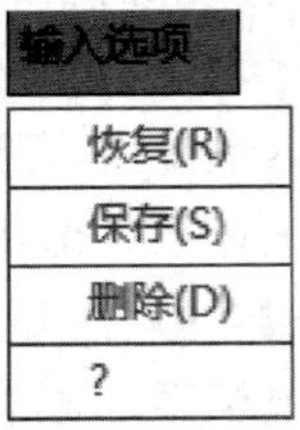

图 6.6 【命名】选项的次级选项

(3) 对象 (OB): 可以根据选定的三维对象定义新的坐标系。新建【UCS】的拉伸方向 (Z 轴正方向) 与选定对象的拉伸方向相同, 新的原点及 X 轴因实体的类型不同而不同。新的 Y 轴根据确定的 X 轴和 Z 轴按右手法则确定 (大拇指指向 Z 轴, 手掌指向 X 轴, 其余四根手指并拢弯曲与手掌垂直, 即 Y 轴方向)。可以作为该功能选择对象的有: 圆、圆弧、直线、点、尺寸、三维实体等, 但不可以是椭圆、椭圆弧、射线、构造线、样条曲线、面域等对象。不同类型的对象定义 UCS 的具体方法见表 6.1。

表 6.1　各种类型对象及其与 UCS 定义的关系

通过选择对象来定义 UCS	
对象类型	确定 UCS 的方法
圆弧	圆弧的圆心成为新 UCS 的原点。X 轴通过距离选择点最近的圆弧端点
圆	圆的圆心成为新 UCS 的原点。X 轴通过选择点
标注	标注文字的中点成为新 UCS 的原点。新 X 轴的方向平行于当绘制该标注时生效的 UCS 的 X 轴
直线	离选择点最近的端点成为新 UCS 的原点。将设置新的 X 轴, 使该直线位于新 UCS 的 XZ 平面上。在新 UCS 中, 该直线的第二个端点的 Y 坐标为零
点	该点成为新 UCS 的原点
二维多段线	多段线的起点成为新 UCS 的原点。X 轴沿从起点到下一顶点的线段延伸

续表

对象类型	确定 UCS 的方法
实体	三维实体的第一点确定新 UCS 的原点。新 X 轴沿前两点之间的连线方向
宽线	宽线的【起点】成为 UCS 的原点，X 轴沿宽线的中心线方向
三维面	取第一点作为新 UCS 的原点，X 轴沿前两点的连线方向，Y 的正方向取自第一点和第四点。Z 轴由右手定则确定
文字、块参照、属性定义	该对象的插入点成为新 UCS 的原点，新 X 轴由对象绕其拉伸方向旋转定义。用于建立新 UCS 的对象在新 UCS 中的旋转角度为零

（4）上一个（P）：作用是恢复到上一个 UCS。系统总共可以保留最近 10 个 UCS，因此可以使用该选项退回到前面使用过的多个 UCS，执行该选项后，会直接往上一个 UCS 退回。

（5）视图（V）：作用是将垂直于当前观察方向（平行于屏幕）的平面作为 XY 平面，建立新的坐标系，UCS 原点位置保持不变。

（6）世界（W）：作用是退出当前的自定义 UCS 坐标系，恢复到系统默认的【世界】坐标系状态。

（7）X（X）/Y（Y）/Z（Z）：【X】、【Y】、【Z】三个选项的作用是将当前 UCS 绕指定的【X】或【Y】或【Z】轴旋转一定的角度而形成新的 UCS。

（8）Z 轴（ZA）：作用是通过指定 Z 轴的正方向来建立新的 UCS。

6.1.2 UCS 对话框

在命令行中输入【UCS】命令或者在【坐标】面板单击按钮，可以调出【UCS】对话框，在该对话框中可以显示和修改已定义但未命名的用户坐标系、恢复命名且正交的 UCS 或指定视口中 UCS 按钮和 UCS 设置，如图 6.7 所示。其中包括【命名 UCS】、【正交 UCS】和【设置】3 个选项卡，下面分别对其含义及设置方法进行介绍。

1.【UCS 命名】

列出用户坐标系并设置当前 UCS，如图 6.7 所示。

（1）【当前 UCS】：显示当前 UCS 的名称。如果该 UCS 未被保存和命名，则显示为【未命名】。

（2）【UCS 名称列表】：列出当前图形中定义的坐标系。如果有多个视口和多个未命名 UCS 设置，列表将仅包含当前视口的未命名 UCS。如果当前 UCS 未被命名，则【未命名】始终是第一个条目。列表中始终包含【世界】，它既不能被重命名，也不能被删除。如果在当前编辑任务中为活动视口定义了其他坐标系，则下一条目为【上一个】。重复选择【上一个】和【置为当前】，可逐步返回到这些坐标系。

（3）【置为当前】：可恢复选定的坐标系。要恢复选定的坐标系，可以在列表中双击坐标系的名称，或在此名称上单击鼠标右键，然后选择【置为当前】。当前 UCS 文字将被更新。

（4）【UCS 详细信息】：可以弹出【UCS 详细信息】对话框，如图 6.8 所示。其中显示了 UCS 坐标数据。也可以在选定坐标系的名称上单击鼠标右键，然后选择【详细信息】来查看该坐标系的详细信息。

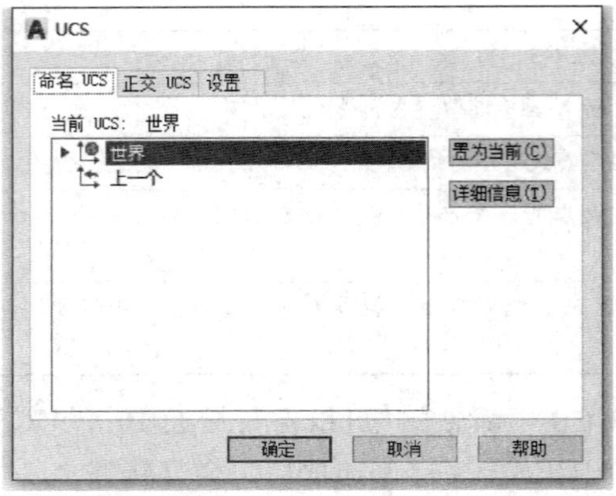

图 6.7 【UCS】对话框

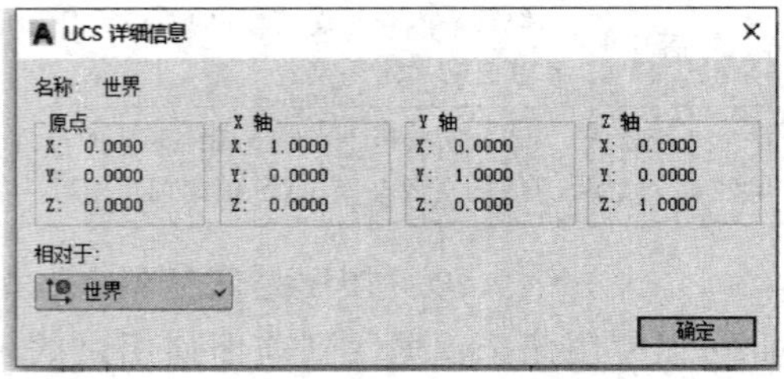

图 6.8 【UCS 详细信息】对话框

（5）【重命名】：选中目标 UCS 后右键快捷菜单中选【重命名】，可以重命名自定义 UCS，但不能重命名世界 UCS。也可以在列表中双击 UCS 名称来重命名 UCS。

（6）【删除】：选中目标 UCS 后右键快捷菜单中选【删除】，可以删除自定义 UCS。不能删除世界 UCS。

2. 【正交 UCS】

列出当前图形中定义的六个正交坐标系，即六面视图方向，如图 6.9 所示。正交坐标系是根据【相对于】列表中指定的 UCS 定义的。

（1）【名称】：指定正交坐标系的名称。

（2）【深度】：指定正交 UCS 的 *XY* 平面与经过坐标系原点的平行平面间的距离。在【正交 UCS 深度】对话框中，输入值或选择【选择新原点】按钮以使用定点设备来指定新的深度或新的原点。

3. 【设置】

显示和修改与视口一起保存的 UCS 按钮设置和 UCS 设置，如图 6.10 所示。

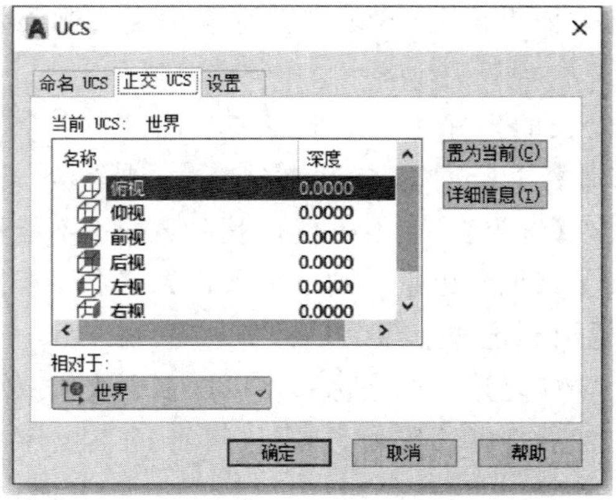

图 6.9 【正交 UCS】选项卡

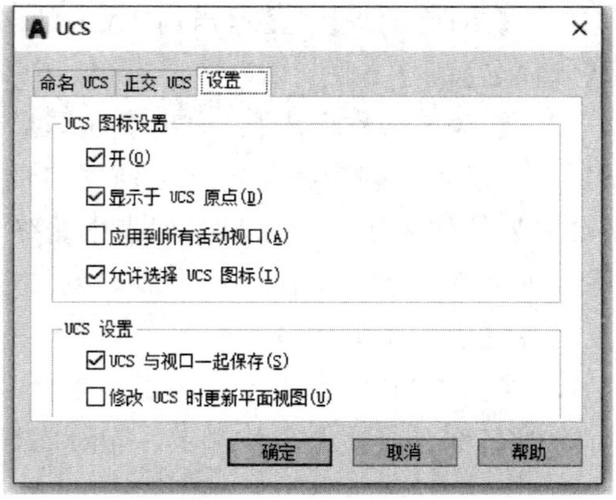

图 6.10 【设置】选项卡

（1）【UCS 图标设置】：用于指定当前视口的 UCS 按钮显示设置。

【开】显示当前视口中的UCS按钮。

【显示于UCS原点】在当前视口中当前坐标系的原点处显示UCS按钮。如果不选择该选项，或者坐标系原点在视口中不可见，则将在视口的左下角显示UCS按钮。

【应用到所有活动视口】将UCS按钮设置应用到当前图形中的所有活动视口。

(2)【UCS设置】：指定更新UCS设置时UCS的行为。

【UCS与视口一起保存】将坐标系设置与视口一起保存。此选项设置UCSVP系统变量。如果不选择此选项，视口将反映当前视口的UCS。

【修改UCS时更新平面视图】修改视口中的坐标系时恢复平面视图。

6.1.3 动态UCS

打开或关闭【动态UCS】的方法是单击状态栏中的【将UCS捕捉到活动实体平面】按钮，如图6.11所示。在该功能打开的情况下，执行某个操作后，将鼠标放到某个实体模型的平面表面上时，系统会自动临时将该平面表面作为三维坐标系的*XY*平面，可以快速在该平面表面上创建对象，而无须手动调整UCS坐标系。该功能的优点在于其“自动”性，只要该能够被打开，可以频繁地、自动地找寻到需要绘制对象的三维实体表面并且高亮加粗显示该表面的轮廓线，这大量地减少了手动设置UCS坐标系所需的时间和步骤，为快速创建模型提供了便捷，如图6.12所示。

图6.11 【动态UCS】开关按钮

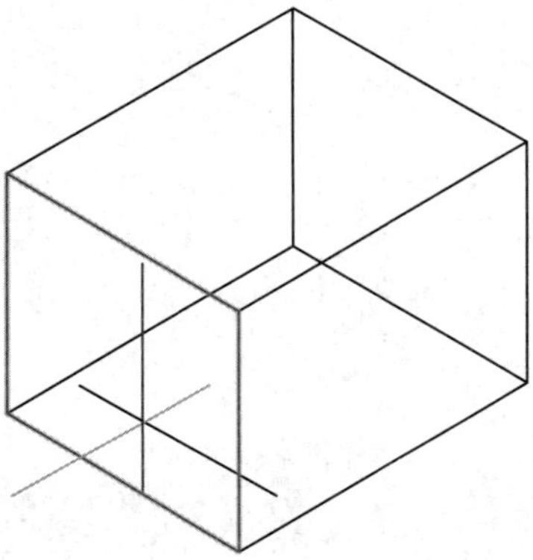

图6.12 使用【动态UCS】自动捕捉实体表面

6.1.4 三维视点设置及切换

由于沿某一个坐标轴观察实体没有实体感，因此在绘制三维模型的时候经常都需要不断地转换视角方向，以方便观察和绘图，而在实际工作中，往往会因为经常需要切换视角方向而耗费较多的时间，习惯性会先将整个绘图区域分成四个视口，然后将其中的三个视口按“三视图”中主视、俯视、左视的标准位置进行设置，右下角视口一般可以设置为“西南等轴测”方向。设置的方法一般是通过【视图】面板进行设置，如图6.13所示。具体操作步骤如下。

1. 四个视口的设置

在【视图】面板中，最下方的下拉窗口处，用鼠标左键单击“单个视口”的位置，会看到【单个视口】和【多个视口】两个选项，如图6.14所示。用户只需选择【多个视口】，就可以将绘图区域更改为四个独立而又相关联的区域。这四个视口的视角方向可以设置为不同视角，而在其中任意一个视口绘制的图形对象都会在其他三个视口中同步显示，且在任意视口中选中使用较多的是四个视口，如图 6.15 和图 6.16 所示。

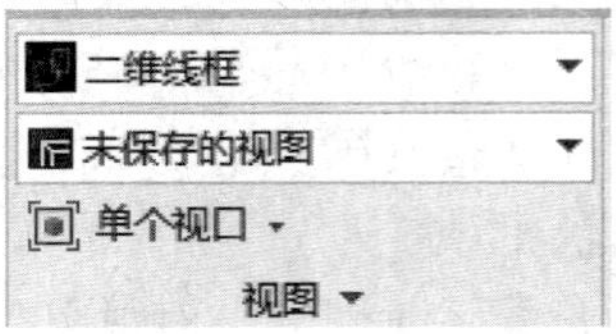

图 6.13 【视图】面板

图 6.14 【视口】选项内容

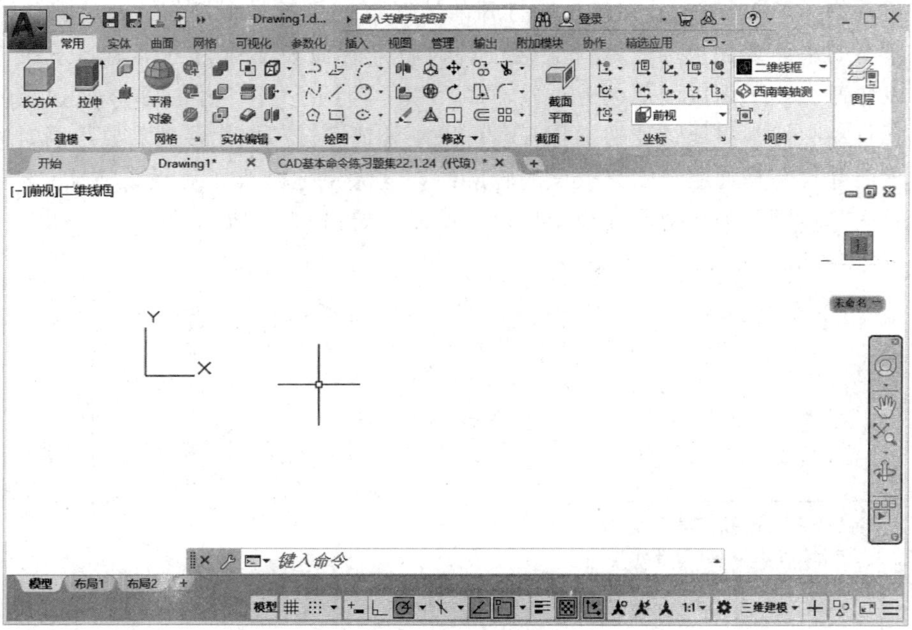

图 6.15 【单个视口】效果

2. 【视角设置】

首先用鼠标左键单击需要调整视角的视口，被选中的视口边缘将会出现蓝色边框加粗显示，如图 6.16 所示。然后在【视图】面板第二个下拉窗口处，单击“俯视”位置，可以看到有多个选项，用鼠标选中需要的视角即可，如图 6.17 所示，是视角的选项内容。图 6.16 中可以看到左上角视口已经设置为了“前视”，可以在视口左上角处看到其视角设置。

3. 【视图管理器】

在命令行输入【VIEW】或快捷命令【V】，或在【视图】面板中部的下拉窗口处，用鼠标左键单击“俯视”的位置，就会看到最下方的【视图管理器】选项，选择后，可以打开【视图管理器】对话框，如图 6.18 所示。用户可以创建、设置、重命名、修改和删除命名视图（包括模型命名视图）、相机视图、布局视图和预设视图，还可通过该

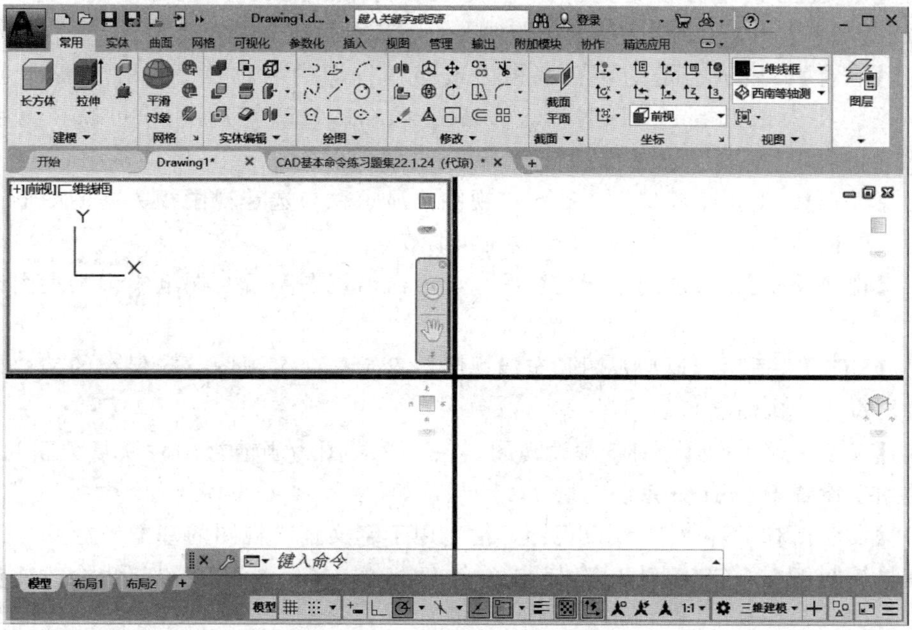

图 6.16 【四个视口】及选中视口效果

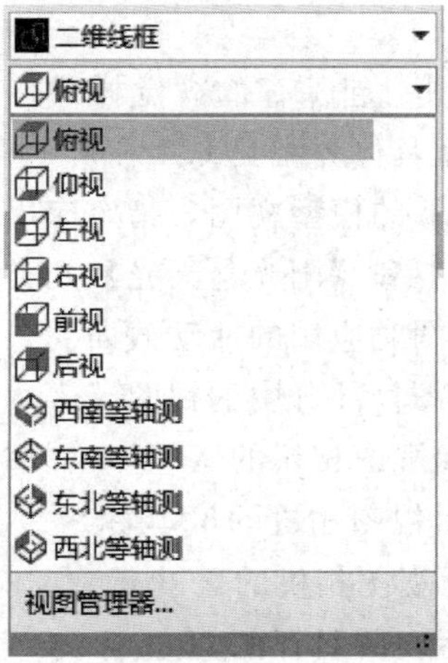

图 6.17 【视角】选项

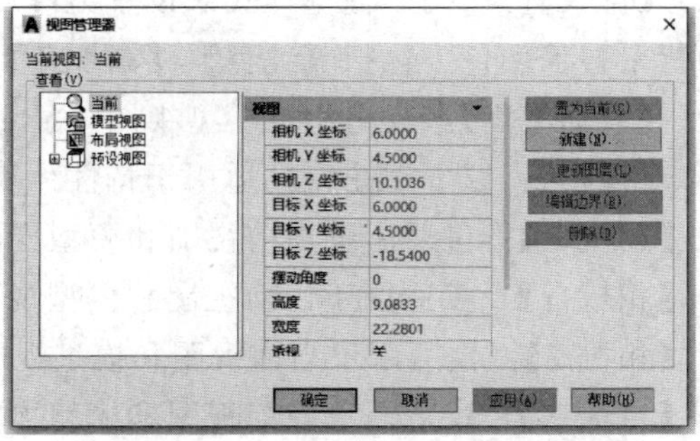

图 6.18 【视图管理器】对话框

单击一个视图以显示该视图的特性。

（1）【当前视图】：可显示可用视图的列表。

1）【当前】：显示当前视图及其【查看】和【剪裁】特性。

2）【模型视图】：显示命名视图和相机视图列表，并列出选定视图的【基本】、【查看】和【剪裁】特性。

3）【布局视图】：在定义视图的布局上显示视口列表，并列出选定视图的【基本】和【查看】特性。

4）【预设视图】：显示正交视图和等轴测视图列表，并列出选定视图的【基本】特性。

（2）【基本】：以下特性适用于特性列表的【基本】部分中的视图。

1）【名称】：显示选定的相机、模型或布局视图的名称。用户在图形中创建相机时，系统将为相机指定默认名称（Camera1、Camera2 等）。用户可以在该字段中更改名称。

2）【类别】：适用于模型视图和布局视图，显示在与选定视图相关联的图形或图纸集中定义的视图类别（例如，标高或截面和细节）。

3）【视口关联】：仅适用于布局视图，显示命名视图是否与图纸集中某个图纸上的视口关联。

4）【UCS】：适用于模型视图和布局视图，显示与命名视图一起保存的用户坐标系的名称（世界，未命名）。

5）【恢复正交 UCS】：对于预设视图，在正交视图为当前视图时恢复关联的 UCS。此选项用于设置 Ucsortho 系统变量。

6）【设定相对于】：对于预设视图，指定用于定义正交视图的基本坐标系。Ucsbase 系统变量控制正交 UCS 相对于 WCS 或命名 UCS 的方向。修改此设置也会改变预定义的正交 UCS 的方向。

7）【图层快照】：适用于模型视图和布局视图，指定是否将当前图层的开/关设置与选定的视图一起存储。

8）【注释比例】：指定与视图一起保存的注释比例。

9）【视觉样式】：仅适用于模型视图，指定要与视图一起保存的视觉样式。如果选择【无】，将没有视觉样式与视图关联。视觉样式的类型具体介绍见 6.14 节。

10）【背景】：适用于视觉样式未设置为【二维线框】的模型视图，指定应用于选定视图的背景替代颜色，包括【纯色】、【渐变色】、【图像】和【阳光与天光】几类。

11）【活动截面】：仅适用于模型视图，显示恢复视图时应用的活动截面。

（3）【视图】：以下视图特性适用于特性列表的【视图】部分中的视图。

1）【相机 X】：仅适用于当前视图和模型视图，显示视图相机的 X 坐标。

2）【相机 Y】：仅适用于当前视图和模型视图，显示视图相机的 Y 坐标。

3）【相机 Z】：仅适用于当前视图和模型视图，显示视图相机的 Z 坐标。

4）【目标 X】：仅适用于当前视图和模型视图，显示视图目标的 X 坐标。

5）【目标 Y】：仅适用于当前视图和模型视图，显示视图目标的 Y 坐标。

6）【目标 Z】：仅适用于当前视图和模型视图，显示视图目标的 Z 坐标。

7）【摆动角度】：指定视图的当前摆动角度。

8）【高度】：指定视图的高度。

9）【宽度】：指定视图的宽度。

10）【透视】：适用于当前视图和模型视图，指定透视图处于打开还是关闭状态。

11）【焦距（mm）】：适用于除布局视图之外的所有视图，指定焦距（以毫米为单位）。更改此值将相应更改【视野】设置。

12）【视野】：适用于除布局视图之外的所有视图，指定水平视野（以当前角度单位为单位）。更改此值将相应更改【焦距】设置。

（4）【剪裁】：适用于除布局视图之外的所有视图，以下剪裁特性适用于特性列表的【剪裁】部分中的视图：

1）【前向面】：如果该视图已启用前向剪裁，则指定前向剪裁平面的偏移值。

2）【后向面】：如果该视图已启用后向剪裁，则指定后向剪裁平面的偏移值。

3）【剪裁】：设置剪裁选项。可以选择【关】、【前向开】、【后向开】或【前向和后向开】。

（5）【置为当前】：用于将视图设定为当前视图。

（6）【新建】：可弹出【新建视图】对话框，可新建视图，对其名称、参数等进行设置及保存新建的视图。

（7）【更新图层】：用于更新与选定的视图一起保存的图层信息，使其与当前模型空间和布局视口中的图层可见性匹配。

（8）【编辑边界】：用于显示选定的视图，绘图区域的其他部分以较浅的颜色显示，从而显示命名视图的边界。

（9）【删除】：用于删除选定的视图。

4.【视点预设】

可以通过输入【VPOINT】或快捷命令【VP】可以激活【视点预设】对话框，如图 6.19 所示。该对话框可利用图形方式动态地建立一个观察三维模型的新视点。对话框中提供了两个表盘图像，左边的正方形表盘，用于决定视点在 *XY* 平面上相对于 *X* 轴正向的角度值。右边半圆形表盘用来确定新视点和原点连线与 *XY* 平面的夹角。

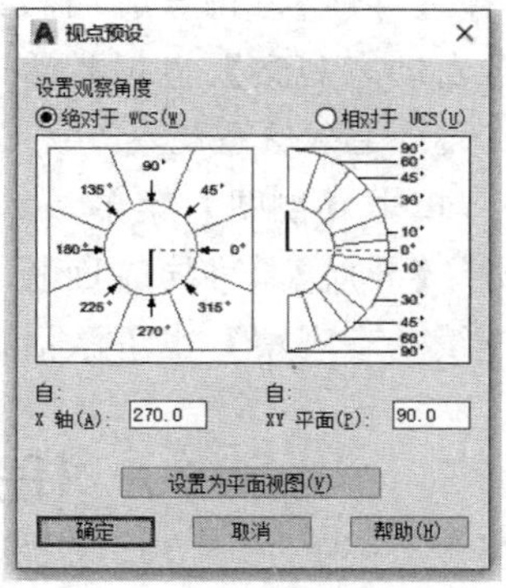

图 6.19 【视点预设】对话框

在使用左边盘时，有两种决定视点与 *X* 轴正向夹角的方法可供选择。在表盘内圆与正方形之间的区域中选择时，角度增量为 45°。在内圆选取时，能够获取任意角度值，并且离圆心越近，角度增量值越小，选取精度也就越高。操作中光标指示的角度值，动态地显示于表盘下方提示符【X 轴】后的编辑框内。如果视点在 *XY* 平面上位置的角度值已知，也可以直接在编辑框中输入。同样用右表盘选择视点与 *XY* 平面的夹角时，也与上述方法类似。在内外半圆之间选取时，可以得到 0°、±1000°、30°、45°、60°和 90°。在内半圆选取时，可获得任意大小的角度值，也可在编辑框中直接输入数值。

在命令行输入【－VP】后，直接回车，可以打开三轴架和坐标球，如图 6.20 所示。用户可以通过移动光标在坐标球中的位置来改变视点方向。实际工作中，该操作使用率较低，此处不做详细介绍。

6.1.5 三维动态观察

1. 动态观察

实际工作中，有时会出现三维模型具备被遮挡无法观察的情形，这个时候，可以同时按住<Shift>键和鼠标中键并移动鼠标，即可随意临时调整观察的视点方向。或者单击【视图】菜单，然后将鼠标移动到功能区空白处单击右键，选择【显示面板】，选择【导航】，将导航面板打开后，单击【动态观察】右侧的三角形下拉箭头，选中【动态观察】也可激活该命令，如图 6.21 所示。

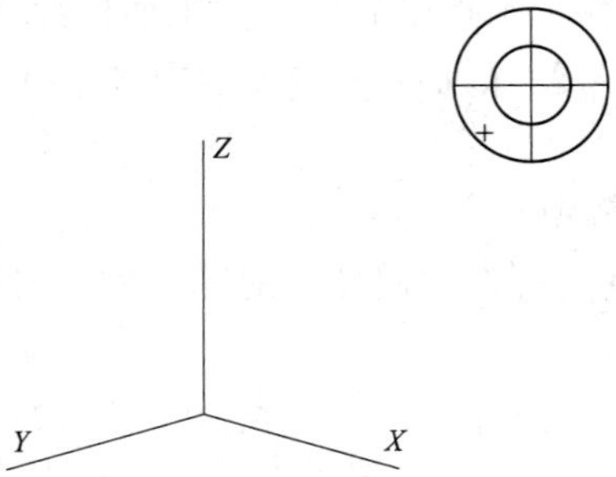

图 6.20　坐标球和三轴架

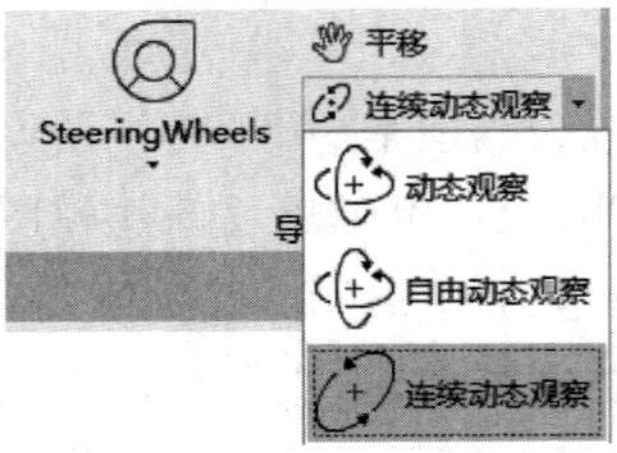

图 6.21　通过面板激活相关动态观察命令

2. 自由动态观察

单击【视图】菜单，然后将鼠标移动到工作台空白处单击右键，选择【显示面板】，选择【导航】，将导航面板打开后，单击【动态观察】右侧的三角形下拉箭头，选中【自由动态观察】也可激活该命令，如图 6.21 所示。

3. 连续动态观察

单击【视图】菜单，然后将鼠标移动到工作台空白处单击右键，选择【显示面板】，选择【导航】，将导航面板打开后，单击【动态观察】右侧的三角形下拉箭头，选中【连续动态观察】也可激活该命令，如图 6.21 所示。

任务 6.2　创建三维网格面

在 AutoCAD 中，可以创建三维网格面，这种面既定义了其边界面，又定义了其表面，不具有厚度，且没有体积和质心等特征，这方面和实体模型有着本质的区别。这样的网格面是用若干个小的方格表示小的平面，由这些小的平面构成曲面，因此，网格面一般是真实曲面的近似表达。网格面可以分为平面和曲面，网格面一般用于解析曲面变化规律，由于其没有体积，因此在工程中无法用于体积计量，所以在工程上应用较少，本书只对常见网格面的创建方法进行介绍。

6.2.1　创建平面网格面

1. 调用命令

(1) 命令：PLANESURF。

(2) 功能区：【曲面】→【创建】→▰。

2. 操作步骤

◆命令：PLANESURF

◆指定第一个角点或【对象（O）】<对象>：

（此处可以指定矩形三维网格面的一个对角点）

◆指定其他角点：

（此处对应上一个步骤指定矩形三维网格面第一个对角点的操作，应指定其第二个对角点，即可确定该矩形三网格面，如图 6.23 所示）

3. 选项说明

对象（O）：执行该选项后选择某个封闭的二维图形可将其转换为三维曲面。

4. 应用举例

实例 1：将已知圆转换为平面网格面如图 6.22 所示。

◆命令：PLANESURF

◆指定第一个角点或［对象（O）］＜对象＞：

（此处可直接回车或输入 O 后按＜Enter＞键）

◆选择对象：找到 1 个

［此处选中图 6.22（a）中的已知圆并按＜Enter＞键，结果如图 6.22（b）所示］

实例 2：通过 1、2 两点建立矩形网格面。

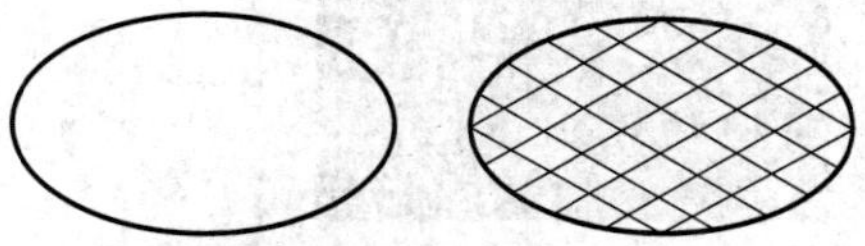

（a）已知圆　（b）三维曲面

图 6.22　将对象转换为三维曲面

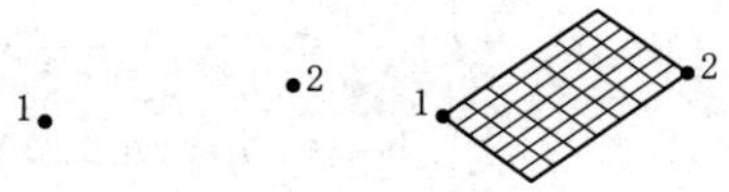

（a）1、2两点　（b）矩形三维曲面

图 6.23　指定两点绘制三维曲面

◆命令：PLANESURF

◆指定第一个角点或［对象（O）］＜对象＞：

（此处选定点 1）

◆指定其他角点：

［此处选定点 2，结果如图 6.23（b）所示］

6.2.2　创建常见曲面网格面

以上操作主要用于创建单独的平面三维曲面，而一些常见非单独平面三维曲面的创建方法一般是通过命令【MESH】来实现的，其具体操作步骤及效果如下：

1. 调用命令

命令：MESH。

2. 操作步骤

◆命令：MESH

◆当前平滑度设置为：0

◆输入选项［长方体（B）/圆锥体（C）/圆柱体（CY）/棱锥体（P）/球体（S）/楔体（W）/圆环体（T）/设置（SE）］＜圆环体＞：

［此处可以执行需要绘制的网格面形状对应的命令或执行【设置（SE）】对平滑度和镶嵌值进行设定］

3. 选项说明

（1）【长方体（B）】：执行后可以绘制长方体网格表面。

(2)【圆锥体（C)】：执行后可以绘制圆锥体网格表面。

(3)【圆柱体（CY)】：执行后可以绘制圆柱体网格表面。

(4)【棱锥体（P)】：执行后可以绘制棱锥体网格表面。

(5)【球体（S)】：执行后可以绘制球体网格表面。

(6)【楔体（W)】：执行后可以绘制楔体网格表面。

(7)【圆环体（T)】：执行后可以绘制圆环体网格表面。

(8)【设置（SE)】：执行后可以对【平滑度】和【镶嵌】进行设定；平滑度有效值范围是0～4；镶嵌值需要根据不同形状的网格面的形状特点在【网格图元选项】对话框中进行设定，如图6.24所示。

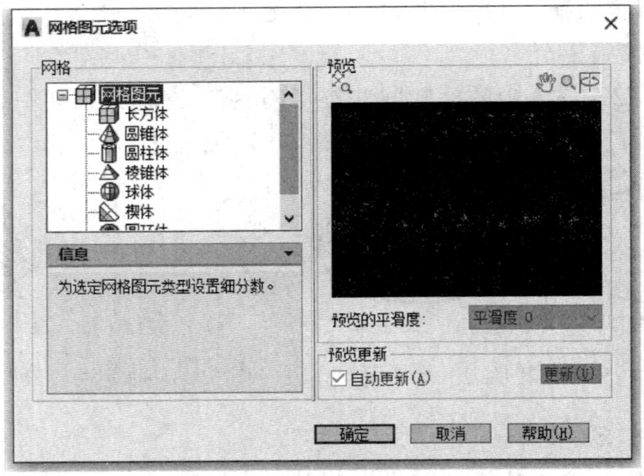

图6.24 【网格图元选项】对话框

4. 应用举例

实例1：绘制长宽高分别为30、20、10的长方体网格表面，结果如图6.25所示。

◆命令：MESH

◆当前平滑度设置为：0

◆输入选项［长方体（B)/圆锥体（C)/圆柱体（CY)/棱锥体（P)/球体（S)/楔体（W)/圆环体（T)/设置（SE)］＜圆环体＞：B

（此处输入B选择绘制长方体网格表面）

◆指定第一个角点或［中心（C)］：

（此处在绘图窗口指定或通过坐标输入来指定一个点作为长方体表面的起始角点位置）

◆指定其他角点或［立方体（C)/长度（L)］：L

［此处输入L执行【长度】，以确定输入长方体的长度值；也可以执行【立方体（C)】输入立方体的边长绘制出立方体］

◆指定长度：30

◆指定宽度：20

◆指定高度或［两点（2P)］＜0.0000＞：10

实例2：绘制底面半径为15、高为20的圆锥体网格表面，结果如图6.26所示。

◆命令：MESH

◆当前平滑度设置为：0

◆输入选项［长方体（B）/圆锥体（C）/圆柱体（CY）/棱锥体（P）/球体（S）/楔体（W）/圆环体（T）/设置（SE）］＜圆锥体＞：C

（此处输入 C 选择绘制圆锥体网格表面）

◆指定底面的中心点或［三点（3P）/两点（2P）/切点、切点、半径（T）/椭圆（E）］：

（此处可直接指定底面的圆心或执行其他选项选择底面圆的绘制方式）

◆指定底面半径或［直径（D）］＜0.0000＞：15

［此处输入底面半径 15 或执行【直径（D）】输入直径值］

◆指定高度或［两点（2P）/轴端点（A）/顶面半径（T）］＜0.0000＞：20

［此处输入圆锥高度 20，或执行【两点（2P）】选定一段长度作为圆锥高度，或执行【轴端点（A）】调整圆锥方向，或执行【顶面半径（T）】指定圆台上底面半径以绘制圆台体网格表面］

实例 3：绘制底面半径为 15，高为 20 的圆柱体网格表面，结果如图 6.27 所示。

◆命令：MESH

◆当前平滑度设置为：0

◆输入选项［长方体（B）/圆锥体（C）/圆柱体（CY）/棱锥体（P）/球体（S）/楔体（W）/圆环体（T）/设置（SE）］＜圆柱体＞：CY

（此处输入 CY 选择绘制圆柱体网格表面）

◆指定底面的中心点或［三点（3P）/两点（2P）/切点、切点、半径（T）/椭圆（E）］：

（此处可直接指定底面的圆心或执行其他选项选择底面圆的绘制方式）

◆指定底面半径或［直径（D）］＜0.0000＞：15

［此处输入底面半径 15 或执行【直径（D）】输入直径值］

◆指定高度或［两点（2P）/轴端点（A）］＜0.0000＞：20

［此处输入圆柱高度 20，或执行【两点（2P）】选定一段长度作为圆柱高度，或执行【轴端点（A）】调整圆柱方向］

实例 4：绘制边长为 10、高为 15 的正三棱锥网格表面，结果如图 6.28 所示。

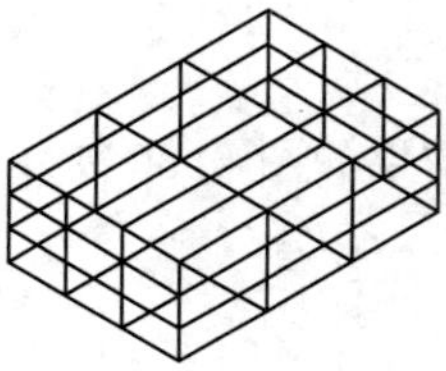

图 6.25　长方体网格表面

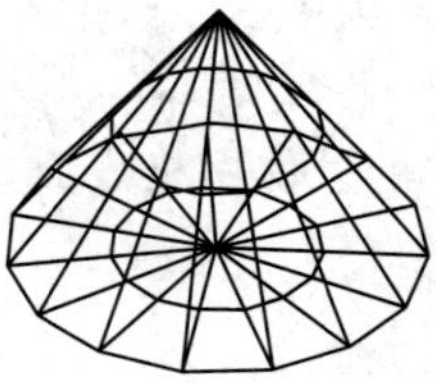

图 6.26　圆锥体网格表面

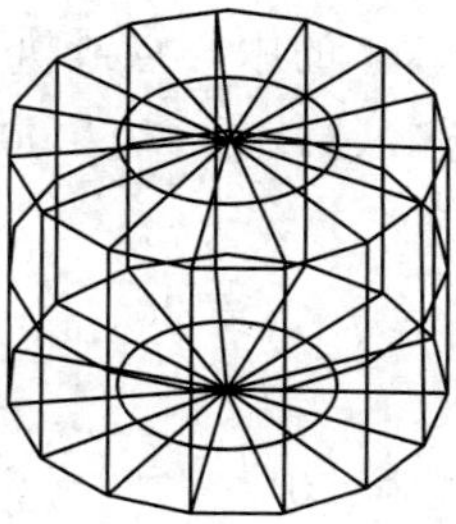

图 6.27　圆柱体网格表面

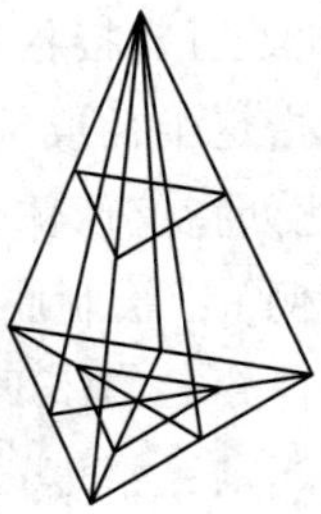

图 6.28　三棱锥网格表面

◆命令：MESH

◆当前平滑度设置为：0

◆输入选项［长方体（B）/圆锥体（C）/圆柱体（CY）/棱锥体（P）/球体（S）/楔体（W）/圆环体（T）/设置（SE）］＜棱锥体＞：P

（此处输入P选择绘制棱锥体网格表面）

◆4个侧面　外切

（此处显示默认棱锥体侧面数量及底面正多边形默认绘制方式）

◆指定底面的中心点或［边（E）/侧面（S）］：S

［此处可执行【侧面（S）】以确定侧面数量，或直接执行【边（E）】确定底面正多边形边长］

◆输入侧面数＜4＞：3

（此处更改侧面数为3）

◆指定底面的中心点或［边（E）/侧面（S）］：E

（由于已知条件是底面正三角形边长为10，因此此处输入E根据边长条件绘制）

◆指定边的第一个端点：

（此处指定边的一个起始点）

◆指定边的第二个端点：10

（此处在选定某条边的方向后，输入边长10）

◆指定高度或［两点（2P）/轴端点（A）/顶面半径（T）］＜0.0000＞：15

［此处输入锥高15，或执行【两点（2P）】选定一段长度作为圆柱高度，或执行【轴端点（A）】调整圆柱方向］

实例5：绘制半径为10的球体网格表面，结果如图6.29所示。

◆命令：MESH

◆当前平滑度设置为：0

◆输入选项［长方体（B）/圆锥体（C）/圆柱体（CY）/棱锥体（P）/球体（S）/楔体（W）/圆环体（T）/设置（SE）］＜棱锥体＞：S

（此处输入S选择绘制球体网格表面）

◆指定中心点或［三点（3P）/两点（2P）/切点、切点、半径（T）］：

（此处可直接指定球体的中心点或执行其他球体绘制方法）

◆指定半径或［直径（D）］＜0.0000＞：10

（此处指定球体半径10）

实例6：绘制底面长10、宽20、高15的楔体网格表面，结果如图6.30所示。

◆命令：MESH

◆当前平滑度设置为：0

◆输入选项［长方体（B）/圆锥体（C）/圆柱体（CY）/棱锥体（P）/球体（S）/楔体（W）/圆环体（T）/设置（SE）］＜棱锥体＞：W

（此处输入S选择绘制球体网格表面）

◆指定第一个角点或［中心（C）］：

［此处指定底面长方形的第一个角点，或执行【中心点（C）】以先确定底面长方形的中心位置］

◆指定其他角点或［立方体（C）/长度（L）］：L

［此处可指定底面长方形的对角点，或执行【立方体（C）】可将底面长方形的 4 条边长度设置成一样，或执行【长度（L）】设定底面长方形的长度，此处输入 L 执行【长度】选项］

◆指定长度<0.0000>：10

（此处指定底面长度值 10）

◆指定宽度<0.0000>：20

（此处指定底面宽度值 20）

◆指定高度或［两点（2P）］<0.0000>：15

［此处输入高度 15，或执行【两点（2P）】选定一段长度作为圆柱高度］

实例 7：绘制轴线圆半径为 10、圆管半径为 3 的圆环体网格表面，结果如图 6.31 所示。

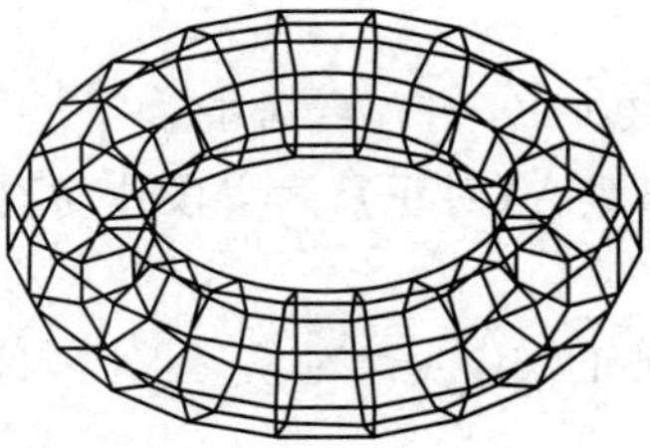

图 6.29　球体网格表面

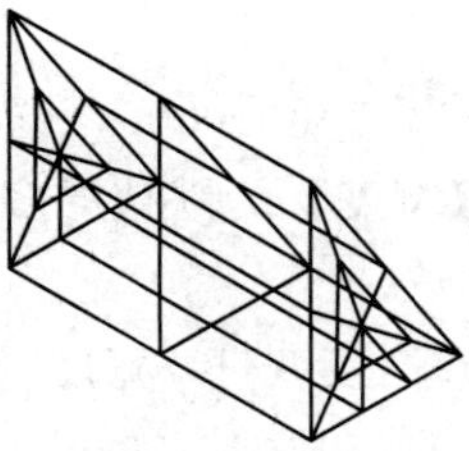

图 6.30　楔体网格表面

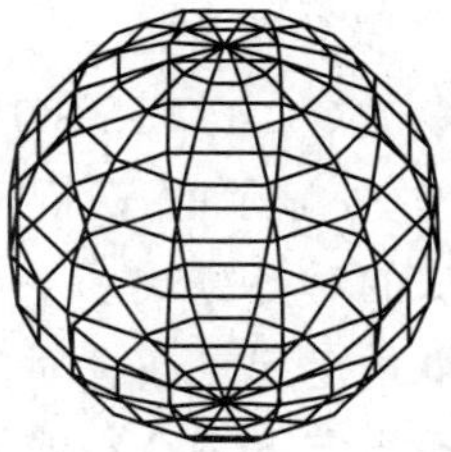

图 6.31　球体网格表面

◆命令：MESH

◆当前平滑度设置为：0

◆输入选项［长方体（B）/圆锥体（C）/圆柱体（CY）/棱锥体（P）/球体（S）/楔体（W）/圆环体（T）/设置（SE）］<棱锥体>：T

（此处输入 T 选择绘制圆环体网格表面）

◆指定中心点或［三点（3P）/两点（2P）/切点、切点、半径（T）］：

（此处指定圆环中心点位置或执行其他选项选择轴线圆的绘制方法）

◆指定半径或［直径（D）］<0.0000>：10

［此处指定轴线圆半径 10，或执行【直径（D）】后输入直径值］

◆指定圆管半径或［两点（2P）/直径（D）］：3

［此处指圆管半径值 3，或执行【直径（D）】后输入直径值，或执行【两点（2P）】选定一段长度作为半径值］

※注意：【MESH】命令中凡是涉及【高度】的输入，输入正数将向基础面上方建模，输入负数将向基础面下方建模。

任务6.3 快速创建基本三维实体

三维实体模型有的很复杂，有的很简单。AutoCAD中有常见简单体的快速建模命令，可以非常方便地根据各简单体的几何参数绘制出实体。但是对于复杂一些的组合体或者工程形体模型，用简单体建模命令就无法建模，必须通过其他特殊命令进行操作。

其实在实际工作中常遇到的形体总的来说可以分为平面实体和曲面实体，平面实体当中常见的棱柱体和棱锥体基本都用【拉伸】命令来建模，而曲面实体中的回转体基本都用【旋转】命令来建模，再配合【剖切】及布尔运算操作，基本能够解决绝大多数规则形体的建模。如果要绘制地形面等非规则模型，则需要配合【网格】进行操作。

6.3.1 【多段体】

可以将现有直线、二维多线段、圆弧或圆转换为具有矩形轮廓的实体。

1. 调用命令

(1) 命令：POLYSOLID。

(2) 功能区：【实体】→【图元】→ 

。

2. 操作步骤

◆命令：POLYSOLID　高度=80.0000，宽度=5.0000，对正=居中

(此处显示的【高度】和【宽度】为默认的多段体参数，【对正】为多段体与对象线条默认的对齐方式)

◆指定起点或［对象(O)/高度(H)/宽度(W)/对正(J)］<对象>：

◆指定下一个点或［圆弧(A)/放弃(U)］：

◆指定下一个点或［圆弧(A)/放弃(U)］：

◆指定下一个点或［圆弧(A)/闭合(C)/放弃(U)］：

◆指定下一个点或［圆弧(A)/闭合(C)/放弃(U)］：A

(此处依次选择多段体所经过的点)

◆指定圆弧的端点或【闭合(C)/方向(D)/直线(L)/第二个点(S)/放弃(U)】：S

［若对象包含圆弧，则应执行【圆弧A】后根据圆弧绘制的方法来进行圆弧段的绘制，也可执行【闭合(C)】将多段体的第一点与最后一点处连接起来，也可执行【放弃(U)】放弃选择的上一个点］

◆指定圆弧上的第二个点：

◆指定圆弧的端点：

3. 选项说明

(1) 对象(O)：执行后可以选中一个整体线性对象作为多段体的创建轨迹。

(2) 高度(H)：执行后可以重置多段体高度。

(3) 宽度(W)：执行后可以重置多段体宽度。

(4) 对正(J)：执行后可以重置对正方式，其中包括【左对正】、【居中】、【右对正】三中对正方式。

4. 应用举例

实例：绘制已知椭圆弧线条作为轨迹的多段体，其高度要求为 20、宽度为 2，左对正，结果如图 6.32 所示。

图 6.32 多段体

◆命令：POLYSOLID 高度＝80.0000，宽度＝5.0000，对正＝居中

◆指定起点或［对象（O）/高度（H）/宽度（W）/对正（J）］＜对象＞：H

◆指定高度＜80.0000＞：20

◆高度＝20.0000，宽度＝5.0000，对正＝居中

◆指定起点或［对象（O）/高度（H）/宽度（W）/对正（J）］＜对象＞：W

◆指定宽度＜5.0000＞：2

◆高度＝20.0000，宽度＝2.0000，对正＝居中

◆指定起点或［对象（O）/高度（H）/宽度（W）/对正（J）］＜对象＞：J

◆输入对正方式［对象（O）/高度（H）/宽度（W）/对正（J）］＜居中＞：L

◆高度＝20.0000，宽度＝2.0000，对正＝左对齐

◆指定起点或［对象（O）/高度（H）/宽度（W）/对正（J）］＜对象＞：O

◆选择对象：

（此处选中已知椭圆弧点＜Enter＞键即可）

6.3.2 【长方体】

可以通过设定三维实体的长宽高或其对角点位置来绘制长方体。

1. 调用命令

（1）命令：BOX。

（2）功能区：【常用】→【建模】→ 

。

2. 操作步骤

◆命令：BOX

◆指定第一个角点或［中心（C）］：

（此处可以指定长方体底面矩形的第一个角点）

◆指定其他角点或［立方体（C）/长度（L）］：

（此处可以指定长方体底面的另一个角点，或者通过【立方体（C）】选项设定绘制立方体，或者通过【长度（L）】选项开始依次按步骤输入长、宽和高来绘制长方体）

◆指定长度＜0.0000＞：

◆指定宽度＜0.0000＞：

◆指定高度或［两点（2P）］＜0.0000＞：

［此处指定长方体的高度或者通过【两点（2P）】选项选定一段长度作为长方体高度］

3. 选项说明

中心（C）：通过此选项可以指定其对角线的中点，即底面的中心点。

图 6.33 长方体

4. 应用举例

实例：绘制长 30、宽 20、高 20 的长方体，结果如图 6.33 所示。

◆命令：BOX

◆指定第一个角点或［中心（C）］：

◆指定其他角点或［立方体（C）/长度（L）］：L

◆指定长度＜0.0000＞：30

◆指定宽度＜0.0000＞：20

◆指定高度或［两点（2P）］＜0.0000＞：20

6.3.3 【楔体】

1. 调用命令

（1）命令：WEDGE。

（2）功能区：【常用】→【建模】→楔体。

2. 操作步骤

◆命令：WEDGE

◆指定第一个角点或［中心（C）］：

（此处可以指定楔体底面矩形的第一个角点）

◆指定其他角点或［立方体（C）/长度（L）］：L

［此处可以指定长方体底面的另一个角点，或者通过【立方体（C）】选项设定绘制楔体，或者通过【长度（L）】选项开始依次按步骤输入长、宽和高来绘制楔体］

◆指定长度＜0.0000＞：

◆指定宽度＜0.0000＞：

◆指定高度或［两点（2P）］＜0.0000＞：

3. 选项说明

中心（C）：通过此选项可以指定其对角线的中点，即底面的中心点。

4. 应用举例

实例：绘制底面长 30、宽 10，整体高 15 的楔体，结果如图 6.34 所示。

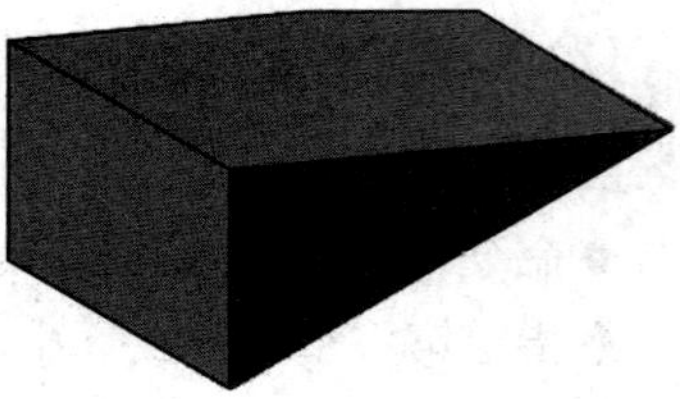

图 6.34 楔体

◆命令：WEDGE

◆指定第一个角点或［中心（C）］：

（此处在绘图窗口选择一个点）

◆指定其他角点或［立方体（C）/长度（L）］：L

◆指定长度＜0.0000＞：30

◆指定宽度＜0.0000＞：10

◆指定高度或［两点（2P）］＜0.0000＞：15

6.3.4 【圆锥体】

可以通过设定三维实体的底面中心点、底面半径和锥的高度来绘制圆锥体。也可以用于绘制圆台体和椭圆锥体。

1. 调用命令

(1) 命令：CONE。

(2) 功能区：【常用】→【建模】→圆锥体。

2. 操作步骤

◆命令：CONE

◆指定底面的中心点或［三点（3P）/两点（2P）/切点、切点、半径（T）/椭圆（E）］：

［此处可以指定圆锥体底面中心点；或通过圆的绘制方式【三点（3P）】、【两点（2P）】和【相切、相切、半径（T）】来指定底面为圆形状；或通过【椭圆（E）】来指定底面为椭圆形］

◆指定底面半径或［直径（D）］＜0.0000＞：15

（此处对应上一个步骤指定了地面中心点的操作）

◆指定高度或［两点（2P）/轴端点（A）/顶面半径（T）］＜0.0000＞：20

［此处【两点（2P）】是指通过指定两点来拾取其间距作为锥高，【轴端点（A）】是指在确定了底面之后指定锥顶点或台顶面中心点的位置，【顶面半径（T）】是指绘制圆台时指定台顶面半径］

3. 应用举例

实例：绘制底面半径15、顶面半径5、高20的圆台体，结果如图6.35所示。

◆命令：_cone

◆指定底面的中心点或［三点（3P）/两点（2P）/切点、切点、半径（T）/椭圆（E）］：

◆指定底面半径或［直径（D）］＜0.0000＞：15

◆指定高度或［两点（2P）/轴端点（A）/顶面半径（T）］＜0.0000＞：T

◆指定顶面半径＜0.0000＞：5

◆指定高度或［两点（2P）/轴端点（A）］＜0.0000＞：20

6.3.5 【球体】

可以通过设定三维实体的球心及半径等参数来绘制球体。

1. 调用命令

(1) 命令：SPHERE。

(2) 功能区：【常用】→【建模】→球体。

2. 操作步骤

◆命令：SPHERE

◆指定中心点或［三点（3P）/两点（2P）/相切、相切、半径（T）］：

［此处【三点（3P）】是指通过指定不在同一条直线上的三点来确定球径及其中心点位置；【两点（2P）】是指通过指定球体直径的两个端点；【相切、相切、半径（T）】是指通过指定半径定义可与两个对象相切的球体，指定的切点将投影到当前UCS］

◆指定半径或［直径（D）］＜0.0000＞：

3. 应用举例

实例：绘制球心在原点处的、直径为20的球体，结果如图6.36所示。

◆命令：SPHERE

◆指定中心点或［三点（3P）/两点（2P）/相切、相切、半径（T）］：0，0

（此处为通过输入绝对坐标来指定球心位置在原点处）

◆指定半径或［直径（D）］：D

［此处执行【直径（D）】选项，之后输入的数值代表球体直径］

◆指定直径：20

6.3.6 【圆柱体】

可以通过设定三维实体底面半径、直径及柱体高度等参数来绘制圆柱体。

1. 调用命令

（1）命令：CYLINDER。

（2）功能区：【常用】→【建模】→

。

2. 操作步骤

◆命令：CYLINDER

◆指定底面的中心点或［三点（3P）/两点（2P）/相切、相切、半径（T）/椭圆（E）］：

［此处可以指定圆柱体底面中心点；或通过圆的绘制方式【三点（3P）】、【两点（2P）】和【相切、相切、半径（T）】来指定圆形底面尺寸；或通过【椭圆（E）】来指定底面为椭圆形］

◆指定底面半径或［直径（D）］＜0.0000＞：

［此处执行【直径（D）】选项，之后输入的数值代表圆柱体底面直径］

◆指定高度或［两点（2P）/轴端点（A）］：

3. 应用举例

实例：绘制底面中心在原点处的长轴为30、短轴为20、高度为20的椭圆柱体，结果如图6.37所示。

◆命令：CYLINDER

◆指定底面的中心点或［三点（3P）/两点（2P）/相切、相切、半径（T）/椭圆（E）］：E

［此处通过执行【椭圆（E）】选项设定为绘制椭圆柱体］

◆指定第一个轴的端点或［中心（C）］：C

◆指定中心点：0，0

◆指定到第一个轴的距离＜0.0000＞：15

◆指定第二个轴的端点：10

（此处输入的是中心点到轴端点的距离，因此输入的是半轴长度）

◆指定高度或［两点（2P）/轴端点（A）］＜0.0000＞：20

6.3.7 【圆环体】

可以通过设定圆环尺寸和环管尺寸等参数来绘制圆环体。

1. 调用命令

(1) 命令：TORUS。

(2) 功能区：【常用】→【建模】→圆环体。

2. 操作步骤

◆命令：TORUS

◆指定中心点或［三点（3P）/两点（2P）/相切、相切、半径（T）］：

［此处可以指定圆环中心点；或通过圆的绘制方式【三点（3P）】、【两点（2P）】和【相切、相切、半径（T）】来指定圆环轴线圆］

◆指定半径或［直径（D）］＜0.0000＞：

［此处适用于上一个步骤选定圆环中心点后的操作，是指定圆环体轴线圆的半径或通过【直径（D）】指定直径］

◆指定圆管半径或［两点（2P）/直径（D）］：

［此处是指定环管的半径，或通过【两点（2P）】选定一段距离作为环管的半径，或通过【直径（D）】指定直径］

3. 应用举例

实例：绘制圆环体中心点在（100，50）处，且圆环半径为20、环管直径为10的圆环体，结果如图6.38所示。

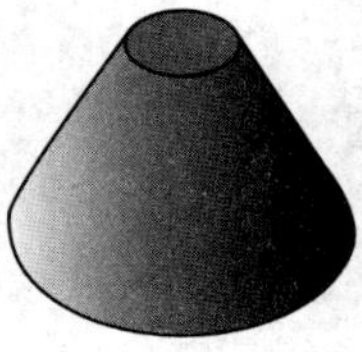

图6.35 圆台体

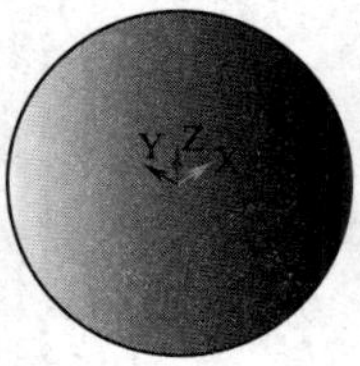

图6.36 球体

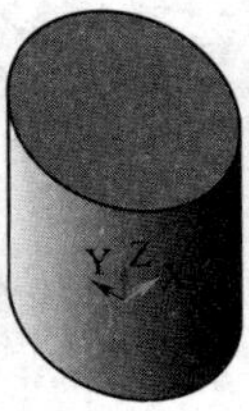

图6.37 椭圆柱体

图6.38 圆环体

◆命令：TORUS

◆指定中心点或［三点（3P）/两点（2P）/相切、相切、半径（T）］：100，50

（此处通过输入圆环中心点的绝对坐标来指定其位置）

◆指定半径或［直径（D）］＜0.0000＞：20

◆指定圆管半径或［两点（2P）/直径（D）］＜0.0000＞：D

◆指定圆管直径＜0.0000＞：10

6.3.8 【棱锥体】

可以通过设定三维实体的底面形状尺寸和高度来绘制正棱锥体。

1. 调用命令

(1) 命令：PYRANID。

(2) 功能区：【常用】→【建模】→圆环体。

2. 操作步骤

◆命令：PYRANID

◆4 个侧面　外切

（此处显示当前设置的底面边数及确定底面形状尺寸时默认的方法，【外切】是指多边形外切于圆外侧）

◆指定底面的中心点或［边（E）/侧面（S）］：

（此处可指定底面中心点位置）

◆指定底面半径或［内接（I）］＜9.5213＞：

［此处指定半径对应上一个步骤为指定中心点位置的操作，或通过【内接（I）】选项改变底面多边形形状尺寸确定的方法］

◆指定高度或［两点（2P）/轴端点（A）/顶面半径（T）］＜19.4389＞：

［此处通过【两点（2P）】选定一段长度作为锥体的高度，或通过【顶面半径（T）】选项更改为绘制棱台体］

3. 选项说明

（1）边（E）：此选项可设定根据底面正多边形的边长来确定底面的形状尺寸。

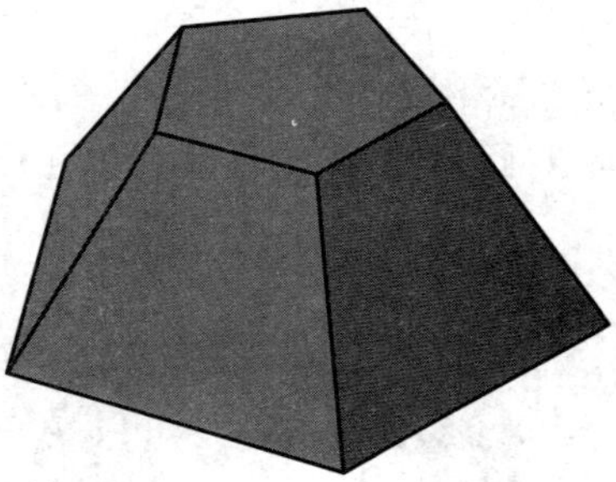

图 6.39　棱台体

（2）侧面（S）：此选项可指定底面正多边形边数。

4. 应用举例

实例：绘制底面边长为 30、顶面内切圆半径为 10、高为 20 的正五棱台体，结果如图 6.39 所示。

◆命令：PYRANID

◆4 个侧面　外切

◆指定底面的中心点或［边（E）/侧面（S）］：S

◆输入侧面数＜4＞：5

（此处要更改底面边数为 5）

◆指定底面的中心点或［边（E）/侧面（S）］：E

◆指定边的第一个端点：

（此处在绘图窗口中指定一个点作为底面其中一个顶点的位置）

◆指定边的第二个端点：30

（此处输入的数据为底面边长）

◆指定高度或［两点（2P）/轴端点（A）/顶面半径（T）］＜0.0000＞：T

［此处通过【顶面半径（T）】选项更改为绘制棱台体］

◆指定顶面半径＜0.0000＞：10

（此处输入数值为底面内切圆的半径）

◆指定高度或［两点（2P）/轴端点（A）］＜0.0000＞：20

任务 6.4　高级造型命令创建三维实体

在实际工作中，很多实体的形状都是较为复杂的，不能直接用基本实体命令进行创建，必须要用到更高级的命令来造型，这也是实际工作中用得更多的操作。当然，这些高级造型命令也可以创建基本三维实体。高级造型命令的工作原理基本都是根据二维图形生成三维模型，部分命令也可以根据三维实体来生成三维模型。因此在使用的过程中，用户应该具有二维绘图的功底，并且要培养出造型思路，配合视图转换工具进行复杂的造型操作。下面对常用的高级造型命令进行详细的介绍。

6.4.1 【拉伸】

可以通过二维图形拉伸成柱体、锥体或台体。能够被【拉伸】命令操作的对象，只能是封闭的二维整体对象，比如封闭的多段线对象（矩形命令创建的对象、正多边形命令创建的对象或多段线命令绘制的封闭对象）、面域对象、圆命令创建的对象、椭圆命令创建的对象、样条曲线创建的封闭对象、二维实体、三维平面、三维曲面等。

1. 调用命令

（1）命令：EXTRUDE（EXT）。

（2）功能区：【实体】→【实体】→ 拉伸 。

2. 操作步骤

◆命令：EXTRUDE

◆当前线框密度：ISOLINES＝4

（此处显示当前设置的线框密度值）

◆选择要拉伸的对象：找到 1 个

◆选择要拉伸的对象：

（此处应选择能够被【拉伸】命令操作的对象，可同时选中多个对象。对象选择完毕后应单击鼠标右键或回车表示对象选择完毕）

◆指定拉伸的高度或［方向（D）/路径（P）/倾斜角（T）］<0.0000>：

（此处可以指定拉伸的高度值）

3. 选项说明

（1）方向（D）：通过此选项可指定两点，该两点连线方向将作为拉伸方向，该两点间距将作为拉伸高度。

（2）路径（P）：通过此选项可指定一个二维线性对象作为实体拉伸的路径。

（3）倾斜角（T）：通过此选项可指定锥体或台体的棱面与中轴线的夹角。

4. 应用举例

实例：绘制如图 6.40（a）所示的柱体。

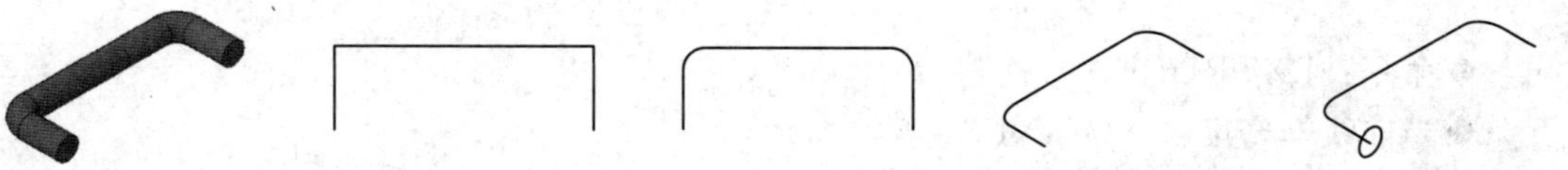

（a）要绘制的柱体　（b）绘制的二维线性路径　（c）路径圆角　（d）切换轴测图方向　（e）柱体横断面轮廓

图 6.40 【拉伸】实例步骤

（首先将视角调整到【俯视】，绘制拉伸路径）

◆命令：PLINE

◆指定起点：

◆当前线宽为 0.0000

◆指定下一个点或［圆弧（A)/半宽（H)/长度（L)/放弃（U)/宽度（W)］：100

◆指定下一点或［圆弧（A)/闭合（C)/半宽（H)/长度（L)/放弃（U)/宽度（W)］：300

◆指定下一点或［圆弧（A)/闭合（C)/半宽（H)/长度（L)/放弃（U)/宽度（W)］：100

◆指定下一点或［圆弧（A)/闭合（C)/半宽（H)/长度（L)/放弃（U)/宽度（W)］：

［此部分操作是绘制多段线绘制出【拉伸】所需的二维线性路径，如图 6.40（b）所示］

◆命令：FILLET

◆当前设置：模式＝修剪，半径＝0.0000

◆选择第一个对象或［放弃（U)/多段线（P)/半径（R)/修剪（T)/多个（M)］：R

◆指定圆角半径<0.0000>：30

◆选择第一个对象或［放弃（U)/多段线（P)/半径（R)/修剪（T)/多个（M)］：P

◆选择二维多段线：

◆2 条直线已被圆角

［此部分操作是对二维线性路径进行圆角，如图 6.40（c）所示］

［将视角先调整到【前视】，再调整到【西南等轴测】视角，这样就可以不用单独建立 UCS 坐标系，而是通过对视角的调整，方便快捷地将绘图平面切换到了于主视图相平行的平面来绘图，可以快速绘制将被作为拉伸对象的圆，如图 6.40（d)所示］

◆命令：CIRCLE

◆指定圆的圆心或［三点（3P)/两点（2P)/相切、相切、半径（T)］：

（此处选中作为路径的二维对象的端点作为圆心）

◆指定圆的半径或［直径（D)］：20

［此处是绘制柱体的横断面轮廓，即是与拉伸路径相垂直的圆对象，如图 6.40（e）所示］

◆命令：EXTRUDE

◆当前线框密度：ISOLINES＝4

◆选择要拉伸的对象：找到 1 个

◆选择要拉伸的对象：

◆指定拉伸的高度或［方向（D)/路径（P)/倾斜角（T)］<820.4673>：P

［此处要通过【路径（P)】选项才能指定拉伸的路径］

◆选择拉伸路径或［倾斜角（T)］：

［此处由于是拉伸成柱体，因此不用设置倾斜的角度，默认为 0°，所得结果如 6.40

(a) 所示]

6.4.2 【按住并拖动】

可以将二维封闭区域或者三维实体表面等区域作为对象拉伸成为实体。该区域对象必须是由共面直线或边刚刚好围成的封闭区域。该拖动可以将二维区域拖动成三维实体模型，也可以将三维实体的表面朝外凸出或朝内凹进。

1. 调用命令

(1) 命令：PRESSPULL (PULL)。

(2) 功能区：【实体】→【实体】→ 按住并拖动 。

2. 操作步骤

◆命令：PRESSPULL

◆选择对象或边界区域：

(此处将鼠标置于实体某个表面时单击左键，即可选中该表面区域作为拉伸对象)

◆指定拉伸高度或 [多个 (M)]：

◆指定拉伸高度或 [多个 (M)]：10

(此处需要指定一个拉伸高度，可在屏幕中指定，也可以输入数值，输入的值是正数时柱体变高，输入负数的值是负数时柱体变矮)

◆已创建1个拉伸

3. 选项说明

多个 (M)：执行此选项后，可以一次性选择多个不同方向的实体表面作为拉伸对象。

4. 应用举例

实例：将图6.41 (a) 所示二维框创建为三位实体，并在其顶面和前面各开一个圆形孔和方形孔贯通整个长方体，结果如图6.41 (g) 所示。

(首先点击【俯视】按钮切换到俯视方向，然后在俯视图中开始绘制正方形二维线框)

◆命令：RECTANG

◆指定第一个角点或 [倒角 (C)/标高 (E)/圆角 (F)/厚度 (T)/宽度 (W)]：

◆指定另一个角点或 [面积 (A)/尺寸 (D)/旋转 (R)]：d

◆指定矩形的长度＜0.0000＞：30

◆指定矩形的宽度＜0.0000＞：30

[此处用矩形命令绘制一个长30、宽30的矩形框对象，如图6.41 (a) 所示，然后将视图方向确定到西南等轴测方向]

◆命令：PRESSPULL

◆选择对象或边界区域：

[此处光标悬停在要选择的正方形区域上时，该区域边界会高亮显示，如图6.41 (b) 所示，点击左键后可选中该区域并拖动出一个三维实体，如图6.41 (c) 所示]

◆指定拉伸高度或 [多个 (M)]：

◆指定拉伸高度或 [多个 (M)]：30

[此处指定该柱体高度30，结果如图6.41 (c) 所示]

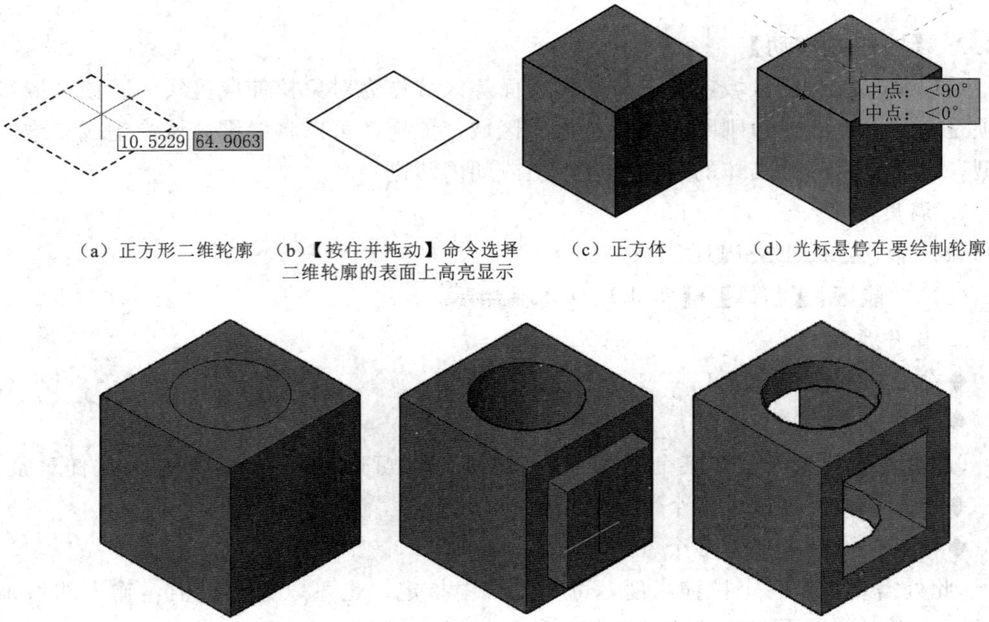

（a）正方形二维轮廓　（b）【按住并拖动】命令选择二维轮廓的表面上高亮显示　（c）正方体　（d）光标悬停在要绘制轮廓

（e）立方体上表面绘制圆　（f）顶面轮廓已被造孔　（g）最终效果

图 6.41　柱体开孔

◆已创建 1 个拉伸

◆命令：CIRCLE

◆指定圆的圆心或［三点（3P）/两点（2P）/相切、相切、半径（T）］：

［【★重要提示★】此处需要提前打开【动态 UCS】功能，将鼠标移动到需要作为绘图基准面的表面上，该表面将会高亮显示，如图 6.41（d）所示，这时就可以直接在该表面上绘制所需的圆对象］

◆指定圆的半径或［直径（D）］＜0.0000＞：10

［此部分操作是在顶面上绘制圆形钻孔的轮廓形状，结果如图 6.41（e）所示］

◆命令：POLYGON 输入侧面数＜4＞：5

◆指定正多边形的中心点或［边（E）］：

（此处同上一步操作，应在执行【正多边形】命令后，将光标移动到前面的表面位置，此时该表面高亮显示，则可以在该表面上绘制正方形轮廓）

◆输入选项［内接于圆（I）/外切于圆（C）］＜C＞：C

◆指定圆的半径：10

（此部分操作是在前面绘制正方形钻孔的轮廓形状）

◆命令：PRESSPULL

◆选择对象或边界区域：

◆指定拉伸高度或［多个（M）］：

◆指定拉伸高度或［多个（M）］：－30

（此处输入拉伸值“－30”，是因为钻孔是向正方体内部拉伸的，相当于高度变矮）

◆已创建 1 个拉伸

（此处用【按住并拖动】命令对正方体顶面进行圆孔造型）

◆命令：PRESSPULL

◆选择对象或边界区域：

◆指定拉伸高度或［多个（M）］：

◆指定拉伸高度或［多个（M）］：－30

◆已创建 1 个拉伸

［此处用【按住并拖动】命令对正方体前面进行圆孔造型，最终结果如图 6.41（g）所示］

6.4.3 【扫掠】

通过沿路径扫掠二维曲线来创建三维实体或曲面。使用【扫掠】命令，可以通过沿开放或闭合的二维或三维路径扫掠开放或闭合的平面曲线（轮廓）创建实体或曲面。【扫掠】沿指定的路径以指定轮廓的形状绘制实体或曲面。可以扫掠多个对象，但是这些对象必须位于同一平面中。

1. 调用命令

（1）命令：SWEEP（SW）。

（2）功能区：【实体】→【实体】→

。

2. 操作步骤

◆命令：SWEEP

◆当前线框密度：ISOLINES=4，闭合轮廓创建模式=实体

（此处显示默认的线框密度值，以及当前默认的扫掠模式，模式包括【实体】和【曲面】两种）

◆选择要扫掠的对象或［模式（MO）］：找到 1 个

（此处选择要进行扫掠的对象）

◆选择要扫掠的对象：

（此处敲击空格键表示对象选择完毕）

◆选择扫掠路径或［对齐（A）/基点（B）/比例（S）/扭曲（T）］：

（此处选择作为扫掠路径的对象并按＜Enter＞键）

3. 选项说明

（1）模式（MO）：控制扫掠动作是创建实体还是创建曲面。

（2）对齐（A）：指定是否对齐轮廓以使其作为扫掠路径切向的法向。如果轮廓与路径起点的切向不垂直（法线未指向路径起点的切向），则轮廓将自动对齐。

（3）基点（B）：指定要扫掠对象的基点。

（4）比例（S）：指定比例因子以进行扫掠操作。从扫掠路径的开始到结束，比例因子将统一应用到扫掠的对象。

（5）扭曲（T）：设置正被扫掠的对象的扭曲角度。扭曲角度指定沿扫掠路径全部长度的旋转量。

4. 应用举例

实例：将图 6.42（a）所示的半径为 3 的圆作为断面轮廓，将 20×10 的矩形作为路径进行扫掠，结果如图 6.42（b）所示。

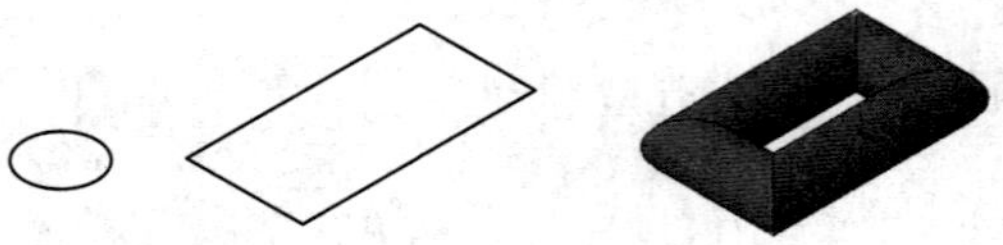

（a）圆对象和矩形对象　　（b）【扫掠】后的结果

图 6.42 【扫掠】操作步骤

◆命令：CIRCLE

◆指定圆的圆心或［三点（3P）/两点（2P）/切点、切点、半径（T）］：

◆指定圆的半径或［直径（D）］＜0.8003＞：3

（此处为绘制半径为 3 的圆作为扫掠对象）

◆命令：RECTANG

◆指定第一个角点或［倒角（C）/标高（E）/圆角（F）/厚度（T）/宽度（W）］：

◆指定另一个角点或［面积（A）/尺寸（D）/旋转（R）］：D

◆指定矩形的长度＜30.0000＞：20

◆指定矩形的宽度＜30.0000＞：10

（此处为绘制 20×10 的矩形作为扫掠路径）

◆命令：SWEEP

◆当前线框密度：ISOLINES=4，闭合轮廓创建模式=实体

◆选择要扫掠的对象或［模式（MO）］：找到 1 个

◆选择要扫掠的对象或［模式（MO）］：

◆选择扫掠路径或［对齐（A）/基点（B）/比例（S）/扭曲（T）］：

［此处完成圆对矩形的扫掠，结果如图 6.42（b）所示］

6.4.4 【旋转】

可以将二维图形绕一旋转轴旋转成曲面实体或曲面。能够被【旋转】命令操作成三维实体的对象，只能是封闭的二维整体对象，比如封闭的多段线对象（如矩形命令创建的对象、正多边形命令创建的对象或多段线命令绘制的封闭对象）、面域对象、圆命令创建的对象、椭圆命令创建的对象、样条曲线创建的封闭对象、二维实体、三维平面、三维曲面等；而所有的线型对象都可以被【旋转】命令操作成三维曲面。

※注意：被【旋转】的对象必须完全位于旋转轴的同一侧才能操作成功。

1. 调用命令

（1）命令：REVOLVE（REV）。

（2）功能区：【实体】→【实体】→旋转。

2. 操作步骤

◆命令：REVOLVE

◆当前线框密度：ISOLINES＝4，闭合轮廓创建模式＝实体

(此处显示默认的线框密度值，以及当前默认的扫掠模式，模式包括【实体】和【曲面】两种)

◆选择要旋转的对象或［模式（MO）］：找到 1 个

(此处选择封闭的整体对象)

◆选择要旋转的对象或［模式（MO）］：

(此处选完对象后敲击空格键表示对象选择完毕)

◆指定轴起点或根据以下选项之一定义轴［对象（O）/X/Y/Z］＜对象＞：

(此处指定旋转轴的第一点)

◆指定轴端点：

(此处指定旋转轴的第二点)

◆指定旋转角度或［起点角度（ST）/反转（R）/表达式（EX）］＜360＞：

(此处指定旋转角度值)

3. 选项说明

(1) 模式（MO）：控制旋转动作是创建实体还是创建曲面。

(2) 对象（O）：直接选择某条直线类型对象作为旋转轴。

(3) X/Y/Z：以 X 或 Y 或 Z 坐标轴为旋转轴进行旋转。

(4) 起点角度（ST）：控制旋转动作的起始角度值。

(5) 反转（R）：更改旋转方向，相当于输入负数角度值的效果。

(6) 表达式（EX）：输入公式或方程式以指定旋转角度。

4. 应用举例

实例 1：将图 6.43（a）所示的面域对象绕其右侧的直线旋转 360°，结果如图 6.43（b）所示。

(a) 面域对象及旋转轴　　(b) 旋转后的结果

图 6.43 【旋转】实体操作步骤

◆命令：REVOLVE

◆当前线框密度：ISOLINES＝4，闭合轮廓创建模式＝实体

◆选择要旋转的对象或［模式（MO）］：找到 1 个

(此处选择面域对象并空格)

◆选择要旋转的对象或［模式（MO）］：

(此处敲击空格键表示对象选择完毕)

◆指定轴起点或根据以下选项之一定义轴［对象（O）/X/Y/Z］＜对象＞：O

(此处输入 O 后选定直线对象作为旋转轴)

◆选择对象：

◆指定旋转角度或［起点角度（ST）/反转（R）/表达式（EX）］＜360＞：

(此处系统默认角度为 360°，若需要的角度和默认角度不一致，应该直接输入需要的角度值)

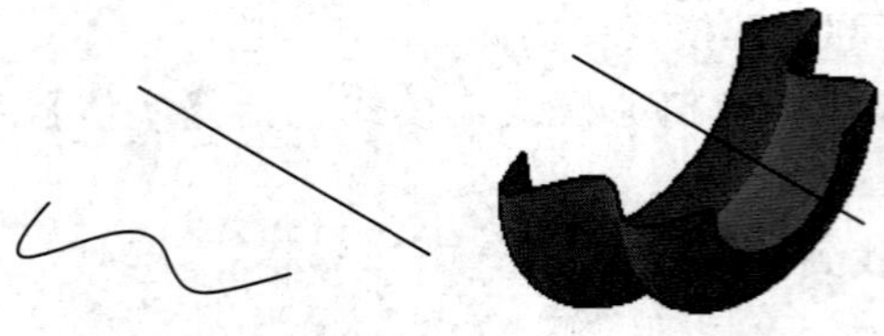

（a）面域对象及旋转轴　　（b）旋转后的结果

图 6.44 【旋转】曲面操作步骤

实例 2：将图 6.44（a）所示的线型对象绕其右侧的直线旋转 180°，结果如图 6.44（b）所示。

◆命令：REVOLVE

◆当前线框密度：ISOLINES＝4，闭合轮廓创建模式＝实体

◆选择要旋转的对象或［模式（MO）］：找到 1 个

◆选择要旋转的对象或［模式（MO）］：

（此处单击右键表示对象选择完毕）

◆指定轴起点或根据以下选项之一定义轴［对象（O）/X/Y/Z］＜对象＞：O

（此处输入 O 后选定直线对象作为旋转轴）

◆选择对象：

（此处选择直线对象）

◆指定旋转角度或［起点角度（ST）/反转（R）/表达式（EX）］＜360＞：180

（此处输入旋转角度值 180 并按＜Enter＞键）

6.4.5 【放样】

可以通过一组两个或多个断面图形放样来创建三维实体或曲面。

※注意：【放样】操作过程中，如果遇到两个断面的形状不相似，即端点数量不一致时一定要将两个断面间需要对应的点之间全部用直线连接以后再进行【放样】。

1. 调用命令

（1）命令：LOFT。

（2）功能区：【实体】→【实体】→|放样|。

2. 操作步骤

◆命令：LOFT

◆当前线框密度：ISOLINES=4，闭合轮廓创建模式＝实体

（此处显示默认的线框密度值，以及当前默认的扫掠模式，模式包括【实体】和【曲面】两种）

◆按放样次序选择横截面或［点（PO）/合并多条边（J）/模式（MO）］：找到 1 个

◆按放样次序选择横截面或［点（PO）/合并多条边（J）/模式（MO）］：找到 1 个，总计 2 个

（此处选择截面对象）

◆按放样次序选择横截面或［点（PO）/合并多条边（J）/模式（MO）］：

（此处选完对象敲击＜Enter＞键表示对象选择完毕）

◆选中了 2 个横截面

◆输入选项［导向（G）/路径（P）/仅横截面（C）/设置（S）］＜仅横截面＞：

（此处选择合适的放样方式进行建模）

3. 选项说明

(1) 点 (PO): 指定放样的第一个点或最后一个点。如果以【点】选项开始，后面的对象必须选择闭合曲线。

(2) 合并多条边 (J): 将多个端点相交的边处理为一个横截面，便于快速创建横截面。

(3) 模式 (MO): 控制旋转动作是创建实体还是创建曲面。

(4) 导向 (G): 可以指定若干条用于控制放样形状的导向曲线，用导向曲线来控制横截面之间的顶点的匹配规则，防止出现不希望看到的效果（例如结果中出现的皱褶）。

(5) 路径 (P): 指定放样实体或曲面时需要用到的唯一路径。

(6) 仅横截面 (C): 在不使用导向或路径的情况下，仅使用若干个横截面来创建放样对象。

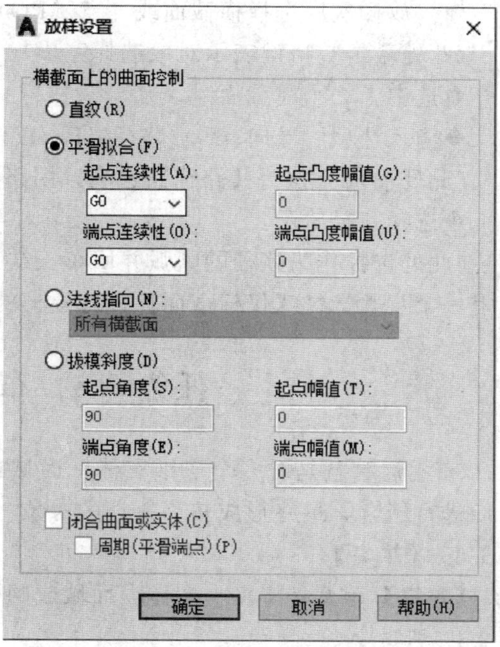

图 6.45 【放样设置】对话框

(7) 设置 (S): 可以调出【放样设置】对话框，如图 6.45 所示。

4. 应用举例

实例：将图 6.46 (a) 所示的圆形截面对象沿圆弧路径进行放样，结果如图 6.46 (b) 所示。

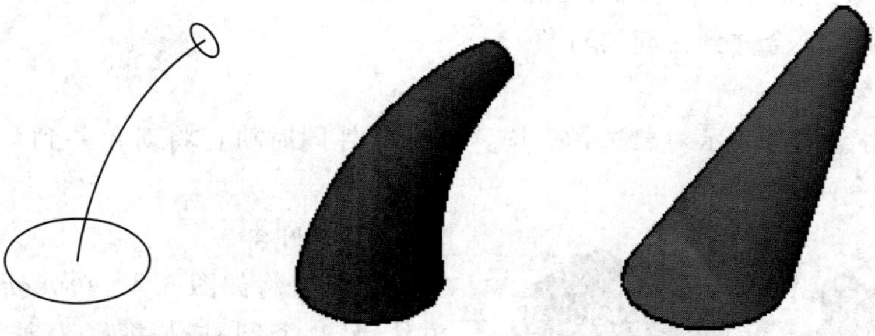

(a) 横截面及路径　(b) 按【路径】放样的效果　(c) 按【仅横截面】放样效果

图 6.46 【放样】操作

◆命令：LOFT

◆当前线框密度：ISOLINES=4，闭合轮廓创建模式=实体

◆按放样次序选择横截面或 [点 (PO)/合并多条边 (J)/模式 (MO)]：找到 1 个

◆按放样次序选择横截面或 [点 (PO)/合并多条边 (J)/模式 (MO)]：找到 1 个，总计 2 个

(此处依次选择 2 个圆形截面对象)

◆按放样次序选择横截面或［点（PO）/合并多条边（J）/模式（MO）］：

（此处敲击空格键表示对象选择完毕）

◆选中了 2 个横截面

◆输入选项［导向（G）/路径（P）/仅横截面（C）/设置（S）］＜仅横截面＞：P

（此处输入 P 执行【路径】选项，用路径引导进行建模）

◆选择路径轮廓：

［此处选择作为路径的圆弧并回车，结果如图 6.46（b）所示，而 6.46（c）所示是在上一个步骤选择【仅横截面】方式建模的效果］

任务 6.5 布 尔 运 算

布尔运算就是对多个三维实体、面域或网格面进行并集、差集或交集的运算，使它们进行组合，最终形成较为复杂的对象。

6.5.1 【并集】

【并集】运算是将多个实体、面域或网格面合并成一个整体的操作。

1. 调用命令

（1）命令：UNION（UNI）。

（2）功能区：【实体】→【布尔值】→

。

2. 操作步骤

◆命令：UNION

◆选择对象：找到 1 个

◆选择对象：找到 1 个，总计 2 个

（此处选择需要合并到一起的对象）

◆选择对象：

（此处敲击空格键表示对象选择完毕，此时软件同时执行将对象并到一起的操作并且自动完成命令）

3. 应用举例

实例：将如图 6.47（a）所示的 2 个长方体及 1 个圆柱体并集为整体，结果如图 6.47（b）所示。

◆命令：UNION

◆选择对象：指定对角点：找到 3 个

◆选择对象：

（此处敲击空格键表示对象选择完毕，此时软件同时执行将对象并到一起的操作并且自动完成命令）

（a）做并集前的效果　　（b）并集后的效果

图 6.47 【并集】操作效果

6.5.2 【差集】

【差集】运算就是从一些实体、面域或网格面中减去另一些实体、面域或网格面，从而得到一个新的同类对象。

1. 调用命令

(1) 命令：SUBTRACT (SU)。

(2) 功能区：【实体】→【布尔值】→

。

2. 操作步骤

◆命令：SUBTRACT 选择要从中减去的实体、曲面和面域...

◆选择对象：找到 1 个

(此处选择原对象，选择完毕后敲击空格键表示对象选择完毕)

◆选择对象：选择要减去的实体、曲面和面域...

◆选择对象：找到 1 个

(此处选择要从原对象上减掉的对象，选择完毕后敲击空格键表示对象选择完毕)

◆选择对象：

3. 应用举例

实例：用如图 6.48 (a) 所示的下方圆柱体减掉上方圆柱体，结果如图 6.48 (b) 所示。

(a) 做差集前的效果　　(b) 差集后的效果　　(c) 交集后的效果

图 6.48 【差集】和【交集】操作效果

◆命令：SU SUBTRACT 选择要从中减去的实体、曲面和面域...

◆选择对象：找到 1 个

(此处选择上方圆柱体，选择完毕后敲击空格键表示对象选择完毕)

◆选择对象：选择要减去的实体、曲面和面域...

◆选择对象：找到 1 个

(此处选择下方圆柱体，选择完毕后敲击空格键表示对象选择完毕)

◆选择对象：

6.5.3 【交集】

【交集】运算可以得到参与运算的多个实体、面域或网格面的公共部分，而每个对象的非公共部分将会被删除。

1. 调用命令

(1) 命令：INTERSECT (IN)。

(2) 功能区：【实体】→【布尔值】→

。

2. 操作步骤

◆命令：INTERSECT

◆选择对象：指定对角点：找到 2 个

（此处可批量选择要取交集的对象，选择完毕后敲击空格键表示对象选择完毕）

◆选择对象：

3. 应用举例

实例：将如图 6.48（a）所示的圆柱体和长方体取出公共部分，结果如图 6.48（c）所示。

◆命令：INTERSECT

◆选择对象：指定对角点：找到 2 个

（此处可批量选择两个圆柱体，选择完毕后敲击空格键表示对象选择完毕）

◆选择对象：

任务 6.6 三维实体编辑命令

由于实际工作中的三维实体往往比较复杂，在通过基本建模命令创建出整体后有时需要在整体对象上进行一些修改和编辑，因此需要用到一些编辑命令，下面详细介绍实际工作中常用的实体编辑命令。

6.6.1 【剖切】

通过指定剖切平面将三维实体切分成用户所需的形状，该命令在实体编辑过程中经常用到。三维实体的剖切有两种形式，用户将三维实体剖切成两部分后，可以保留其中的一部分，也可以两部分全部保留。

1. 调用命令

（1）命令：SLICE（SL）。

（2）功能区：【实体】→【实体编辑】→ 剖切。

2. 操作步骤

◆命令：SLICE

◆选择要剖切的对象：找到 1 个

◆选择要剖切的对象：

（此处选完对象后敲击空格键表示对象选择完毕）

◆指定切面的起点或［平面对象（O）/曲面（S）/z 轴（Z）/视图（V）/xy（XY）/yz(YZ)/zx(ZX)/三点（3）］＜三点＞：指定平面上的第一个点：

［此处默认剖切方式为【三点（3）】，可以直接敲击空格键执行该选项，然后指定剖切平面上的第一点］

◆指定平面上的第二个点：

（此处指定剖切平面上的第二点）

◆指定平面上的第三个点：

（此处指定剖切平面上的第三点）

◆在所需的侧面上指定点或［保留两个侧面（B)］＜保留两个侧面＞：

（此处将鼠标在需要保留的实体侧单击一下，选定保留区域）

3. 选项说明

(1) 平面对象（O)：选择一个平面对象用以确定剖切平面的位置，如圆、椭圆等。

(2) 曲面（S)：选择一个曲面对象用以确定剖切面的位置，但不能是网格面、三维面或加厚的曲面。

(3) z 轴（Z)：通过指定剖切平面的法线方向来确定剖切平面的位置，即指定剖切平面上一点和垂直于该剖切面的直线上的一点来确定剖切平面。

(4) 视图（V)：指定与当前视图平面平行的面和该面内一点，从而确定该面的位置为剖切平面。

(5) xy（XY)/yz（YZ)/zx（ZX)：这三个选项分别将剖切平面与当前 UCS 下的 XOY 平面、YOZ 平面、ZOX 对齐。

(6) 三点（3)：指定三个不在同一条直线上的点来确定剖切平面。

(7) 保留两个侧面（B)：将两侧实体都保留下来。

4. 应用举例

实例：将如图 6.49（a）所示圆柱体沿顶面第一象限点和底面第二、四象限点确定的平面进行剖切，并删除掉左侧部分，结果如图 6.49（b）所示。

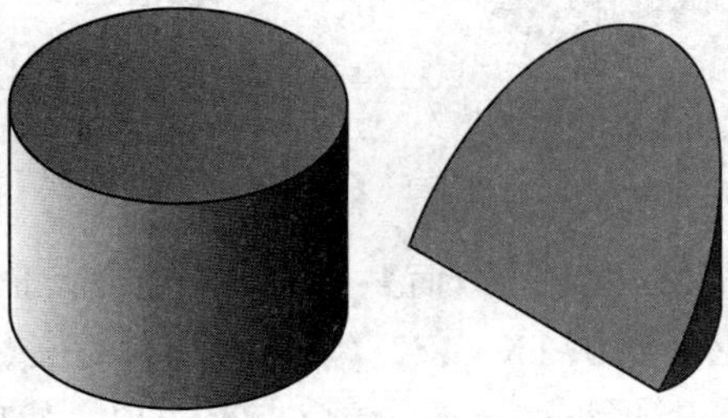

(a) 圆柱体剖切前　　(b) 截面形状

图 6.49 【三点】剖切操作

◆命令：SLICE

◆选择要剖切的对象：找到 1 个

◆选择要剖切的对象：

（此处选择圆柱体后敲击空格键）

◆指定切面的起点或［平面对象（O)/曲面（S)/z 轴（Z)/视图（V)/xy（XY)/yz（YZ)/zx(ZX)/三点（3)］＜三点＞：指定平面上的第一个点：

［此处敲击空格键表示执行【三点（3)】选项，再选择顶面的第一象限点］

◆指定平面上的第二个点：

（此处选择底面的第二象限点）

◆指定平面上的第三个点：

（此处选择底面的第四象限点）

◆在所需的侧面上指定点或［保留两个侧面（B)］＜保留两个侧面＞：

［由于有时需要保留侧被遮挡，不便于选中，所以实际工作中一般是执行【保留两个侧面（B)】选项，然后再选中并删除不需要的一侧］

6.6.2 【截面】

通过选择一个截面位置，对三维实体进行假象剖切，并得到其断面形状，得到的断面对象是一个面域。在实际工作中常用在通过实体求断面图形的地方。

1. 调用命令

命令：SECTION（SEC）。

2. 操作步骤

◆命令：SECTION

◆选择对象：找到 1 个

◆选择对象：

◆指定【截面】上的第一个点，依照［对象（O）/Z 轴（Z）/视图（V）/XY（XY）/YZ（YZ）/ZX（ZX）/三点（3）］＜三点＞：指定平面上的第一个点：

◆指定平面上的第二个点：

◆指定平面上的第三个点：

（此处操作方法和【剖切】命令完全相同）

3. 选项说明

其各选项的操作方法与【剖切】命令完全相同。

4. 应用举例

实例：对图 6.50（a）所示实体的高度中部取横截面，结果如图 6.50（b）所示。

◆命令：SECTION

◆选择对象：找到 1 个

◆选择对象：

［此处执行【三点（3)】选项，然后选择某条竖向棱线的中点］

（a）已知实体　　（b）截面形状

图 6.50 【截面】操作

◆指定【截面】上的第一个点，依照［对象（O）/Z 轴（Z）/视图（V）/XY（XY）/YZ（YZ）/ZX（ZX）/三点（3）］＜三点＞：指定平面上的第一个点：

［此处执行【三点（3)】选项，然后选择某条竖向棱线的中点］

◆指定平面上的第二个点：

（此处选择另外一条竖向棱线的中点）

◆指定平面上的第三个点：

（此处选择第三条竖向棱线的中点并回车）

6.6.3 【三维移动】

可以在三维空间当中通过指定两点来移动对象，实际工作中主要用于轴测图状态下的实体移动操作。而三维对象在视图状态下可以直接用 Move 命令进行移动操作。

1. 调用命令

（1）命令：3DMOVE（3M）。

（2）功能区：【常用】→【修改】→ 。

2. 操作步骤

◆命令：3DMOVE

◆选择对象：找到 1 个

◆选择对象：

（此处敲击回车键表示对象选择完毕）

◆指定基点或［位移（D）］＜位移＞：

（此处指定移动过程中用以对齐的点）

◆指定第二个点或＜使用第一个点作为位移＞：

（此处指定要移动到的点）

3. 选项说明

位移（D）：分别输入 X、Y、Z 三个方向位移值。

4. 应用举例

实例：将如图 6.51（a）所示的两个圆柱体叠加到一起，并对齐其底面中心，结果如图 6.51（b）所示。

（a）【三维移动】操作前效果

（b）【三维移动】操作后效果

图 6.51 【三维移动】操作效果

◆命令：3DMOVE

◆选择对象：找到 1 个

（此处选择小圆柱体）

◆选择对象：

（此处单击鼠标右键表示对象选择完毕）

◆指定基点或［位移（D）］＜位移＞：

（此处先选中小圆柱底面中心点）

◆指定第二个点或＜使用第一个点作为位移＞：

（此处选定大圆柱顶面中心点）

6.6.4 【三维旋转】

可以将对象在空间当中绕旋转轴进行旋转。实际工作中主要用于轴测图状态下的实体移动操作。而三维对象在视图状态下可以直接用 Move 命令进行移动操作。

1. 调用命令

（1）命令：3DROTATE（3R）。

（2）功能区：【常用】→【修改】→ 。

2. 操作步骤

◆命令：3DROTATE

◆UCS 当前的正角方向：ANGDIR＝逆时针　ANGBASE＝0

（此处显示当前设置的旋转方向为逆时针，旋转角度默认为 0°）

◆选择对象：找到1个

◆选择对象：

（此处敲击空格键表示对象选择完毕）

◆指定基点：

（此处指定一点作为旋转轴必须通过的点，即三维球的球心位置）

◆拾取旋转轴：

（此处通过选定三维球中的经纬圆或赤道圆来指定与其垂直且通过其圆心的方向线作为旋转轴）

◆指定角的起点或键入角度：90

（此处输入角度值；或指定旋转角度的起始点和终止点）

3. 应用举例

实例：将如图6.52（a）所示平放的圆柱旋转到竖立放置的位置，结果如图6.52（c）所示。

（a）【三维旋转】操作前效果　（b）【三维旋转】操作出现三维球　（c）【三维旋转】操作后效果

图6.52 【三维旋转】操作效果

◆命令：3DROTATE

◆UCS当前的正角方向：ANGDIR＝逆时针　ANGBASE＝0

◆选择对象：找到1个

（此处选择圆柱体）

◆选择对象：

（此处敲击空格键表示对象选择完毕）

◆指定基点：

[此处选择圆柱体底面的中心点位置，如图6.52（b）所示]

◆拾取旋转轴：

（此处选择三维球中平行于左视图方向的圆）

◆指定角的起点或键入角度：90

（此处从平放到立放，应输入90并按＜Enter＞键）

6.6.5 【三维镜像】

可以将对象按照选定的镜像平面对称得出另外一个镜像副本。

1. 调用命令

命令：MIRROR3D（3DMI）。

2. 操作步骤

◆命令：MIRROR3D

◆选择对象：找到1个

(此处选择需要镜像的对象)

◆选择对象：

(此处敲击空格键表示对象选择完毕)

◆指定镜像平面（三点）的第一个点或［对象（O）/最近的（L）/Z轴（Z）/视图（V）/XY平面（XY）/YZ平面（YZ）/ZX平面（ZX）/三点（3）］<三点>：在镜像平面上指定第二点：在镜像平面上指定第三点：

(此处默认是通过指定三个点来确定镜像的对称平面，也可以通过执行其他选项来确定)

◆是否删除源对象？［是（Y）/否（N）］<否>：

(此处确定是否删除源对象)

3. 选项说明

(1) 对象（O）：选择圆、圆弧或二维多段线对象以确定镜像平面。

(2) 最近的（L）：快速选定上一个使用的镜像平面。

(3) Z轴（Z）：指定平面上的一个点和平面法线上的一个点定义镜像平面。

(4) 视图（V）：将镜像平面与当前视口中通过指定点的视图平面对齐。

(5) XY平面（XY）：将镜像平面与一个通过指定点的标准平面（XY）对齐。

(6) YZ平面（YZ）：将镜像平面与一个通过指定点的标准平面（YZ）对齐。

(7) ZX平面（ZX）：将镜像平面与一个通过指定点的标准平面（ZX）对齐。

(8) 三点（3）：指定镜像平面上的三个点来确定镜像平面。

4. 应用举例

实例：将如图6.53（a）所示三维实体以圆对象作为镜像平面进行【三维镜像】操作，结果如图6.53（b）所示。

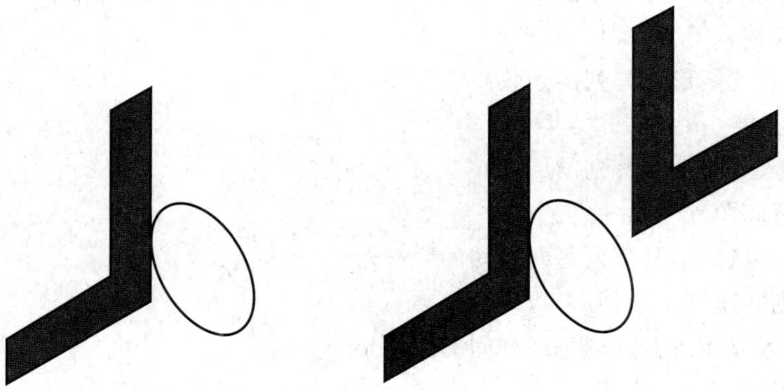

（a）【三维镜像】操作前效果　　（b）【三维镜像】操作后效果

图6.53 【三维镜像】操作

◆命令：MIRROR3D

◆选择对象：指定对角点：找到1个

（此处选定三维实体）

◆选择对象：

（此处敲击空格键表示对象选择完毕）

◆指定镜像平面（三点）的第一个点或［对象（O）/最近的（L）/Z轴（Z）/视图（V）/XY平面（XY）/YZ平面（YZ）/ZX平面（ZX）/三点（3）］<三点>：O

［此处输入O按<Enter>键，执行【对象（O）】选项］

◆选择圆、圆弧或二维多段线线段：

（此处选择圆对象并回车）

◆是否删除源对象？［是（Y）/否（N）］<否>：

［此处直接按<Enter>键默认执行【否（N）】选项保留源对象］

※注意：由于二维镜像操作要简便一些，因此实际工作中多在视图方向中对三维实体进行二维镜像操作。

6.6.6 【三维阵列】

可以在空间中执行环形阵列或矩形阵列操作，以批量生成多个相同对象。

1. 命令调用方式

命令：3DARRAY（3A）。

2. 操作步骤

◆命令：3DARRAY

◆选择对象：

（此处选择要进行三维阵列操作的对象并按<Enter>键）

◆输入阵列类型［矩形（R）/环形（P）］<矩形>：

（此处选定三维镜像的类型为【矩形】阵列或【环形】阵列）

◆输入行数（---）<1>：

（若上一步执行了【矩形】阵列选项，此处输入【矩形】阵列的行数）

◆输入列数（|||）<1>：

（此处输入【矩形】阵列的列数）

◆输入层数（…）<1>：

（此处输入【矩形】阵列的层数）

◆输入行间距（---）：

（此处输入【矩形】阵列每两行间的距离）

◆输入列间距（|||）：

（此处输入【矩形】阵列每两列间的距离）

◆输入层间距（…）：

（此处输入【矩形】阵列每两层间的距离，效果如图6.54所示）

3. 应用举例

实例：将如图6.55（a）所示长方体沿直线对象做环形阵列，结果如图6.55（b）所示。

图 6.54 【矩形】阵列操作

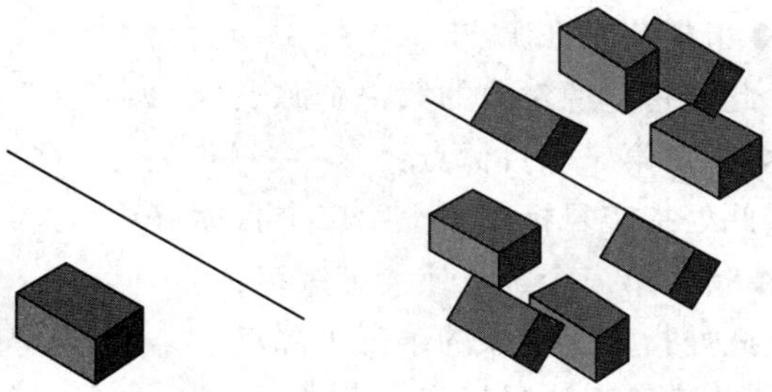

（a）【环形阵列】操作前效果　（b）【环形阵列】操作后效果

图 6.55 【环形】阵列操作

◆命令：3DARRAY

◆选择对象：找到 1 个

（此处选择长方体对象并按＜Enter＞键）

◆选择对象：输入阵列类型［矩形（R)/环形（P)］＜R＞：_P

（此处输入 P 并回车，选定阵列类型为【环形】）

◆输入阵列中项目的数目：8

（此处输入阵列对象的总数量 8 并回车，注意该数量要包括源对象在内）

◆指定填充角度（＋＝逆时针，－＝顺时针）＜360＞：360

（此处输入所有对象包围的总圆心角数值并按＜Enter＞键）

是否旋转阵列中的对象？［是（Y)/否（N)］＜Y＞：_Y

（此处指定在新增其他对象的时候，是否将每个对象都进行旋转）

◆指定阵列的中心点：

（此处指定旋转轴的第一个端点）

◆指定旋转轴上的第二点：

（此处指定旋转轴的第二个端点）

6.6.7 【三维对齐】

在二维或三维空间中将目标对象与其他对象对齐。其操作过程主要是通过指定各个点进行对应。

1. 调用命令

命令：ALIGN（AL)。

2. 操作步骤

◆命令：ALIGN

◆选择对象：找到 1 个

◆选择对象：

（此处敲击空格键表示对象选择完毕）

◆指定第一个源点：

（此处指定源对象的第一个源点）

◆指定第一个目标点：

（此处指定目标对象上第一个目标点）

◆指定第二个源点：

（此处指定源对象的第一个源点）

◆指定第二个目标点：

（此处指定目标对象上第二个目标点）

◆指定第三个源点或<继续>：

（此处指定源对象的第三个源点）

◆指定第三个目标点：

（此处指定目标对象上第三个目标点）

3. 应用举例

实例：将如图 6.56（a）所示四棱锥的底面与立方体前表面对齐，结果如图 6.56（b）所示。

（a）【对齐】操作前效果

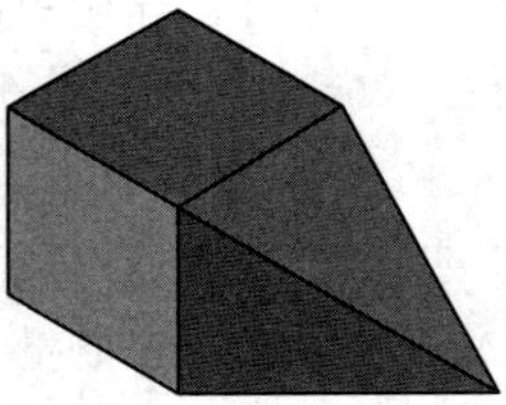

（b）【对齐】操作后效果

图 6.56 【三维对齐】操作

◆命令：ALIGN

◆选择对象：找到 1 个

（此处选中棱锥体）

◆选择对象：

（此处敲击空格键表示对象选择完毕）

◆指定第一个源点：

（此处指定棱锥上第一个源点）

◆指定第一个目标点：

（此处指定立方体上第一个目标点）

◆指定第二个源点：

（此处指定棱锥上第一个源点）

◆指定第二个目标点：

（此处指定立方体上第一个目标点）

◆指定第三个源点或<继续>：

（此处指定棱锥上第一个源点）

◆指定第三个目标点：

（此处指定立方体上第一个目标点）

6.6.8 【干涉检查】

【干涉检查】通过从两个或多个实体的公共体积创建临时组合三维实体，来亮显重叠的三维实体。如果定义了单个选择集，【干涉检查】将对比检查集合中的全部实体。如果定义了两个选择集，【干涉检查】将对比检查第一个选择集中的实体与第二个选择集中的实体。如果在两个选择集中都包括了同一个三维实体，【干涉检查】将此三维实体视为第一个选择集中的一部分，而在第二个选择集中忽略它。

1. 调用命令

（1）命令：INTERFERE。

（2）功能区：【常用】→【修改】→ 。

2. 操作步骤

◆命令：C

◆选择第一组对象或【嵌套选择（N）/设置（S）】：找到 1 个

（此处选定进行【干涉检查】的第一组对象并按<Enter>键）

◆选择第一组对象或【嵌套选择（N）/设置（S）】：找到 1 个，总计 2 个

（此处选定进行【干涉检查】的第二组对象并按<Enter>键）

◆选择第二组对象或【嵌套选择（N）/检查第一组（K）】<检查>：

3. 选项说明

（1）嵌套选择（N）：使用户可以访问嵌套在块和外部参照中的单个实体对象。

（2）设置（S）：显示【干涉设置】对话框，如图 6.57 所示，可以对检查结果的“视觉样式”“颜色”等参数进行设置。

（3）检查第一组（K）：仅为第一个选择集启动干涉检查。

4. 应用举例

实例：对如图 6.58（a）所示椭圆柱体及立方体进行干涉检查，结果如图 6.58（b）所示。

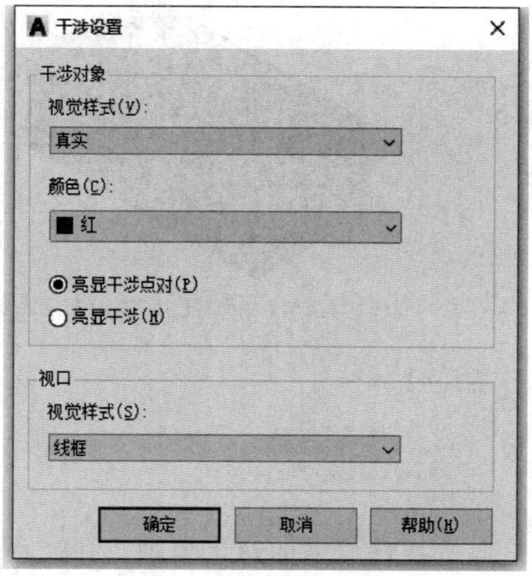

图 6.57 【干涉设置】对话框

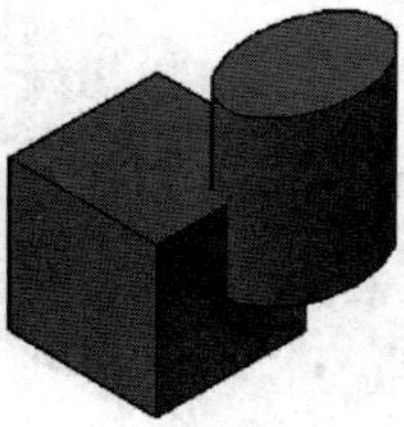

（a）【干涉检查】操作前效果

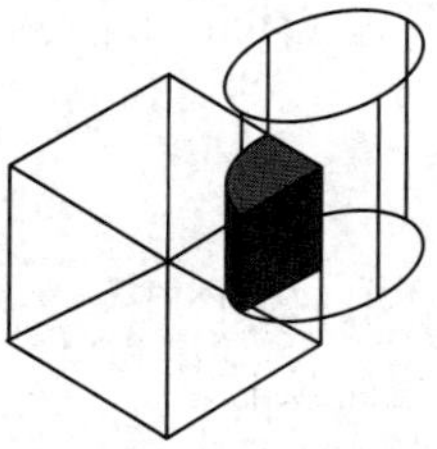

（b）【干涉检查】操作后效果

图 6.58 【干涉检查】操作

◆命令：INTERFERE

◆选择第一组对象或［嵌套选择（N）/设置（S）］：找到1个

（此处选择椭圆柱体）

◆选择第一组对象或［嵌套选择（N）/设置（S）］：找到1个，总计2个

（此处选择立方体并按＜Enter＞键）

◆选择第二组对象或［嵌套选择（N）/检查第一组（K）］＜检查＞：

6.6.9 【压印】

将边压印到三维实体的表面上，即类似于在三维实体表面上刻上刻痕。该操作后可以将该实体表面分割成若干部分表面区域。

1. 调用命令

（1）命令：IMPRINT（IMPR）。

（2）功能区：【实体】→【实体编辑】→压印。

2. 操作步骤

◆命令：IMPRINT

◆选择三维实体或曲面：

（此处选定要进行压印的三维实体）

◆选择要压印的对象：

（此处选定要在实体表面进行压印的二维图形对象）

◆是否删除源对象［是（Y）/否（N）］＜N＞：Y

（此处设定是否要删除源二维图形对象）

3. 应用举例

实例：将如图6.59（a）所示的圆形二维图形对象压印到长方体的顶面上，结果如图6.59（b）所示。

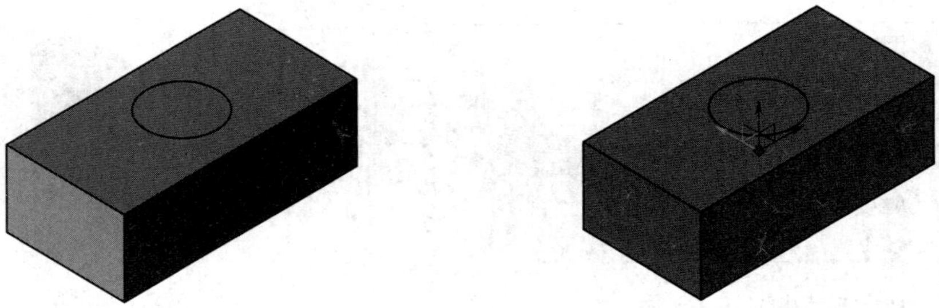

（a）【压印】操作前效果　　（b）【压印】操作后选中对象后显示效果

图6.59 【压印】操作

◆命令：IMPRINT

◆选择三维实体：

（此处选定要进行压印的三维实体，注意选择后不能单击右键，软件自动进入下一步）

◆选择要压印的对象：

（此处选定要在实体表面进行压印的四边形二维图形对象）

◆是否删除源对象［是（Y）/否（N）］<N>：Y

（此处根据用户需要设定是否删除源二维图形对象）

可以发现二维图形对象的轮廓已经刻印到长方体的顶面上，此时该表面已经被分割成了两部分，可以对其中某一部分单独执行【按住并拖动】或【拉伸面】命令。

6.6.10 【抽壳】

可以将实体模型变成空心三维实体。其操作方法有两种：一种是创建封闭空心实体，一种删除掉三维实体的一些表面，创建开放的空心实体。

1. 调用命令

（1）命令：SOLIDEIT。

（2）功能区：【实体】→【实体编辑】→ 。

2. 操作步骤

◆命令：SOLIDEIT

◆实体编辑自动检查：　SOLIDCHECK＝1

◆输入实体编辑选项［面（F）/边（E）/体（B）/放弃（U）/退出（X）］<退出>：B

◆输入体编辑选项［压印（I）/分割实体（P）/抽壳（S）/清除（L）/检查（C）/放弃（U）/退出（X）］<退出>：S

（执行【抽壳】操作后软件自动执行至此步骤）

◆选择三维实体：

（此处选定要进行抽壳的三维实体）

◆删除面或［放弃（U）/添加（A）/全部（ALL）］：找到一个面，已删除 1 个

（此处选定要打开的表面，如果要创建封闭空心实体，直接按<Enter>键跳过此步骤）

◆删除面或［放弃（U）/添加（A）/全部（ALL）］：

（此处删除面操作已完成）

◆输入抽壳偏移距离：指定第二点：

（此处设定【抽壳】操作后空心实体的边壁厚度，可以输入一个数值，也可以在屏幕中选取一段长度作为厚度）

◆已开始实体校验

◆已完成实体校验

3. 选项说明

（1）放弃（U）：取消选择最近添加到选择集中的面后将会重显示选择要删除的面的提示。

（2）添加（A）：向选择集中添加需要删除的面。

（3）全部（ALL）：选择所有面并将它们添加到选择集中。

4. 应用举例

实例：将如图 6.60（a）所示的椭圆柱体更改成空心盒体，要求边壁厚度 1，顶面要

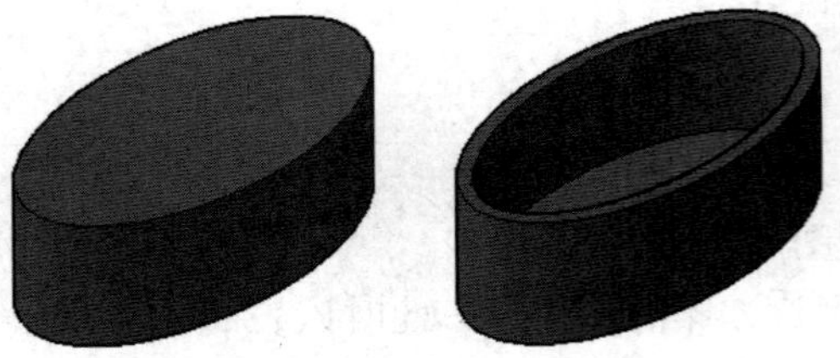

(a)【抽壳】操作前效果　　(b)【抽壳】操作后效果

图 6.60 【抽壳】操作

求去掉露出盒体内部效果，结果如图 6.60 (b) 所示。

◆命令：SOLIDEIT

◆实体编辑自动检查：SOLIDCHECK＝1

◆输入实体编辑选项［面（F)/边（E)/体（B)/放弃（U)/退出（X)］＜退出＞：B

◆输入体编辑选项［压印（I)/分割实体（P)/抽壳（S)/清除（L)/检查（C)/放弃（U)/退出（X)］＜退出＞：S

（执行【抽壳】操作后软件自动执行至此步骤）

◆选择三维实体：

（此处选择椭圆柱体，软件自动执行下一步）

◆删除面或［放弃（U)/添加（A)/全部（ALL)］：找到一个面，已删除 1 个

［此处选定椭圆柱体的顶面，作为要打开的表面位置，选中的面将会出现颜色上的区分，如图 6.60（b）所示］

◆删除面或［放弃（U)/添加（A)/全部（ALL)］：

（此处删除面操作已完成）

◆输入抽壳偏移距离：1

（此处指定【抽壳】后边壁的厚度值 1）

◆已开始实体校验

◆已完成实体校验

6.6.11 【分割】

可以将完全断开成两部分的整体三维实体分解成若干个单独的实体对象。

1. 调用命令

(1) 命令：SOLIDEDIT→【体】→【分割】。

(2) 功能区：【实体】→【实体编辑】→ 分割 。

2. 操作步骤

◆实体编辑自动检查：SOLIDCHECK＝1

◆输入实体编辑选项［面（F)/边（E)/体（B)/放弃（U)/退出（X)］＜退出＞：B

◆输入体编辑选项［压印（I)/分割实体（P)/抽壳（S)/清除（L)/检查（C)/放弃（U)/退出（X)］＜退出＞：P

（执行【分割】操作后软件自动执行至此步骤）

◆选择三维实体：

（选择要进行【分割】操作的实体对象，选择后按＜ESC＞键退出命令）

3. 应用举例

实例：将图 6.61（a）所示实体分割成两部分，结果如图 6.61（c）所示。

两个长方体先做【差集】运算，然后将剩下三维实体如图 6.61（b）所示，从选中对象的情况可以看出虽然完全断开，但是仍然是一个整体对象，执行【分割】操作后变成两部分，可以单独进行编辑，结果如图 6.61（c）所示。

（a）【差集】运算前效果　　（b）【差集】运算后效果　　（c）【分割】操作后效果

图 6.61 【分割】操作

◆实体编辑自动检查：SOLIDCHECK＝1

◆输入实体编辑选项［面（F）/边（E）/体（B）/放弃（U）/退出（X）］＜退出＞：B

◆输入体编辑选项［压印（I）/分割实体（P）/抽壳（S）/清除（L）/检查（C）/放弃（U）/退出（X）］＜退出＞：P

（执行【分割】操作后软件自动执行至此步骤）

◆选择三维实体：

（此处选择要进行分割的实体按＜Enter＞键，然后按＜ESC＞键退出命令）

任务 6.7 三维实体表面编辑命令

在 AutoCAD 中，可以对已经创建好的三维实体的表面进行拉伸、移动、偏移、删除、旋转、倾斜、着色和复制等操作。实体工作中也是进行三维实体编辑的一个重要内容。

6.7.1 【拉伸面】

【拉伸面】和 6.4.1 中讲解的【拉伸】是不一样的，【拉伸面】命令只能对三维实体的表面进行操作，而【拉伸】命令主要是是对二维封闭整体对象进行成体操作。

1. 调用命令

（1）命令：SOLIDEDIT→【面】→【拉伸】。

（2）功能区：【常用】→【实体编辑】→
。

2. 操作步骤

◆命令：SOLIDEDIT

◆实体编辑自动检查：SOLIDCHECK＝1

◆输入实体编辑选项［面（F）/边（E）/体（B）/放弃（U）/退出（X）］＜退出＞：F

◆输入面编辑选项［拉伸（E）/移动（M）/旋转（R）/偏移（O）/倾斜（T）/删除（D）/复制（C）/颜色（L）/材质（A）/放弃（U）/退出（X）］＜退出＞：E

（执行【拉伸面】操作后软件自动执行至此步骤）

◆选择面或［放弃（U）/删除（R）］：找到一个面

（此处选择需要拉伸的实体表面）

◆选择面或［放弃（U）/删除（R）/全部（ALL）］：

（此处可继续选择实体表面，若选择完毕后敲击空格键）

◆指定拉伸高度或［路径（P）］：

（此处指定选中的实体表面要拉伸的高度值，正数向实体外部凸出，负数向实体内部凹进）

◆指定拉伸的倾斜角度<0>：

（此处指定选中的实体表面拉伸时的倾斜角度值）

◆已开始实体校验

◆已完成实体校验

（此步骤后按<ESC>键退出命令）

3. 选项说明

（1）放弃（U）：可以放弃到上一个选中的实体表面。

（2）删除（R）：从选择集中删除以前选中的实体表面。

（3）全部（ALL）：选择所有面并将它们添加到选择集中。

（4）路径（P）：以指定的直线或曲线对象来作为拉伸的路径。所有选定面的轮廓将沿此路径进行拉伸操作。

4. 应用举例

实例：将如图 6.62（a）所示实体的圆柱体顶面沿着圆弧对象拉伸，结果如图 6.62（b）所示。

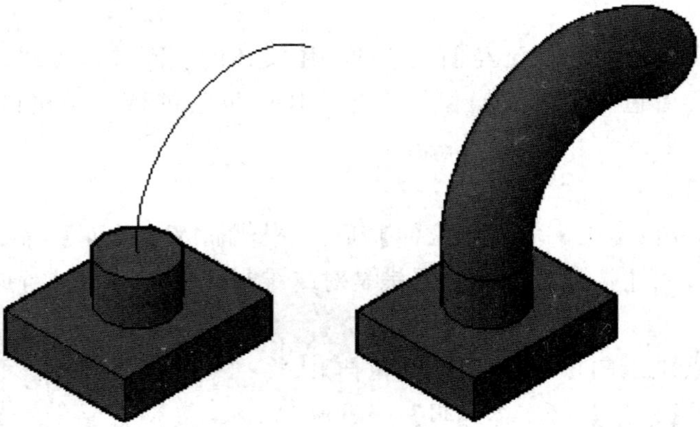

（a）【拉伸面】操作前效果　　（b）【拉伸面】操作后效果

图 6.62 【拉伸面】操作

◆命令：SOLIDEDIT

◆实体编辑自动检查：SOLIDCHECK=1

◆输入实体编辑选项［面（F）/边（E）/体（B）/放弃（U）/退出（X）］<退出>：F

◆输入面编辑选项［拉伸（E）/移动（M）/旋转（R）/偏移（O）/倾斜（T）/删除（D）/复制（C）/颜色（L）/材质（A）/放弃（U）/退出（X）］<退出>：E

（执行【拉伸面】操作后软件自动执行至此步骤）

◆选择面或［放弃（U）/删除（R）］：找到一个面

(此处选择长方体顶面上的圆形轮廓部分，选中后该圆形轮廓会高亮显示)

◆选择面或［放弃（U)/删除（R)/全部（ALL)］：

(此处回车或单击右键执行【确定】选项表示面选择完毕)

◆指定拉伸高度或［路径（P)］：P

(此处输入 P 执行【路径】选项)

◆选择拉伸路径：

(此处选择圆弧对象并按＜Enter＞键)

◆已开始实体校验。

◆已完成实体校验。

(此步骤后按＜ESC＞键退出命令)

6.7.2 【移动面】

以对选中的实体表面在不改变其方向的前提下进行移动操作，移动后与该表面连接的其他表面将会拉伸变形。

1. 调用命令

(1) 命令：SOLIDEDIT→【面】→【移动】。

(2) 功能区：【常用】→【实体编辑】→【拉伸面】右侧箭头→

。

2. 操作步骤

◆命令：SOLIDEDIT

◆实体编辑自动检查：SOLIDCHECK＝1

◆输入实体编辑选项［面（F)/边（E)/体（B)/放弃（U)/退出（X)］＜退出＞：F

◆输入面编辑选项［拉伸（E)/移动（M)/旋转（R)/偏移（O)/倾斜（T)/删除（D)/复制（C)/颜色（L)/材质（A)/放弃（U)/退出（X)］＜退出＞：M

(执行【移动面】操作后软件自动执行至此步骤)

◆选择面或［放弃（U)/删除（R)］：找到一个面

(此处选中需要移动的实体表面)

◆选择面或［放弃（U)/删除（R)/全部（ALL)］：

(此处选择完毕后敲击回车键表示对象选择完毕)

◆指定基点或位移：

(此处指定移动面时的基点位置)

◆指定位移的第二点：

(此处指定要移动要的点位，或输入一个要移动的位移数值并按＜Enter＞键)

◆已开始实体校验

◆已完成实体校验

3. 选项说明

【移动面】下的选项和【拉伸面】的选项操作完全相同，请参照 6.7.1 内容。

4. 应用举例

实例：将如图 6.63（a）所示三维实体的圆柱体部分高度增加 20 个单位，结果如图 6.63（b）所示。

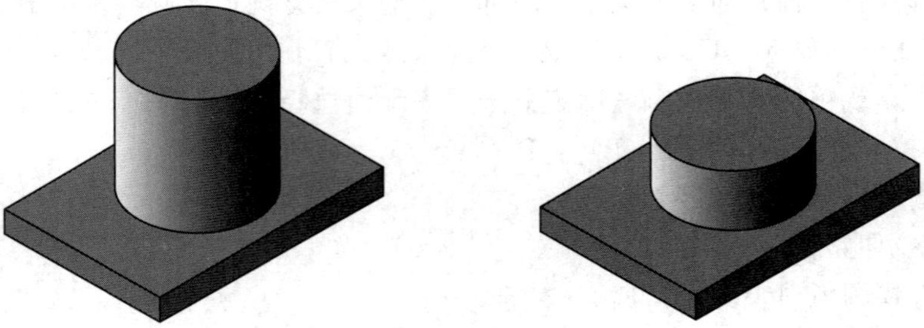

（a）【移动面】操作前效果　　（b）【移动面】操作后效果

图 6.63 【移动面】操作

◆命令：SOLIDEDIT

◆实体编辑自动检查：SOLIDCHECK＝1

◆输入实体编辑选项［面（F）/边（E）/体（B）/放弃（U）/退出（X）］＜退出＞：F

◆输入面编辑选项［拉伸（E）/移动（M）/旋转（R）/偏移（O）/倾斜（T）/删除（D）/复制（C）/颜色（L）/材质（A）/放弃（U）/退出（X）］＜退出＞：M

（执行【移动面】操作后软件自动执行至此步骤）

◆选择面或［放弃（U）/删除（R）］：找到一个面

（此处选中圆柱体的顶面）

◆选择面或［放弃（U）/删除（R）/全部（ALL）］：

（此处选择完毕后按＜Enter＞键表示对象选择完毕）

◆指定基点或位移：

（此处可以选择任意一个点作为基点）

◆指定位移的第二点：

（此处输入 20 并按＜Enter＞键）

◆已开始实体校验

◆已完成实体校验

6.7.3 【偏移面】

按指定的距离或通过指定的点，将面均匀地偏移。正值增大实体尺寸或体积，负值减小实体尺寸或体积。

1. 调用命令

（1）命令：SOLIDEDIT→【面】→【偏移】。

（2）功能区：【常用】→【实体编辑】→【拉伸面】右侧箭头→偏移面。

2. 操作步骤

◆命令：SOLIDEDIT

◆实体编辑自动检查：　SOLIDCHECK＝1

◆输入实体编辑选项［面（F）/边（E）/体（B）/放弃（U）/退出（X）］＜退出＞：F

◆输入面编辑选项［拉伸（E）/移动（M）/旋转（R）/偏移（O）/倾斜（T）/删除（D）/复制（C）/颜色（L）/材质（A）/放弃（U）/退出（X）］＜退出＞：O

（执行【偏移面】操作后软件自动执行至此步骤）

◆选择面或［放弃（U）/删除（R）］：找到一个面

（此处选择要偏移的实体表面）

◆选择面或［放弃（U）/删除（R）/全部（ALL）］：

（此处选择完毕后按＜Enter＞键表示对象选择完毕）

◆指定偏移距离：

（此处指定偏移距离）

◆已开始实体校验

◆已完成实体校验

3. 选项说明

【偏移面】下的选项和【拉伸面】的选项操作完全相同，请参照6.7.1内容。

4. 应用举例

实例：将如图6.63（a）所示三维实体的圆柱体部分高度增加20个单位，结果如图6.63（b）所示。

◆命令：SOLIDEDIT

◆实体编辑自动检查：SOLIDCHECK＝1

◆输入实体编辑选项［面（F）/边（E）/体（B）/放弃（U）/退出（X）］＜退出＞：F

◆输入面编辑选项［拉伸（E）/移动（M）/旋转（R）/偏移（O）/倾斜（T）/删除（D）/复制（C）/颜色（L）/材质（A）/放弃（U）/退出（X）］＜退出＞：O

（执行【偏移面】操作后软件自动执行至此步骤）

◆选择面或［放弃（U）/删除（R）］：找到一个面

（此处选择圆柱体顶面）

◆选择面或［放弃（U）/删除（R）/全部（ALL）］：

（此处选择完毕后按＜Enter＞键表示对象选择完毕）

◆指定偏移距离：20

（此处指定偏移距离20并按＜Enter＞键）

◆已开始实体校验

◆已完成实体校验

最终所得出的结果和【移动面】的操作效果相同。

6.7.4 【删除面】

可以删除实体上的表面，但只有被删除后该部分实体可以被填充的表面才允许被删除。包括圆角和倒角后出现的表面。

1. 调用命令

（1）命令：SOLIDEDIT→【面】→【删除】。

（2）功能区：【常用】→【实体编辑】→【拉伸面】右侧箭头→。

2. 操作步骤

◆命令：SOLIDEDIT

◆实体编辑自动检查：SOLIDCHECK＝1

◆输入实体编辑选项［面（F）/边（E）/体（B）/放弃（U）/退出（X）］＜退出＞：F

◆输入面编辑选项［拉伸（E）/移动（M）/旋转（R）/偏移（O）/倾斜（T）/删除（D）/复制（C）/颜色（L）/材质（A）/放弃（U）/退出（X）］＜退出＞：D

（执行【删除面】操作后软件自动执行至此步骤）

◆选择面或［放弃（U）/删除（R）］：找到一个面

（此处选择要删除的实体表面）

◆选择面或［放弃（U）/删除（R）/全部（ALL）］：

（此处选择完毕后按＜Enter＞键表示对象选择完毕）

◆已开始实体校验

◆已完成实体校验

（此步骤后按＜ESC＞键退出命令）

3. 选项说明

【删除面】下的选项和【拉伸面】的选项操作完全相同，请参照6.7.1内容。

4. 应用举例

实例：将如图6.64（a）所示三维实体两个圆角面和内部的椭圆柱面删除，结果如图6.64（b）所示。

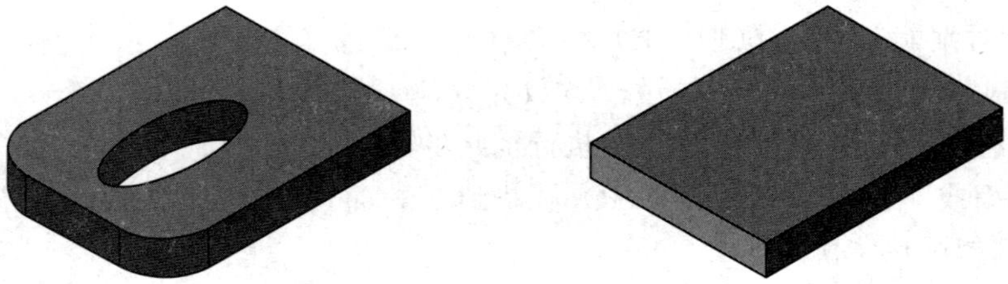

（a）【删除面】操作前效果　　（b）【删除面】操作后效果

图6.64 【删除面】操作

◆命令：SOLIDEDIT

◆实体编辑自动检查：SOLIDCHECK=1

◆输入实体编辑选项［面（F）/边（E）/体（B）/放弃（U）/退出（X）］＜退出＞：F

◆输入面编辑选项［拉伸（E）/移动（M）/旋转（R）/偏移（O）/倾斜（T）/删除（D）/复制（C）/颜色（L）/材质（A）/放弃（U）/退出（X）］＜退出＞：D

（执行【删除面】操作后软件自动执行至此步骤）

◆选择面或［放弃（U）/删除（R）］：找到一个面

（此处选中第1个圆角面）

◆选择面或［放弃（U）/删除（R）/全部（ALL）］：找到一个面

（此处选中第2个圆角面）

◆选择面或［放弃（U）/删除（R）/全部（ALL）］：找到一个面

（此处选中1个内部椭圆柱面）

◆选择面或［放弃（U）/删除（R）/全部（ALL）］：

（此处按＜Enter＞键表示对象选择完毕）

◆已开始实体校验

◆已完成实体校验

6.7.5 【旋转面】

可绕指定的轴旋转一个或多个实体表面或实体的某些部分。该命令适用于知道需要旋转的角度值的情况。

1. 调用命令

（1）命令：SOLIDEDIT→【面】→【旋转】。

（2）功能区：【常用】→【实体编辑】→【拉伸面】右侧箭头→

。

2. 操作步骤

◆命令：SOLIDEDIT

◆实体编辑自动检查：SOLIDCHECK＝1

◆输入实体编辑选项［面（F）/边（E）/体（B）/放弃（U）/退出（X）］＜退出＞：F

◆输入面编辑选项［拉伸（E）/移动（M）/旋转（R）/偏移（O）/倾斜（T）/删除（D）/复制（C）/颜色（L）/材质（A）/放弃（U）/退出（X）］＜退出＞：R

（执行【旋转面】操作后软件自动执行至此步骤）

◆选择面或［放弃（U）/删除（R）］：找到一个面

（此处选择要旋转的实体表面）

◆选择面或［放弃（U）/删除（R）/全部（ALL）］：

（此处按＜Enter＞键表示对象选择完毕）

◆指定轴点或［经过对象的轴（A）/视图（V）/X 轴（X）/Y 轴（Y）/Z 轴（Z）］＜两点＞：

（此处选择旋转轴的轴端点）

◆在旋转轴上指定第二个点：

（此处适用于上一个步骤选择了旋转轴第一个轴端点的情况，需要在旋转轴上再选一个点）

◆指定旋转角度或［参照（R）］：

（此处输入旋转的角度值）

※ 注意：此处的角度值按右手法则计算其旋转方向，即大拇指指向第 1 轴端点连向第 2 轴端点方向，其余四指弯曲方向即为选定表面的旋转方向。

◆已开始实体校验

◆已完成实体校验

（此步骤后按＜ESC＞键退出命令）

3. 选项说明

（1）经过对象的轴（A）：可将旋转轴与现有对象对齐。

（2）视图（V）：可将旋转轴与当前通过选定点的视口的观察方向对齐。

（3）X 轴（X）：可将旋转轴与通过选定点的 *X* 轴对齐。

（4）Y 轴（Y）：可将旋转轴与通过选定点的 *Y* 轴对齐。

(5) Z 轴 (Z)：可将旋转轴与通过选定点的 Z 轴对齐。

(6) 参照 (R)：指定参照角度值和新角度值来实现面的旋转。

4. 应用举例

实例：将如图 6.65 (a) 所示长方体的顶面绕其左侧棱线旋转 30°，结果如图 6.65 (b) 所示。

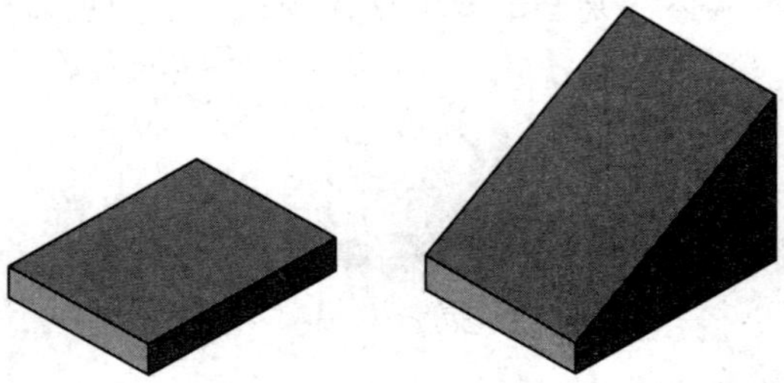

(a) 【旋转面】操作前效果　　(b) 【旋转面】操作后效果

图 6.65 【旋转面】操作

◆命令：SOLIDEDIT

◆实体编辑自动检查：SOLIDCHECK=1

◆输入实体编辑选项 [面 (F)/边 (E)/体 (B)/放弃 (U)/退出 (X)] <退出>：F

◆输入面编辑选项 [拉伸 (E)/移动 (M)/旋转 (R)/偏移 (O)/倾斜 (T)/删除 (D)/复制 (C)/颜色 (L)/材质 (A)/放弃 (U)/退出 (X)] <退出>：R

(执行【旋转面】操作后软件自动执行至此步骤)

◆选择面或 [放弃 (U)/删除 (R)]：找到一个面

(此处选择长方体顶面)

◆选择面或 [放弃 (U)/删除 (R)/全部 (ALL)]：

(此处按<Enter>键表示对象选择完毕)

◆指定轴点或 [经过对象的轴 (A)/视图 (V)/X 轴 (X)/Y 轴 (Y)/Z 轴 (Z)] <两点>：

(此处选定顶面左侧棱线上后方端点作为第 1 个旋转轴端点)

◆在旋转轴上指定第二个点：

(此处选定顶面左侧棱线上前方端点作为第 2 个旋转轴端点)

◆指定旋转角度或 [参照 (R)]：30

(此处输入旋转的角度值并按<Enter>键)

◆已开始实体校验

◆已完成实体校验

(此步骤后按<ESC>键退出命令)

6.7.6 【倾斜面】

可按一个角度将面进行倾斜。倾斜角的旋转方向由选择基点和第二点（沿选定矢量）的顺序决定。

1. 调用命令

(1) 命令：SOLIDEDIT→【面】→【倾斜】。

(2) 功能区：【常用】→【实体编辑】→【拉伸面】右侧箭头→倾斜面。

2. 操作步骤

◆命令：SOLIDEDIT

◆实体编辑自动检查：SOLIDCHECK=1

◆输入实体编辑选项 [面 (F)/边 (E)/体 (B)/放弃 (U)/退出 (X)] <退出>：F

◆输入面编辑选项 [拉伸 (E)/移动 (M)/倾斜 (R)/偏移 (O)/倾斜 (T)/删除 (D)/复制 (C)/颜色 (L)/材质 (A)/放弃 (U)/退出 (X)] <退出>：T

(执行【倾斜面】操作后软件自动执行至此步骤)

◆选择面或 [放弃 (U)/删除 (R)]：找到一个面

(此处选择要倾斜的实体表面)

◆选择面或 [放弃 (U)/删除 (R)/全部 (ALL)]：

(此处按<Enter>键表示对象选择完毕)

◆指定基点：

(此处选定的基点必须是旋转轴与其法线方向的交点)

◆指定沿倾斜轴的另一个点：

(此处选定的另一个点是法线方向上的另一个点)

◆指定倾斜角度：

(此处输入表面倾斜的角度值)

※注意：此处输入正数角度值向实体内侧倾斜面，输入负数角度值向实体外侧倾斜面。

◆已开始实体校验

◆已完成实体校验

(此步骤后按<ESC>键退出命令)

3. 选项说明

【倾斜面】下的选项和【拉伸面】的选项操作完全相同，请参照 6.7.1 内容。

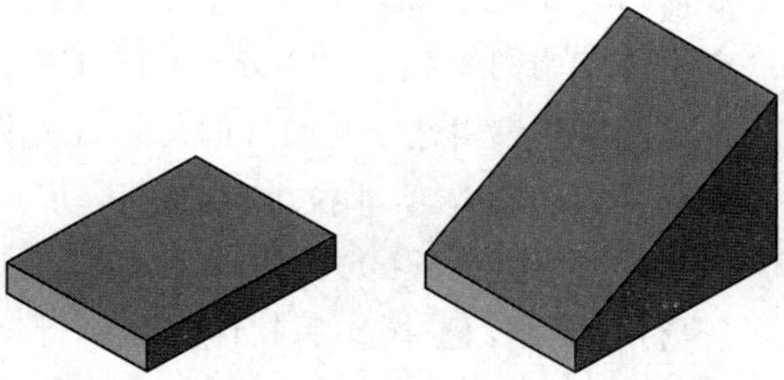

(a)【倾斜面】操作前效果　(b)【倾斜面】操作后效果

图 6.66 【倾斜面】操作

4. 应用举例

实例：将如图 6.66 (a) 所示长方体的顶面绕其左侧棱线向外侧倾斜 30°，结果如图 6.66 (b) 所示。

◆命令：SOLIDEDIT

◆实体编辑自动检查：SOLIDCHECK=1

◆输入实体编辑选项 [面 (F)/边 (E)/体 (B)/放弃 (U)/退出 (X)] <退出>：F

◆输入面编辑选项 [拉伸 (E)/移动 (M)/倾斜 (R)/偏移 (O)/倾斜 (T)/删除 (D)/复制 (C)/颜色 (L)/材质 (A)/放弃 (U)/退出 (X)] <退出>：T

(执行【倾斜面】操作后软件自动执行至此步骤)

◆选择面或 [放弃 (U)/删除 (R)]：找到一个面

(此处选择长方体的顶面)

◆选择面或 [放弃 (U)/删除 (R)/全部 (ALL)]：

(此处按<Enter>键表示对象选择完毕)

◆指定基点：

(此处指定顶面左侧棱线靠前的点为基点，该点是旋转轴和法线的交点)

◆指定沿倾斜轴的另一个点：

（此处指定顶面后侧棱线靠右的点为另一个点，该点是法线上的另一个点）

◆指定倾斜角度：－30

（由于要求向外侧倾斜面，此处输入负数角度值：－30）

◆已开始实体校验

◆已完成实体校验

（此步骤后按＜ESC＞键退出命令）

6.7.7 【复制面】

可以将实体表面复制为面域或体。如果指定两个点，【复制面】将使用第一个点作为基点，并相对于基点放置一个副本。如果指定一个点（通常输入为坐标），然后按回车键，【复制面】将使用此坐标作为新位置。

1. 调用命令

（1）命令：SOLIDEDIT→【面】→【复制】。

（2）功能区：【常用】→【实体编辑】→【拉伸面】右侧箭头→

。

2. 操作步骤

◆命令：SOLIDEDIT

◆实体编辑自动检查：SOLIDCHECK＝1

◆输入实体编辑选项［面（F）/边（E）/体（B）/放弃（U）/退出（X）］＜退出＞：F

◆输入面编辑选项［拉伸（E）/移动（M）/倾斜（R）/偏移（O）/倾斜（T）/删除（D）/复制（C）/颜色（L）/材质（A）/放弃（U）/退出（X）］＜退出＞：C

（执行【复制面】操作后软件自动执行至此步骤）

◆选择面或［放弃（U）/删除（R）］：找到一个面

（此处选择要复制的实体表面）

◆选择面或［放弃（U）/删除（R）/全部（ALL）］：

（此处按＜Enter＞键表示对象选择完毕）

◆指定基点或位移：

（此处指定一个基点）

◆指定位移的第二点：

（此处指定第二个点作为新的位置，或找到复制方向后输入新旧对象之间的间距）

（此步骤后按＜ESC＞键退出命令）

3. 选项说明

【复制面】下的选项和【拉伸面】的选项操作完全相同，请参照6.7.1内容。

4. 应用举例

实例：将如图6.67（a）所示实体的顶面复制出一个面域，并将该面竖直向上移动10个单位，结果如图6.67（b）所示。

◆命令：SOLIDEDIT

◆实体编辑自动检查：SOLIDCHECK＝1

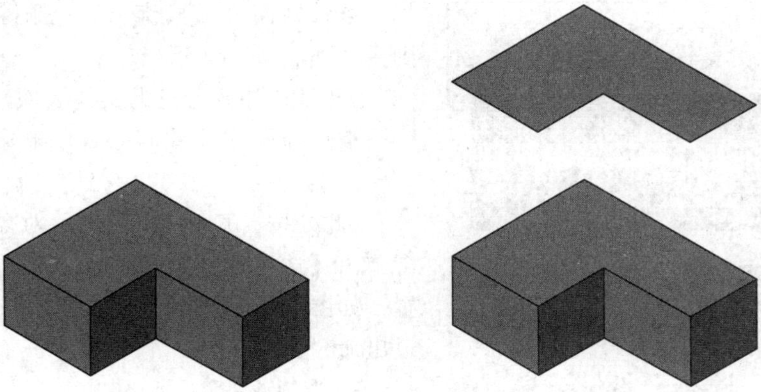

(a)【复制面】操作前效果　　(b)【复制面】操作后效果

图6.67 【复制面】操作

◆输入实体编辑选项［面（F）/边（E）/体（B）/放弃（U）/退出（X）］＜退出＞：F

◆输入面编辑选项［拉伸（E）/移动（M）/复制（R）/偏移（O）/复制（T）/删除（D）/复制（C）/颜色（L）/材质（A）/放弃（U）/退出（X）］＜退出＞：C

（执行【复制面】操作后软件自动执行至此步骤）

◆选择面或［放弃（U）/删除（R）］：找到一个面

（此处选择实体的顶面）

◆选择面或［放弃（U）/删除（R）/全部（ALL）］：

（此处按＜Enter＞键表示对象选择完毕）

◆指定基点或位移：

（此处指定顶面左侧的顶点）

◆指定位移的第二点：10

（此处通过极轴捕捉到竖直向上的方向后输入10并回车）

（此步骤后按＜ESC＞键退出命令）

6.7.8 【着色面】

可以修改三维实体对象表面的颜色，选择颜色的操作和本书前面介绍过的【颜色】特性设置方法相同。

1. 调用命令

（1）命令：SOLIDEDIT→【面】→【复制】。

（2）功能区：【常用】→【实体编辑】→【拉伸面】右侧箭头→着色面。

2. 操作步骤

◆命令：SOLIDEDIT

◆实体编辑自动检查：SOLIDCHECK=1

◆输入实体编辑选项［面（F）/边（E）/体（B）/放弃（U）/退出（X）］＜退出＞：F

◆输入面编辑选项［拉伸（E）/移动（M）/倾斜（R）/偏移（O）/倾斜（T）/删除（D）/复制（C）/颜色（L）/材质（A）/放弃（U）/退出（X）］＜退出＞：L

（执行【复制面】操作后软件自动执行至此步骤）

图 6.68 【选择颜色】对话框

◆选择面或［放弃（U)/删除（R)]：找到一个面。

（此处选择要着色的实体表面）

◆选择面或［放弃（U)/删除（R)/全部(ALL)]：

（此处按＜Enter＞键表示对象选择完毕，会弹出【选择颜色】对话框进行表面颜色的设置，如图 6.68 所示）（此步骤后按＜ESC＞键退出命令）

3. 选项说明

【着色面】下的选项和【拉伸面】的选项操作完全相同，请参照 6.7.1 内容。

任务 6.8 三维实体编辑命令

在 AutoCAD 中，可以对已经创建好的三维实体的边进行着色和复制操作。

6.8.1 【提取边】

通过已经存在三维实体、曲面、网格、面域或子对象，创建出该对象的所有棱线对象，构成二维线框模型。

1. 调用命令

（1）命令：XEDGES（XE)。

（2）功能区：【常用】→【实体编辑】→。

2. 操作步骤

◆命令：XEDGES

◆选择对象：找到 1 个

（此处选择要提取棱线二维线框模型的对象）

◆选择对象：

（此处按＜Enter＞键表示对象选择完毕）

3. 应用举例

实例：将图 6.69（a）所示的长方体的所有棱线提取出来创建成二维线框模型，如图 6.69（b）所示。

◆命令：XEDGES

◆选择对象：找到 1 个

（此处选择长方体）

◆选择对象：

（此处按＜Enter＞键表示对象选择完毕，将实体移开后，可以看到创建成功的线框模型）

6.8.2 【复制边】

可以更改实体边的颜色，其操作步骤基本和【复制边】相同。

1. 调用命令

(1) 命令：SOLIDEDIT→【边】→【复制】。

(2) 功能区：【常用】→【实体编辑】→【提取边】右侧箭头→复制边。

2. 操作步骤

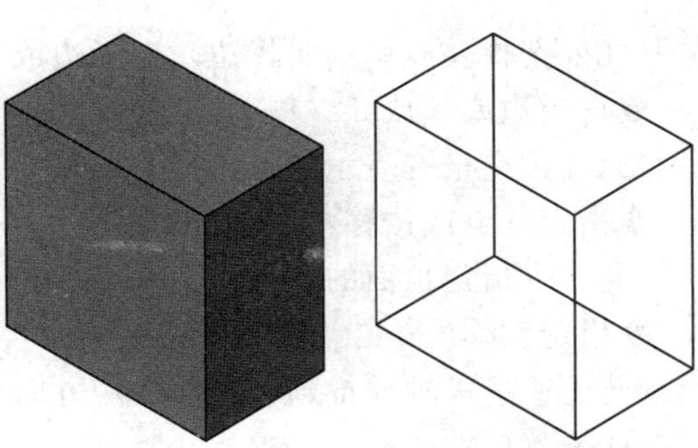

(a) 实体模型　　(b) 二维线框模型

图 6.69 【提取边】操作步骤

◆命令：SOLIDEDIT

◆实体编辑自动检查：SOLIDCHECK=1

◆输入实体编辑选项［面（F)/边（E)/体（B)/放弃（U)/退出（X)］＜退出＞：E

◆输入边编辑选项［复制（C)/着色（L)/放弃（U)/退出（X)］＜退出＞：C

(执行【复制边】操作后软件自动执行至此步骤)

◆选择边或［放弃（U)/删除（R)］：

(此处选择要复制的实体边)

◆选择边或［放弃（U)/删除（R)］：

(此处敲击空格键表示对象选择完毕)

◆指定基点或位移：

(此处指定复制边的基点)

◆指定位移的第二点：

(此处指定复制边的新位置或捕捉到方向后输入距离)

(此步骤后按＜ESC＞键退出命令)

3. 选项说明

(1) 放弃（U)：放弃掉上一个选中的实体边。

(2) 删除（R)：将上一个选中的实体边从选择集中删除。

4. 应用举例

实例：将如图 6.70（a）所示椭圆柱体顶面轮廓线复制一条出来，并向上移动 20 个单位，结果如图 6.70（b）所示。

◆命令：SOLIDEDIT

◆实体编辑自动检查：SOLIDCHECK=1

◆输入实体编辑选项［面（F)/边（E)/体（B)/放弃（U)/退出（X)］＜退出＞：E

◆输入边编辑选项［复制（C)/着色（L)/放弃（U)/退出（X)］＜退出＞：C

(执行【复制边】操作后软件自动执行至此步骤)

◆选择边或［放弃（U)/删除（R)］：

(a) 原实体　　(b) 复制边后的效果

图 6.70 【复制边】操作效果

（此处选择要复制的实体边）选择边或［放弃（U）/删除（R）］：

◆选择边或［放弃（U）/删除（R）］：

（此处按空格键表示对象选择完毕）

◆指定基点或位移：

（此处可指定顶面的圆心作为基点）

◆指定位移的第二点：20

（此处通过极轴捕捉到竖直向上的方向后输入20并按＜Enter＞键）

（此步骤后按＜ESC＞键退出命令）

6.8.3 【着色边】

可以更改实体边的颜色，其操作步骤基本和【着色面】相同。

1. 调用命令

（1）命令：SOLIDEDIT→【边】→【着色】。

（2）功能区：【常用】→【实体编辑】→【提取边】右侧箭头→着色边。

2. 操作步骤

◆命令：SOLIDEDIT

◆实体编辑自动检查：SOLIDCHECK＝1

◆输入实体编辑选项［面（F）/边（E）/体（B）/放弃（U）/退出（X）］＜退出＞：E

◆输入边编辑选项［复制（C）/着色（L）/放弃（U）/退出（X）］＜退出＞：L

（执行【复制边】操作后软件自动执行至此步骤）

◆选择边或［放弃（U）/删除（R）］：

（此处选择要复制的实体边并按＜Enter＞键，会弹出【选择颜色】对话框进行边颜色的设置）

（此步骤后按＜ESC＞键退出命令）

任务6.9 光源及相关设置

光源的设置主要是强度和颜色两项。可以使用自然光（环境光）、点光源、平行光源和聚光灯光源来照亮三维模型和周边的环境区域。

6.9.1 【创建点光源】

可以创建点光源并进行相关参数设置。

1. 调用命令

（1）命令：POINTLIGHT。

（2）功能区：【可视化】→【光源】→【创建光源】→点。

2. 操作步骤

◆命令：POINTLIGHT

◆指定源位置＜0,0,0＞：

（此处指定点光源的位置，可以在窗口中选定，也可以输入坐标值）

◆输入要更改的选项［名称（N）/强度（I）/状态（S）/阴影（W）/衰减（A）/颜色（C）/退出（X）］＜退出＞：

（此处可执行各个选项进行相关设置）

3. 选项说明

（1）名称（N）：设定点光源的名称，可以在名称中使用大写字母和小写字母、数字、空格、连字符和下画线等，最大长度为 256 个字符。

（2）强度（I）：设定光源的强度或亮度。取值范围为 0.00 到系统支持的最大值。

（3）状态（S）：设定打开和关闭光源，如果图形中没有启用光源，则该设置没有影响。

（4）阴影（W）：设定光源投射到实体上的时候是否出阴影效果。

（5）衰减（A）：设定光源衰减参数。

（6）颜色（C）：设定点光源的颜色。

（7）退出（X）：退出光源的设定。

6.9.2 【创建聚光灯】

可以创建聚光灯光源并进行相关参数设置。

1. 调用命令

（1）命令：SPOTLIGHT。

（2）功能区：【可视化】→【光源】→【创建光源】→聚光灯。

2. 操作步骤

◆命令：SPOTLIGHT

◆指定源位置<0,0,0>：

（此处指定聚光灯的光源位置，可以在窗口中选定，也可以输入坐标值）

◆指定目标位置<0,0,0>：

（此处指定聚光灯需要照亮的目标所在位置，可以在窗口中选定，也可以输入坐标值）

◆输入要更改的选项［名称（N）/强度（I）/状态（S）/聚光角（H）/照射角（F）/阴影（W）/衰减（A）/颜色（C）/退出（X）］<退出>：

（此处可执行各个选项进行相关设置）

3. 选项说明

（1）聚光角（H）：定义最亮光锥的角度，也称为光束角。聚光角的取值范围为 0°～160°。

（2）照射角（F）：定义完整光锥的角度，也称为现场角，照射角的取值范围为 0°～160°，默认值为 50°。

其他选项内容与【创建点光源】的选项完全相同，请参照 6.9.1 相关内容。

6.9.3 【创建平行光】

可以创建平行光光源并进行相关参数设置。

1. 调用命令

（1）命令：DISTANTLIGHT。

（2）功能区：【可视化】→【光源】→【创建光源】→平行光。

2. 操作步骤

◆命令：DISTANTLIGHT

◆指定光源来向<0,0,0>或［矢量（V）］：

（此处指定平行光光线来源的方向，可以在窗口中选定，也可以输入坐标值）

◆指定光源去向<1,1,1>：

（此处指定平行光光线的去向，可以在窗口中选定，也可以输入坐标值）

◆输入要更改的选项［名称（N）/强度（I）/状态（S）/阴影（W）/颜色（C）/退出（X）］<退出>：

（此处可执行各个选项进行相关设置）

3. 选项说明

选项内容与【创建点光源】的选项基本完全相同，只是【平行光】不存在衰减的情况，因此没有【衰减】选项，其他选项请参照 6.9.1 相关内容。

6.9.4 【光源列表】

可以弹出【光源列表】选项板查看已创建的光源，如图 6.71 所示。可以在选项板中快速选中一个或多个光源。也可以用鼠标右键单击某个光源名称，可以在出现的快捷菜单中分别选择【删除】、【特性】或【轮廓显示】，分别可以删除该光源、调出【特性】面板进行参数设置以及对光源的轮廓显示进行【开/关】设置，如图 6.71 所示。

1. 调用命令

（1）命令：LIGHTLIST。

（2）功能区：【可视化】→【光源】→选项板启动器→。

2. 操作步骤

◆命令：LIGHTLIST

（此处输入命令并按<Enter>键，会弹出【光源列表】选项板，如图 6.71 所示）

6.9.5 【阳光特性】

可以弹出【阳光特性】选项板设置阳光的特性及参数，如图 6.72 所示。

1. 调用命令

（1）命令：SUNPROPERTIES（SUN）。

（2）功能区：【可视化】→【阳光和位置】→选项板启动器→。

2. 操作步骤

◆命令：SUNPROPERTIES

（此处输入命令并按<Enter>键，会弹出【光源列表】选项板，如图 6.72 所示）

6.9.6 【地理位置】

通过指定某个已知位置的纬度和经度并在模型空间中标记对应的位置，来指定一个地理位置。还可以替代默认 GIS 坐标系，相对于该坐标系指定纬度和经度。

1. 调用命令

（1）命令：GEOGRAPHICLOCATION（GEO）。

（2）功能区：【可视化】→【阳光和位置】→

。

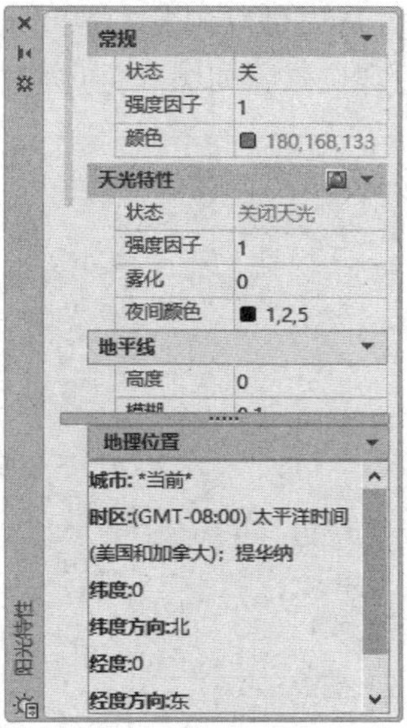

图 6.71 【光源列表】选项板

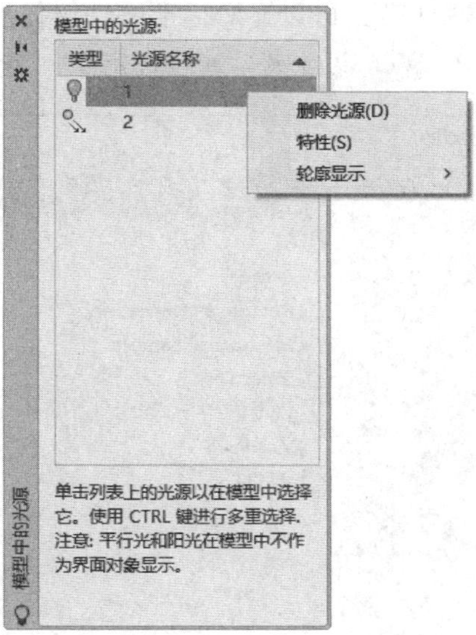

图 6.72 【阳光特性】选项板

2. 操作步骤

◆命令：GEOGRAPHICLOCATION

◆从［地图（M）/文件（F）］设置位置＜地图＞：

（此处可以选择从【地图】或【文件】设置当前地理位置）

3. 选项说明

（1）地图（M）：通过地图位置确定地理位置，如图 6.73 所示。

图 6.73 从【地图】设置地理位置

（2）文件（F）：可以显示标准文件选择对话框，从中可以浏览本地和网络驱动器、FTP 站点以及 Web 文件夹，通过选定文件以确定地理位置，如图 6.74 所示。

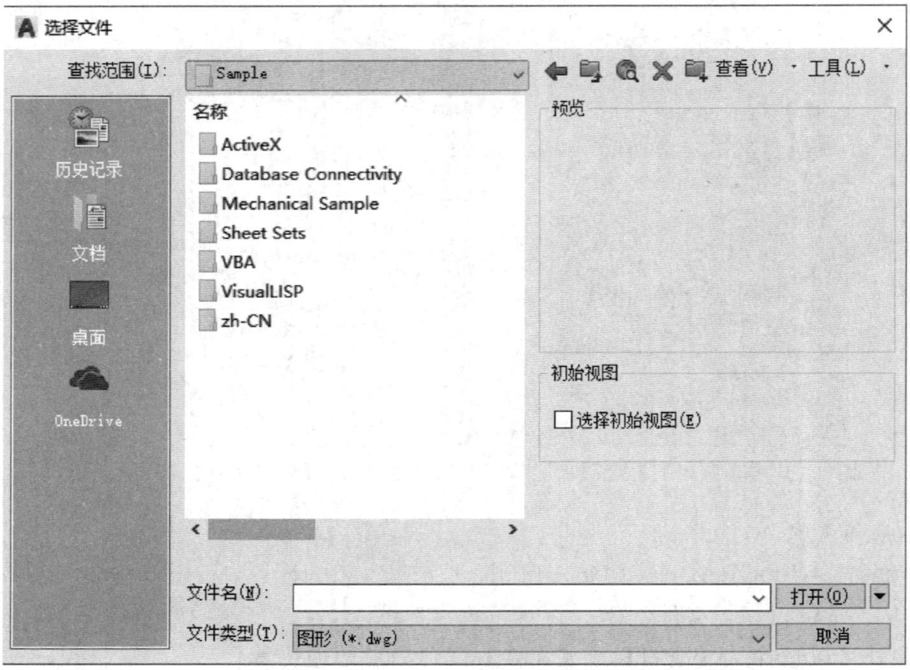

图 6.74　从【文件】设置地理位置

任务 6.10　渲染环境和曝光

可以调出【渲染环境和曝光】选项板，用以定义基于图像的场景的全局照明参数以及控制要在渲染时应用的曝光控制参数设置，如图 6.75 所示。

1. 调用命令

（1）命令：RENDERENVIRONMENT。

（2）功能区：【可视化】→【渲染】→ 渲染环境和曝光 。

2. 操作步骤

◆命令：RENDERENVIRONMENT

（此处会弹出【渲染环境和曝光】选项板）

3. 选项说明

以下对【渲染环境和曝光】选项板中的【环境】参数进行介绍：

（1）【环境】开/关：控制【环境】设置的使用和关闭。

（2）【基于图像的照明】：指定要应用的图像照明贴图类型。

（3）【旋转】：指定图像照明贴图的旋转角度。

（4）【使用 IBL 图像作为背景】：选择此项，指定的图像照明贴图将影响场景的亮度和背景。

(5)【使用自定义背景】：指定的图像照明贴图仅影响场景的亮度。可选的自定义背景可以应用到场景中。选中此项后可以点击右侧【背景】按钮对视图的渲染背景进行设置，如图 6.76 所示，包括【无】、【纯色】、【渐变色】、【图像】几个选项。

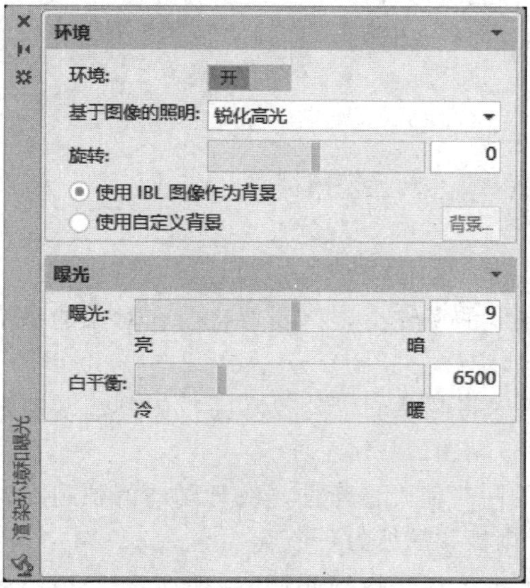

图 6.75 【渲染环境和曝光】选项板

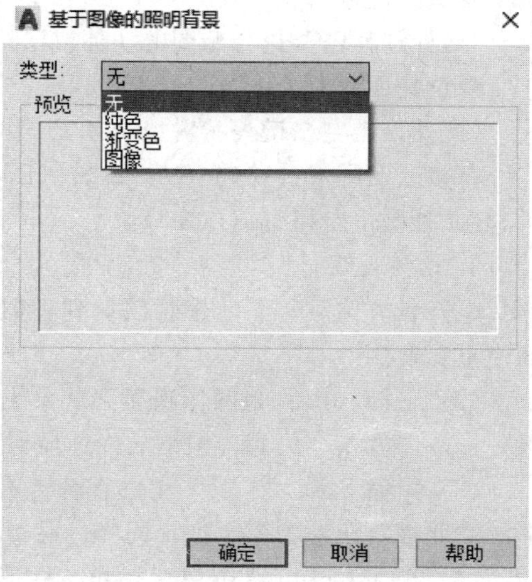

图 6.76 【基于图像的照明背景】对话框

以下对【渲染环境和曝光】选项板中的【曝光】参数进行介绍：

(6)【曝光（亮度）】：设置渲染的全局亮度级别，通过系统变量 EXPVALUE 可以直接调节该参数值，减小该值可使渲染的图像变亮，增加该值可使渲染的图像变暗。

(7)【白平衡】：设置渲染时全局照明的开尔文色温值。通过系统变量 EXP-WHITEBALANCE 可以直接调节该参数值，低（冷温度）值会产生蓝色光，而高（暖温度）值会产生黄色或红色光。

任务 6.11 贴　　图

在渲染图形时，可以将材质映射到对象上，称为贴图。【贴图】命令可以显示材质贴图工具，以调整面或对象上的贴图，创建的贴图类型有【平面贴图】、【长方体贴图】、【柱面贴图】和【球面贴图】四种。

1. 调用命令

(1) 命令：MATERIALMAP（进行主命令，可以再选择 4 种贴图类型）MATE-RIALMAP。

(2) 功能区：【可视化】→【材质】→ 

→ 

。

2. 操作步骤

◆命令：MATERIALMAP

◆选择选项［长方体（B）/平面（P）/球面（S）/柱面（C）/复制贴图至（Y）/重置贴图（R）］＜长方体＞：

（此处可以根据需求选择对应的贴图选项）

◆选择面或对象：找到 1 个

（此处选择需要进行贴图的实体或实体表面）

◆选择面或对象：

（此处敲击空格键表示对象选择完毕）

◆接受贴图或［移动（M）/旋转（R）/重置（T）/切换贴图模式（W）］：

（此处敲击空格键退出命令）

3. 选项说明

（1）长方体（B）：将图像映射到类似长方体的实体上，该图像将会在对象的每个面上重复使用。

（2）平面（P）：将图像映射到对象上，就像将其从幻灯片投影器投影到二维曲面上一样，图像不会失真，被缩放以适应对象。该贴图最常用于面。

（3）球面（S）：在水平和垂直两个方向上同时使图像弯曲。纹理贴图的顶边在球体的“北极”压缩为一个点；同样，底边在“南极”压缩为一个点。

（4）柱面（C）：将图像映射到圆柱形对象上，水平边一起弯曲，顶边和底边不会弯曲。图像的高度沿圆柱体的轴进行缩放。

（5）复制贴图至（Y）：将贴图从对象或面应用到选定对象，这个操作可以复制纹理贴图以及对其他对象所做的所有调整。

（6）重置贴图（R）：将 UV 坐标重置为贴图的默认坐标，这个操作可反转先前通过贴图小控件对贴图的位置和方向所做的所有调整。

任务 6.12 材 质

在三维模型渲染时，材质的设置能够增强三维模型渲染的真实感。对于不同模型所代表的不同实际物体，应该赋予不同的材质，并且对该种材质的相关参数也可以进行设置和更改。

6.12.1 【材质附着】

AutoCAD 将常用的材质都集成到【材质浏览器】选项板中，可以通过该选项板将所需的材质附着给相对应的实体对象。激活对应的命令可以调出【材质浏览器】选项板，如图 6.77 所示。

1. 调用命令

（1）命令：MATBROWSEROPEN。

（2）功能区：【可视化】→【材质】→ 材质浏览器 。

2. 操作步骤

输入命令或点击对应的功能按钮之后调出【材质浏览器】选项板之后，找到需要的材质之后，用鼠标左键按住该材质直接拖曳到需要附着材质的对象上即可，如图 6.78

所示。

6.12.2 【材质编辑器】

通过【材质编辑器】可以对 AutoCAD 中默认的材质和用户自定义的材质进行相关参数的修改，通过参数的调整，可以对默认材质或自定义材质的外观和效果做出调整。【材质编辑器】选项板如图 6.79 所示。

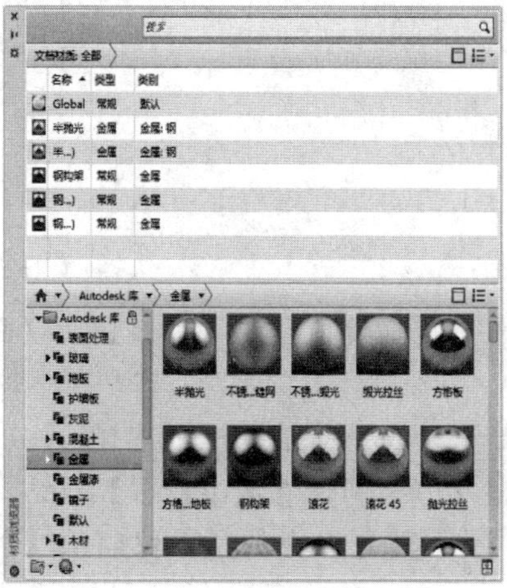

图 6.77 【材质浏览器】选项板

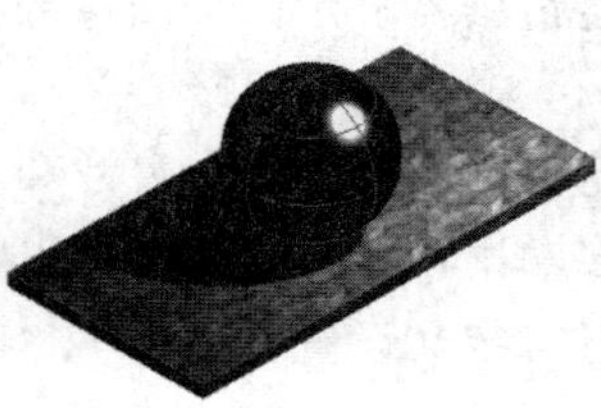

图 6.78 附着材质后的对象效果

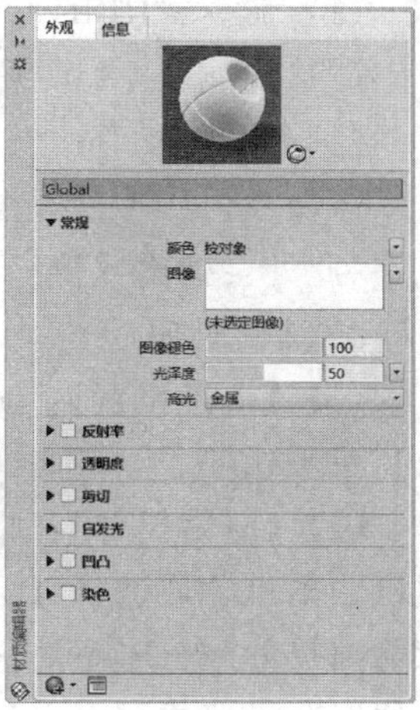

图 6.79 【材质编辑器】选项板

1. 调用命令

(1) 命令：MATEDITOROPEN。

(2) 功能区：【可视化】→【材质】→选项板启动器→ 。

2. 操作步骤

输入命令或点击对应的功能按钮之后调出【材质编辑器】选项板之后，可对相关参数进行设置。将鼠标放置于各个按钮上会出现文字说明。

3. 选项说明

(1)【外观】选项卡：可以设置用于编辑材质特性的相关参数，可以更改材质的名称、颜色、光泽度、反射率、透明度等。

(2)【信息】选项卡：包含用于编辑和查看材质关键字信息的所有控件。

任务 6.13 渲　　染

渲染是指对已经建好的三维模型进行效果图的生成，实际工作中，如果仅需要模型进行面或体的计算就不需要进行渲染，但是如果要具有比较真实的效果，就需要进行渲染。渲染涉及模型材质、光源、渲染环境等几方面的设置。渲染的三维模型越复杂、设定的光源越多，则渲染时对计算机硬件的要求就越高，或者说渲染出效果图需要的时间就更长。一般的用户所配置的主流计算机硬件条件是不能支持大规模、复杂的三维效果渲染的，其渲染时间的长度超乎常人想象，但是处理一些简单的模型的效果图还是可以实现的。

6.13.1 【渲染预设管理器】

可以在【渲染预设管理器】选项板中对所有控制渲染的主参数进行设置，如图 6.80 所示。

1. 调用命令

（1）命令：RPREF（RPR）。

（2）功能区：【可视化】→【渲染】→选项板启动器→ 。

2. 操作步骤

◆命令：RPREF

（此处会弹出【渲染预设管理器】选项板）

3. 选项说明

（1）【渲染位置】：确定渲染器显示渲染图像的位置，包括【窗口】、【视口】和【面域】三个选项。

（2）【渲染尺寸】：指定渲染图像的输出尺寸和分辨率。在下拉选择框中选择适用的预设输出尺寸或选择【更多输出设置】选项，可以调出【渲染到尺寸输出设置】对话框对输出尺寸和分辨率等进行自定义设置，如图 6.81 所示。需要注意的是，仅当从【渲染位置】设置成【窗口】选项时，此选项才可用。

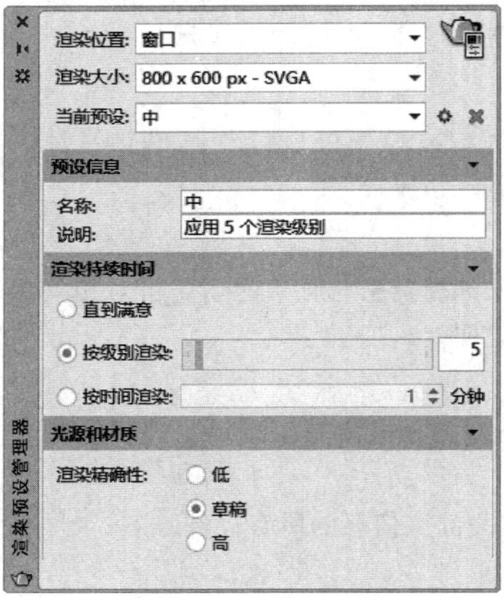

图 6.80 【渲染预设管理器】选项板

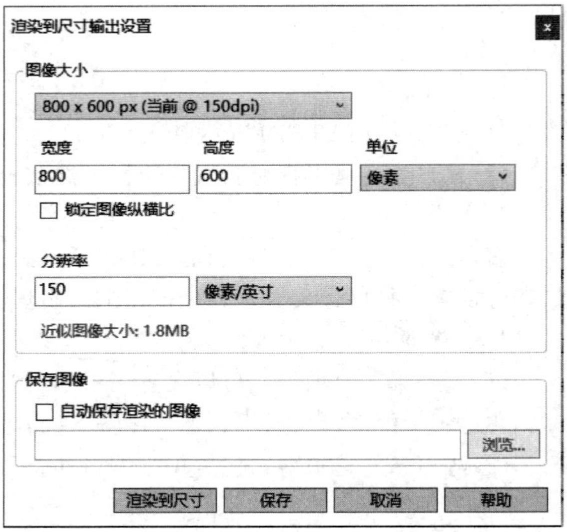

图 6.81 【渲染到尺寸输出设置】对话框

（3）【渲染】按钮 ：创建三维实体或曲面模型的真实照片级图像或真实着色图像。

（4）【当前预设】：指定渲染视图或区域时要使用的渲染预设。

（5）【预设信息】：显示选定渲染预设的名称和说明。

（6）【渲染持续时间】：控制渲染器为创建最终渲染输出而执行的迭代时间或层级数。增加时间或层级数可提高渲染图像的质量，可以直接通过系统变量 RENDERTARGET 进行该参数的设置。

（7）【光源和材质】：控制用于渲染图像的光源和材质计算的准确度，可以通过系统变量 RENDERLIGHTCALC 直接对该参数进行设置。

6.13.2 【渲染】

渲染是指对已经建好的三维实体模型进行效果图的生成，实际工作中，如果仅需要模型进行面或体的计算就不需要进行渲染，但是如果要具有比较真实的效果图，就需要进行渲染。渲染涉及模型材质、光源、渲染环境等几方面的设置。渲染的三维模型越复杂、设定的光源越多，则渲染时对计算机硬件的要求就越高，或者说渲染出效果图需要的时间就更长。一般的用户所配置的主流计算机硬件条件是不能支持大规模、复杂的三维效果渲染的，其渲染时间的长度超乎常人想象，但是处理一些简单的模型的效果图还是可以实现的。

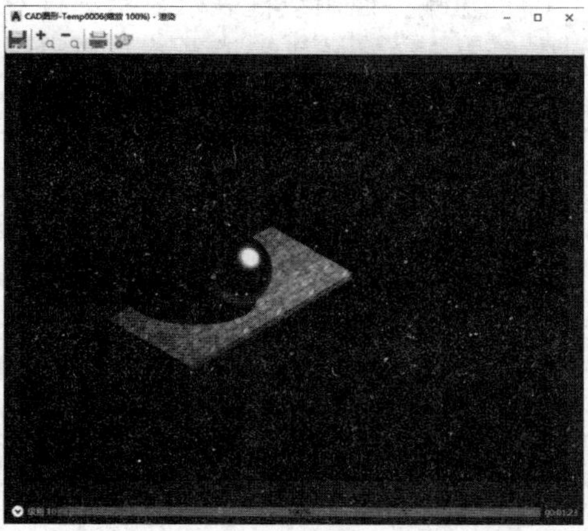
图 6.82 【渲染】窗口

1. 调用命令

（1）命令：RENDER（RR）。

（2）功能区：【可视化】→【渲染】→ 

。

2. 操作步骤

◆命令：RENDER 渲染终止。

（此处会按预设参数进行渲染，并弹出渲染窗口以显示当前渲染效果，如图 6.82 所示）

任务 6.14 视 觉 样 式

在 AutoCAD 中，用户可以根据需要从不同的角度来查看所绘制的三维模型的外观，也可以查看不同显示效果的三维模型，二维线框类的显示效果能够让用户更清晰地观察到实体的所有线框，便于画图。而三维实体类的显示效果能够让用户更直观地感受其立体效果。【视觉样式】主要包括【二维线框】、【概念】、【隐藏】、【真实】、【着色】、【带边着色】、【灰度】、【勾画】、【线框】、【X 射线】十种常用的视觉样式形式。常用的调用方法可以是输入命令调出【视觉样式管理器】选项板，或者在功能区【视图】窗口下拉菜单中选择需要设置的样式即可。

1. 调用命令

（1）命令：VISUALSTYLES。

（2）功能区：【常用】→【视图】→ 

。

2. 选项说明

（1）二维线框：使用直线和曲线显示三维对象，此视觉样式针对高保真度的二维绘图环境进行了优化。

（2）概念：使用平滑着色和古氏面样式显示三维对象。古氏面样式在冷暖颜色而不是明暗效果之间转换。效果缺乏真实感，但是可以更方便地查看模型的细节。

（3）隐藏：使用线框表示显示三维对象，并隐藏表示背面的直线。

（4）真实：使用平滑着色和材质显示三维对象。

（5）着色：使用平滑着色显示三维对象。

（6）带边着色：使用平滑着色和可见边显示三维对象。

（7）灰度：使用平滑着色和单色灰度显示三维对象。

（8）勾画：使用线延伸和抖动边修改器显示手绘效果的二维和三维对象。

（9）线框：仅使用直线和曲线显示三维对象。将不显示二维实体对象的绘制顺序设置和填充。与二维线框视觉样式的情况一样，更改视图方向时，线框视觉样式不会导致重新生成视图。在大型三维模型中将节省大量的时间。

（10）X射线：以局部透明度显示三维对象。

任务6.15 综 合 实 例

6.15.1 构建带方圆渐变段的隧洞模型

1. 任务要求

（1）根据附录图8-01所示图形创建三维模型。

（2）在方圆渐变段的正中间位置取出截面形状。

2. 建模思路

6.1

本图是一个带有方圆渐变段的隧洞的简易工程图，难点在于中间方圆渐变段的建模，需要用到【放样】→【导向】的操作才能得出标准的方圆间变体。本案例建模主要会用到【矩形】、【圆】、【直线】、【移动】、【复制】、【偏移】等二维绘图和编辑命令，还要用到【拉伸】、【放样】、【布尔运算】、【截面】等三维建模和编辑命令。建模的总体思路是在【左视】视口绘制出矩形断面段和圆形断面段的两个断面，并使用【复制】命令复制一份粘贴到旁边空白区域；对非渐变段断面使用【面域】命令建立断面的面域对象，并执行【差集】，实现其环状断面，然后用【拉伸】实现非渐变段的建模。方圆渐变段用【放样】→【导向】对外部轮廓和内部轮廓分别实现一次建模，然后用【布尔运算】对方圆渐变段进行【差集】操作，最后将非渐变段和渐变段进行【并集】操作，模型创建成功后，在执行【截面】命令找到取截面的位置，生成截面。

3. 建模步骤

（1）将【工作空间】调整到【三维建模】。

（2）将绘图区域设置成四个视口，分别设定为【前视】、【俯视】、【左视】和【西南等轴测】。

（3）在【左视】视口绘制60×60的正方形和ϕ30的圆，执行【偏移（O）】命令将外部轮廓向内偏移3，创建出断面内部轮廓，执行【复制（CO）】命令多备一份在旁边，以便建模渐变段之用。执行【面域（REG）】命令将非渐变段断面创建成面域对象，再执行【差集（SU）】创建出环状断面，结果如图6.83所示。

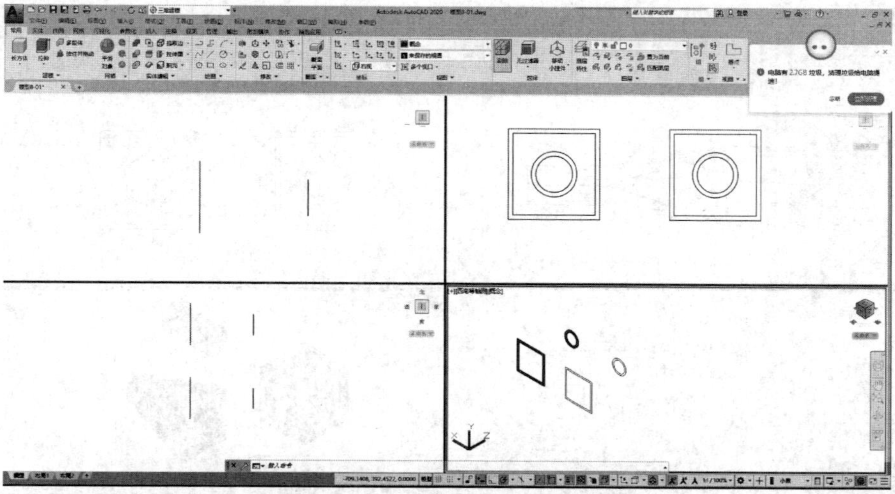

图 6.83　创建非渐变段环状断面

（4）执行【拉伸（EXT）】命令将两侧的非渐变段先创建出来，并对渐变段进行导向线的绘制，如图 6.84 所示。

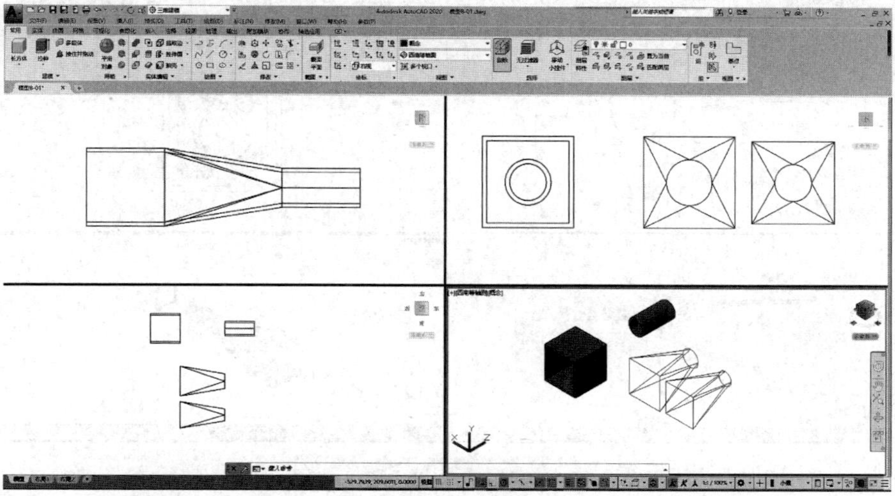

图 6.84　【拉伸】命令创建出两侧实体及导向线绘制

（5）执行【放样（LOFT）】→【导向】操作，将渐变段外侧和内侧的实体都创建出来，然后两部分对齐以后，执行【差集（SU）】命令，创建出渐变段模型，如图 6.85 所示。

（6）将已经创建好的三段实体拼装起来，并执行【并集（UNI）】命令将三段合并称为一个整体。

（7）执行【截面（SEC）】命令后，找到需要截取断面的位置后提取截面，并移动到实体右侧，如图 6.86 所示。

6.15.2　构建带扭面过渡段的渠道模型

1. 任务要求

（1）根据附录 8－02 所示图形创建三维模型。

6.2

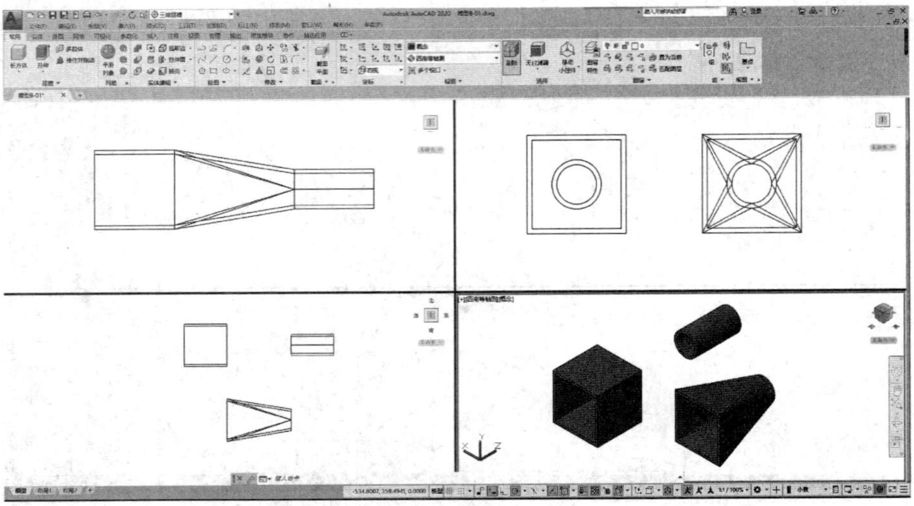

图 6.85 绘制导线

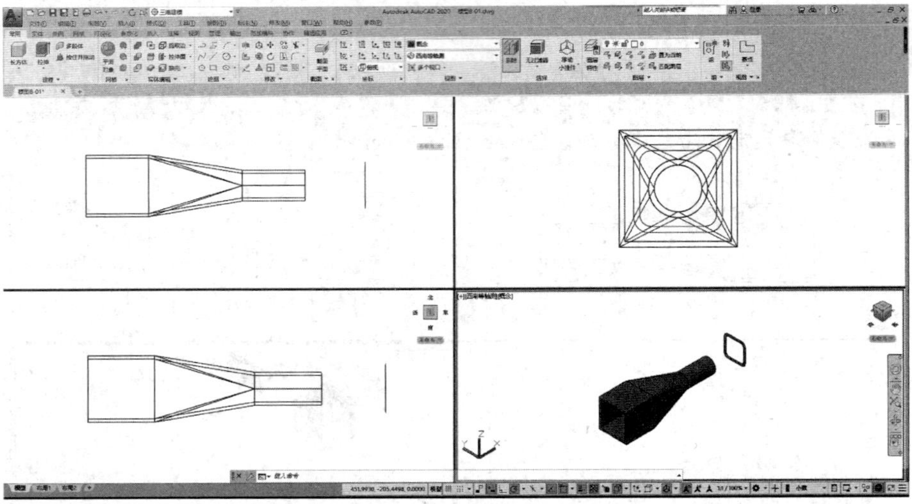

图 6.86 形体拼装及断面截取

（2）对实体进行混凝土材质附着并渲染。

2. 建模思路

本图是一段带有扭面过渡段的渠道的简易工程图。总共分成了三段，难点在于中间的扭面过渡段的建模，需要用到【放样】→【导向】的操作才能得出标准的图形。而左侧转弯段需要用到【拉伸】→【路径】操作来实现建模，右侧段比较简单，直接用【拉伸】建模即可。本案例主要会用到【矩形】、【圆】、【直线】、【镜像】、【复制】、【修建】、【移动】等二维绘图和编辑命令，还要用到【拉伸】、【放样】、【布尔运算】等三维建模和编辑命令，还需要用到【材质浏览器】、【光源】、【渲染】、【特性】选项板等渲染相关的操作。建模的总体思路是在【左视】方向绘制出 $B—B$ 和 $C—C$ 两个断面图所对应的断面形状，然后左段用【拉伸】→【路径】操作实现建模，右侧直接用【拉伸】基本操作实现建模，中间的过渡段要先绘制正确的导向线后再用【放样】实现建模。整个模型创建成功后，打开【材质浏览器】给实体附着材质，通过【光源】命令建立若干个点光源，调整好强度后，执行【渲染】命令得出效果过。

3. 建模步骤

(1) 将【工作空间】调整到【三维建模】。

(2) 将绘图区域设置成四个视口，分别设定为【前视】、【俯视】、【左视】和【西南等轴测】。

(3) 在【左视】视口绘制 $B—B$ 和 $C—C$ 所对应的两个断面形状，并执行【编辑多段线（PE)】→【合并】命令将断面轮廓合并成整体，再将右侧断面沿着 Z 轴方向移动 48，如图 6.87 所示。

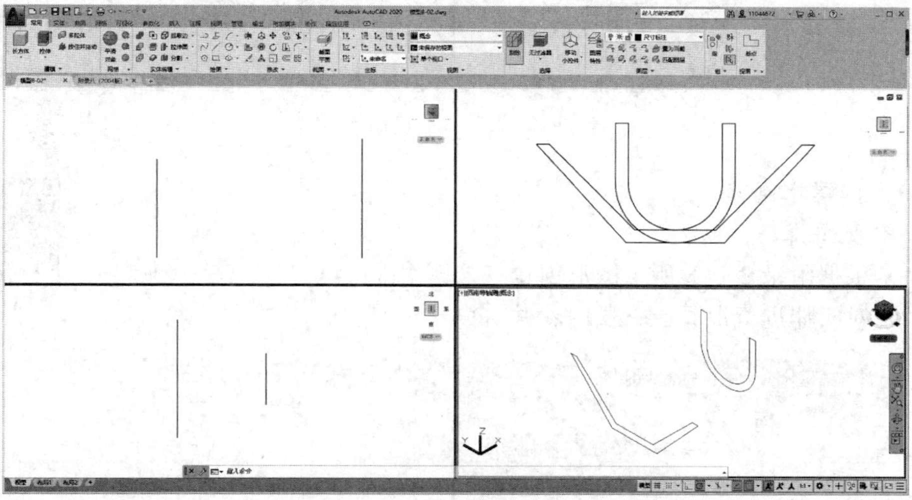

图 6.87 绘制并移动断面

(4) 两个断面除了用于创建扭面过渡段以外，还需要分别用于创建左侧段和右侧段，因此可将两个断面做一次原位【复制（CO)】。由于两个断面的形状和端点数量都不相同，因此需要通过绘制导向线对两个断面的端点进行引导，因此在必要的端点之间绘制出导向线，如图 6.88 所示。

(5) 对中间扭面过渡段进行【放样（LOFT)】→【导向】操作，创建出中间段，如图 6.89 所示。

(6) 在【俯视】视口，绘制出左侧段拉伸所需的路径对象，如图 6.90 所示。

(7) 选中左侧段断面，执行【拉伸（EXT)】→【路径】操作，创建出左侧段实体。选中右侧段断面直接拉伸 20，如图 6.91 所示。

(8) 先执行【布尔运算】中的【并集（UNI)】将三段实体合并成一个整体。然后打开【材质浏览器】，左侧树状图中找到【混凝土】→【现场浇筑】材质库，将【平面-扫面灰色】用鼠标拖到实体上。然后将视口调整成一个视口，在实体上方建立 1～3 个点光源，调整好强度值，然后执行【渲染（RR)】操作，得出渲染效果图，如图 6.92 所示。

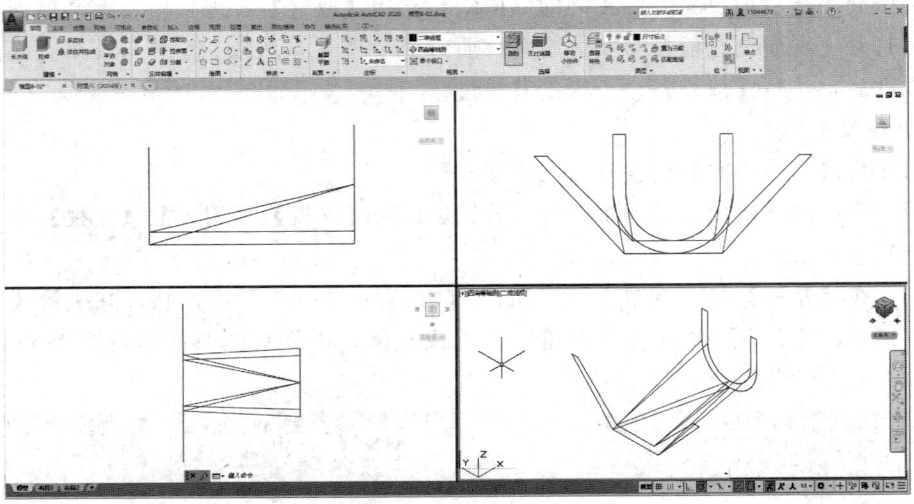

图 6.88 绘制导向线

6.15.3 构建水闸模型

6.3

1. 任务要求

(1) 根据附录 8-03 所示图形创建三维模型。

(2) 对实体进行混凝土材质附着并渲染。

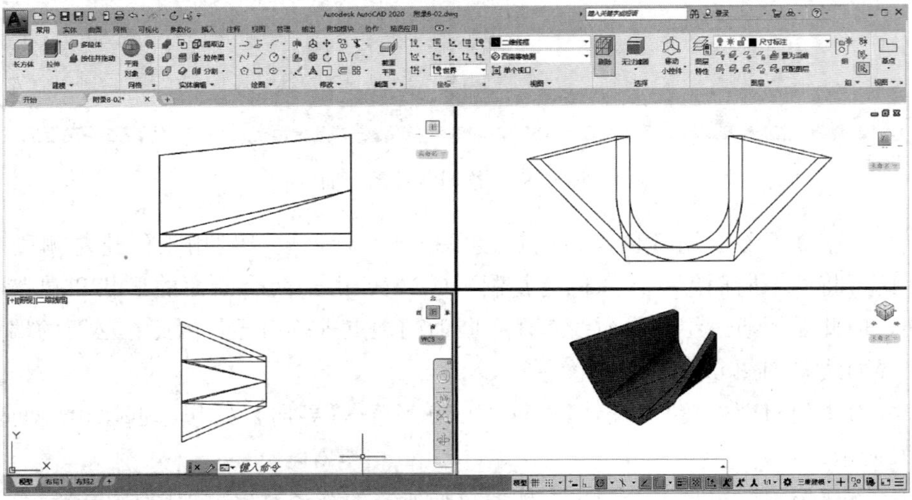

图 6.89 放样出扭面过渡段

2. 建模思路

本图是一个比较简单的水闸项目的结构图。本案例的结构较前两个案例要复杂一些，因此建模的整体思路上要将整体拆分成若干个块体，对每个块体采用合适的建模方式进行建模。在创建基本断面的时候，可以先不考虑对齐和对正的问题，等实体都创建好了之后，将具有立体感的三维实体进行“拼接”将会更直观，也更容易操作。本案例主要会用到【矩形】、【圆】、【直线】、【偏移】、【拉伸】、【镜像】、【复

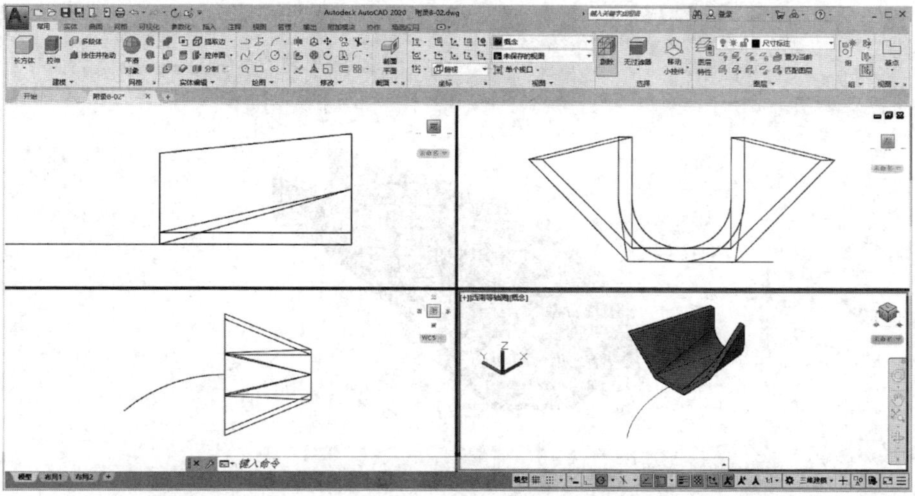

图 6.90　绘制出左侧段拉伸所需的路径对象

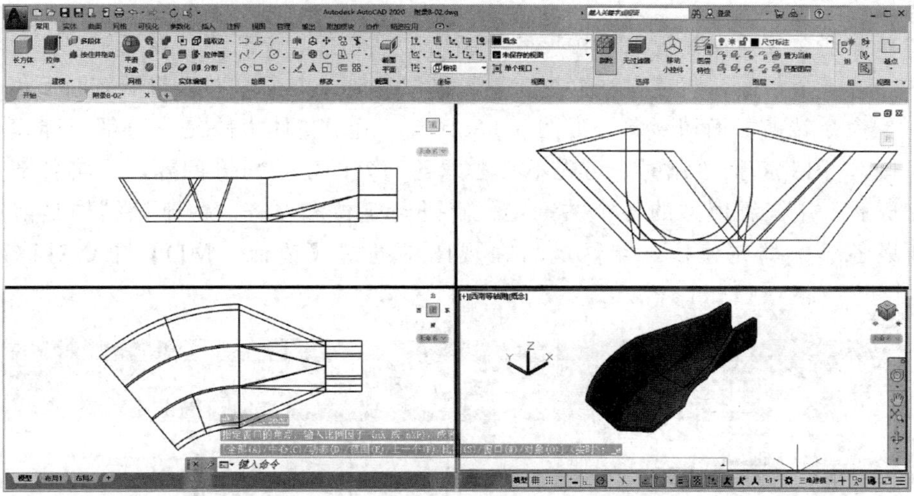

图 6.91　建模完成

制】、【修建】、【移动】等二维绘图和编辑命令，还要用到【拉伸（EXT)】、【布尔运算】、【剖切】、【压印】等三维建模和编辑命令，还需要用到【材质浏览器】、【光源】、【渲染】、【特性】选项板等渲染相关的操作。建模的总体思路是将闸室段的“底板”“边墩”“中墩”“胸墙”“闸门”“交通桥”等部分分开建模，将消力池段的“底板”“边墙”等部分分开建模，建模完成后拼接即可。整个模型创建成功后，打开【材质浏览器】给实体附着材质，通过【光源】命令建立若干个点光源，调整好强度后，执行【渲染】命令得出效果。

3. 建模步骤

(1) 将【工作空间】调整到【三维建模】。

(2) 将绘图区域设置成四个视口，分别设定为【前视】、【俯视】、【左视】和【西南

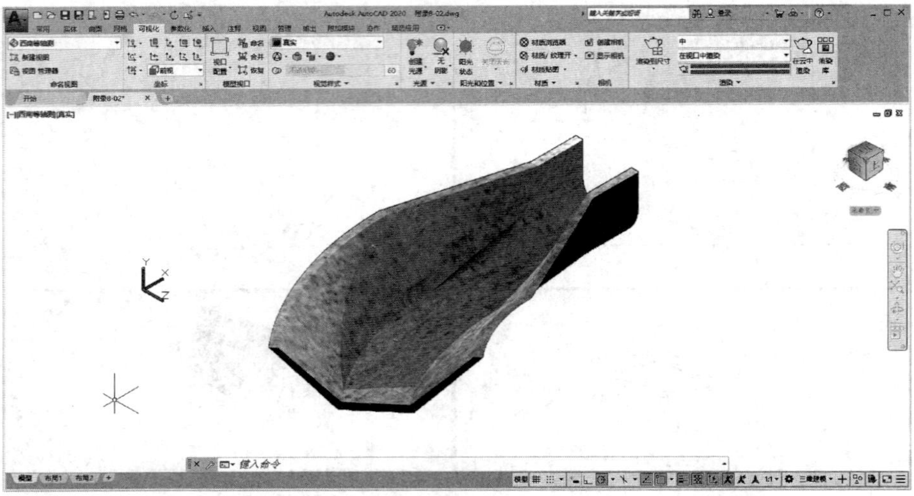

图 6.92　渲染效果

等轴测】。

(3) 分别在【前视】视口中按尺寸绘制出①～⑧这 8 个断面，在【俯视】视口中绘制⑨～⑫这 4 个断面，在【左视】视口中绘制⑬这 1 个断面，并且将所有断面用【面域(REG)】命令转换成面域对象，如图 6.93 所示。由于整体思路是先分部分建模，再进行“拼接”，因此断面绘制时，可先不必考虑各部分的定位对齐问题，可将各部分模型建立完成后，用三维模型的各个关键定位点进行定位和对齐。由于该结构是前后对称的，所以各部分都先建模一半，最后在视图中通过【镜像（MI)】命令对称出另外一半。

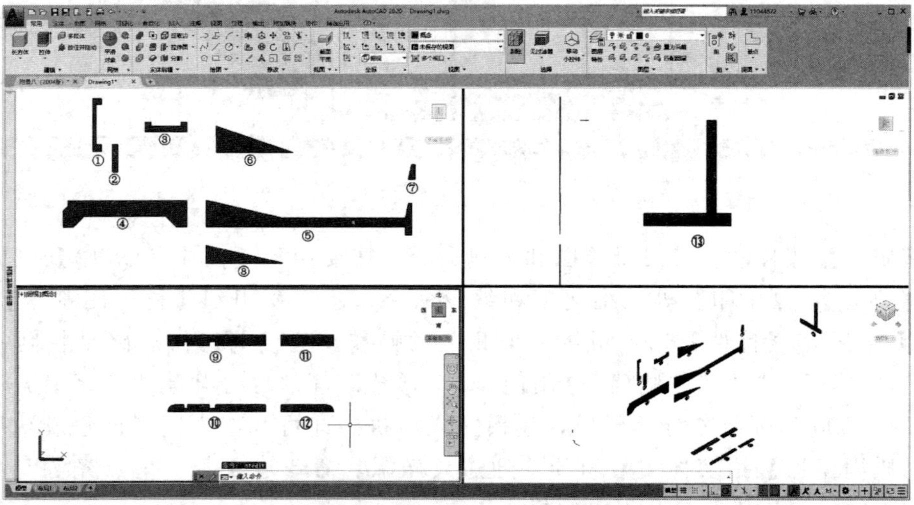

图 6.93　绘制各部分对应的断面

(4) 通过【拉伸（EXT)】命令将①号断面拉伸 27.5，将②号断面拉伸 30.5，将③号和④号断面拉伸 34，将⑤号断面拉伸 25，将⑥号断面拉伸 3，将⑦号和⑧号断面拉伸 5，将⑨号和⑩号断面拉伸 35，将⑪号和⑫号断面拉伸 32.5，将⑬号断拉伸 100，此时主体模型已经全部完成，如图 6.94 所示。

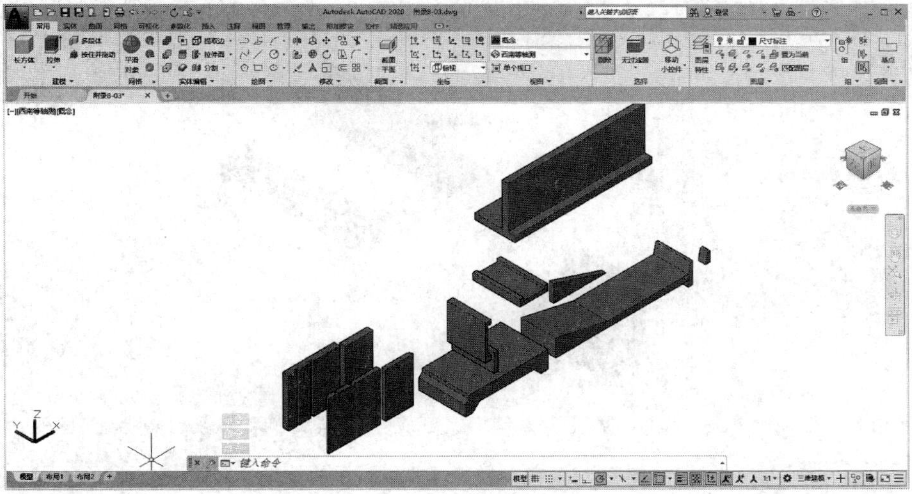

图 6.94 拉伸各个断面

(5) 消力池中，底板和边墙都有排水孔，所以还需要在【俯视】和【前视】视角分别绘制 6 个和 8 个排水孔断面，并将其拉伸出超过底板和边墙厚度的长度值。为了方便定位，可以用直线段在其周边绘制用以定位的直线段，如图 6.95 所示。

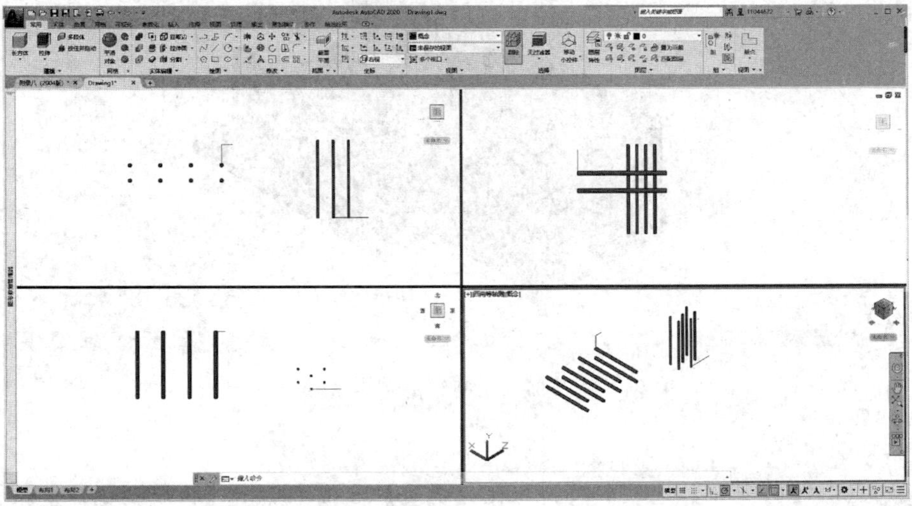

图 6.95 排水孔建模

(6) 先将排水孔放置到正确的位置，然后执行【差集（SU）】将底板和边墙的孔洞差集出来，再按实际工作中分缝的规则，将各个部分初步拼装并执行【并集（UNI）】，效果如图 6.96 所示。

(7) 将所有部分按正确位置拼接，并在【俯视】视角下执行【镜像（MI）】命令，得出对称部分，再次对应该合并成整体的部分执行【并集（UNI）】命令，效果如图

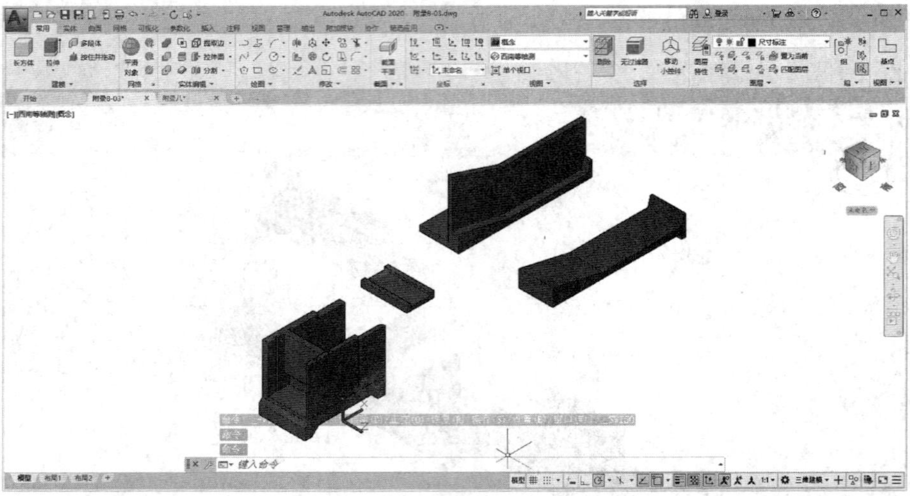

图 6.96 初步拼装【并集】后的效果

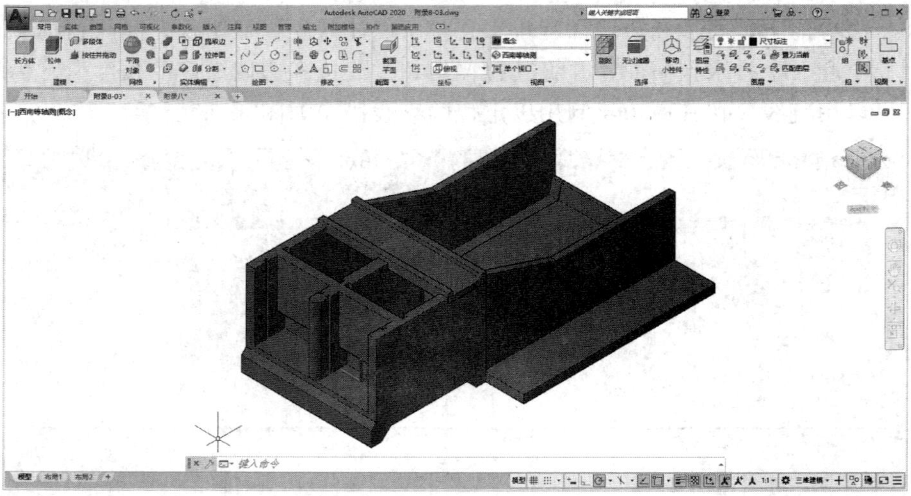

图 6.97 水闸结构完整效果

6.97 所示。

(8) 点击【可视化】选项卡按钮，在【材质】面板中点击【材质浏览器】按钮，打开材质浏览器，找到“外露骨料-粗糙”材质，用鼠标左键拖曳到实体模型进行材质附着。

(9) 执行【创建光源】→【点光源】，创建出 1 个点光源，命名后，在【主视】、【俯视】和【左视】视口进行光源的复制、粘贴和位置的调整，位置调整好以后，再选中需要调整“强度因子”的光源，打开【特性面板 (CH)】，调整各光源的强度值，然后执行【渲染 (RR)】命令，最终渲染效果如图 6.98 所示。

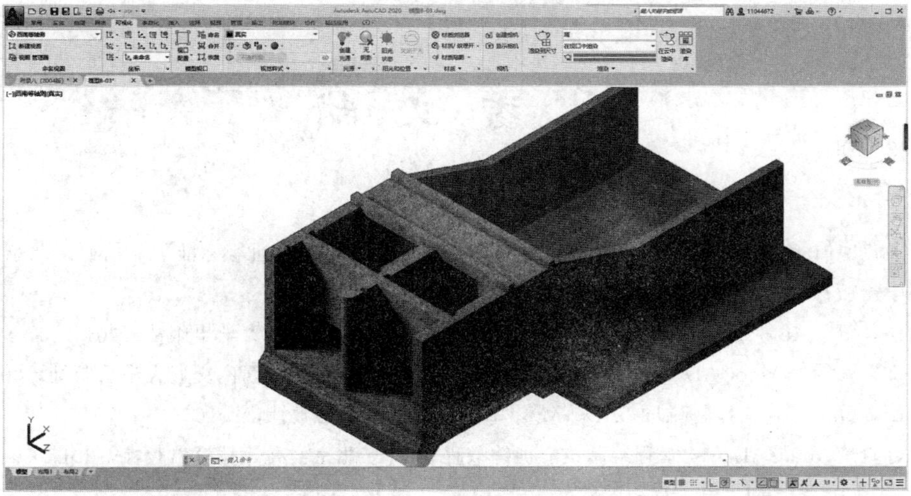

图 6.98 最终渲染效果

参 考 文 献

[1] CAD/CAM/CAE技术联盟. AutoCAD 2020中文版从入门到精通（标准版）[M]. 北京：清华大学出版社，2020.
[2] 向杰，等. AutoCAD工程制图基础教程 [M]. 重庆：西南交通大学出版社，2014.
[3] 付文艺，等. AutoCAD工程制图基础教程习题集 [M]. 重庆：西南交通大学出版社，2014.
[4] 李影，等. 水利工程制图与CAD [M]. 郑州：黄河水利出版社，2016.
[5] 曾令宜. AutoCAD2014工程绘制技能训练教程 [M]. 北京：高等教育出版社，2017.
[6] SL 73—2013水利水电工程制图标准 [S].
[7] GB/T 50001—2017房屋建筑制图统一标准 [S].

重庆市高水平高职学校和专业群建设系列教材

水利工程 CAD 制图实用教程附录（基于 AutoCAD 2020 软件平台）

（活页式）

主　编　代　琼　向　杰　杨金华
副主编　付文艺　李　影　朱方敏　刘亚东　邓　刚
主　审　张守平

中国水利水电出版社
www.waterpub.com.cn
·北京·

附录 1

CAD 常用命令集锦

项目	名　　称	命　　令	命令别名
绘图命令	直线	LINE	L
	构造线	XLINE	XL
	多段线	PLINE	PL
	多边形	POLYGON	POL
	矩形	RECTANG	REC
	圆弧	ARC	A
	圆	CIRCLE	C
	样条曲线	SPLINE	SPL
	椭圆、椭圆弧	ELLIPSE	EL
	插入块	INSERT	I
	创建块	BLOCK	B
	写块	WBLOCK	W
	属性定义	ATTDEF	ATT
	单点	POINT	PO
	定数等分	DIVIDE	DIV
	定距等分	MEASURE	ME
	图案填充	BHATCH	H（BH）
	渐变色	GRADIENT	GD
	面域	REGION	REG
	多行文字	MTEXT	T
	单行文字	TEXT	DT
	多线	MLINE	ML
	添加选定对象	ADDSELECTED	ADD
修改命令	删除	ERASE	E
	复制	COPY	CO
	镜像	MIRROR	MI

续表

项目	名　称	命　令	命令别名
修改命令	偏移	OFFSET	O
	阵列	ARRAY（ARRAYCLASSIC 对话框模式）	AR
	移动	MOVE	M
	旋转	ROTATE	RO
	缩放	SCALE	SC
	拉伸	STRETCH	S
	修剪	TRIM	TR
	延伸	EXTEND	EX
	打断/打断于点	BREAK	BR
	拉长	LENGTHEN	LEN
	合并	JOIN	J
	倒角	CHAMFER	CHA
	圆角	FILLET	F
	分解	EXPLODE	X
	编辑多段线	PEDIT	PE
标注命令	线性标注	DIMLINEAR	DLI
	对齐标注	DIMALIGNED	DAL
	弧长标注	DIMARC	DAR
	坐标标注	DIMORDINATE	DOR
	半径标注	DIMRADIUS	DRA
	直径标注	DIMDIAMETER	DDI
	角度标注	DIMANGULAR	DAN
	快速标注	QDIM	无
	基线标注	DIMBASELINE	DBA
	连续标注	DIMCONTINUE	DCO
	圆心标记	DIMCENTER	DCE
	编辑标注文字	DIMTEDIT	ED
	快速标注引线	QLEADER	LE
格式命令	单位	UNITS	UN
	线型	LINETYPE	LT
	文字样式	STYLE	ST
	标注样式	DIMSTYLE	D
	点样式	PTYPE	无
	选项	OPTIONS	OP
	草图设置	DSETTINGS	DS/SE

续表

项目	名　　称	命　　令	命令别名
格式命令	图层	LAYER	LA
	线宽	LWEIGHT	LW
	多线样式	MLSTYLE	无
	颜色	COLOR	COL
文件管理命令	新建	QNEW	CTRL＋N
	打开	OPEN	CTRL＋O
	保存	QSAVE	CTRL＋S
	打印	PLOT	CTRL＋P
	输出数据	EXPORT	EXP
视窗控制命令	实时平移	PAN	P
	实时缩放	ZOOM	Z
	窗口缩放	ZOOM＋W	Z＋W
	缩放上一个	ZOOM＋P	Z＋P
	重画	REDRAW	R
	重生成	REGEN	RE
常用符号	度（°）	%%D	
	正负号（±）	%%P	
	直径符号（φ）	%%C	
	下划线	%%U	
坐标输入	定义用户坐标	UCS	
	绝对直角坐标	X，Y（例：5，10）	
	相对直角坐标	@X，Y（例：@10，10）	
	绝对极坐标	长度＜角度（例：50＜30）	
	相对极坐标	@长度＜角度（例：@20＜45）	
创建基本三维实体	多段体	POLYSOLID	PSOLID
	长方体	BOX	无
	楔体	WEDGE	WE
	圆柱体	CYLINDER	CYL
	球体	SPHERE	无
	圆锥体	CONE	无
	圆环体	TORUS	TOR
	棱锥体	PYRANID	无
高级造型命令创建三维实体	拉伸	EXTRUDE	EXT
	旋转	REVOLVE	REV
	按住并拖动	PRESSPULL	无
	扫掠	SWEEP	SW
	放样	LOFT	无

续表

项目	名　　称	命　　令	命令别名
布尔运算	并集	UNION	UNI
	差集	SUBTRACT	SU
	交集	INTERSECT	IN
三维实体编辑命令	剖切	SLICE	SL
	截面	SECTION	SEC
	三维移动	3DMOVE	3M
	三维旋转	3DROTATE	3R
	三维镜像	3DMIRROR	无
	三维阵列	3DARRAY	3A
	三维对齐	ALIGN	AL
	干涉检查	INTERFERE	INF
	压印	IMPRINT	无
三维辅助操作	着色	SHADEMODE	SHA
	消隐	HIDE	HI
	三维动态观察	3DORBIT	3DO
	渲染预设管理器	RPREF	RPR
	三维渲染	RENDER	RR
	定义平行投影或透视投影	DVIEW	DV
	视图管理器	VIEW	V
	视点预设	VPOINT	VP

附录 2

CAD 常用快捷键

项目	快 捷 键	功 能
功能键	<F1>	显示帮助
	<F2>	实现绘图窗口和文本窗口的切换
	<F3>	控制是否实现对象自动捕捉
	<F4>	数字化仪控制
	<F5>	切换等轴测平面
	<F6>	控制状态行中坐标的显示方式
	<F7>	栅格显示模式控制
	<F8>	正交模式控制
	<F9>	栅格捕捉模式控制
	<F10>	切换【极轴追踪】
	<F11>	对象捕捉追踪模式控制
	<F12>	切换【动态输入】
<Ctrl>快捷键	<Ctrl>+<A>	选择图形中未锁定或冻结的所有对象
	<Ctrl>+<B>	切换捕捉模式
	<Ctrl>+<C>	将选择的对象复制到剪贴板上
	<Ctrl>+<D>	切换【动态 UCS】
	<Ctrl>+<E>	在等轴测平面之间循环
	<Ctrl>+<F>	切换执行对象捕捉
	<Ctrl>+<G>	切换执行对象捕捉
	<Ctrl>+<J>	重复执行上一个命令
	<Ctrl>+<I>	切换坐标显示
	<Ctrl>+<K>	插入超链接
	<Ctrl>+<L>	切换正交模式
	<Ctrl>+<M>	重复上一个命令
	<Ctrl>+<N>	新建图形文件
	<Ctrl>+<O>	打开图形文件

续表

项目	快 捷 键	功 能
<Ctrl>快捷键	<Ctrl>+<P>	打印当前图形
	<Ctrl>+<S>	保存文件
	<Ctrl>+<T>	切换数字化仪模式
	<Ctrl>+<U>	极轴模式控制（<F10>）
	<Ctrl>+<V>	粘贴剪贴板上的内容
	<Ctrl>+<W>	对象捕捉追踪模式控制（<F11>）
	<Ctrl>+<X>	将所选内容剪切到剪贴板上
	<Ctrl>+<Y>	取消前面的【放弃】动作
	<Ctrl>+<Z>	恢复上一个动作
	<Ctrl>+<0>	全屏显示
	<Ctrl>+<1>	打开【特性】选项板
	<Ctrl>+<2>	打开【设计中心】
	<Ctrl>+<3>	打开【工具选项板】窗口
	<Ctrl>+<4>	打开【图纸集管理器】
	<Ctrl>+<6>	打开【数据库连接管理器】
	<Ctrl>+<7>	打开【标记集管理器】
	<Ctrl>+<8>	打开【快速计算器】选项板
	<Ctrl>+<9>	切换【命令行】窗口
<Ctrl>+<Shift>组合键	<Ctrl>+<Shift>+<C>	使用基点将对象复制到 Windows 剪贴板
	<Ctrl>+<Shift>+<S>	另存为
	<Ctrl>+<Shift>+<V>	将剪贴板中的数据作为块进行粘贴
	<Delete>	删除

附录 3

基本命令练习图集合

项　目	图　名
附录 3-01	基础练习一
附录 3-02	基础练习二
附录 3-03	基础练习三
附录 3-04	综合练习一
附录 3-05	综合练习二
附录 3-06	组合体三视图

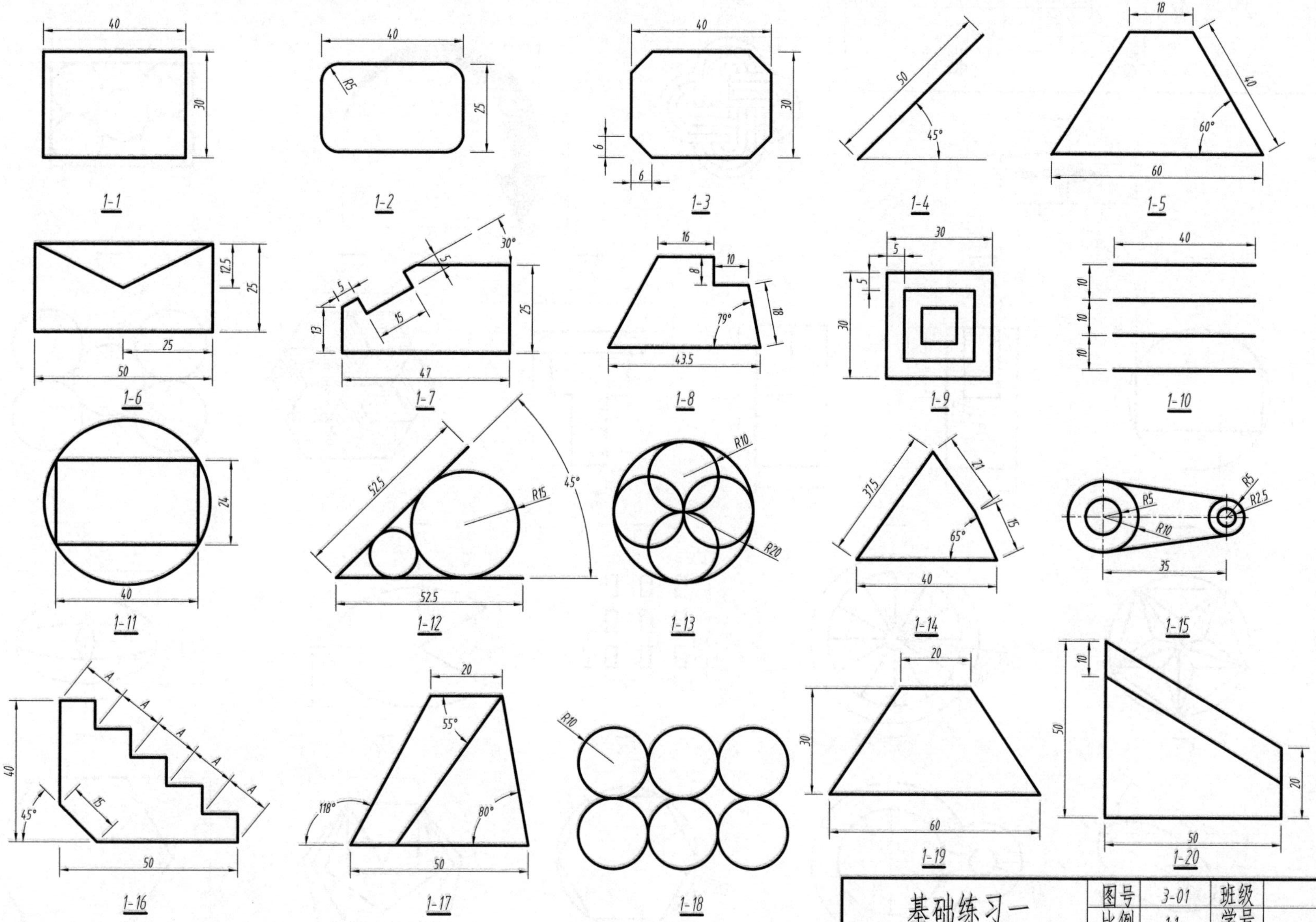

基础练习一			图号	3-01	班级	
			比例	1:1	学号	
制图		日期	校　名			
审核		日期				

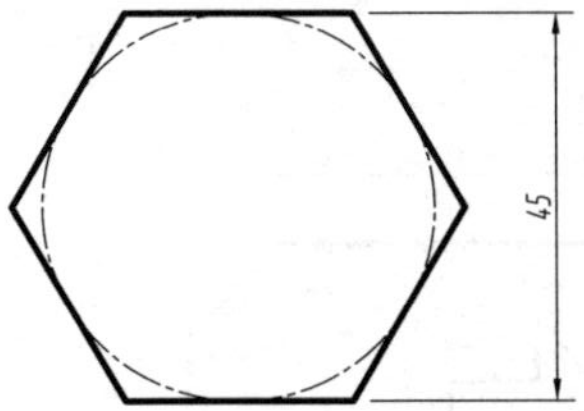

2-1

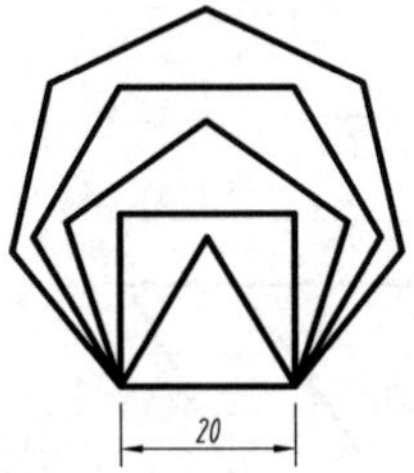

2-2

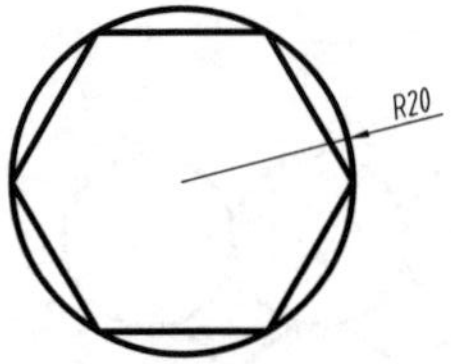

2-3

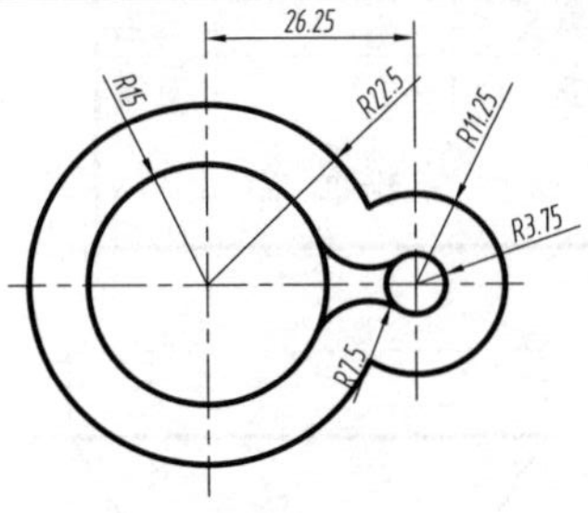

2-4

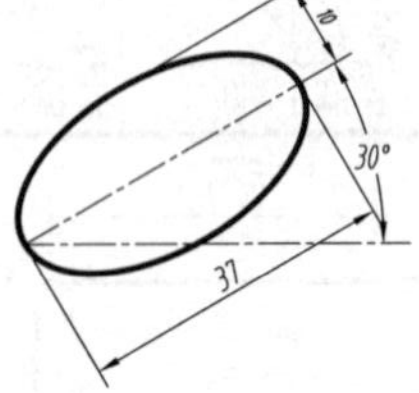

2-5

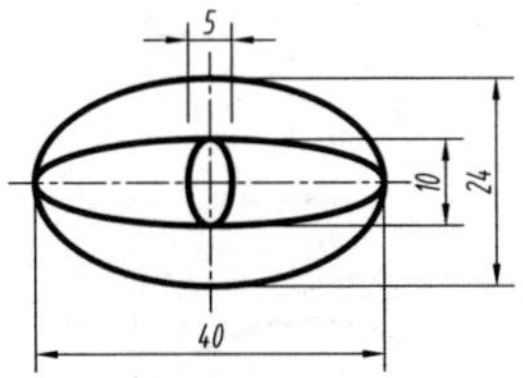

2-6

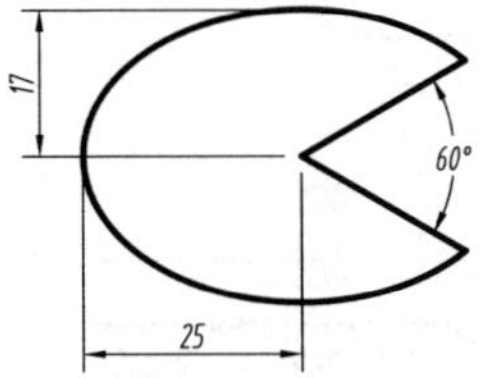

2-7

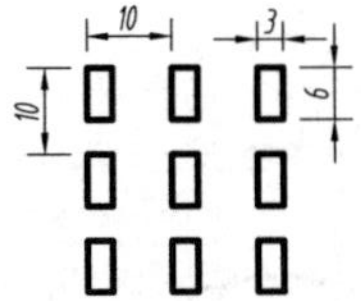

2-8

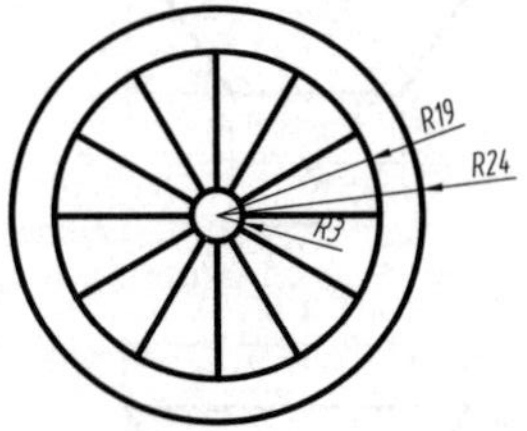

2-9

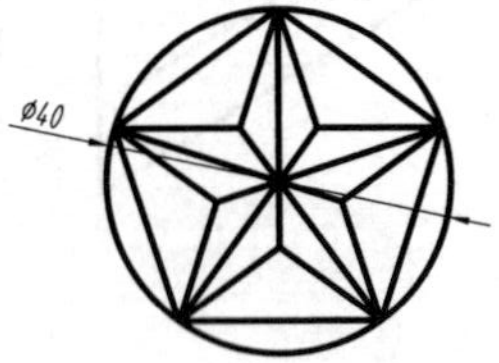

2-10

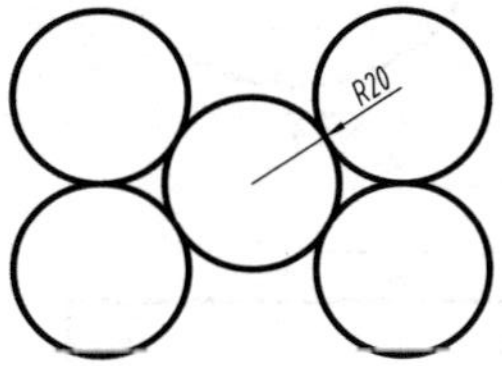

2-11

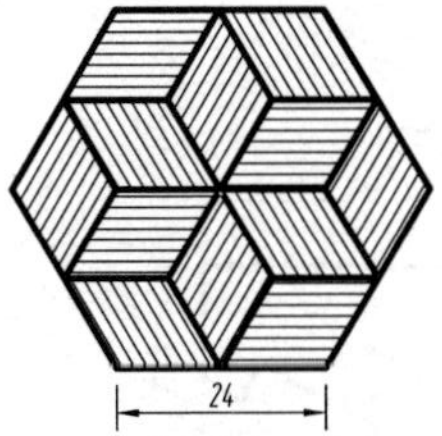

2-12

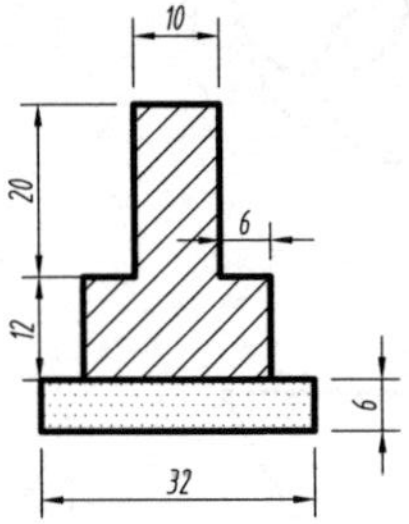

2-13

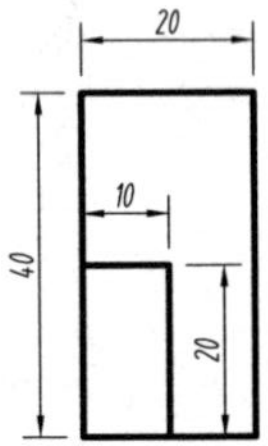

2-14

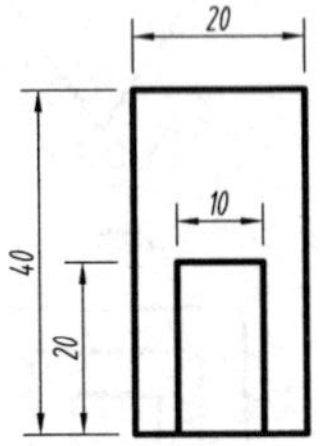

2-15

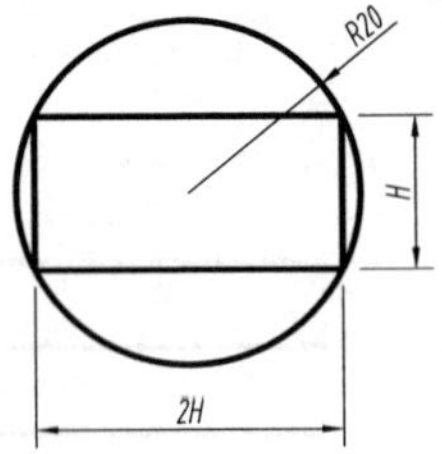

2-16

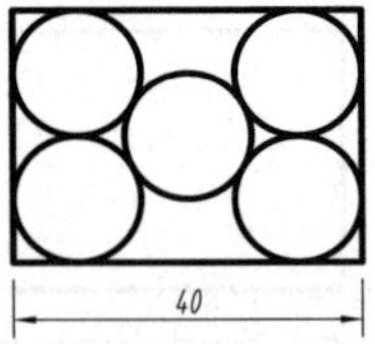

2-17

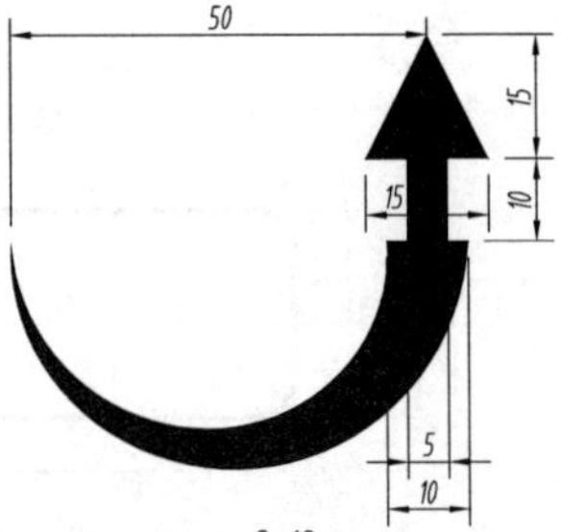

2-18

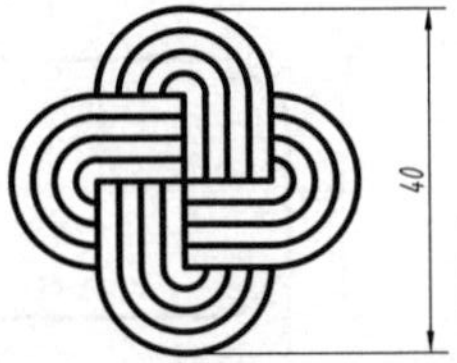

2-19

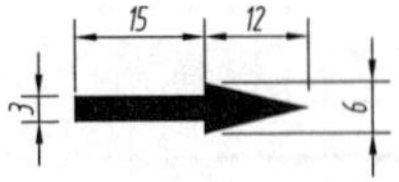

2-20

基础练习二		图号	3-02	班级	
		比例	1:1	学号	
制图		日期		校　名	
审核		日期			

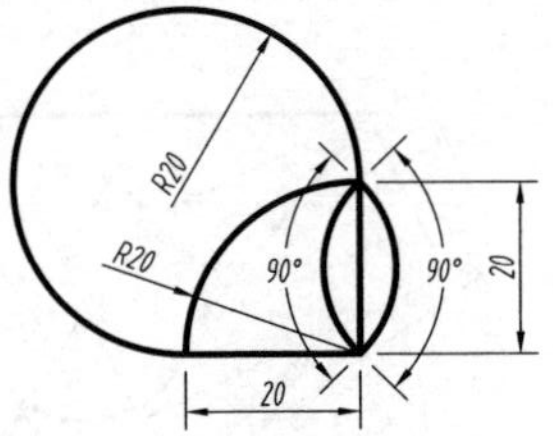

3-1 1:1

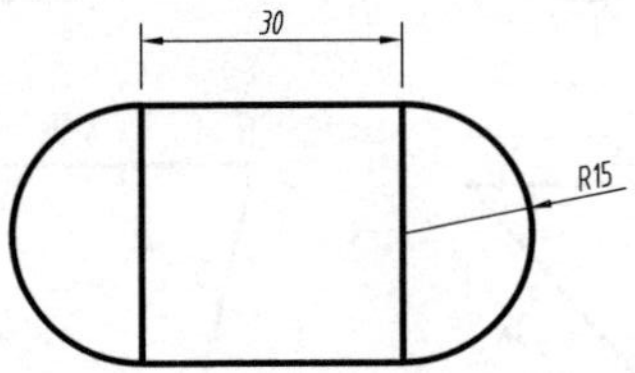

3-2 1:1

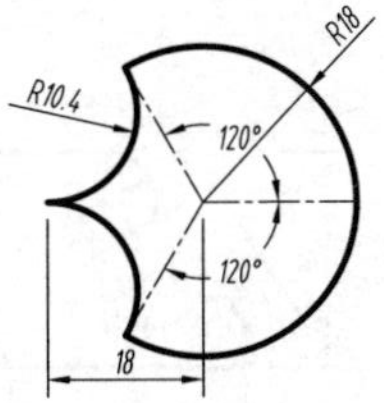

3-3 1:1

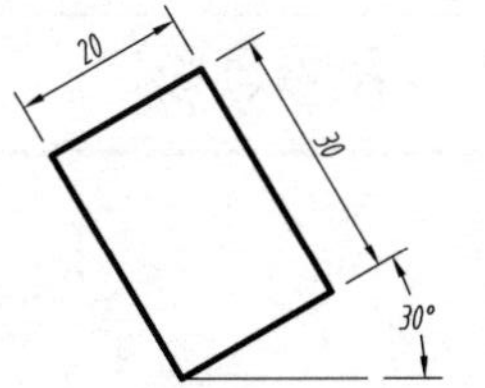

3-4 1:1

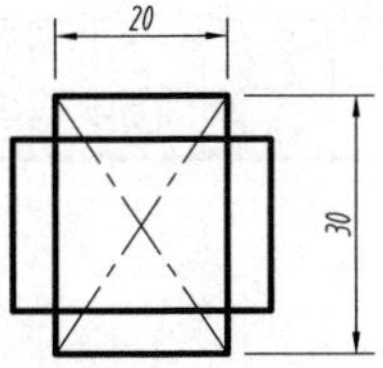

3-5 1:1

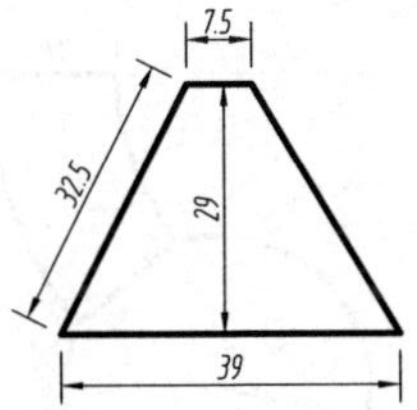

3-6 1:1

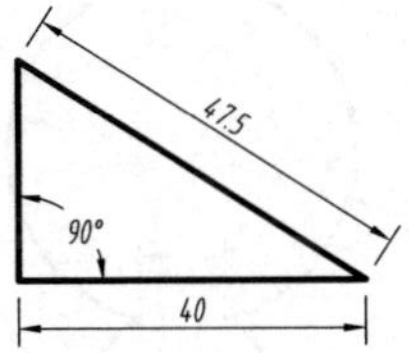

3-7 1:1

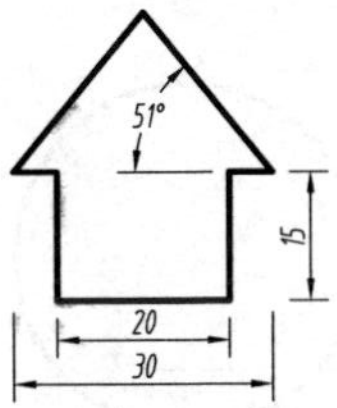

3-8 1:1

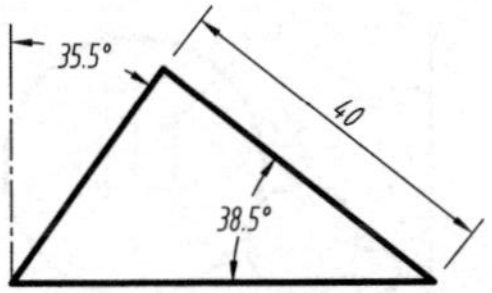

3-9 1:1

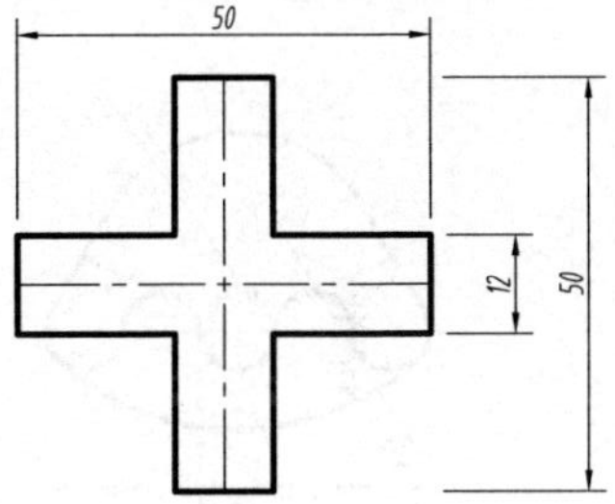

3-10 1:1

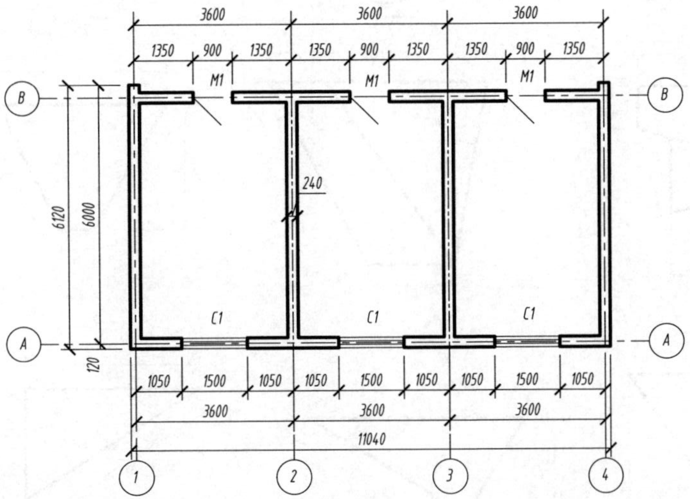

3-11 1:100

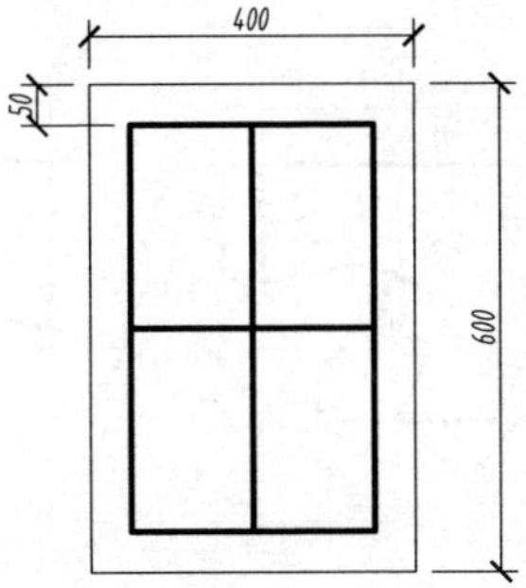

图块：窗户

3-12 1:10

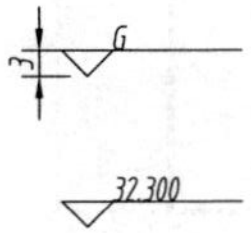

图块：高程

3-13 1:1

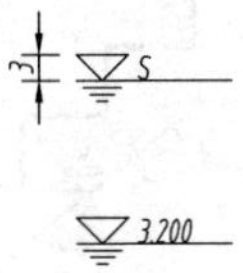

图块：水位

3-14 1:1

说明：图3-11，3-12为建筑图样，尺寸起止符采用建筑标记。

基础练习三		图号	3-03	班级	
		比例		学号	
制图	日期	校　名			
审核	日期				

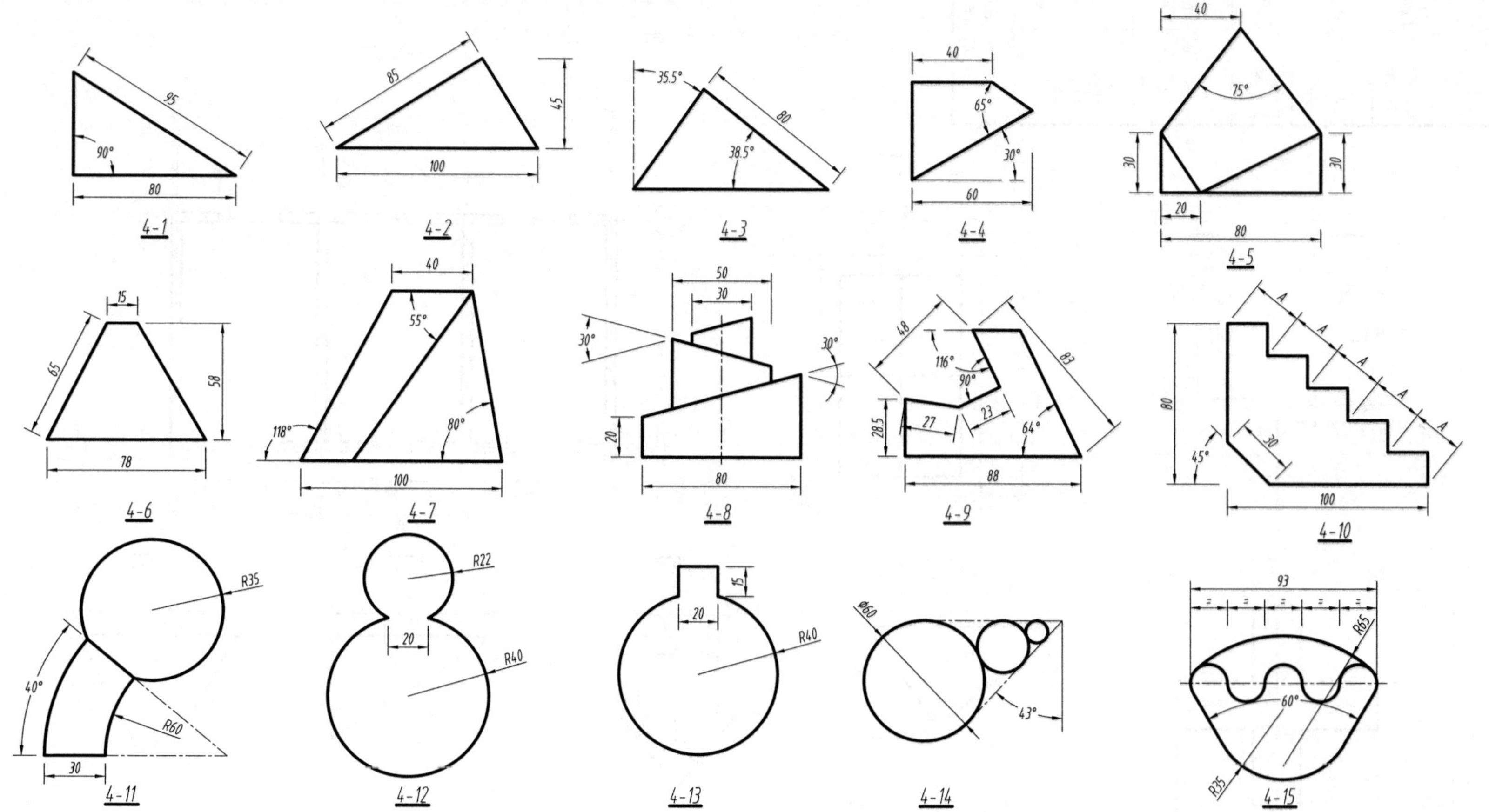

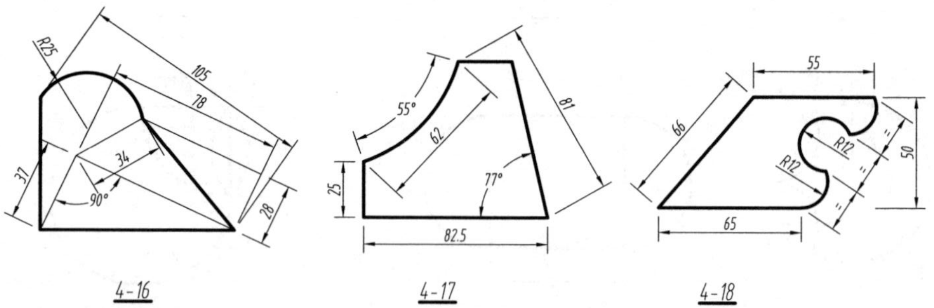

综合练习一		图号	3-04	班级	
		比例	1:2	学号	
制图		日期		校　名	
审核		日期			

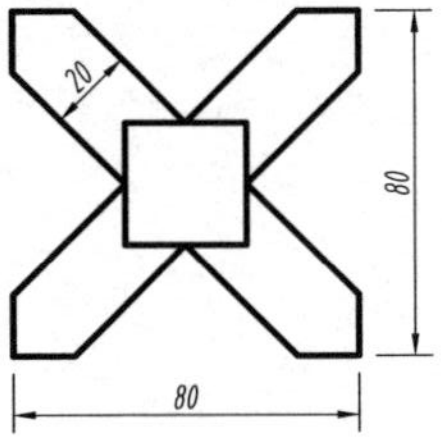

5-1

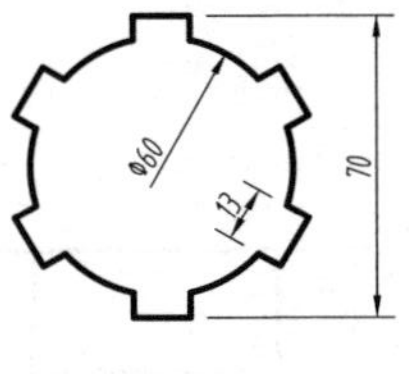

5-2

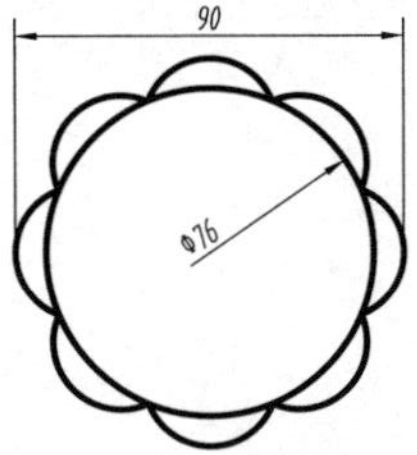

5-3

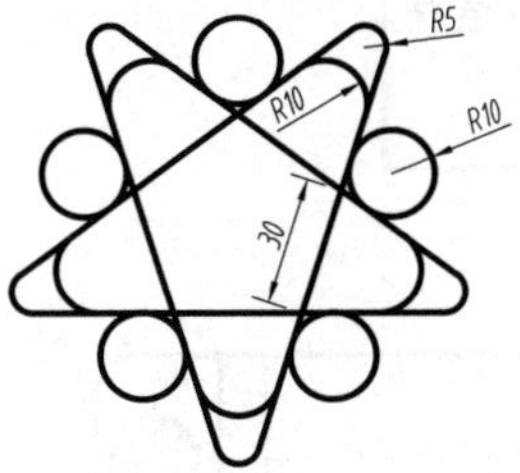

5-4

5-5

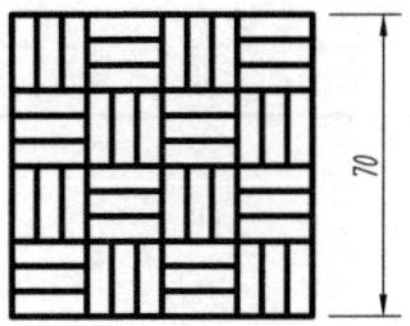

5-6

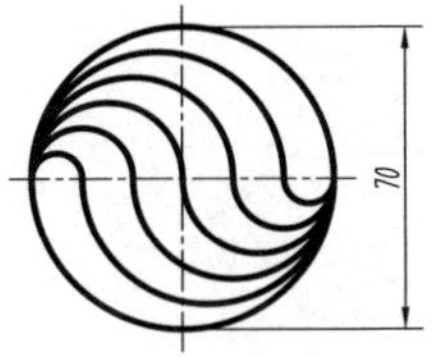

5-7

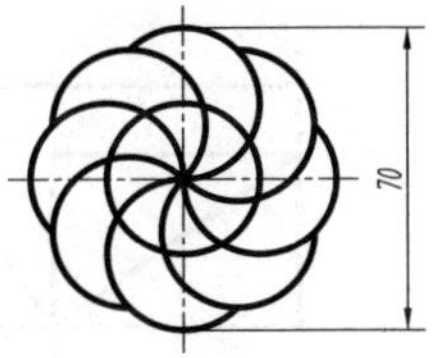

5-8

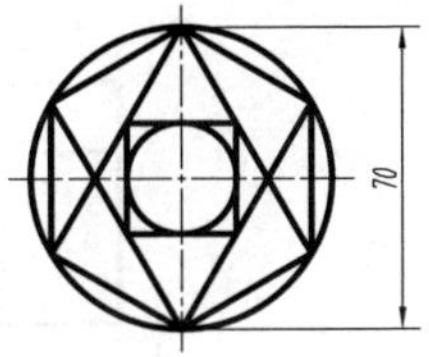

5-9

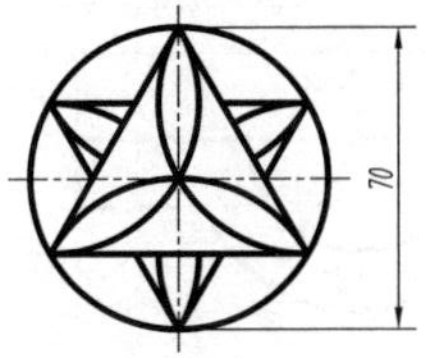

5-10

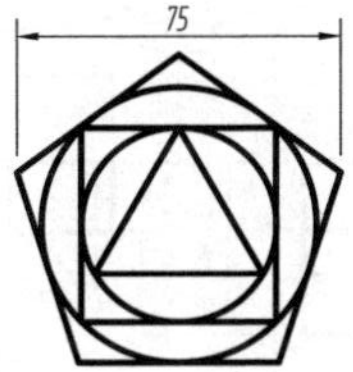

5-11

5-12

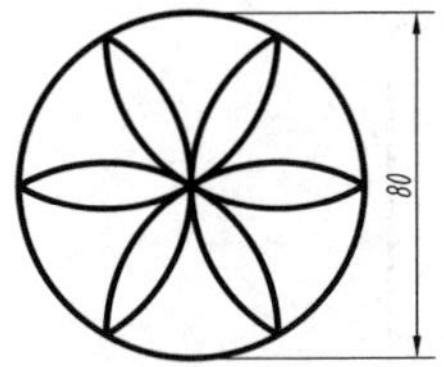

5-13

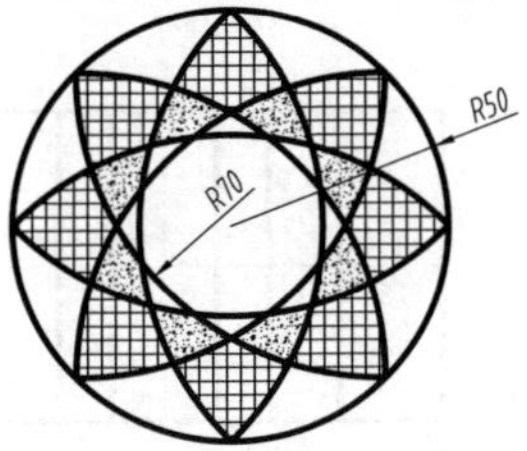

5-14

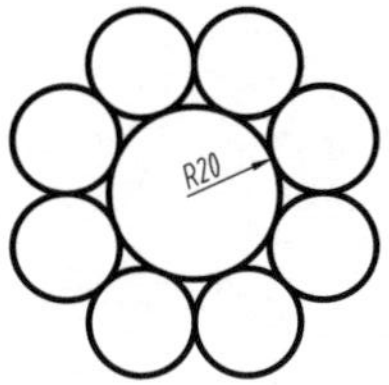

5-15

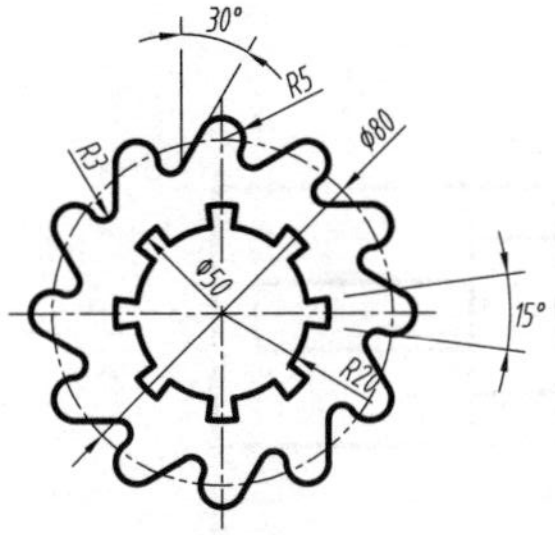

5-16

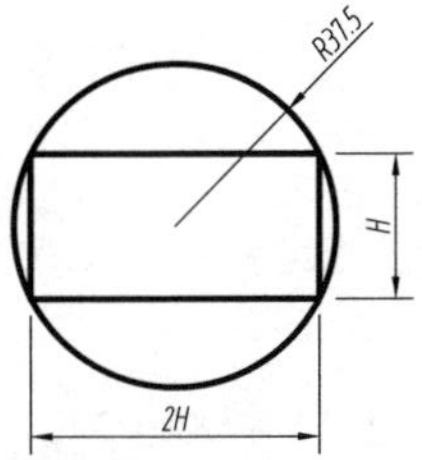

5-17

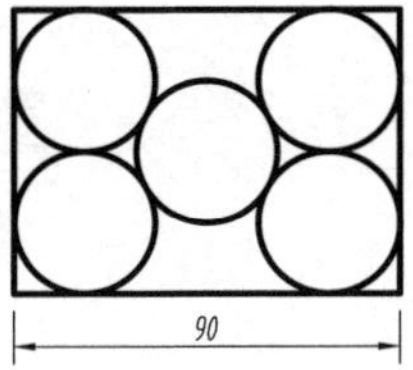

5-18

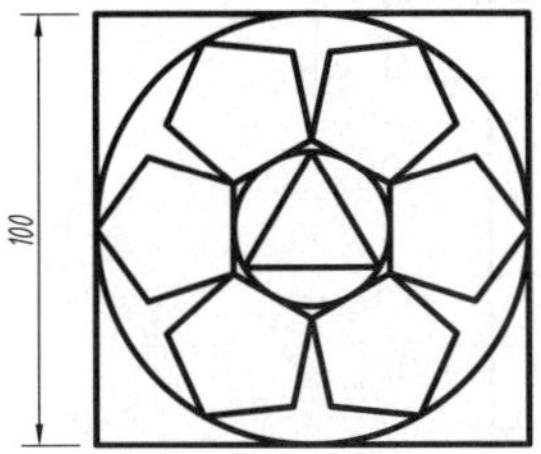

5-19

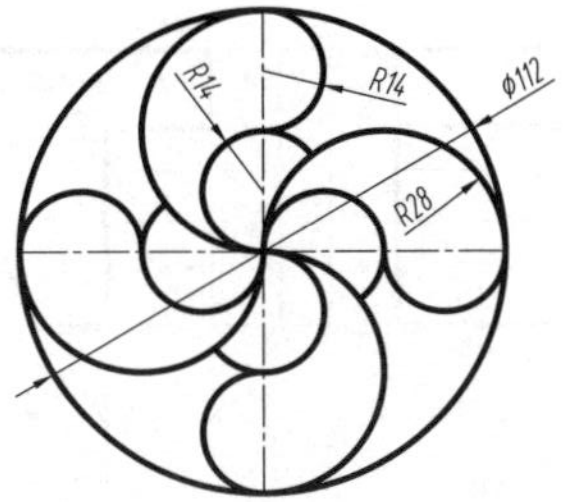

5-20

5-21

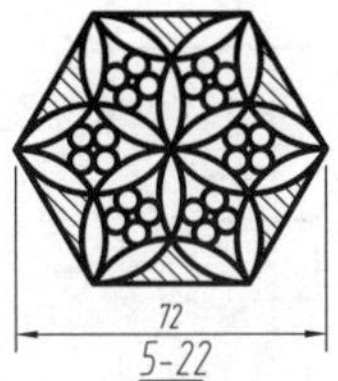

5-22

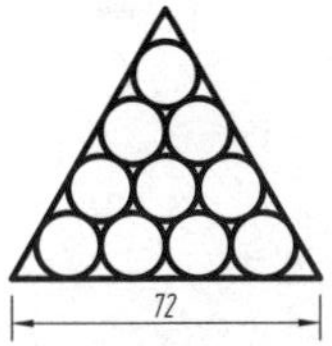

5-23

综合练习二			图号	3-05	班级	
			比例	1:2	学号	
制图		日期	校名			
审核		日期				

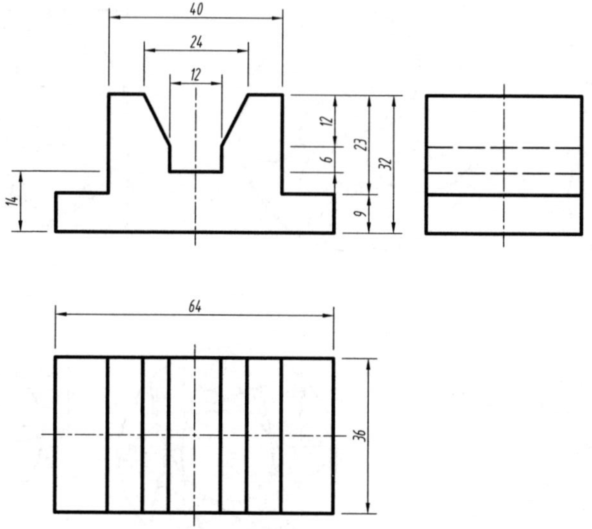

6-1

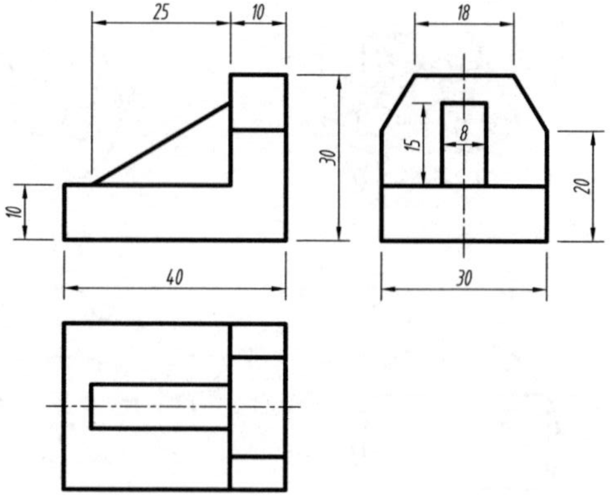

6-2

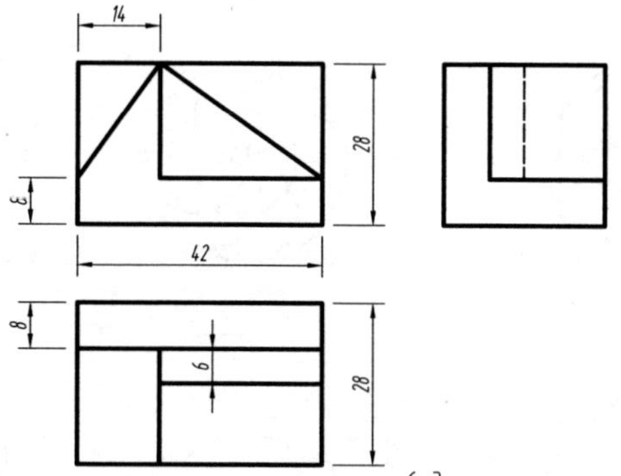

6-3

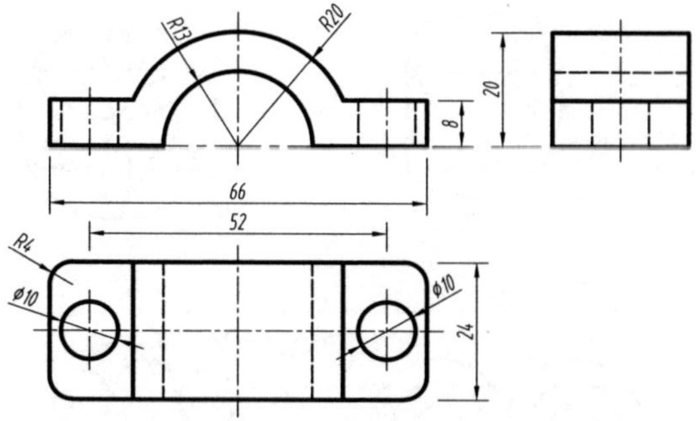

6-4

组合体三视图		图号	3-06	班级	
		比例	1:1	学号	
制图		日期	校　名		
审核		日期			

附录 4

挡水建筑物结构图集合

项　目	图　名
附录 4-01	重力坝剖视图
附录 4-02	土石坝结构图
附录 4-03	溢流坝断面图
附录 4-04	土坝结构图

重力坝剖视图

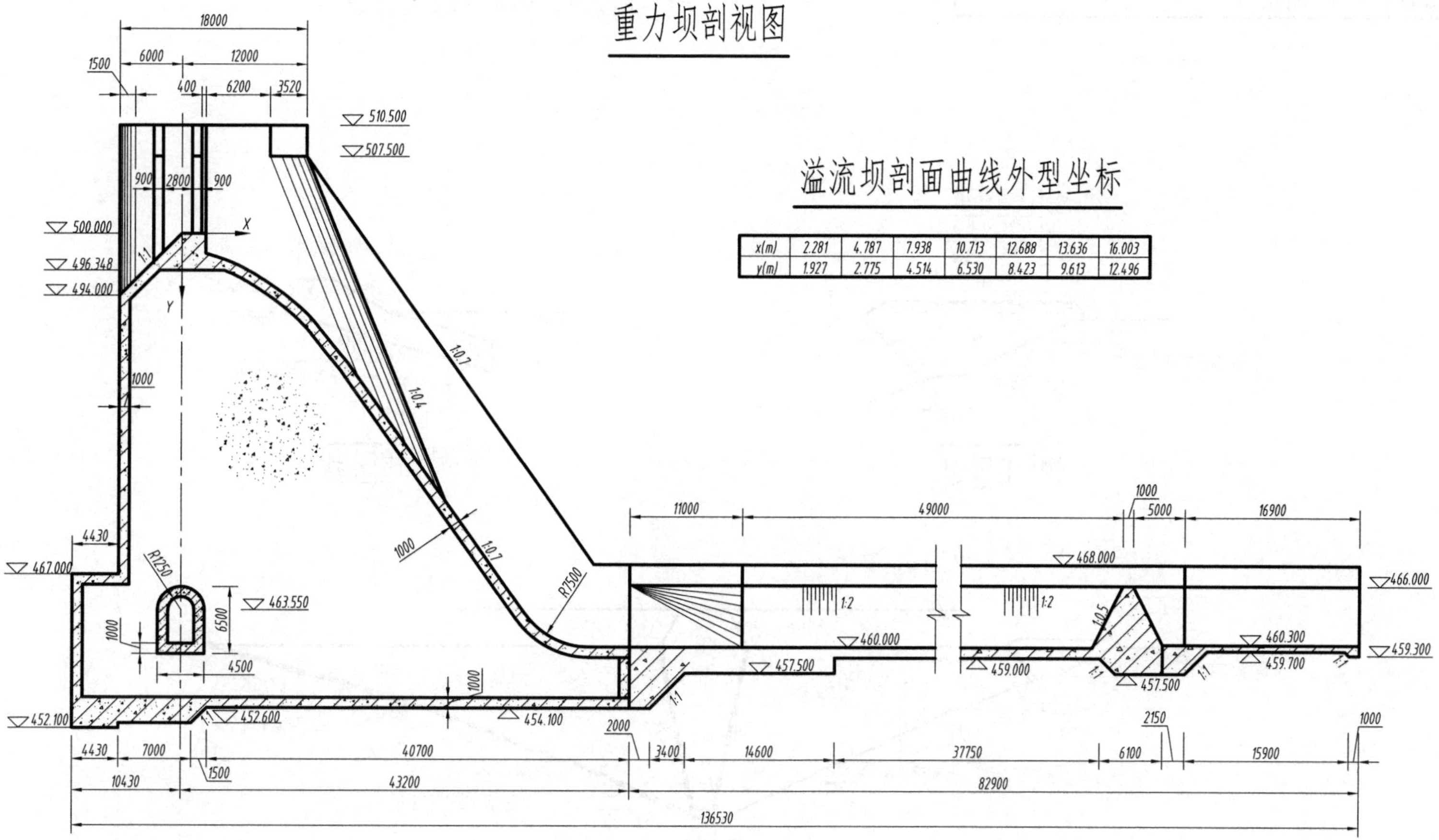

溢流坝剖面曲线外型坐标

x(m)	2.281	4.787	7.938	10.713	12.688	13.636	16.003
y(m)	1.927	2.775	4.514	6.530	8.423	9.613	12.496

说明：图中高程单位为米，其余单位采用毫米。

重力坝剖视图		图号	4-01	班级	
		比例	1: 400	学号	
制图	日期	校　名			
审核	日期				

任务要求：用A3图幅，设置合适的绘图环境，以图示比例抄绘土石坝断面图，详图A及堆石棱体排水详图。

土石坝断面图 1:1000

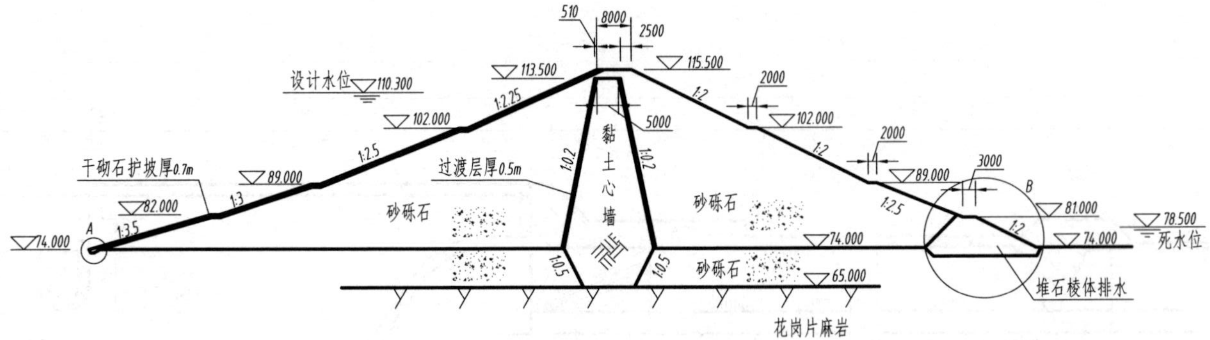

详图A 1:500

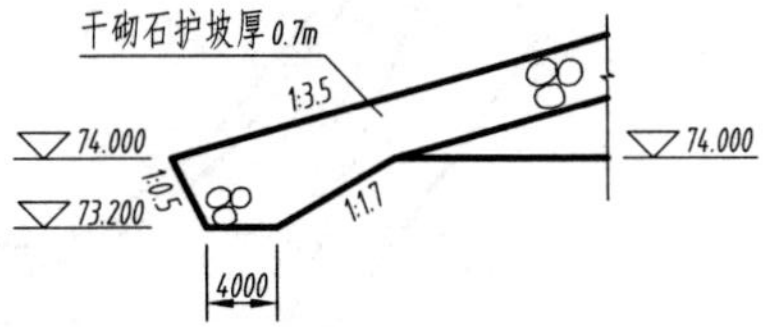

详图B 1:500

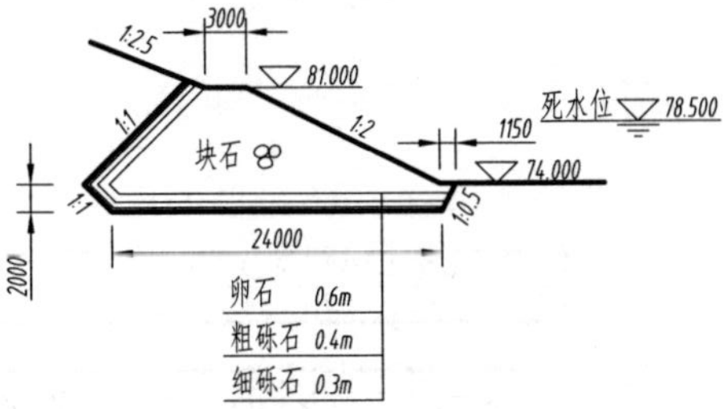

说明：图中高程单位为米，其余单位采用毫米。

土石坝结构图		图号	4-02	班级	
		比例		学号	
制图	日期	校名			
审核	日期				

任务要求：用A3图幅，设置合适的绘图环境，按尺寸用1:150的比例抄绘溢流坝断面图和坝面曲线坐标表。

溢流坝断面图

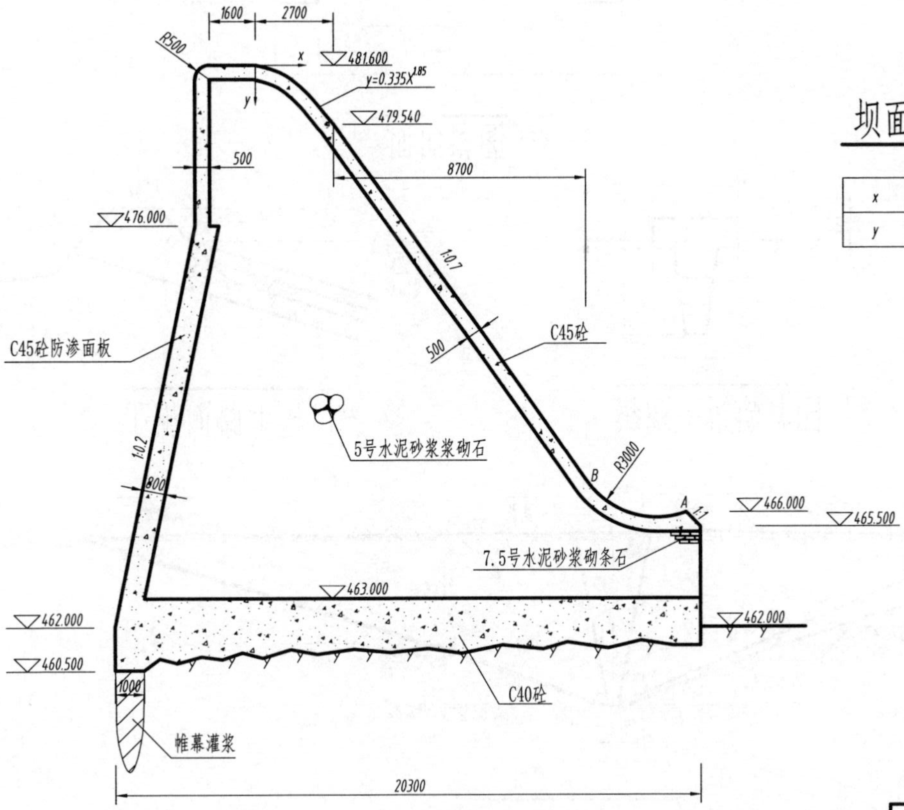

坝面曲线坐标值（单位：m）

x	1	1.5	2	2.5	2.70
y	0.34	0.71	1.21	1.83	2.06

说明：图中高程单位为米，其余单位采用毫米。

溢流坝断面图		图号	4-03	班级
		比例	1:150	学号
制图	日期	校名		
审核	日期			

任务要求：用A3图幅,设置合适的绘图环境，以图示比例抄绘土坝横剖面图及上游坝脚详图、混凝土齿墙详图、堆石棱体详图。

土坝横剖面图 1:2000

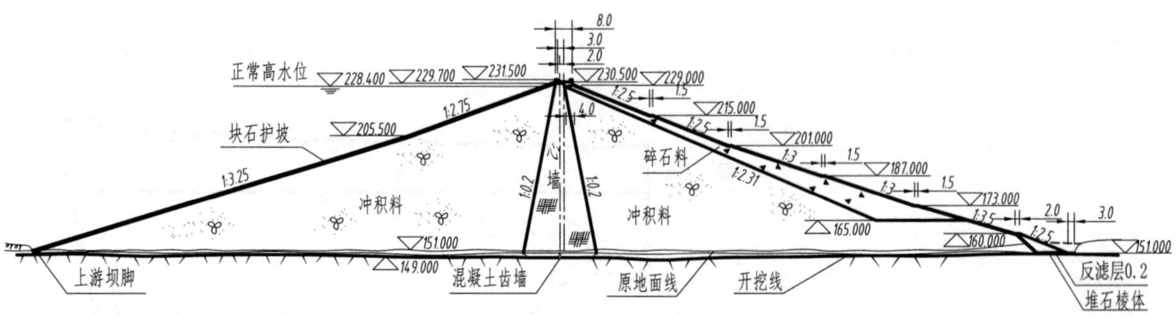

上游坝脚详图 1:100

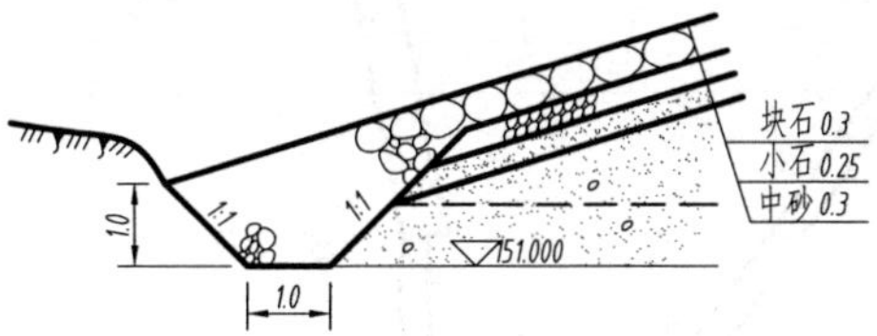

混凝土齿墙详图 1:100

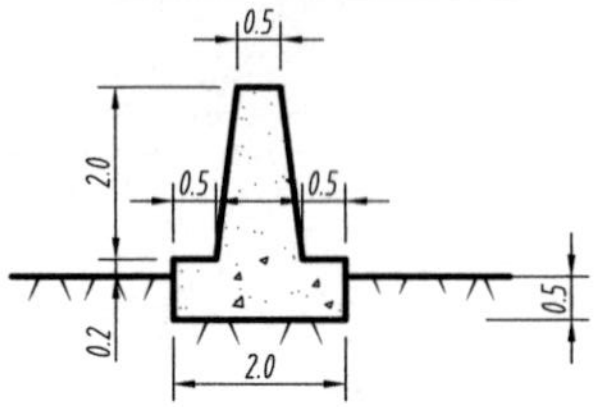

堆石棱体详图 1:400

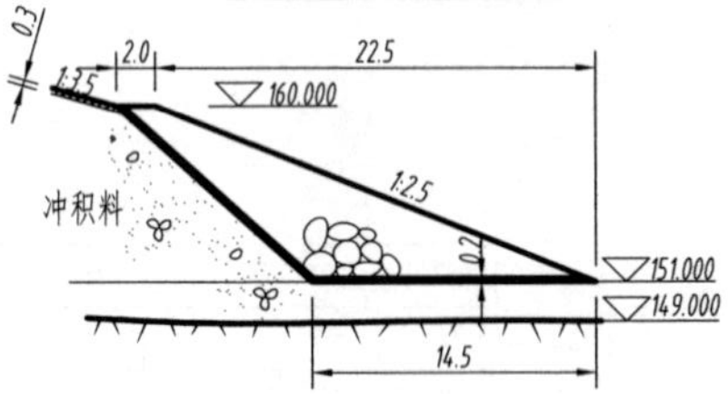

坝顶详图 1:100

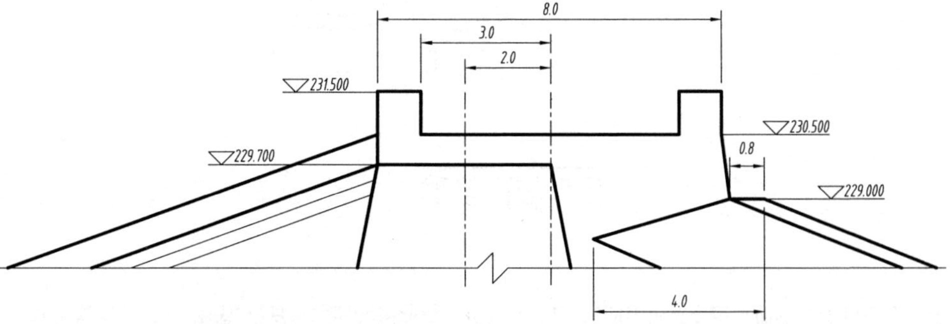

说明:图中的尺寸以米为单位。

土坝结构图		图号	4-04	班级	
		比例		学号	
制图		日期		校名	
审核		日期			

附录 5

输水建筑物结构图集合

项　目	图　名
附录 5 - 01	进水闸结构图
附录 5 - 02	石拱渡槽结构图
附录 5 - 03	跌水结构图
附录 5 - 04	水闸闸室结构图

A-A纵剖视图

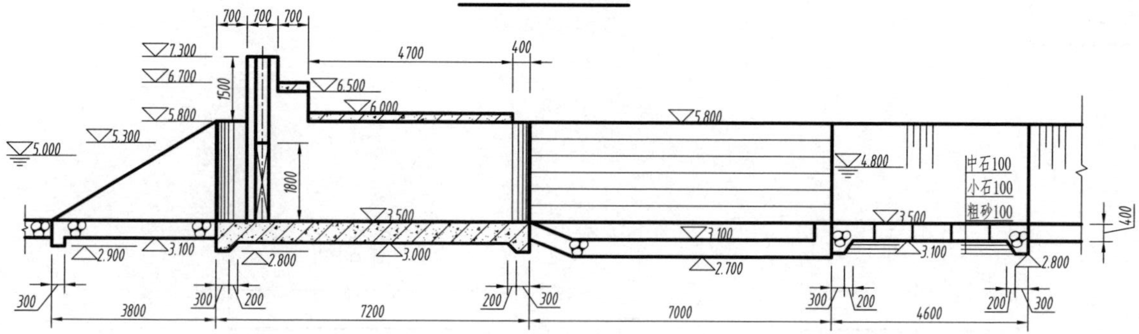

B-B剖视图

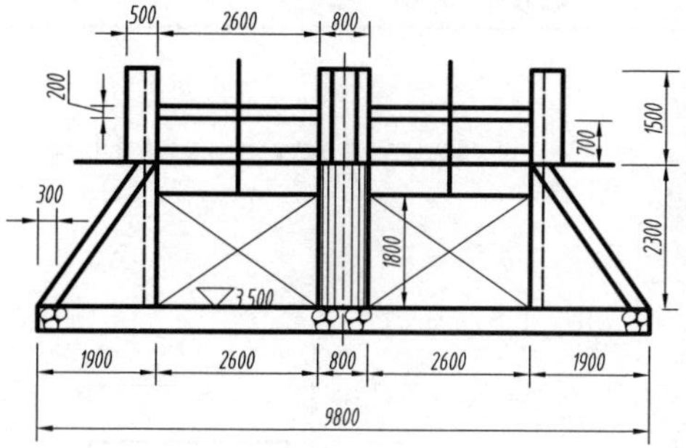

平面图

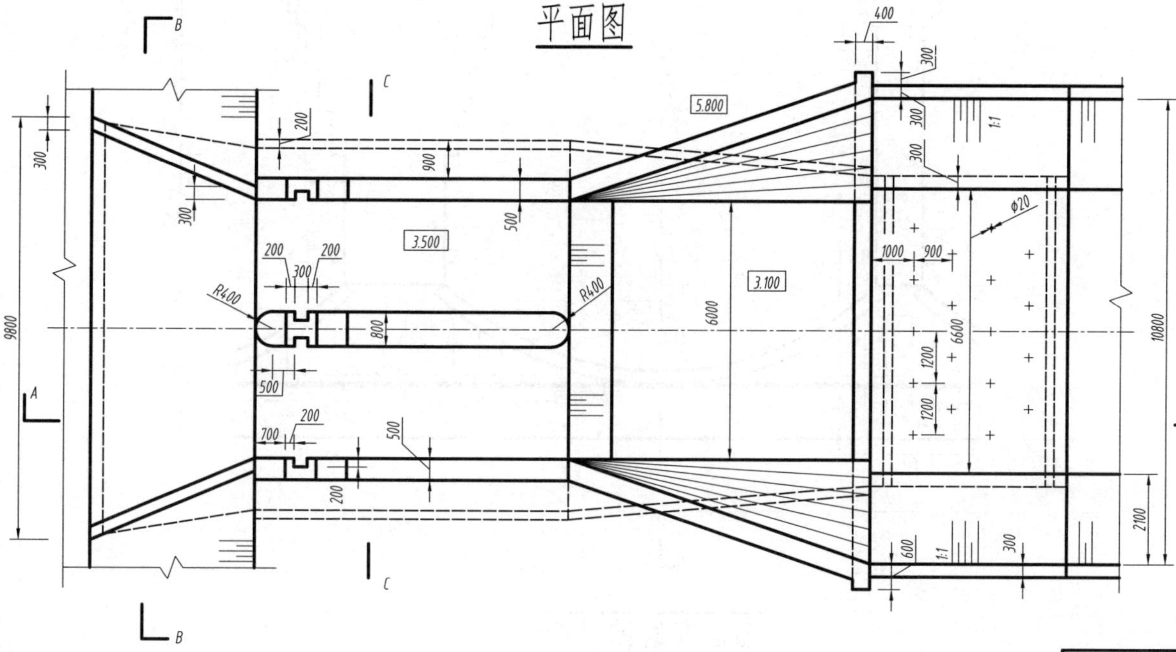

C-C断面图

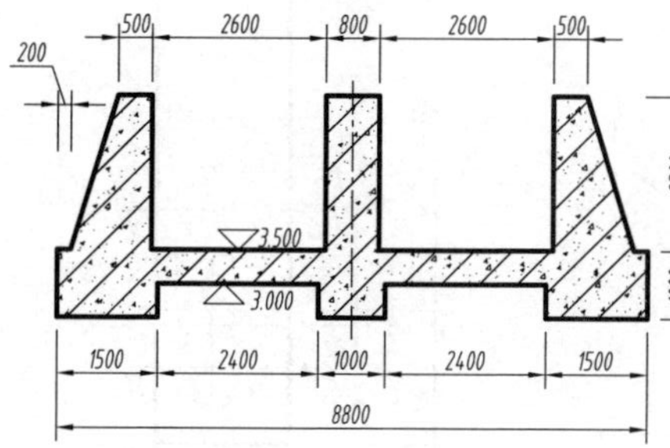

进水闸结构图		图号	5-01	班级
		比例	1:100	学号
制图	日期	校名		
审核	日期			

石拱渡槽立面图

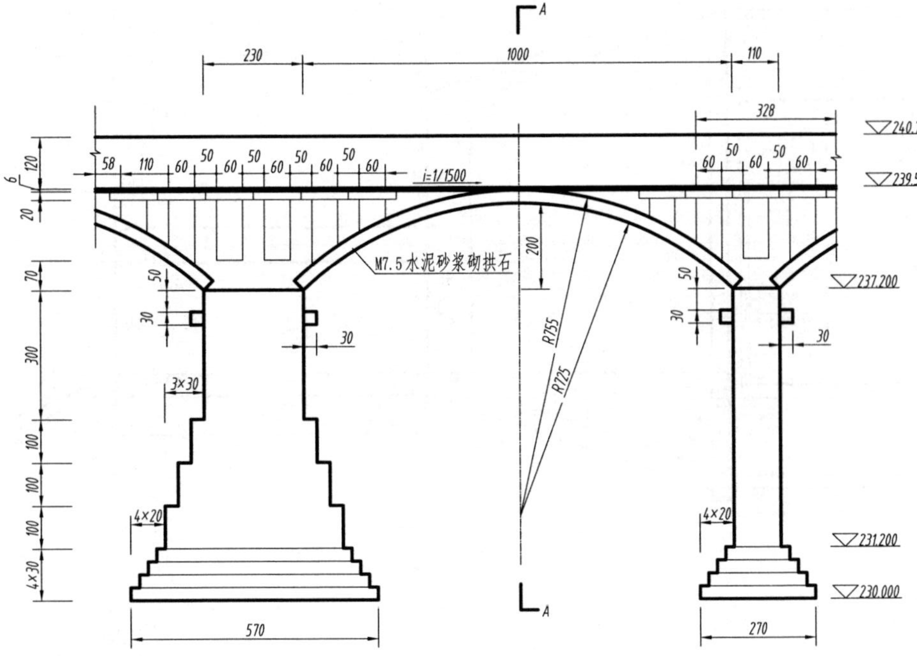

A-A剖视图

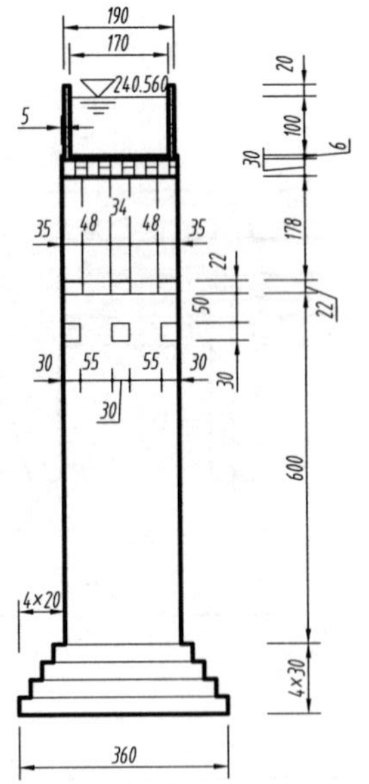

说明：图中高程单位为米，其余单位为厘米。

石拱渡槽结构图		图号	5-02	班级	
		比例	1: 100	学号	
制图	日期	校 名			
审核	日期				

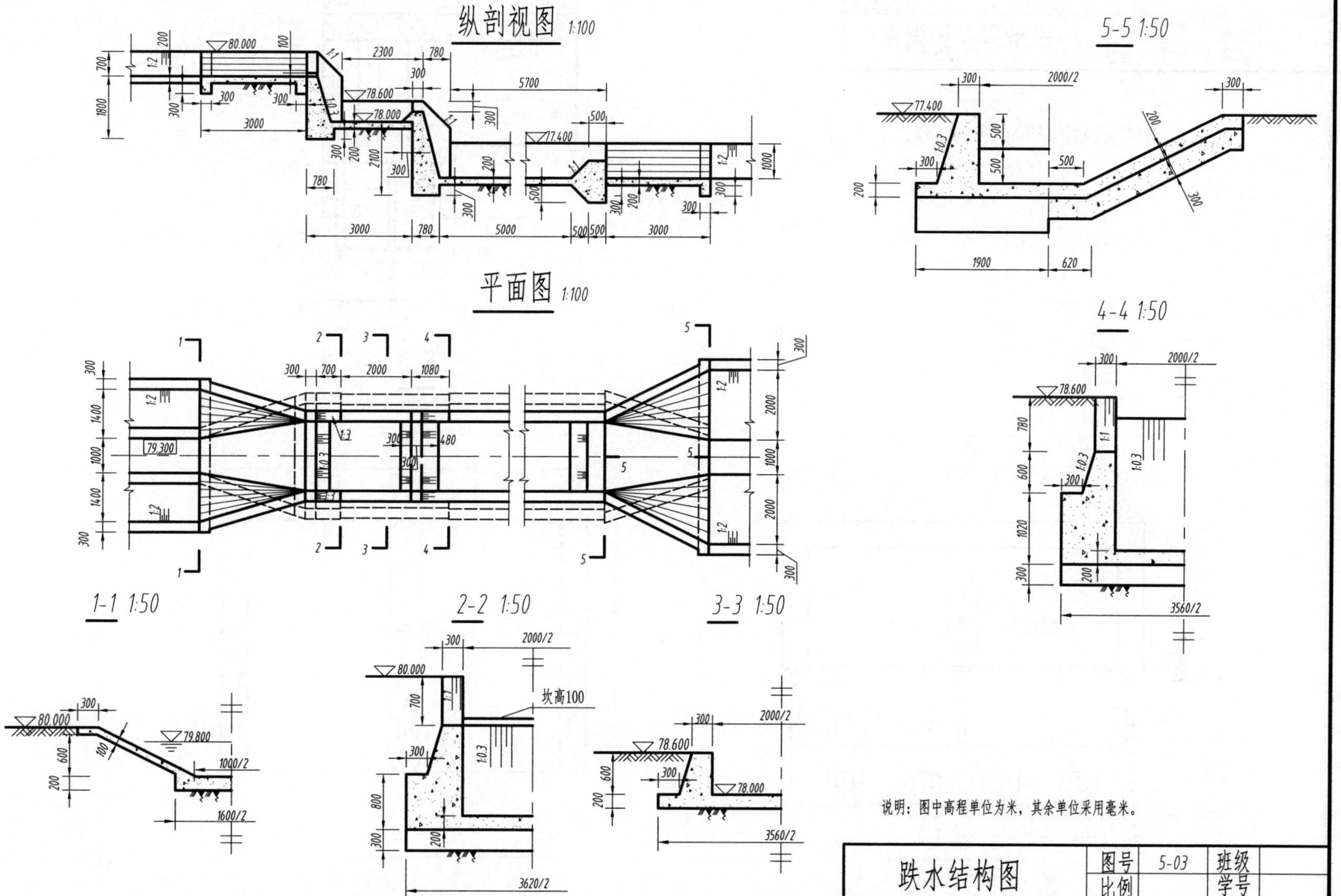

说明：图中高程单位为米，其余单位采用毫米。

跌水结构图		图号	5-03	班级	
		比例		学号	
制图		日期		校名	
审核		日期			

水闸闸室平面布置图

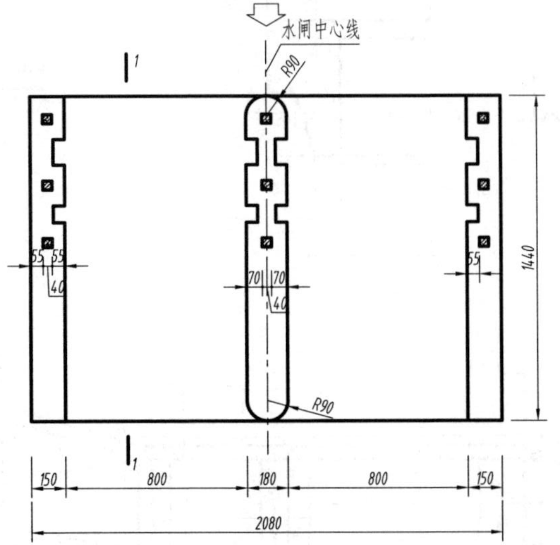

上游立面图

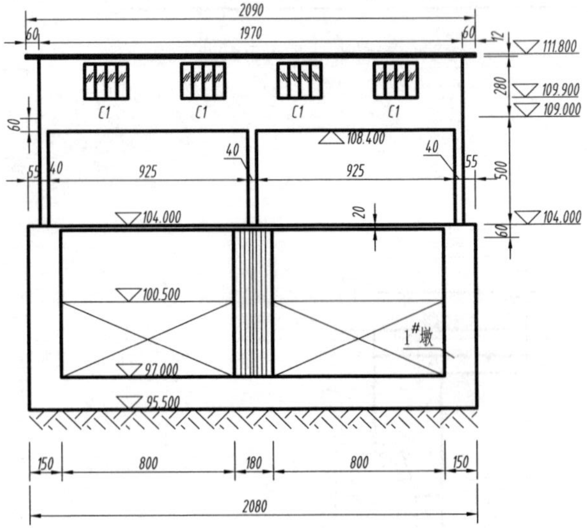

1-1

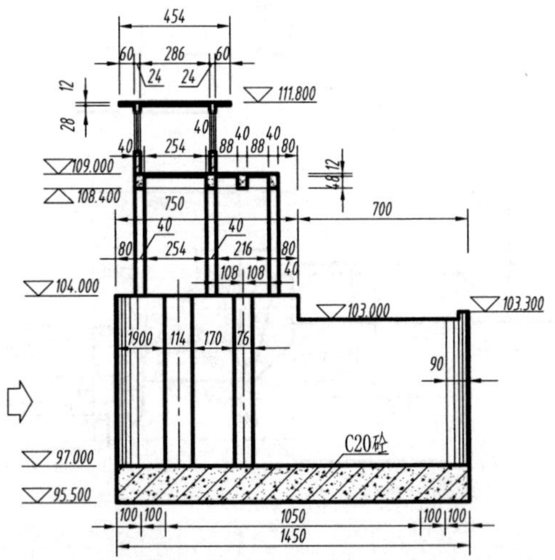

说明：图中高程单位为米，其余单位采用厘米。

水闸闸室结构图		图号	5-04	班级	
		比例	1:200	学号	
制图	日期	校　名			
审核	日期				

附录 6

房屋建筑施工图集合

项　目	图　名
附录 6-01	水库管理房施工图
附录 6-02	防汛指挥中心施工图
附录 6-03	水闸管理房施工图
附录 6-04	泵站管理房施工图

正立面图

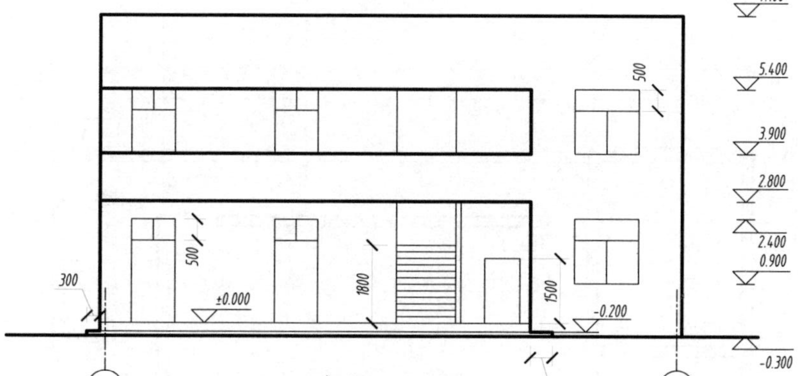

1-1剖视图

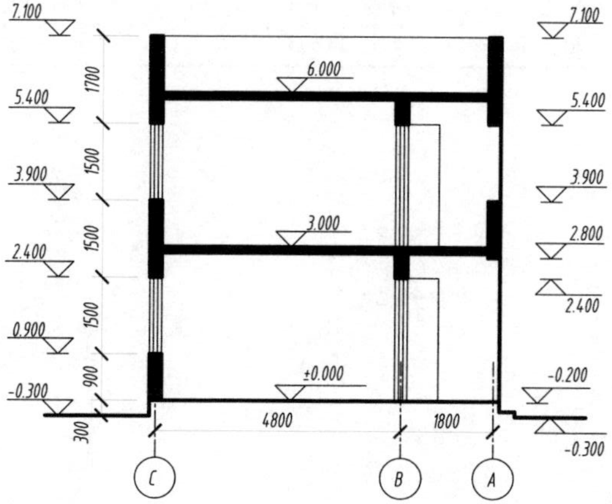

底层平面图

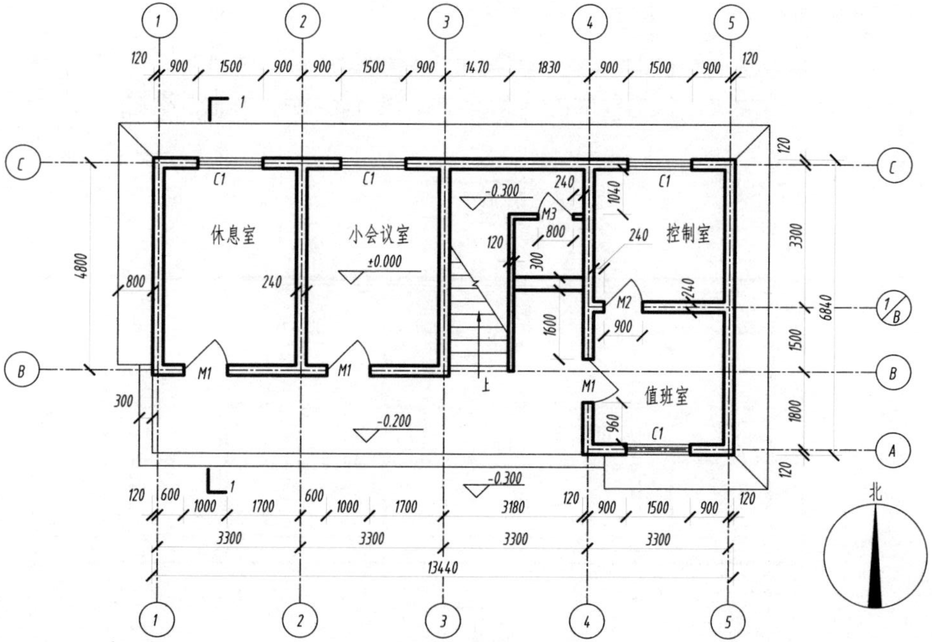

说明：1、楼梯踏面宽为300，踢面高为150。

2、楼面板厚120mm。

水库管理房施工图		图号	6-01	班级	
		比例	1:100	学号	
制图	日期	校 名			
审核	日期				

正立面图

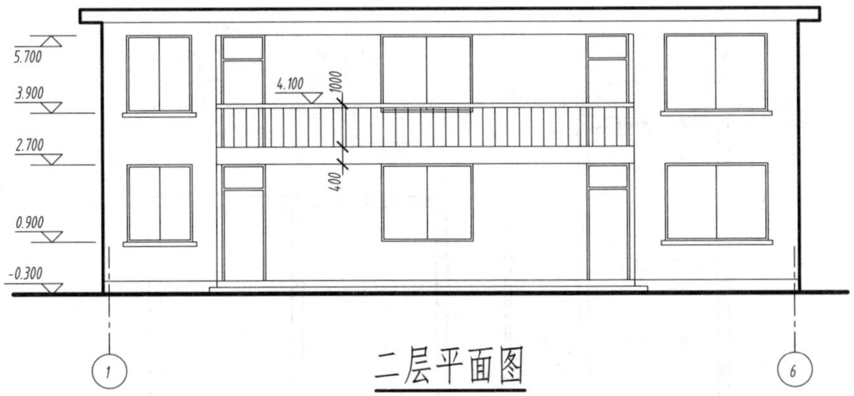

1-1 剖面图

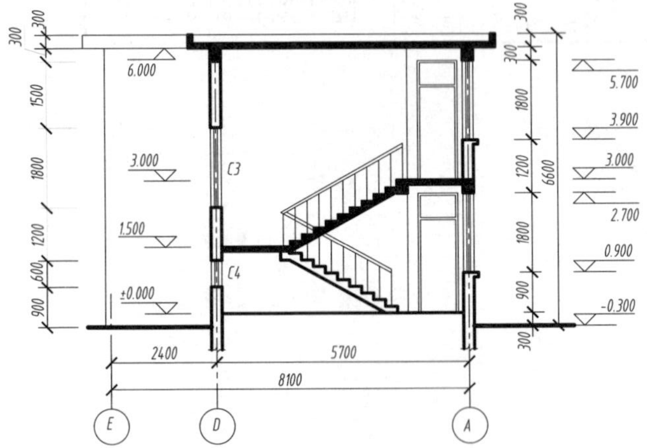

二层平面图

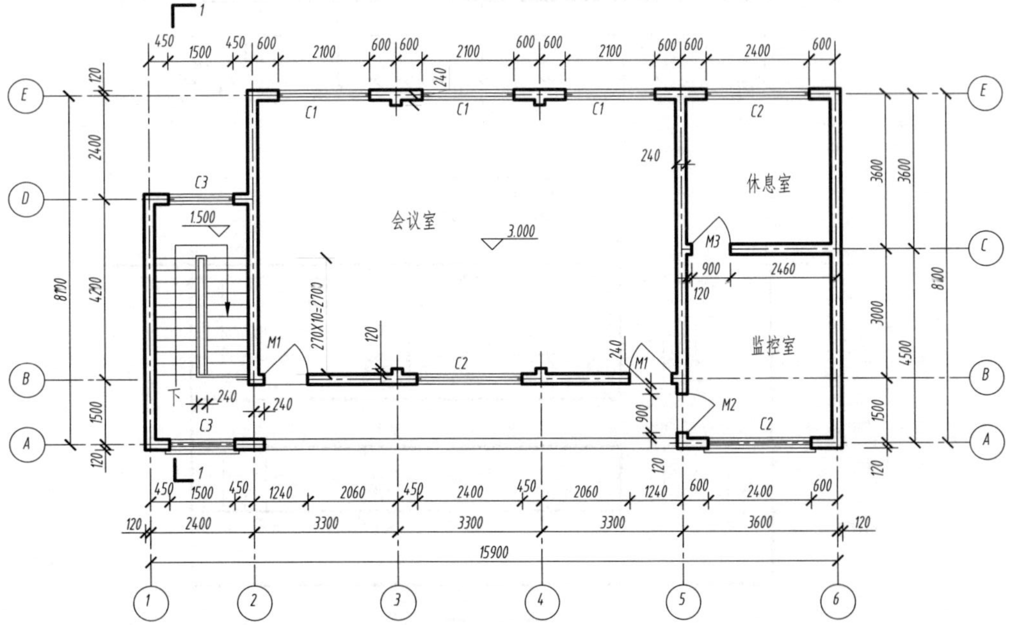

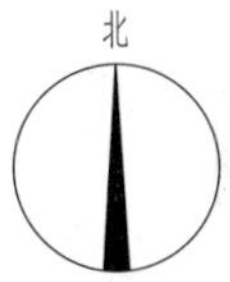

说明：

1、屋面板厚100mm.

2、屋面伸出外墙500mm

3、窗台外挑墙面100mm。

防汛指挥中心施工图		图号	6-02	班级	
		比例	1:100	学号	
制图	日期	校名			
审核	日期				

正立面图

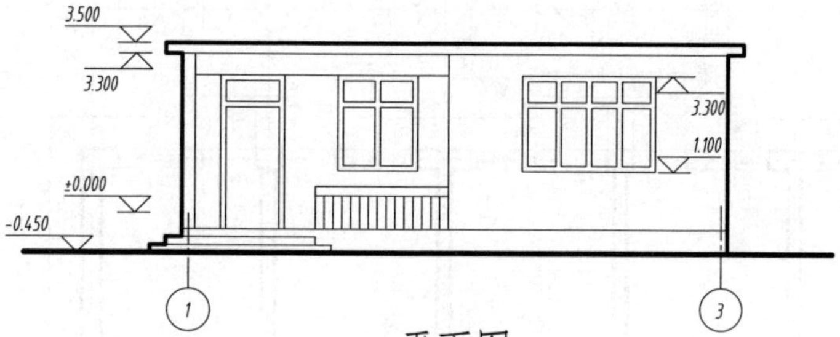

1-1 剖视图

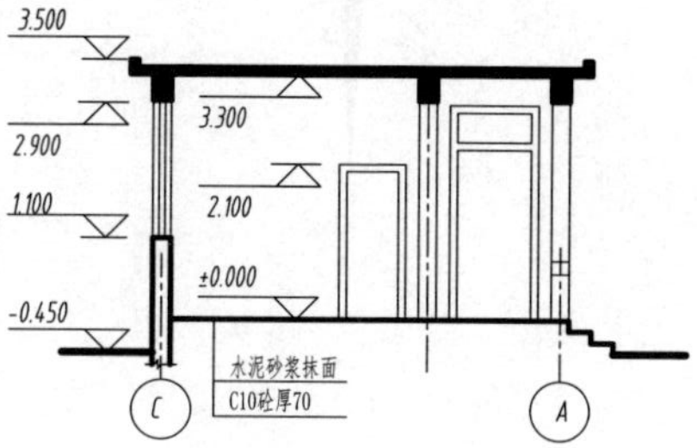

平面图

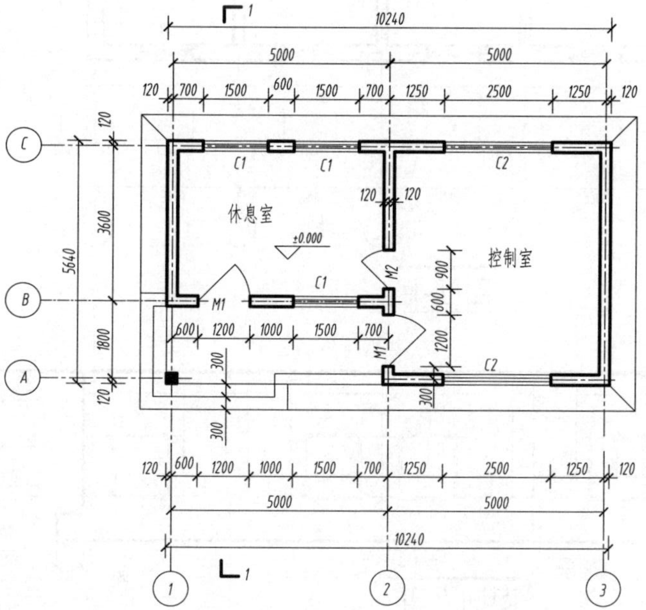

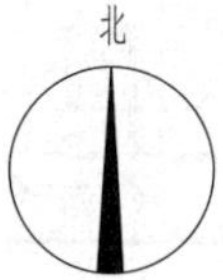

说明:

1. 屋面飘出外墙300mm;
2. 屋面板厚100mm;
3. 散水宽度为600mm.
4. 平台栏杆高度为800mm.

水闸管理房施工图		图号	6-03	班级	
		比例	1:100	学号	
制图	日期	校　名			
审核	日期				

要求：用A3图幅按要求设置绘图环境，以1：100的比例抄绘下列建筑平面图、立面图，包括尺寸和图名；最终显示A3图幅的实际大小和线宽。

正立面图

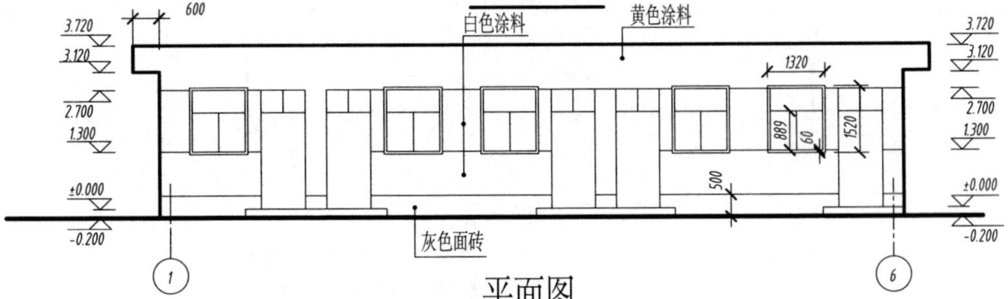

平面图

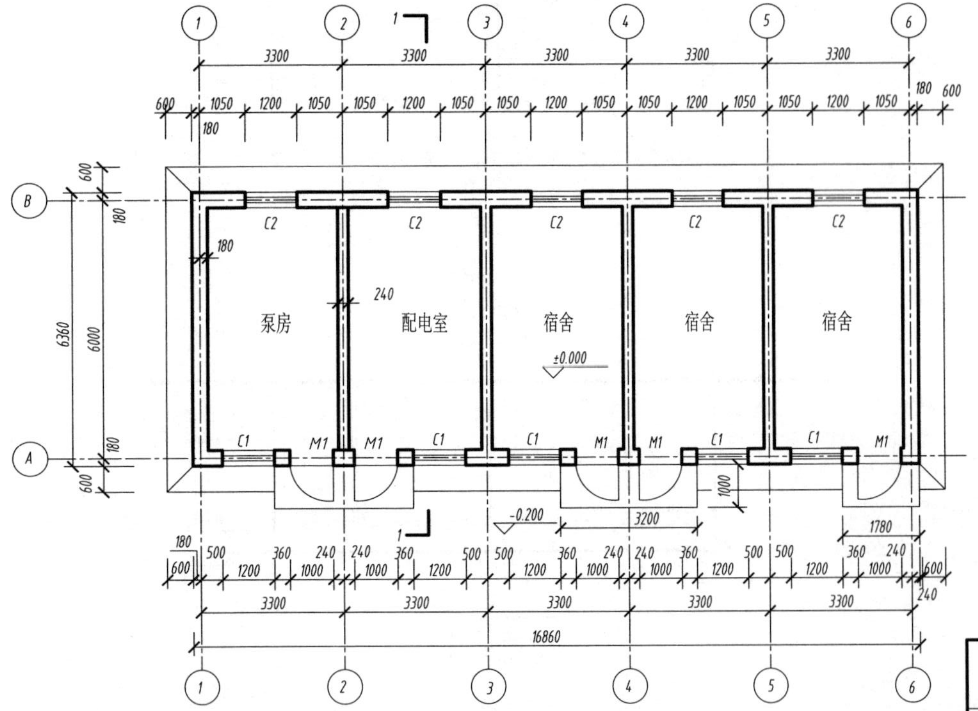

泵站管理房施工图		图号	6-04	班级	
		比例	1:100	学号	
制图		日期		校名	
审核		日期			

附录 7

钢筋混凝土结构图集合

项　目	图　名
附录 7-01	矩形截面梁配筋图
附录 7-02	T 形截面梁配筋图
附录 7-03	工作桥配筋图
附录 7-04	钢筋混凝土撑梁配筋图

L1配筋图

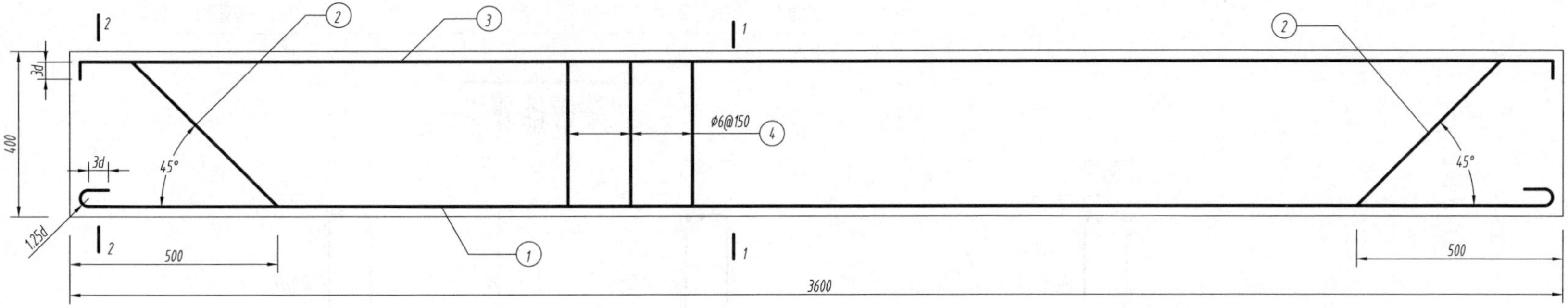

1-1

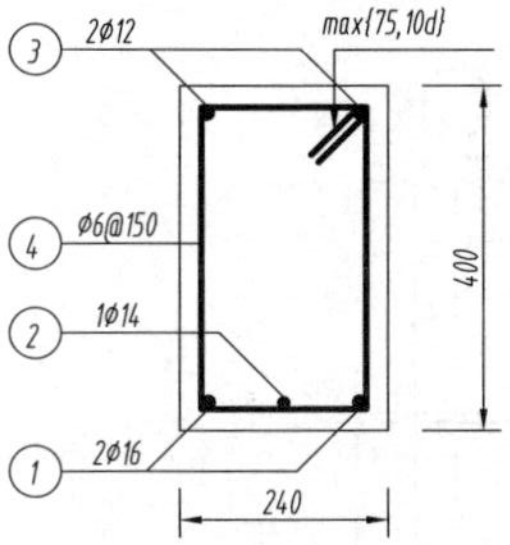

2-2

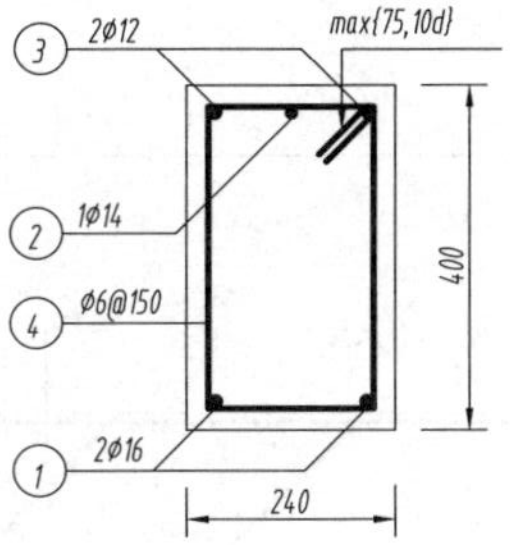

钢筋明细表

部位	编号	直径/mm	形式	单根长/mm	根数	总长/m	备注
梁	①	16		3750	2	7.5	半圆弯钩增加长度为6.25d(d为钢筋直径);直弯钩增加长度为3.5d;弯起钢筋弯起角度45°;混凝土保护层厚度25mm。
	②	14		3840	1	3.84	
	③	12		3634	2	7.268	
	④	6		1180	25	29.5	

矩形截面梁配筋图		图号	7-01	班级	
		比例	1:10	学号	
制图		日期		校名	
审核		日期			

立面图 1:25

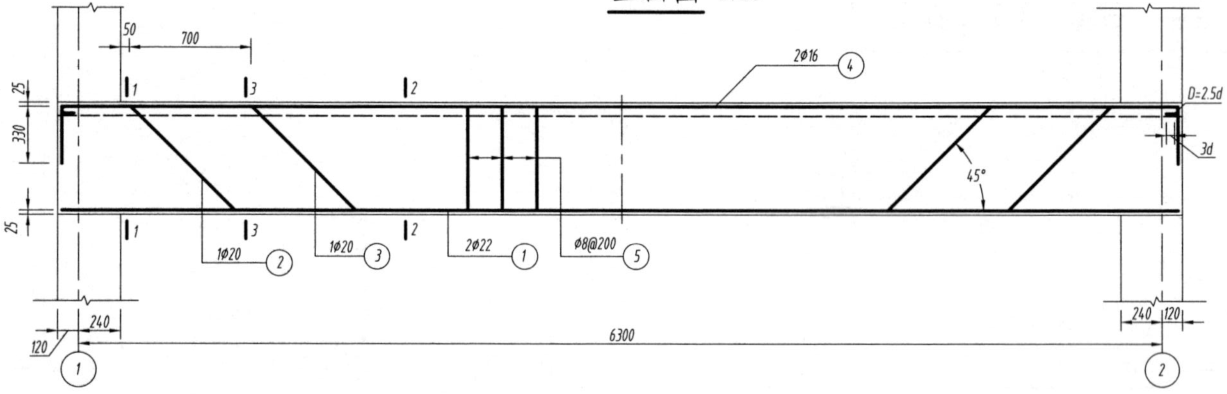

1-1 1:20　　2-2 1:20　　3-3 1:20

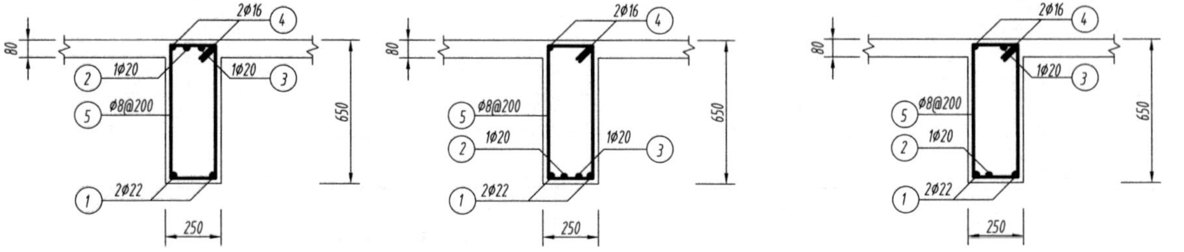

钢筋明细表

部位	编号	直径/mm	形式	单根长/mm	根数	总长/m	备注
梁	①	22		6490	2	12.98	钢筋弯钩增加长度为6.25d，弯起钢筋弯起角度45°，混凝土保护层厚度25mm
	②	20		7644	1	7.644	
	③	20		7644	1	7.644	
	④	16		6690	2	13.38	
	⑤	8		1800	34	61.2	

T形截面梁配筋图			图号	7-02	班级	
			比例		学号	
制图		日期	校　名			
审核		日期				

任务要求：用A3图幅、设置合适的绘图环境，以图示比例抄绘工作桥钢筋图和钢筋表并补绘B-B断面图。

工作桥钢筋图

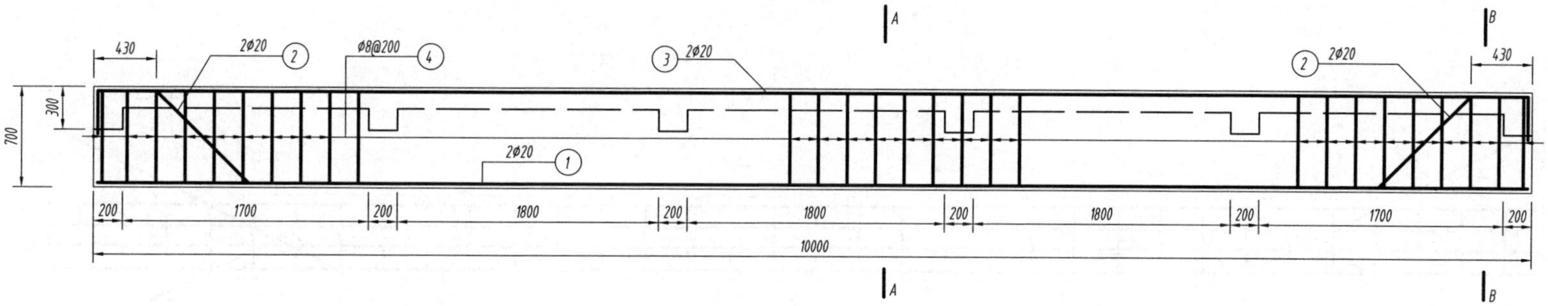

A-A

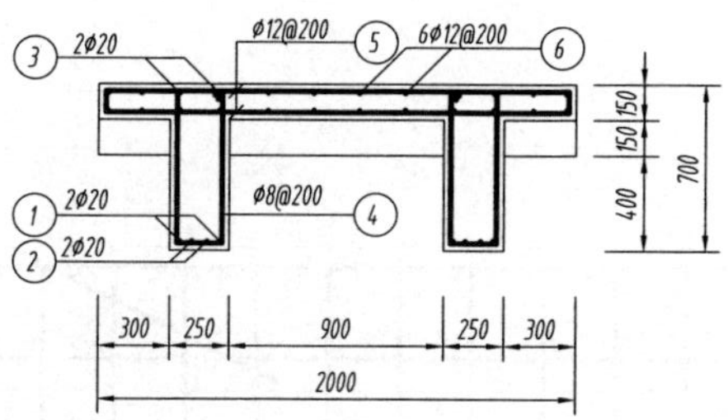

钢 筋 表

编号	型　式	直径 (mm)	根长 (m)	根数	总长度 (m)	单位重量 (kg/m)	总重量 (kg)
①	9940	20	9.94	4	39.8	2.468	98.23
②	300 400 905 7860 905 400 300	20	11.07	4	44.28	2.468	109.28
③	9940	20	9.94	4	39.8	2.468	98.23
④	190 640	8	1.76	100	176.0	0.395	69.5
⑤	1940 90	12	4.06	100	406.0	0.888	360.5
⑥	9940	12	9.94	20	198.8	0.888	176.5

说明：

1. 本图尺寸以毫米计。
2. 钢筋保护层厚度30mm。

工作桥配筋图			图号	7-03	班级	
			比例	1:30	学号	
制图		日期		校　名		
审核		日期				

任务要求：用A3图幅,设置合适的绘图环境，以图示比例抄绘水闸上游翼墙混凝土撑梁钢筋图，并补绘3-3断面图。

混凝土撑梁钢筋立面图

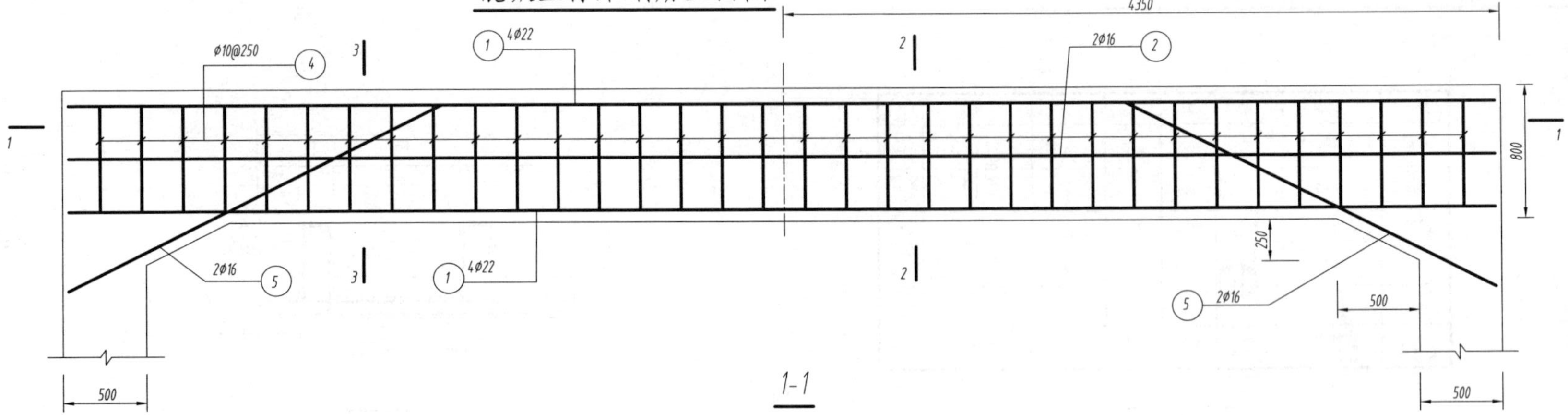

1-1

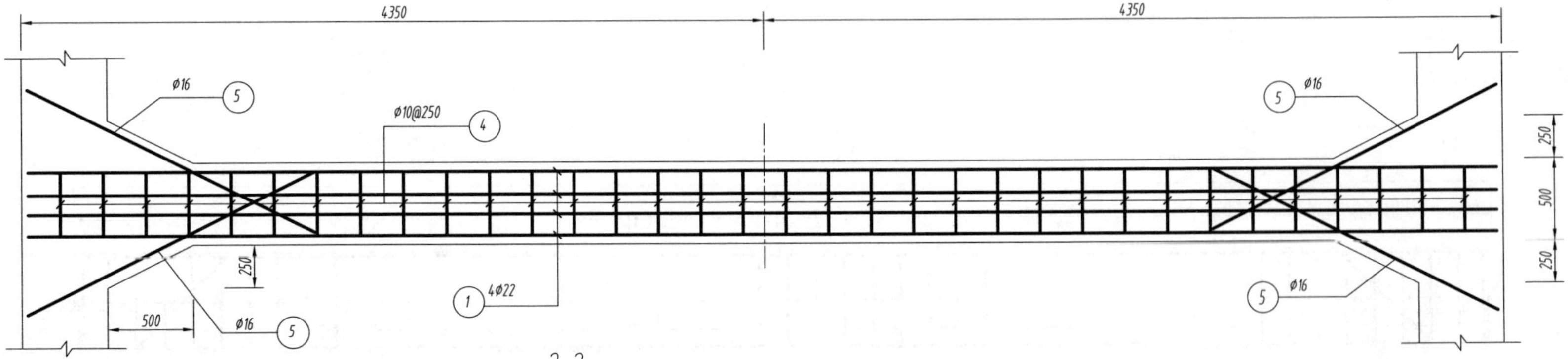

2-2

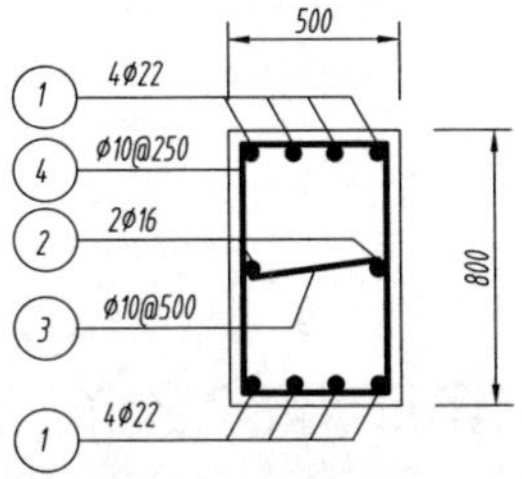

说明：
1. 本图尺寸以毫米计。
2. 混凝土保护层厚度40mm。

钢筋混凝土撑梁配筋图		图号	7-04	班级	
		比例	1:25	学号	
制图	日期	校　名			
审核	日期				

附录 8

三维建模练习图集合

项 目	图 名
附录 8-01	带方圆渐变段的隧洞
附录 8-02	带扭面过渡段的渠道
附录 8-03	水闸结构图
附录 8-04	渡槽结构图
附录 8-05	水闸结构图

主视图

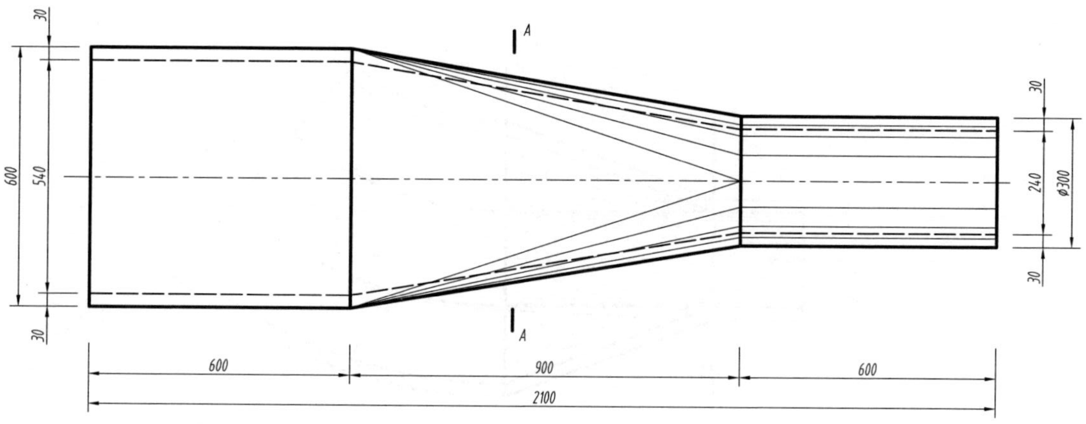

上游立面图

平面图

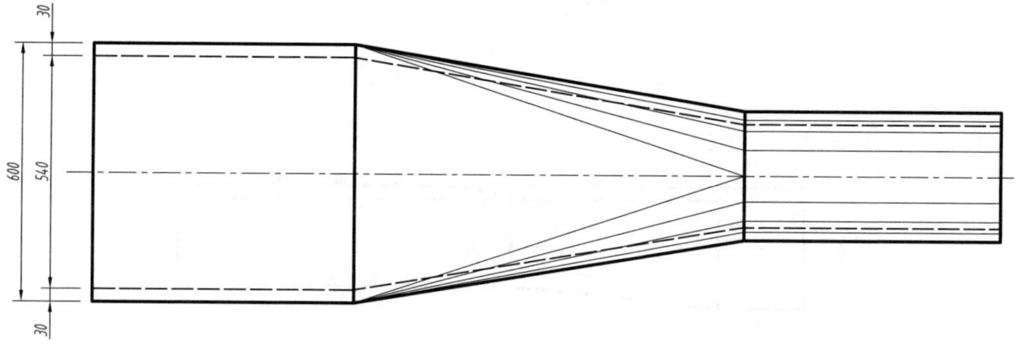

A-A

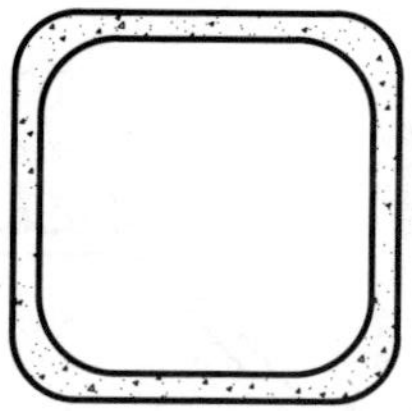

带方圆渐变段的隧洞		图号	8-01	班级	
		比例	1:10	学号	
制图	日期	校　名			
审核	日期				

A-A(展开)

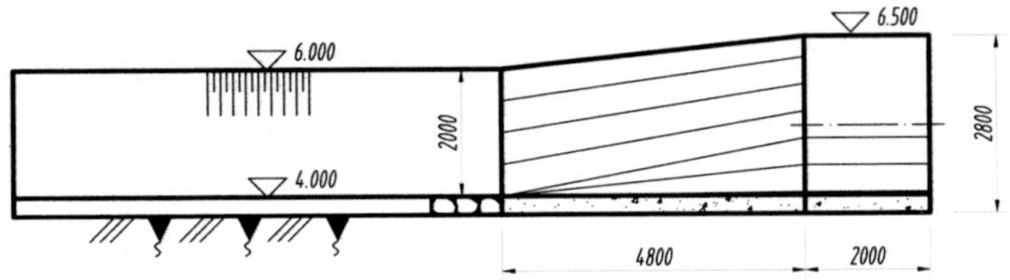

B-B

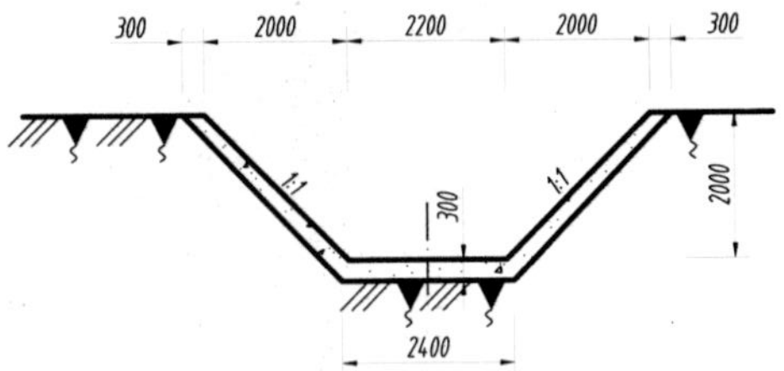

平面图

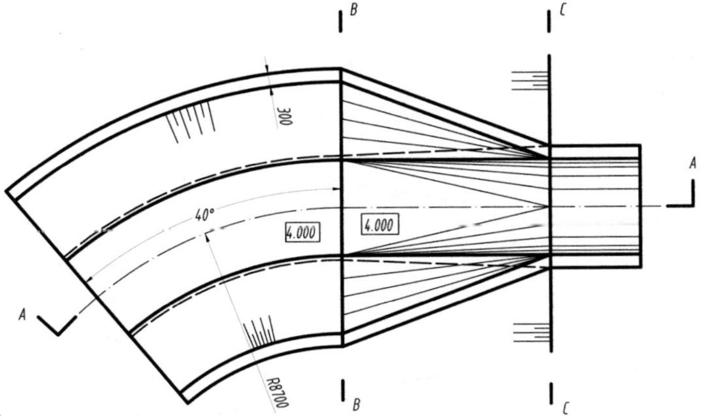

C-C

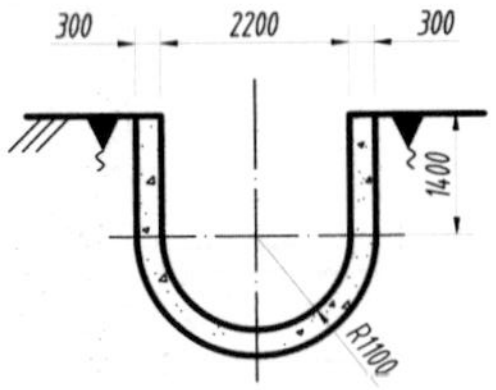

带扭面过渡段的渠道		图号	8-02	班级	
		比例	1:100	学号	
制图	日期	校名			
审核	日期				

纵剖视图

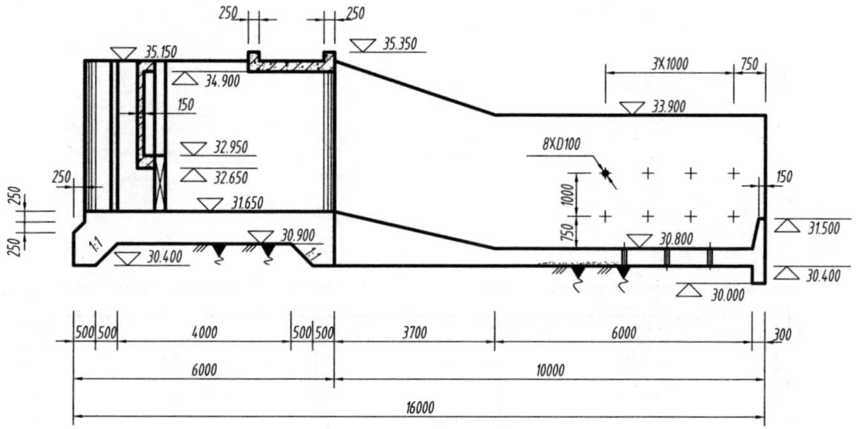

A-A

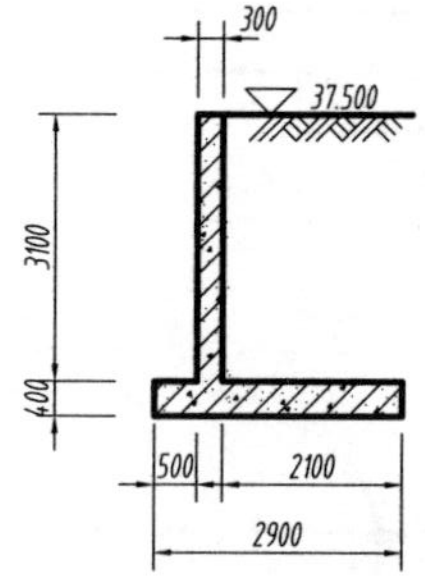

平面图

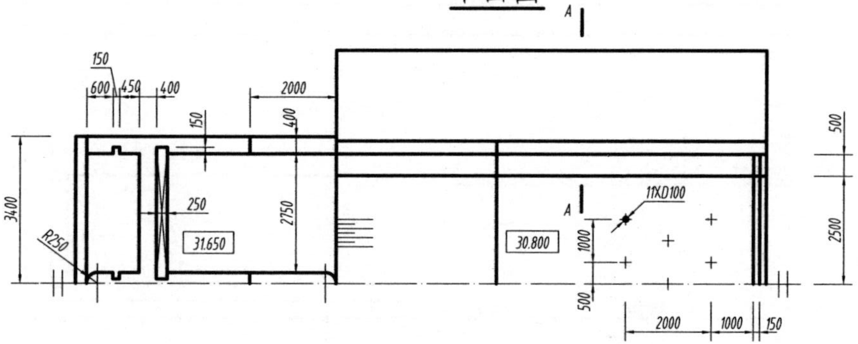

水闸结构图			图号	8-03	班级	
			比例	1:100	学号	
制图		日期	校　名			
审核		日期				

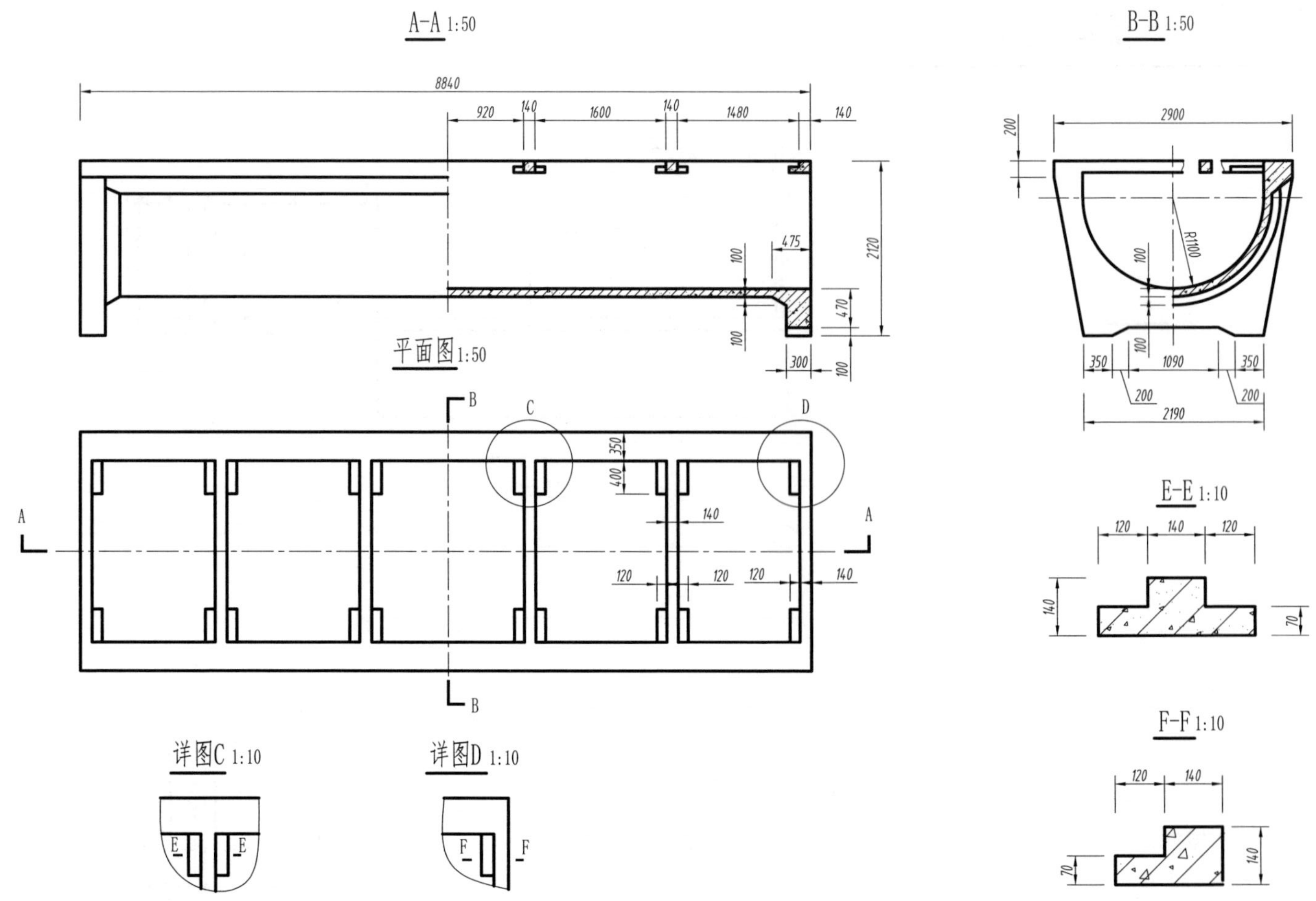

渡槽结构图		图号	8-04	班级	
		比例		学号	
制图		日期	校　名		
审核		日期			

A-A纵剖视图

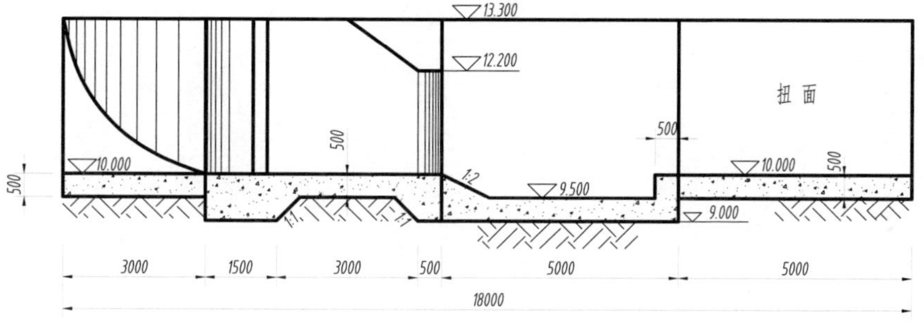

上游立面图　　下游立面图

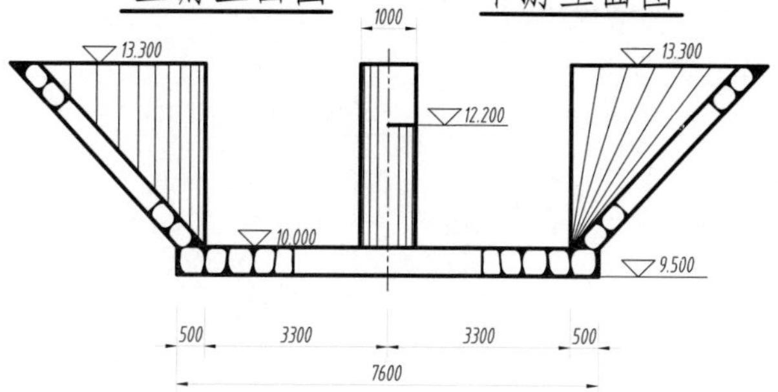

平面图

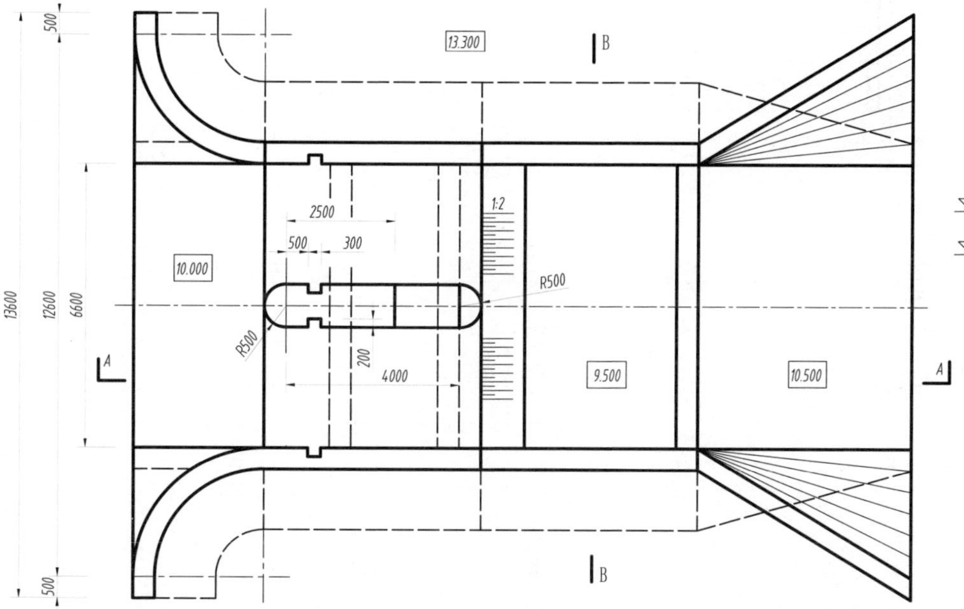

B-B

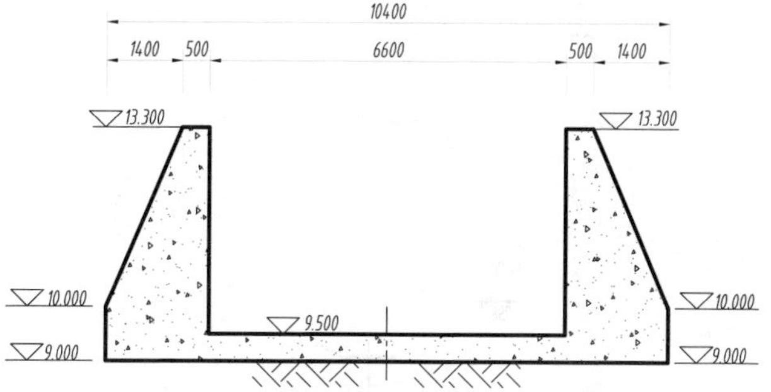

水闸结构图		图号	8-05	班级	
		比例	1:100	学号	
制图	日期	校　名			
审核	日期				